专利审查与社会服务丛书

创新汇智
——热点技术专利分析

国家知识产权局专利局专利审查协作天津中心◎组织编写

魏保志◎主编

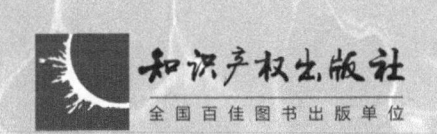

知识产权出版社
全国百佳图书出版单位

图书在版编目（CIP）数据

创新汇智：热点技术专利分析/魏保志主编. —北京：知识产权出版社，2019.1（2019.12 重印）
（专利审查与社会服务丛书）
ISBN 978-7-5130-5988-6

Ⅰ.①创… Ⅱ.①魏… Ⅲ.①专利—研究 Ⅳ.①G306

中国版本图书馆 CIP 数据核字（2018）第 282943 号

内容提要

本书是国家知识产权局专利局专利审查协作天津中心紧扣战略性新兴产业所开展的专利分析及专项工作的研究成果，具体涉及 AR/VR 头戴显示设备、车辆视觉、纳米压印、高档数控机床等前沿领域，内容涵盖各前沿领域的专利保有及分布情况，技术发展脉络及发展趋势，热点技术信息等内容，对了解各领域专利技术现状、把握技术发展方向、培育高价值专利具有重要的借鉴价值。

责任编辑：江宜玲　张利萍　　　　　　　　责任校对：谷　洋
封面设计：邵建文　　　　　　　　　　　　责任印制：刘译文

创新汇智
——热点技术专利分析

国家知识产权局专利局专利审查协作天津中心　组织编写
魏保志　主编

出版发行：	知识产权出版社有限责任公司	网　　址：	http://www.ipph.cn
社　　址：	北京市海淀区气象路 50 号院	邮　　编：	100081
责编电话：	010-82000860 转 8339	责编邮箱：	jiangyiling@cnipr.com
发行电话：	010-82000860 转 8101/8102	发行传真：	010-82000893/82005070/82000270
印　　刷：	北京建宏印刷有限公司	经　　销：	各大网上书店、新华书店及相关专业书店
开　　本：	787mm×1092mm　1/16	印　　张：	20
版　　次：	2019 年 1 月第 1 版	印　　次：	2019 年 12 月第 2 次印刷
字　　数：	450 千字	定　　价：	88.00 元
ISBN 978-7-5130-5988-6			

出版权专有　侵权必究
如有印装质量问题，本社负责调换。

编委会

主　编：魏保志

副主编：刘　稚　杨　帆　周胜生

编　委：汪卫锋　邹吉承　刘　梅

　　　　饶　刚　王智勇　朱丽娜

　　　　王力维　刘　锋　韩　旭

本书编写组

组　　长：杨　帆

副组长：邹吉承　王智勇　黄树军

审　　校：韩　旭　刘　琳　朱丽娜　杨子芳
　　　　　王智勇　黄树军　邹吉承

统稿人：邹吉承　王智勇　黄树军　张芸芸　王　峥

撰稿人（按姓氏笔画排序）：

王　琳　　王　峥　　王凯凯　　王智勇　　毛文峰

亢心洁　　曲　丹　　朱丽娜　　朱松松　　许文忠

刘　倩　　刘　琳　　李琳青　　杨子芳　　陈　琼

陈军委　　陈雪梅　　张　量　　周天微　　周海亮

赵毓静　　黄树军　　曹赛赛　　康　磊

本书主要编写人员

王智勇：主要执笔第一章第一节，第四章第一节；第十六章第一、第三、第四节，第十七章第三节，第十八章第二节，第十九章第二、第三节

曲　丹：主要执笔第一章第三节，第二章第一、第二、第五节，第三章第二、第三节，第四章第三节，第五章第一节

张　量：主要执笔第一章第二节

毛文峰：主要执笔第五章第二节

赵毓静：主要执笔第三章第一节

刘　倩：主要执笔第四章第二节

许文忠：主要执笔第二章第三、第四节

陈雪梅：主要执笔第六章第一、第二、第四、第五节，第七章第四节，第九章第三节

亢心洁：主要执笔第六章第三节，第七章第一至第三节

王凯凯：主要执笔第八章第二、第三节

黄树军：主要执笔第九章第一、第二节；第十六章第二、第五节，第十八章第一、第三、第四节，第十九章第一节，第二十章第三节

刘　琳：主要执笔第八章第一节，第十章第一、第二节

陈　琼：主要执笔第十一章第一节，第十四章第一、第二节

周天微：主要执笔第十一章第三、第四节，第十三章第一节，第十五章第一节

王　琳：主要执笔第十一章第二节，第十二章第二至第四节

杨子芳：主要执笔第十三章第三、第四节，第十四章第三、第四节

朱丽娜：主要执笔第十二章第一节，第十三章第二节，第十五章第二节

王　峥：主要执笔第十七章第四节

周海亮：主要执笔第十九章第四节

李琳青：主要执笔第十七章第一节

朱松松：主要执笔第二十章第二节
陈军委：主要执笔第十七章第五节
康　磊：主要执笔第十七章第二节
曹赛赛：主要执笔第二十章第一节

前　言

当今世界，新技术、新产业迅猛发展，新一轮科技革命和产业革命孕育兴起。世界科技强国逐步发展以人工智能、新一代信息技术、智能制造装备等为支撑方向的新兴技术产业，在全球范围内构建现代产业新体系，力图通过新技术革命抢占未来经济和产业发展的战略制高点。面对国际产业布局带来的发展机遇和严峻挑战，中国抓住这一从蓄势待发到群体迸发的关键时期，立足社会发展需求和产业基础，坚持走创新驱动发展道路，加速重大技术突破，着力创新与应用，以供给侧结构性改革为重点，持续引领产业中高端发展和经济社会高质量发展。

随着国家知识产权战略的深入实施和知识产权强国建设的推进，知识产权创造和保护已成为关乎新常态下我国产业升级转型发展的主要动力和关键所在。专利作为保护智慧成果的重要手段和市场竞争工具为公众所熟知，专利分析工作正是以专利大数据为基础，结合产业、技术、创新主体等信息，进行定量或定性分析的过程，是有效开发和保护自主知识产权、提升竞争优势的重要途径，在科技创新、产业升级中发挥着重要的作用。

面对新形势、新机遇、新挑战，本书从重点技术突破和重大发展需求着手，精心遴选了 AR/VR 头戴显示设备、车辆视觉、纳米压印、高档数控机床等四个热点技术领域，借助专利分析手段，对国内外专利申请态势进行分析，全面剖析了上述四个热点技术在国内外发展的整体状况、研究动态与发展趋势以及国际竞争格局，重点围绕产业关注的关键技术和社会发展需求提出我国开展相关领域研究的对策和建议。

本书具有如下几个特点：①内容严谨，数据翔实。本书编写人员均为相关领域的资深专家和审查员，有效保证了文献检索、数据清洗以及信息挖掘的质量，形成了一系列视角独特、分析透彻的研究成果。②深入浅出，可读性强。编者在撰写本书时摒弃了晦涩难懂的专业术语，不要求读者具有很强的学术背景和专业素质，同时辅以大量图表帮助其准确、快速了解热点技术和产业发展动向。③图文并茂，生动有趣。部分章节妙引现实生活中的"源头活水"，将历史事件、名人轶事、网络新闻等内容穿插其中，以文激趣，引人入胜。

本书以创新、引领为核心，紧密贴合人工智能创新工程、"互联网+"工程、"中国制造2025"等国家发展战略，开展热点技术专利分析工作，重点从分析项目中梳理并提炼相关热点技术产业的未来发展趋势、专利竞争格局和动向，为产业界和科技界的管理者全面、准确把握前沿领域发展方向并科学决策提供扎实的专利信息情报。

由于专利文献的数据采集范围和专利分析工具的限制，且研究人员水平有限，研究成果仅供广大读者鉴阅，本书尚有诸多不足之处，敬请批评指正。

目　录

第一部分　AR/VR 头戴显示设备 / 1

第一章　"假作真时真亦假，无为有处有还无"——AR/VR 头戴显示设备 / 3
第一节　AR/VR 头戴设备的前世今生 / 5
一、源于"美丽新世界" / 5
二、达摩克利斯之剑 / 7
三、军事领域崭露头角 / 9
四、"黑暗的中世纪" / 10
五、进入新纪元 / 11
六、百花齐放的"VR 元年" / 13
第二节　走进 AR/VR 的新生活 / 17
一、军事演练 / 17
二、医疗模拟 / 19
三、教育旅游 / 21
四、工业运用 / 23
第三节　本章小结 / 24

第二章　专利视角下的 AR/VR / 26
第一节　以申请趋势为视角 / 26
一、全球范围内更加重视 AR/VR 技术 / 26
二、中国起步较晚但增长迅猛 / 27
第二节　以地域为视角 / 27
一、美、日在全球占据主导地位 / 27
二、在华申请美、日同样是主力 / 28
第三节　以申请人为视角 / 29
一、国外公司绝对主导 / 29
二、中国企业奋起直追 / 30
第四节　以申请类型为视角 / 32
第五节　本章小结 / 34

第三章　从专利申请看热点技术 / 35

第一节　看得宽广，戴得舒适 / 35
　　一、大视角的沉浸体验 / 35
　　二、更轻更舒适的体验 / 39
第二节　人与机器全方位的交互 / 41
　　一、动一动眼睛就能被 get / 41
　　二、虚空中的手势操作 / 45
　　三、力的反馈让感觉更真实 / 46
第三节　本章小结 / 49

第四章　创新主体 / 50
第一节　国外企业 / 50
　　一、索尼公司 / 50
　　二、精工爱普生 / 54
　　三、微软公司 / 57
　　四、苹果公司 / 61
　　五、Magic Leap / 63
第二节　中国企业 / 66
　　一、HTC / 66
　　二、成都理想境界 / 68
　　三、联想 / 69
　　四、小鸟看看 / 71
　　五、京东方 / 73
第三节　本章小结 / 74

第五章　AR/VR 的未来 / 75
第一节　战场形势与趋势预测 / 75
第二节　我国 AR/VR 的未来 / 76

参考文献 / 78

第二部分　车辆视觉 / 79

第六章　让汽车看到世界——初识车辆视觉 / 81
第一节　车辆视觉是什么 / 81
　　一、特斯拉的 Autopilot 事故 / 81
　　二、车辆视觉的概念 / 82
第二节　车辆视觉靠什么 / 83
　　一、测距"神器"——雷达 / 83
　　二、离不开的图像传感器 / 84
　　三、强强联合的混合传感器 / 86
第三节　车辆视觉做什么 / 87
　　一、障碍物检测 / 87

二、道路检测 / 87
　　三、盲区检测 / 88
　　四、驾驶员行为检测 / 88
第四节　溯源车辆视觉 / 89
　　一、车辆视觉起源 / 89
　　二、车辆视觉发展 / 89
第五节　本章小结 / 90

第七章　从专利"窥探"车辆视觉 / 91
第一节　全球专利分析 / 91
　　一、总体申请趋势 / 91
　　二、全球地域分布 / 92
　　三、全球重要申请人分布 / 93
第二节　中国专利分析 / 94
　　一、总体申请态势 / 94
　　二、中国地域分布 / 95
　　三、中国重要申请人分布 / 96
第三节　重点技术分析 / 97
　　一、传感器专利申请概况 / 99
　　二、检测对象专利申请概况 / 101
第四节　本章小结 / 105

第八章　让汽车看清世界——重点专利技术 / 107
第一节　传感器技术 / 107
　　一、技术演进路线 / 107
　　二、重点专利 / 108
第二节　检测对象技术 / 111
　　一、技术演进路线 / 112
　　二、重点专利 / 117
第三节　本章小结 / 123

第九章　传统车厂与互联网公司的较量 / 125
第一节　传统车厂——丰田公司 / 125
　　一、你所熟悉的丰田 / 125
　　二、丰田与车辆视觉不得不说的故事 / 127
　　三、丰田的"犹豫" / 133
第二节　互联网巨头——百度公司 / 133
　　一、百度无人车 / 134
　　二、车辆视觉技术战略 / 135
　　三、百度的"野心" / 142
第三节　本章小结 / 143

第十章　让汽车看懂世界——未来畅想 / 144
　　第一节　车辆视觉现状总结 / 144
　　　　一、专利布局角度 / 144
　　　　二、专利技术角度 / 145
　　第二节　车辆视觉发展建议 / 147

参考文献 / 149

第三部分　纳米压印 / 151

第十一章　改变世界的新兴技术——纳米压印 / 153
　　第一节　芯片制造的"建筑师" / 153
　　　　一、纳米压印是什么 / 153
　　　　二、纳米压印做什么 / 158
　　　　三、纳米压印好在哪儿 / 160
　　第二节　溯源纳米压印 / 161
　　　　一、纳米压印的起源 / 161
　　　　二、纳米压印的发展 / 163
　　第三节　纳米压印的未来畅想 / 169
　　　　一、技术突破的桎梏 / 169
　　　　二、芯片升级关键 / 170
　　　　三、引领"芯"时代 / 171
　　第四节　本章小结 / 172

第十二章　专利视角下的纳米压印 / 173
　　第一节　纳米压印全球专利状况 / 173
　　　　一、申请趋势 / 173
　　　　二、申请区域分布 / 174
　　　　三、申请人分析 / 174
　　第二节　纳米压印中国专利状况 / 176
　　　　一、申请趋势 / 176
　　　　二、申请区域分布 / 177
　　　　三、申请人分析 / 180
　　第三节　纳米压印重点技术 / 183
　　　　一、趋势分析 / 183
　　　　二、技术分布 / 185
　　　　三、申请人分析 / 186
　　第四节　本章小结 / 187

第十三章　走入纳米压印专利技术 / 188
　　第一节　纳米压印——工艺 / 188
　　　　一、专利概况 / 188

二、热压印 / 193
　　三、紫外固化压印 / 194
　　四、微接触压印 / 196
第二节　纳米压印——设备 / 196
　　一、专利概况 / 196
　　二、整机 / 200
　　三、零部件 / 201
第三节　纳米压印——应用 / 202
　　一、专利概况 / 202
　　二、纳米压印在二极管中的应用 / 206
　　三、纳米压印在图案中的应用 / 207
　　四、纳米压印在光栅和太阳电池中的应用 / 207
第四节　本章小结 / 208

第十四章　纳米压印的创新主体 / 209
第一节　纳米压印创始人——周郁 / 209
　　一、其人其事 / 209
　　二、其专利 / 210
第二节　纳米压印发展者 / 211
　　一、Willson / 211
　　二、Whitesides / 212
第三节　纳米压印推广者 / 212
　　一、大日本印刷公司 / 212
　　二、分子制模公司 / 213
　　三、鸿富锦精密工业有限公司 / 214
　　四、无锡英普林纳米科技有限公司 / 216
第四节　本章小结 / 217

第十五章　发展建议 / 218
第一节　发展现状及趋势预测 / 218
　　一、专利布局角度 / 218
　　二、专利技术角度 / 219
第二节　对我国纳米压印研发和产业化的建议 / 219

参考文献 / 221

第四部分　高档数控机床 / 225

第十六章　国之重器——数控机床进化史 / 227
第一节　兵家必争之地 / 227
　　一、"东芝事件" / 227
　　二、军事实力的象征 / 229

三、制造业发展的推手 / 230
四、高端装备制造的基石 / 230
第二节 数控机床知多少 / 231
一、最强大脑 / 232
二、矫健身躯 / 233
三、眼明手快 / 234
第三节 数控机床之前世今生 / 235
第四节 高档数控机床之未来畅想 / 238
一、"爱变身"的数控机床 / 238
二、"爱干净"的数控机床 / 238
三、"爱沟通"的数控机床 / 239
四、"爱思考"的数控机床 / 239
五、"爱展示"的数控机床 / 240
第五节 本章小结 / 240

第十七章 御刀有术——高档数控机床的专利世界 / 241

第一节 全球专利申请量状况 / 241
一、全球历年专利申请趋势 / 241
二、国外来华专利申请趋势 / 242
三、国内申请人专利申请趋势 / 243
第二节 全球专利申请地域分析 / 243
一、全球各国家/地区/组织专利申请量 / 243
二、全球主要国家/地区/组织专利申请技术流向 / 244
三、中国专利申请地域分布 / 245
第三节 申请人分析 / 245
一、全球主要申请人 / 245
二、国外来华主要申请人 / 246
三、国内主要申请人 / 246
第四节 重点技术分析 / 248
一、发展趋势 / 248
二、技术分布 / 249
三、技术功效 / 251
四、申请人 / 251
第五节 本章小结 / 252

第十八章 高档数控机床的"命门"——重点专利 / 253

第一节 数控系统 / 253
一、数控系统专利概况 / 253
二、轨迹技术分析 / 254
三、误差补偿技术分析 / 257

第二节　机床构型 / 261
　　　　一、机床构型专利概况 / 261
　　　　二、工作台技术分析 / 262
　　　　三、摆头技术分析 / 266
　　第三节　附属系统 / 269
　　　　一、附属系统专利概况 / 269
　　　　二、测量指示技术分析 / 270
　　第四节　本章小结 / 275

第十九章　细数风流人物——创新主体 / 277
　　第一节　数控系统巨头——FANUC / 277
　　　　一、"大独裁者"和他的"独裁帝国" / 277
　　　　二、席卷全球的"黄色风暴" / 278
　　第二节　全球化的超级玩家——德马吉森精机 / 281
　　　　一、跨国联姻 / 281
　　　　二、笑傲江湖 / 283
　　第三节　突破壁垒的先锋——沈阳机床 / 286
　　　　一、"桃园结义" / 286
　　　　二、中国智慧 / 287
　　第四节　本章小结 / 290

第二十章　拨云开雾看发展 / 292
　　第一节　专利技术整体状况 / 292
　　第二节　关键技术发展方向 / 293
　　　　一、数控系统 / 293
　　　　二、机床构型 / 293
　　　　三、附属系统 / 294
　　第三节　提升之匙 / 294

参考文献 / 296

致　谢 / 298

第一部分

AR/VR 头戴显示设备

第一章 "假作真时真亦假,无为有处有还无"
——AR/VR 头戴显示设备

"假作真时真亦假,无为有处有还无"——把假的当成真的,则真的也就成了假的;把没有的视为有的,则有的也就成了没有的。这个概念和现在的虚拟现实技术是不是很相近?曹雪芹在写《红楼梦》时,肯定不会想到,数百年后,"真真假假"的 AR/VR 技术,已经在全球范围内走进大家的视野,掀起一阵热潮。

2018 年 3 月 30 日,由史蒂文·斯皮尔伯格执导的电影《头号玩家》(见图 1-1)全球上映,未来时代的 VR 世界炫酷至极、科技感十足,数百个过去活跃在银幕前的游戏彩蛋让人眼花缭乱,未来与过去的碰撞精彩纷呈,脑洞大开的想象力令人叹为观止,不仅吸引了全世界游戏玩家的眼光,也掀起了新一阵的 VR 热潮。电影里展示给大家的 VR 世界"绿洲",有一句非常经典的台词:"在这里唯一限制你的,是你自己的想象力。"一个所想即所见的 VR 世界,只需要你戴上一个小小的头戴显示设备,就可以成为任何你想象的角色,是不是很酷?

图 1-1 《头号玩家》海报

在这部影片的拍摄过程中,VR 相关技术发挥了关键作用。导演斯皮尔伯格和制作团队曾表示,《头号玩家》在拍摄过程中采用了 VR 头戴显示设备。因为是在一个抽象场景中拍摄电影,演员们知道他们所处位置的唯一方法是通过 Oculus 头戴显示设备,戴上头戴显示设备后可以看到电影中的完整场景,这让演员的表演有了更为细腻和真实的发挥空间。

虚拟现实(Virtual Reality)是一种可以创建和体验虚拟世界的计算机仿真系统,其通过计算机生成一种模拟环境,是一种多源信息融合的交互式的三维动态视景和实体行为的系统仿真,使用户沉浸到该环境中。虚拟现实技术主要包括模拟环境、感知、自然技能和传感设备等方面。模拟环境是由计算机生成的、实时动态的三维立体逼真图像。

感知是指理想的虚拟现实应该具有一切人所具有的感知。除计算机图形技术所生成的视觉感知外，还有听觉、触觉、力觉、运动等，甚至还包括嗅觉和味觉等，也称为多感知。自然技能是指人的头部转动、眼睛、手势或其他人体行为动作，由计算机来处理与参与者的动作相适应的数据，并对用户的输入做出实时响应，并分别反馈到用户的五官。传感设备是指三维交互设备。可以通俗地概括为：VR 技术就是通过设备，欺骗你的大脑，制造一个完全脱离现实的全新虚拟世界❶。

增强现实（Augmented Reality）则带给你另一种不同的体验。小时候养过电子宠物吗？手机里有没有旅行青蛙？想不想养一只宠物小精灵？这些都可以通过 AR 游戏《精灵宝可梦 Go》进行体验。《头号玩家》展示的是一个虚拟的世界，现有的 VR 技术离电影里的"绿洲"仍有不小的距离，但是这款 AR 游戏《精灵宝可梦 Go》已经在 2016 年 7 月 7 日登陆了 iOS 和 Android 平台。

《精灵宝可梦 Go》是由 Nintendo（任天堂）、The Pokemon Company（口袋妖怪公司）和谷歌 Niantic Labs 公司联合制作开发的增强现实（AR）宠物养成游戏，宣传图如图 1-2 所示。《精灵宝可梦 Go》是一款对现实世界中出现的宝可梦进行探索捕捉、战斗以及交换的游戏，实际游戏画面如图 1-3 所示。玩家可以通过智能手机在现实世界里发现精灵，进行抓捕和战斗。这款 AR 游戏在 iOS 和 Android 平台上创造了新的下载记录，斩获了多项游戏业内的大奖，其高人气也让老迈的任天堂重新成为游戏行业的焦点，股价大涨。

图 1-2 《精灵宝可梦 Go》宣传图　　图 1-3 《精灵宝可梦 Go》实际游戏画面

《精灵宝可梦 Go》游戏中所显示的地图是跟现实世界关联的，游戏地图是基于现实世界中的地图而生成的，而游戏中的角色位置是基于玩家在现实世界中的地理位置信息而定的。游戏的时间设定与现实世界相关联，与现实世界同样具有白昼和黑夜的更替效果。这种让游戏角色与现实实景相结合的游戏，满足了人们收集宠物小精灵、探索地图甚至社交等各方面需求，给玩家带来了不少惊喜。

让这款《精灵宝可梦 Go》如此与众不同的技术就是增强现实技术，它是一种将真实世界信息和虚拟世界信息"无缝"集成的新技术，是把原本在现实世界的一定时间空间范围内很难体验到的实体信息（视觉信息、声音、味道、触觉等），通过计算机等

---

❶ "科普中国"百科科学词条编写与应用工作项目. 虚拟现实_百度百科 [EB/OL]. (2018-01-12) [2018-07-20]. http://baike.baidu.com/link?url=13NrhGsvjMBa8aQ7pIgP_ZPpxi-L5NzICZXFFjvCEunMl_sSRZMZodQg0m-oYP98dUdxYh0yuY1XK9LvA-4osdulD2h-Jk3DJRBCvCA0dze4NEdscboqklvbduKGM09I.

科学技术，模拟仿真后再叠加，将虚拟的信息应用到真实世界，被人类感官所感知，从而达到超越现实的感官体验。真实的环境和虚拟的物体实时地叠加到了同一个画面或空间同时存在。增强现实技术不仅展现了真实世界的信息，而且将虚拟的信息同时显示出来，两种信息相互补充、叠加。在视觉化的增强现实中，用户利用头戴显示设备，把真实世界与计算机图形多重合成在一起，便可以同时看到真实世界和虚拟信息。增强现实技术包含了多媒体、三维建模、实时视频显示及控制、多传感器融合、实时跟踪及注册、场景融合等技术与手段。增强现实提供了在一般情况下不同于人类可以感知的信息。增强现实技术与虚拟现实技术的不同之处在于，虚拟现实技术是完完全全脱离现实的场景，而增强现实技术则是在现实场景中，显现出虚拟信息。

此外还有混合现实，即 MR。混合现实是在 VR、AR 兴起之后所出现的新概念，包括增强现实和增强虚拟两部分，能够合并现实和虚拟世界而产生新的可视环境。物理现实和数字对象是共存的并可以实时互动。MR 与 AR 之间并没有明显的分界线，未来也不可能做明确区分，因为 AR 与 MR 是殊途同归的，现阶段可以将 MR 看作是 AR 产品的升级版。

任何技术都需要设备作为载体，AR/VR 技术的载体主要为头戴显示设备（Head Mounted Display）。头戴显示设备是一种头戴式可视设备，又称眼镜式显示器、随身影院。因为眼镜式显示器外形像眼镜，可以戴在头上，或作为头盔的一部分，主要用在多媒体、3D 虚拟增强现实等技术中。AR/VR 技术在 20 世纪 80 年代开始兴起并在 90 年代逐渐成为一个研究热点的同时，头戴显示设备也随着计算机硬件技术和工艺的不断发展，逐渐向小型化发展。现代头戴显示设备已经从原始的头盔式的外观，逐渐向轻便小巧便于携带的眼镜式发展。头戴显示设备作为移动智能终端的一种，以其良好的便携性，与 AR/VR 技术的可移动性很好地结合起来，以视频为主的方式输出信息，为用户提供了区别于传统 PC 端的感知和交互体验[1]。作为一种头戴式可视设备，截至目前，其并没有统一的术语名称，除称之为"头戴显示设备"之外，其通常也被称为抬头显示器、头戴显示装置、可穿戴显示器等。

第一节 AR/VR 头戴设备的前世今生

人不是万能的，但是人的想象力是万能的。当人想在天空中飞翔时，发明了飞机甚至宇宙飞船。当人想在海洋深处遨游时，发明了船和潜艇。任何科技的进步启示都是来自于对完美生活场景的幻想，汽车、广播、电视的出现无不如此，而 VR 设备自然也是如此。当人想超越现实，无中生有，创造一个更好的"世界"时，发明了 VR 设备。

一、源于"美丽新世界"

早在 1932 年，英国作家阿道司·赫胥黎（Aldous Huxley）在长篇小说《美丽新世界》中，首次描绘了"虚拟现实"的概念。这篇小说以 26 世纪为背景，畅想了人类文

---

[1] 杨铁军. 产业专利分析报告（第 5 册）[M]. 北京：知识产权出版社，2012：30.

明在未来社会中的生活场景，书中出现了"头戴式设备可以为观众提供图像、气味、声音等一系列的感官体验，以便让观众能够更好地沉浸在电影的世界中"的描述，虽然作者并未给这款设备命名，但是我们以现在的视角可以确定，这就是一款虚拟现实设备。1935年，美国科幻小说家斯坦利·温鲍姆（Stanley G. Weinbaum）在他的小说《皮格马利翁的眼镜》中首次具体化了虚拟现实设备，他在小说中构想了以眼镜为基础，涉及视觉、触觉、嗅觉等全方位沉浸式体验的虚拟现实概念。小说里的精灵族教授发明了一副眼镜，戴上这副眼镜后，就能进入到电影当中，"你就在故事当中，能跟故事中的人物交流，你就是这个故事的主角"。这就是最早的关于头戴式虚拟现实设备的构想。

从嫦娥奔月到登月计划阿姆斯特朗迈出人类的一大步，我们经历了上千年，而从《美丽新世界》书中所描绘的这款头戴显示设备到它的原型机被设计出来仅仅用了23年。摄影师莫顿·海利希（Morton Heilig）在1955年设计并于1957年申请了头戴显示设备原型机的专利，在1960年获得授权，这项名为"Telesphere Mask"的发明，蕴涵了虚拟现实技术的思想理论，如图1-4所示，它看起来非常现代，在专利申请中也被描述为"个人用途的可伸缩电视设备"，当然，和现在的头戴显示设备连接到智能手机或计算机不同，20世纪60年代的设备只有缩小的电视管可以使用。专利文件这样写道："给观众带来完全真实的感觉，比如移动彩色三维图像、沉浸其中的视角、立体的声音、气味和空气流动的感觉。"它很轻便，耳朵和眼部的固定装置可以调整，戴在头上很方便，更重要的是，它描绘了一个美好的未来。

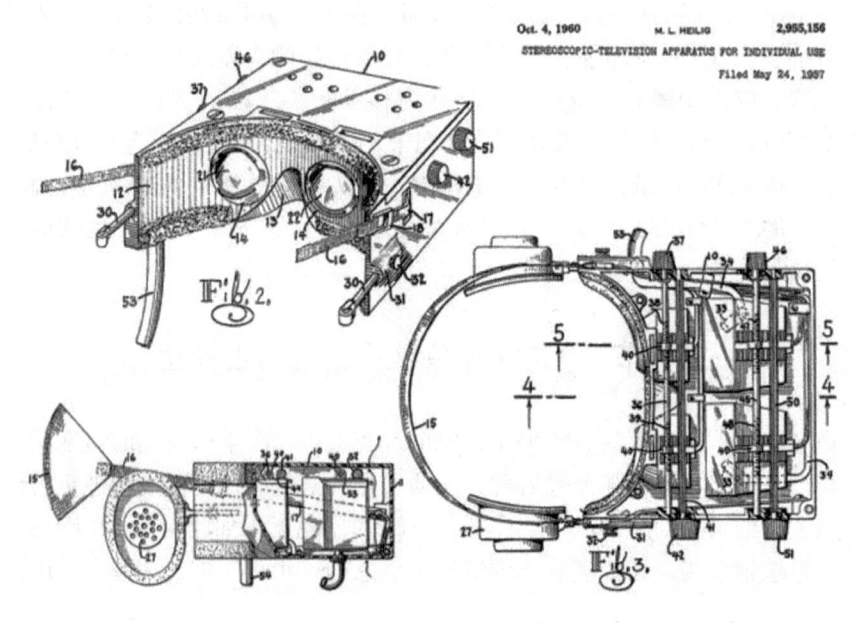

图1-4 莫顿·海利希设计的原型图

莫顿·海利希进一步将构想付诸了行动。当大部分人还在使用黑白电视的时候，他成功造出了一台能够正常运转的沉浸式3D视频机器。这是一款超越时代的设备，它能让人沉浸于虚拟摩托车上的骑行体验，感受声响、风吹、振动和布鲁克林马路的味道。可惜天不遂人愿，这款3D视频机器并未引起轰动，甚至连太多的关注都未曾获得。以至于莫顿·海利希在 1962 年的专利用途描述中，大费周章地描述了他的发明的可能用途和收益，他坚信虚拟现实具有巨大的商业潜能，甚至大胆地预测自己的发明将用于训练军队、工人和学生，"现今，不遭受特定场景存在的风险，就让个人身体得到良好训练，这种训练方式的需求越来越大"。

距离"新世界"又过了 31 年，1963 年，一位名叫雨果·根斯巴克（Hugo Gernsback）的科幻作家在杂志《Life》中对虚拟现实设备做了进一步的设想，可能你对这个名字稍感陌生，但一定对中国作家刘慈欣凭借《三体》获得雨果奖这则消息十分熟悉，没错，此雨果就是彼雨果，其被誉为科幻杂志之父，他在作品中将虚拟现实头戴设备的构想进一步具体化，如图 1-5 所示。在雨果的作品中，VR 设备不仅有了概念图，还有了名字——Teleyeglasses，当然这是一个再造词，由电视+眼睛+眼镜组成，顾名思义，就是戴在眼睛上的电视设备。虽然这款出现在杂志中的头戴显示设备并没有设计出真正的产品，但是为了给读者带来更直观的体验，图中的头戴式电视设备还具体化了正面的几个旋转式按键，以及接收信号用的两根长长的大天线。

图 1-5　雨果·根斯巴克所构想的虚拟现实头戴设备——Teleyeglasses

二、达摩克利斯之剑

虚拟现实头戴显示设备真正第一次出现是在《美丽新世界》出版之后 30 多年。这短短 30 年间，人类迎来了翻天覆地的第三次科技革命，这次科技革命极大地推动了电子计算机技术的发展。也就是在这次爆炸性的科技进步中，虚拟现实技术诞生了。

1965 年，麻省理工学院的博士研究生伊凡·苏泽兰（Ivan Sutherland）发表了一篇名为《终极显示》（The Ultimate Display）的论文。首次描述了把计算机屏幕作为观看虚拟世界窗口的设想，被公认为虚拟现实技术史上的里程碑。虚拟现实技术作为汇集各种高新技术的交叉学科，是伊凡·苏泽兰"站在巨人肩膀上"的成果，这篇论文把五年前立克里德的"人机交互"思想又大大推进一步，提出要把计算机的显示屏幕作为一个"观看虚拟世界的窗口"。苏泽兰指出，我们生活在一个物理世界中，通过感觉与物理世界相联系，能感知物体的质量、形态、颜色等，但是人体感觉器官的感知能力有限，几乎无法察觉物理世界的很多细微之处，比如作用在电荷上的力、非均匀场中的力、非投影几何变换的效果、低摩擦的运动等。然而我们现在可以通过计算机来感知这些日常无法感知的东西❶。

就像许多伟大的定律（牛顿三定律、热力学三定律、生物遗传学三定律）都与3这个神奇的数字有关一样，苏泽兰定义的终极显示器同样包含三点：①通过头戴显示设备可以展现3D的视觉和声音效果，能够提供触觉反馈；②由计算机提供图像并保证实时性；③用户能够通过和现实相同的方法与虚拟世界的物体进行互动。这就是沿用至今的虚拟现实三定律。基于理论，苏泽兰设想：终极显示能够展示一个虚拟的房间，可以通过计算机选择房间中出现的一切东西，而在这房间中出现的一切都能带给你逼真的感受，有触感的座椅、能感受到被铐住的手铐，甚至能感受到"致死打击"的子弹，"只要用适当的程序，这样一种显示可能创造出文学中爱丽丝漫游的奇境"。这一计算机上的"奇境"就是我们现在熟悉的"虚拟现实"。1968年，伊凡·苏泽兰与他的学生制造了第一台与计算机连接的、真正意义上的头戴显示设备，如图1-6所示，而他本人也被称为虚拟现实之父。但是因为当时制造工艺和技术的限制，这款"头戴"显示器的质量和体积是不便"头戴"的。如此沉重的设备只有通过天花板连接的支撑杆悬挂固定才能正常使用，而其独特的造型也被用户们戏称为悬在头上的"达摩克利斯之剑（The Sword of Damocles）"❷。不过考虑到这款头戴显示设备所处的20世纪60年代还未发明微处理器，再对比一下那重达30t的初代计算机，这柄"达摩克利斯之剑"似乎也显得没那么笨重了。

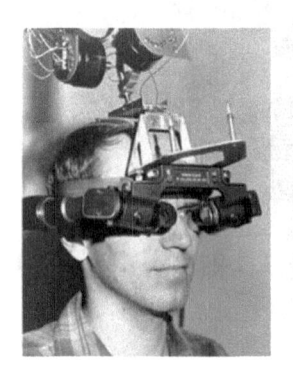

图1-6 "达摩克利斯之剑"

虽然"达摩克利斯之剑"更多是作为实验性的前瞻型科技产物，但是它第一眼看上去与今天的VR设备已经非常相像了。局限于当时计算机的处理能力以及极为有限的图像处理性能，这款初代头戴显示设备只能在每只眼睛中显示非常原始的、由线条构成的房间和物体。不过这已经历史性地实现了让观众在立体三维中看计算机场景，为VR技术的理论实践画上了一个圆满的句号。自此开始，虚拟现实技术和头戴显示设备开始飞速迈向了市场应用的新阶段。

---

❶ 肖征荣，张丽云. 智能穿戴设备技术及其发展趋势［J］. 移动通信，2015，39（5）：9-12.
❷ 徐迎阳. 可穿戴设备现状分析及应对策略［J］. 现代电信科技，2014（4）：73-76.

三、军事领域崭露头角

任何概念式科技产品最先都会登陆代表人类最高精尖的航天领域,虚拟现实设备也不例外。作为虚拟现实技术研究的发源地,美国政府大力资助了虚拟现实技术的研发,并率先将其应用于军事领域。1973~1979 年,美国海军有 500 架 F-411 "鬼怪"战斗机的飞行员在使用霍尼韦尔公司生产的头戴显示设备。这种第一代头戴显示设备的性能较为简单,仅能显示目标方位,视场仅有 3°~6°。20 世纪 80 年代,苏联空军也为其"米格-29"战斗机装配了简单的头戴显示设备。另外,以色列空军在研制"怪蛇 4"近距空空导弹的同时,也开始了头戴显示设备的研制。从 1986 年开始,以色列空军战斗机上就配备了 DASH 头戴显示设备,这使其成为装备头戴显示设备为数不多的国家之一。这种第二代头戴显示设备相比第一代有所进步,除了能显示目标方位等数据以外,还能够显示常用的导航数据和飞行数据,其视场已经达到了 20°;不过,第二代头戴显示设备大多数为单目头戴显示设备,适用范围有限。随着当代微电子、液晶和超大规模集成技术的不断创新和发展,新一代头戴显示设备已经研制成功,并陆续开始装备部队。新一代战斗机,包括"台风""F-22"等都将头戴显示设备作为其标准装备,除此之外,一些新兴的武装直升机也开始配备头戴显示设备。以美国空军的"联合头戴显示系统"为代表的第三代头戴显示设备具有 40°以上的视场,采用高分辨显示技术,不但能在护目镜上显示平视显示器上显示的全部数据,而且还能显示夜视器材或者红外成像器材中的图像或者视频信号。头戴显示设备更直观地将飞机的飞行态势反馈给飞行员,极大地提高了人机协调作战能力,促进了世界范围内研究经费的流入,推动了头戴显示设备的技术进步❶。

1985 年,VIVED VR 头戴显示设备已经正式投入美国宇航局(NASA)服务,其作用是通过 VIVED VR 训练增强宇航员的临场感,使其在太空能够更好地工作。这款虚拟现实头戴显示设备无论是命名、设计以及体验方式都与现在的 VR 头戴显示设备差别不大。如图 1-7 所示,VIVED VR 这款头戴显示设备,配备了一块中等分辨率的 2.7in 液晶显示屏,并结合实时头部运动追踪。宇航员在进行航天任务时,在失重环境下一般难以控制漂浮的身体和物体,因此在执行太空作业时,翻看技术手册会非常麻烦。头戴显示设备为宇航员提供了一个显示信息的虚拟屏幕,可以接收各种任务信息,查看技术手册,提高工作效率。NASA 宇航员就曾借助头戴显示设备完成了为期 340 天的国际空间站任务。

在训练宇航员之余,NASA 将头戴显示设备应用在了虚拟行星探索项目(VPE),如图 1-8 所示,这一项目通过头戴显示设备,能在虚拟的宇宙中通过"虚拟探索者"来考察遥远的星球,他们的第一个目标是火星,未来的目标自然是宇宙中更加遥远的领域。现在 NASA 已经建立了航空、卫星维护 VR 训练系统和空间站 VR 训练系统,并且已经建立了可供全国使用的 VR 教育系统❷。

---

❶ 张阿维,王浩. 可穿戴设备的应用现状分析和发展趋势的研究 [J]. 中国新技术新产品,2016 (4):15-16.
❷ 侯云仙. 可穿戴设备市场发展将呈六大趋势 [N]. 中国计算机报,2016 (1).

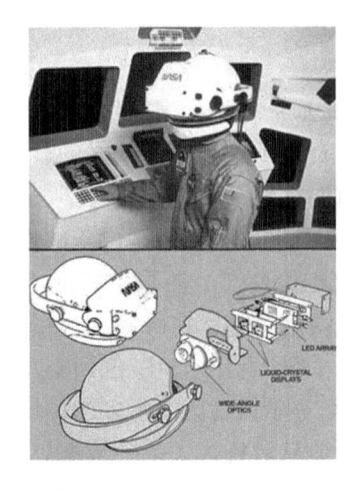

图 1-7　为 NASA 服务的
虚拟现实设备 VIVED VR

图 1-8　NASA 的虚拟行星探索

四、"黑暗的中世纪"

在军事上获得成功之后，为了将头戴显示设备推向民用市场，虚拟现实领域有许多科学家相继投入研究，不少知名企业也对 VR 产品进行尝试。著名的游戏公司雅达利在 1982 年已开始推进有关虚拟现实的街机项目；美国 VPL Research 公司的创始人、著名的计算机科学家杰伦·拉尼尔（Jaron Lanier），在 1987 年利用各种组件"拼凑"出第一款真正投放市场的虚拟现实商业产品，如图 1-9 所示，这一套超时代的黑科技包括：数据手套（Data Glove），有点像现在的 VR 手套；眼睛电话（Eye Phone），这是第一款商业意义的 VR 头盔，能够提供 2.7in 的屏幕，每只眼睛的分辨率为 184×138；环绕音响（AudioSphere），一个实时制造环绕声的系统；Issac，世界上第一个 3D 引擎；Body Electric，第一个为 VR 打造的操作系统。

图 1-9　杰伦·拉尼尔和他的黑科技

有没有一种瞬间变身蝙蝠侠的酷炫效果？可惜光眼睛电话就贵达 9000 多美元，并且重达 2.4kg……好吧，即使这样也是有人买的！不要小看了当时的极客们的赤诚之心！

但是由于早期技术的局限性，虚拟现实设备普遍存在时延问题，而该时延问题会产生强烈的晕眩感。试想一下，你刚刚开始使用一款花了大价钱买来的 VR 游戏设备，3~5 分钟后，你的大脑立刻用强烈的晕眩感警告你，请立即脱离目前的状态。更糟糕的是，倘若你挑战大脑的防沉迷系统坚持游戏，随着晕眩感而来的就是疲劳、呕吐等症状，并根据使用者的不同体质持续数十分钟甚至数小时。而从生理学角度出发你只能通过三种方式解决这种由虚拟现实交互产生的晕眩感：切除前庭，你永远也感受不到速度和自己身体状态的变化了；吃药，除了 VR 设备，再配套购买一批专用的 VR 晕眩药，每次玩游戏前吃一颗；电击，据说通过电击刺激前庭，能消除这种晕眩感，欢迎你来做第一批小白鼠。好吧，逻辑确实有点滑稽，为什么用户会愿意吃药，甚至遭受电击或者动手术来玩 VR 游戏？

人类进步的道路上从来没有过一帆风顺的时候，技术、价钱等诸多问题挡住了头戴显示设备迈向民用市场之路，却没能阻挡各大企业对虚拟现实设备探索的热情。20 世纪 80 年代末，任天堂公司尝试着推出了 Famicom 3D System 眼镜，使用主动式快门技术，通过转接器连接任天堂电视游乐器使用，比其最知名的 Virtual Boy 早了近十年。可惜这款 3D 眼镜仅仅支持 6 款配套游戏，并且使用时间稍长就会出现不适感。之后问世的任天堂 Virtual Boy，可以算是任天堂旗下最具革命性的产品，可惜这款革命性产品由于过于前卫以及显示技术的缺陷，再次向市场发起挑战也同样未能获得市场的认可。1990 年，一家小型的英国公司 W. Industries 的虚拟现实设备声名鹊起，该系统包括头戴显示设备、仿真数据头套、追踪系统，并配备有相关的游戏软件；1998 年，索尼推出了一款类虚拟现实设备，之所以称之为类虚拟现实设备，主要原因在于它是一款具备模拟的 30in 的屏幕视图、800×600 的分辨率，再加上立体声的头戴式显示器，还达不到所谓的沉浸式体验。飞利浦和 IBM 等大企业也均在 VR 领域进行了探索。

"这是一个最好的时代"，雅达利、索尼、飞利浦和 IBM 等知名企业纷纷向虚拟现实技术投入了资金，相继发布了自己的头戴设备。"这也是一个最坏的时代"，从整体上看，这段时间的所有相关产品都仅限于相关的技术研究，由于缺乏硬件设备、配套软件等技术的足够支持，这些企业并没有生产出能真正交付到使用者手上的产品。或许是头戴显示设备还属于黑科技产品，过于小众，而虚拟现实技术相对于其必要的技术支撑又太过超前，VR 头戴显示设备依然像一块璞玉，等待着工匠的精雕细琢。

五、进入新纪元

AR/VR 头戴显示设备的"黑暗时代"并未持续太久，进入新千年后，无论是沉浸感还是屏幕技术都有重要突破，阻挡头戴显示设备进入消费市场的寒冰逐渐融化。1995~2005 年，美国的 High Technology 公司推出了几款普通消费者可以买得起的头戴显示设备，包括 VFX1、VFX3D、VP920 等，其中 VP920 仅售价 400 美元，能够直接连接 DVD、Xbox，计算机也能作为显示器，像素也提高到了 640×480，不过未配备追踪系统。世嘉游戏公司为这款头戴显示设备提供了不少高适配性的游戏。现在的头戴显示设备市场上依然可以购买到这款头戴显示设备。随着 VFX 系列的成功，其他各式各样的头戴显示设备如雨后春笋般进军消费者市场。比较知名的有 2005 年 eMagin 推出的 Z800 3D

眼镜和2006年美国视尊公司推出的Headplay PCS（Personal Cinema System，个人影院系统）。不过2005~2010年，头戴显示设备主要还是以挖掘用户需求、构建生态系统为主，产品同质化严重，产品之间技术优势不明显。

　　直到谷歌眼镜和Oculus Rift的出现，虚拟现实和增强现实再次引领了新一轮的关注。谷歌眼镜（Google Project Glass）是谷歌公司于2012年4月发布的一款增强现实型穿戴式智能眼镜。和之前长得各式各样的"黑科技"头戴显示设备比起来，谷歌眼镜看上去就真的只是一个眼镜。这里就不得不提到动画片《名侦探柯南》了。该动画片中的主角柯南借助一副高科技嫌犯追踪眼镜破案，这副眼镜具备实时追踪、窃听、夜视、望远镜等功能，而且这些神奇的功能只需要通过按压一下眼镜架上的一个小小按钮就能实现。谷歌眼镜就在向这样一副神奇的眼镜前进。如图1-10所示，这款谷歌眼镜集智能手机、GPS、相机于一身，在用户眼前展现实时信息，只要眨眨眼就能拍照上传、收发短信、查询天气路况等。用户无须动手便可上网冲浪或者处理文字信息和电子邮件，同时，用户可以用自己的声音控制拍照、视频通话和辨明方向。兼容性上，谷歌眼镜可同任一款支持蓝牙的智能手机同步。其主要结构包括：在眼镜前方悬置的一台摄像头和一个位于镜框右侧的宽条状的计算机处理器装置，配备的摄像头像素为500万，可拍摄720P视频。镜片上配备了一个头戴式微型显示屏，它可以将数据投射到用户右眼上方的小屏幕上。显示效果如同2.4m外的25in高清屏幕。还有一条可横置于鼻梁上方的平行鼻托和鼻垫感应器，鼻托可调整，以适应不同脸型。在鼻托里植入了电容，它能够辨识眼镜是否被佩戴。电池可以支持一天的正常使用，充电可以用Micro USB接口或者专门设计的充电器。根据环境声音在屏幕上显示距离和方向，在两块目镜上分别显示地图和导航信息。谷歌眼镜的质量只有几十克，内存为682MB，使用的操作系统是Android 4.0.4，版本号为Ice Cream Sandwich，所使用的CPU为德州仪器生产的OMAP 4430处理器。这块晶片2011年曾被用在摩托罗拉生产的两款手机Droid Bionic和Atrix 2上。音响系统采用骨导传感器。网络连接支持蓝牙和Wi-Fi-802.11b/g。总存储容量为16GB，与Google Cloud同步。配套的MyGlass应用需要Android 4.0.3或者更高的系统版本；MyGlass应用需要打开GPS和短信发送功能。

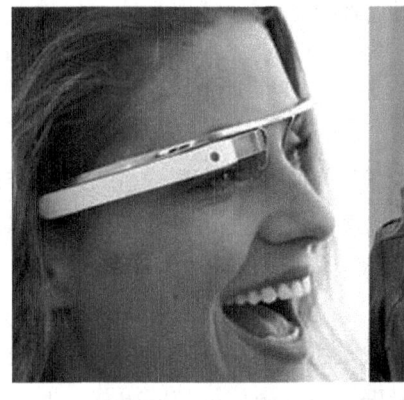

图1-10　谷歌眼镜

谷歌眼镜同样遇到了技术上的瓶颈：为满足高速度数据处理、高质量图像处理等功能，谷歌眼镜目前还不可能像普通眼镜那样轻便，而从图1-10中也能直观地感受到，这款谷歌眼镜基本与传统眼镜的美学、时尚绝缘。更因为技术受限，谷歌眼镜售价高达1500美元，超过了普通消费者可以承受的极限。当然谷歌眼镜并非一败涂地，虽然面对普通消费者失败了，但是它在辅助教学、远程医疗、提供复杂机械加工组装的技术支持等领域依然找到了用武之地。谷歌和这款增强现实型穿戴式智能眼镜打开了AR/VR头戴显示的一扇大门，无论是从技术还是目标受众上，都给了我们前进的启示和方向。

Oculus Rift头戴显示设备是一款基于PC平台为电子游戏设计的头戴显示设备，也是第一款立足于普通消费者的头戴显示设备。如图1-11所示，这款头戴显示设备具有两个目镜，每个目镜的分辨率为600×800像素，双眼的视觉合并之后便可实现1200×800的高分辨率，足以适用于目前主流的PC游戏。另外，借助机身内置陀螺仪，可以跟踪回应使用者的头部运动从而智能调节视角，有效地解决了一般VR头戴显示设备给使用者带来的晕眩感。同时，由于使用了对角线110°、水平视角90°的极广视野覆盖，戴上设备后不会有在黑暗中看小屏幕的感觉，几乎没有屏幕的概念，可以实现真正沉浸式体验，使得玩家们能够身临其境。设备支持方面，开发者已有Unity3D、Source引擎、虚幻4引擎提供官方开发支持，可以通过DVI、HDMI、Micro USB接口连接计算机或游戏机。Oculus Rift既然面向普通消费者，自然不会把野心束缚在PC游戏平台。随着越来越多的软件厂商开始注意到这款头戴显示设备能够带给人身临其境的效果，各领域的应用软件也随之被开发出来。在建筑设计领域，VR技术能够准确地呈现建筑的缩放比例，设计师可以在整个建筑环节——设计、预前可视化、工程到视察的任何时候通过Oculus Rift了解任何场所的实际效果。而准确呈现缩放比例的建筑、沉浸式的体验，又能将世界各大风景名胜展现在你的眼前、"脚下"，使人足不出户就能旅游观光。此外，Oculus Rift还能应用到更为广泛的领域，包括电影、医药、空间探索以及战场上。

图1-11 Oculus Rift

六、百花齐放的"VR元年"

在2016年国际消费电子展（CES）上，智能手机默默退场，全球科技最亮眼的明星变成了虚拟现实。Facebook、谷歌、奥林巴斯、三星、索尼、HTC和微软等巨头一字排开，纷纷亮出自己的头戴显示设备，争先恐后地希望把你从现实的空间拉入虚拟的幻境。而国外网友也整理出了 2015~2016 年虚拟现实技术的生态系统图❶。

如图 1-12 所示，围绕着虚拟现实技术的产业链包括多个环节，不仅是全球的巨头企业，各种各样的服务商覆盖了许多行业，包括硬件、辅助设备、各类应用和服务厂商，各自的关系有竞争、有互补、有合作，环环相扣。科技大厂的投资大量涌入，就是为了在新时代抢占一个有利的位置。"VR 元年"，它来了。

图 1-12 虚拟现实技术的生态系统

如图 1-13 所示，著名日本镜头厂商奥林巴斯发布了一款超小型头戴式显示器 MEG4.0。在光学技术领域颇有研究的奥林巴斯将其独家绝活——瞳分割穿越光学技术应用在了头戴显示设备上，使得显示器在使用时并不遮挡外界视野。这款头戴式显示器支持蓝牙技术，可与智能手机等设备无线连接。奥林巴斯 MEG 4.0 为眼镜样式，除镜片部分的显示器本体长度为 196mm，质量仅 30g。考虑到日常生活使用方便，显示器本体和镜片可方便地拆卸分离。显示面板的高利用光效率也使得该设备可在低功耗下维持高亮度——10~2000nits。具体硬件规格方面，奥林巴斯 MEG 4.0 的分辨率为 320×240（QVGA），依使用频率不同续航最高可达 8h（连续不断使用为 2h），通信规格为蓝牙 2.1，此外还集成有方位/加速度传感器可与 GPS 联合使用扩展应用范围。

---

❶ 温广新，李红. 浅谈可穿戴智能设备市场和技术发展研究［J］. 数字技术与应用，2016（2）：233.

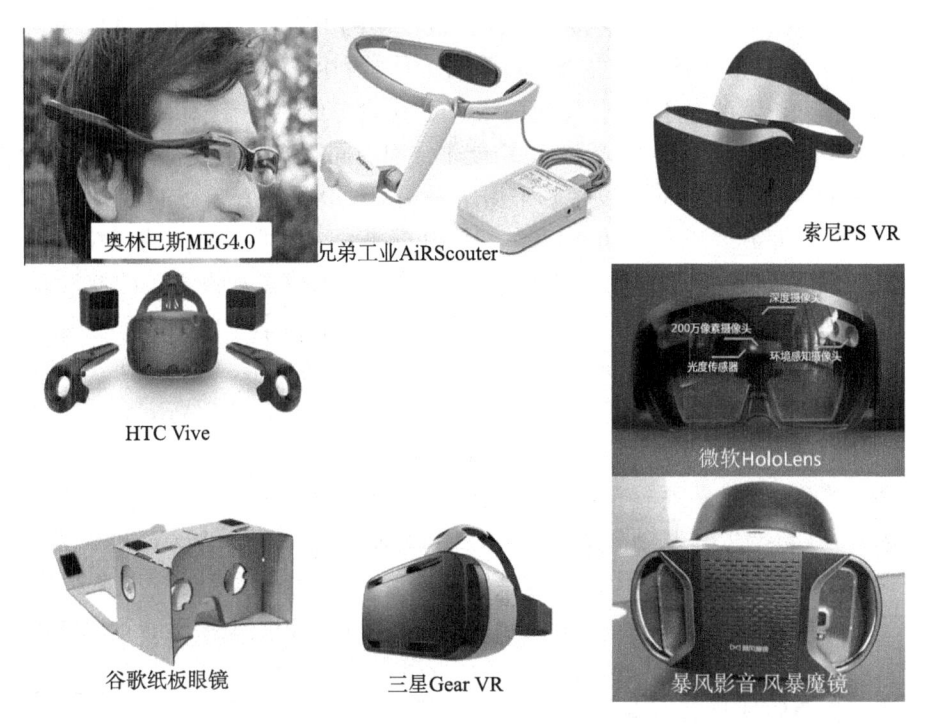

图1-13 百花齐放的VR头戴显示设备

日本兄弟工业公司从应用领域出发,于2015年7月13日推出了头戴显示设备"AiRScouter"的新机型"WD-200A""WD-250A"。新产品以2012年上市的"AiRScouter WD-100"为基础进行了改进,强化了功能,分别面向制造业和面向医疗领域,可以通过显示器显示相关信息来协助工作。这款AR头戴显示设备具有固定于作业者头部的头箍,戴上后不易偏斜和滑落;位于左眼前方的小型显示屏的位置可手动调整,并根据实际视野轻松调整图像焦点等特点。显示面板的像素数为1280×720。该显示屏的图像视觉距离可在30cm~5m的范围内调节(焦距调节功能)。例如在组装作业中,如果眼睛与组装部件的距离为50cm左右,那么显示屏也可事先设定为相当于在50cm远显示的状态。这样一来,佩戴者将视线从显示屏上的图像移至实际视野中的组装部件时,无须改变眼睛的焦点,可减少用户的负担。小型显示屏外侧设有用来调整图像距离的旋钮。

索尼作为电子游戏领域的巨头之一,坐拥无数游戏粉丝,直接基于游戏主机PS4平台推出了一款与之配套的游戏头戴显示设备:PS VR,给广大游戏玩家带来了新的体验。PS VR利用PS Camera追踪头部位置。输入利用PS4用控制器"DUALSHOCK 4",还可以利用"PS MOVE动作控制器"检测手部动作和位置。PS VR适合只需检测头部位置的内容。此外,PS VR采用近似遮阳帽的设计,圆环头箍比显示器的部分还重,为的是将重量移到额头,同时后部的负重也用于保持平衡。有别于其他头戴显示设备采用棉等不透气的材质,PS VR护目镜贴合人脸的部分采用有一定弹性的橡胶,适合长时间使用。

我国台湾HTC选择了强强联合,与美国著名电子游戏公司Valve联合开发了一款头戴显示设备 Vive。Vive 是一款连接个人计算机使用的 HMD，在 Valve 的 SteamVR 提供的技术支持下，已经能够让用户在 Steam 平台上体验利用 Vive 功能的游戏了。Vive 标配检测手部动作和位置的专用控制器，通过以下三个部分给使用者提供沉浸式体验：一个头戴显示设备、两个单手持控制器、一个能于空间内同时追踪显示器与控制器的定位系统（Lighthouse）。HTC Vive 开发者版采用了一块 OLED 屏幕，单眼有效分辨率为 1200×1080，双眼合并分辨率为 2160×1200。2K 分辨率大大降低了画面的颗粒感，用户几乎感觉不到纱门效应。并且能在佩戴眼镜的同时戴上头戴显示设备，即使没有佩戴眼镜，400 度左右近视依然能清楚看到画面的细节。画面刷新率为 90Hz，不会觉得恶心和眩晕。控制器定位系统 Lighthouse 采用的是 Valve 的专利技术，它不需要借助摄像头，而是靠激光和光敏传感器来确定运动物体的位置，也就是说 HTC Vive 允许用户在一定范围内走动，这是 HTC Vive 相比于其他头戴显示设备的亮点。

软件大魔王微软也进军了头戴显示设备领域。基于 Windows Holographic 微软全息技术开发的 HoloLens，是一款独立使用的 AR 头戴显示设备，搭载 Windows 10 系统，传感器由陀螺仪、磁强仪、6 个摄像头（包括深度摄像头）、红外发射、位置红外定位灯及光线传感等组成。这款头戴显示设备与众不同的地方在于，它渲染出的各种全息影像能和用户互动，用户戴上 HoloLens 之后，能在屏幕上看到自己的第一视角，又会在屏幕之外以第三视角俯视自己所有的行为动作，并且可以与之互动，实现并结合了 AR 与 VR 两种设备的全部效果。HoloLens 前端为一块塑料材质的弧面有色保护镜，可以减少外界环境光对显像的影响，并保护里面的光导透明全息透镜。黑色镜片上包含了透明显示屏，并且立体音效系统的嵌入，给用户提供来自周围全息景象中的声音。HoloLens 的深度摄像头的视角达到 120°×120°。内置的各个传感器给设备提供与环境、深度的感知和追踪用户的手部和头部动作产生的相关数据，数据全都由机载的 CPU、GPU 和首创的 HPU（全息处理单元）进行处理。保护镜后是 2 片光导透明全息透镜，透镜斜上方搭载 2 个 DLP 模块，DLP 模块发射的光通过光导透明全息透镜反射到人的视网膜中，从而形成图像。其成像原理和战斗机上应用的衍射式平显技术一样。

谷歌纸板眼镜、三星 Gear VR、风暴魔镜没有把目光局限在头戴显示设备整机上的竞争，而是另辟蹊径地推出了采用手机作为显示屏的头戴显示设备。谷歌展示了一款虚拟现实"眼镜"Cardboard，在一个硬纸盒里面内置了一副镜片，使用者只要将自己的智能手机放到里面，就能体验虚拟现实。它是 Gear VR 以及风暴魔镜等很多 VR 眼镜的原型。谷歌纸板眼镜兼容大部分 Android 手机以及 iPhone，具有广泛的应用资源，能够以最低的成本实现入门级虚拟现实体验。Gear VR 是韩国三星电子与美国 Oculus VR 共同开发的 HMD，安装三星的智能手机使用。利用机身侧面的触摸板输入，还可以使用蓝牙连接的控制器。虽然不具备位置追踪功能，但无须与个人计算机等连接，可以无线使用。风暴魔镜是暴风影音正式发布的一款虚拟现实头戴式显示设备，使用时需要配合暴风影音开发的专属魔镜应用，能在手机上实现 IMAX 效果。风暴魔镜采用悬挂式结构，让头部承担整个产品重量，减轻面部的压力，球面镜采用 FOV 96°镜片，在提高镜片解像力的同时增大了镜片中心的清晰区域、减少边缘模糊，从而减少眩晕；前盖使用开放式设计，改善散热效果，并且用户还能选配散热风扇；具有对称式瞳距调节。风暴魔镜前盖打开后可以放入手机，除了主体外，还配备蓝牙遥控器。

随着各大厂商多年的努力研究和资金投入，新阶段的头戴显示设备拥有更亲民的价格和更好的用户体验。根据市场调查数据，2015年VR产业的市场规模为7.7亿美元，而2016年VR产业的市场规模约为56.6亿美元，预计虚拟现实产业2025年将形成高达650亿美元的市场。随着近年GPU和OLED显示屏幕的快速发展，以NVIDIA和三星为首的底层硬件已经为头戴显示设备的更新换代做好了准备。虽然AR/VR头戴显示设备仍然处于萌芽阶段，听觉、味觉、嗅觉设备还未成熟，与虚拟世界的交互性仍然有待提高，人工智能等方面的效果也不太令人满意；但是虚拟和现实之间的通道正在通过头戴显示设备形成，人类突破生理上的限制，跨越时间和空间来认识世界、了解世界的时代即将到来❶。

第二节 走进AR/VR的新生活

一、军事演练

普通人说起AR/VR，可能最先想到的还是利用AR/VR观看全景视频或者进行AR/VR游戏。但是对于最早研究AR/VR的从业者来说，在军事领域里，AR/VR的作用比大家想象中的还要重要得多，因为这是关乎一个国家强大与否的重要因素。众所周知，战争对科技发展往往有非常重要的促进作用。在很多科技产品上，军用技术都会领先民用技术10年以上，AR/VR技术也不例外。军用AR/VR头戴显示设备正是现在各种头戴显示设备的鼻祖，而最早的VR技术也是军用科技❷。

头戴显示设备改善了人机接口，改变了新时代的空中格斗方式，解决了单一飞行员以往在作战时，盯住目标的同时还需观察显示器上重要战术信息的矛盾。这样，在严峻的战场环境中，头戴显示设备能将重要的信息显示在头盔的显示器上，飞行员无需在作战时观察仪表，只需通过头戴显示设备观察外界，便可随时获取重要的作战信息，快速准确地掌握战场实时态势。另外，头戴显示设备还能和近距格斗空空导弹交联，导引头处于隧洞状态，真正实现了看哪飞哪，看哪打哪；并且，飞行员只需要关注护目镜上的数据，真正地从复杂的仪表操作中解放出来。在飞行器速度越来越快、传统机载显示装置已经无法适应现代化空战的今天，头戴显示设备的出现解决了这个难题。

头戴显示设备是将微型显示器的影像通过光学系统放大，使其直接呈现在使用者眼前的先进装备。它是一种综合光电系统，一般由以下几个部分构成：图像信息显示源、光学成像系统、定位传感系统、电路控制与连接系统、头盔与配重装置和袖珍式计算机等，如图1-14所示。对于机载头戴显示设备，当其工作时，首先由战斗机外设、火控计算机及图像信息显示源产生一些重要的数据和信号（如飞行数据，搜索、跟踪、瞄准

---

❶ 李东方. 中国可穿戴设备行业产业链及发展趋势研究 [D]. 广州：广东省社会科学院，2015：28-30.
❷ 朱婧. 国内外可穿戴行业发展动态与趋势 [J]. 广东科技，2015，24 (14)：9-12.

和发射等信号），然后通过内部的成像光学系统将这些数据和信号准直后投射在组合玻璃（合成器）上，显示至无穷远处，便于飞行员观察，飞行员通过头戴显示设备所观察到的示例信息如图 1-15 所示。

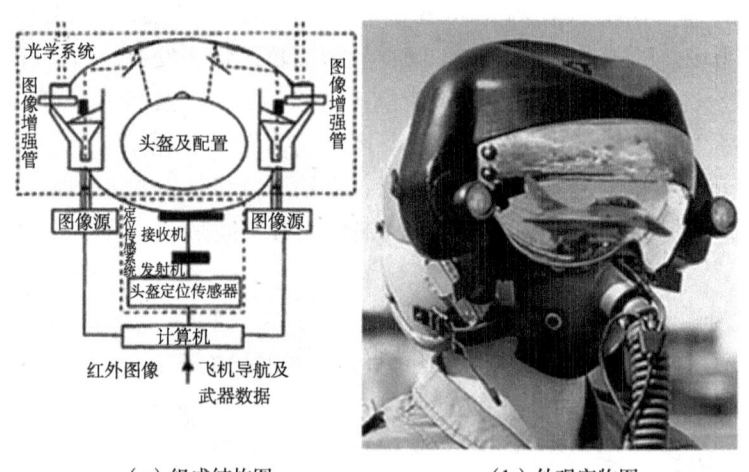

(a) 组成结构图　　　　(b) 外观实物图

图 1-14　头戴显示设备结构图

图 1-15　飞行员通过头戴显示设备所观察到的示例信息

AR/VR 能模拟出真实的物理情况，除了实战中采用头戴显示设备辅助作战外，有了虚拟现实的帮助，还能够帮军事专家轻易实现很多设想。士兵无须在战场上出生入死以换取重要的测试数据，训练时无法进行的实战演练也可以通过虚拟现实技术呈现真实的反恐场景。这使得 AR/VR 头戴显示设备广泛应用在军事、反恐训练中，并取得了异常显著的成效。

高级模拟和训练软件开发商——波西米亚互动模拟公司（BISim）利用增强和虚拟现实技术推出了一款军事训练模拟器 VBS Blue IG。BISim 在运用增强和虚拟现实技术进行互动模拟实验已有很多的从业经验了，其目的是加强对军事人员的培训。VBS Blue IG 是 BISim 发布的第二款主要产品，支持全球的地形，并有高精细的地形渲染，将视频游戏技术与其军事客户的需求相结合，开发出多功能培训产品，已被美国海军和 AR 飞行模拟用作飞行和机组人员训练器。通过虚拟现实技术进行的军事训练，可以降低训练成本，提高训练员的熟练程度，从而在各方面给美国海军带来收益。预计未来该软件将用于可视化和演练复杂的联合军事行动。

澳大利亚维州警方打造高科技培训中心，让警员学习如何利用 VR 技术处理突发的恐怖袭击，打击潜在的恐怖分子和袭击者。该高科技培训中心位于维州警方的 Glen Waverley 培训学院，主要通过 VR 技术模拟枪手、主动射击和绑架人质。在计算机环境中，参与行动的警员和指挥者可根据场景，训练和培训参训人员的反应速度和决策能力，使得现实中遇到绑架或袭击案件时能够应对自如。美国 FBI 和英国国防部警察都在使用这一培训系统。此外，墨尔本一些企业和政府机构也正在使用 VR 技术提高员工应对恐怖袭击的能力。

加拿大军队用虚拟现实模拟装甲部队训练，提高士兵之间的协同能力。加拿大第四大城市卡尔加里的军队通过虚拟现实装备让士兵们坐在一起，合作驾驶军用装甲车。指挥中心将常规和预备役成员召集到一起执行训练计划，在那里士兵们用耳机、方向盘和虚拟仿真屏幕执行现场任务。虽然整个训练场景看上去就像很多人聚集在一起打电子游戏，但是训练中士兵们各司其职，努力地配合在一起，完成训练任务。指挥官表示，这次活动聚集了不同层次的加拿大军队，初衷是为他们提供实战演习所必需的工具和技能。

财大气粗的美军日常训练中，射击场所通常都供应实弹，各种轻武器的弹壳往往堆积如山，但是美军开始测试 AR 枪械系统，使用 AR 来提高其枪手射击的反应速度和精确度。根据美国国防系统（Defense Systems）的一份报告，海军会在 2017 年 6 月的"三叉戟勇士（Trident Warrior）"行动中试用一个 AR 头盔。这是一个统一的 AR 枪械系统——GunnAR，这个系统能让准备射击的枪手接收到来自联络员的命令以及武器系统数据。该软件还能在目标上覆盖图像以识别目标的性质和位置，同时发出诸如"发射"和"停火"之类的书面命令。该系统最初只是美国海军驱逐舰教官罗伯特·麦克伦宁格（Robert McClenningor）少尉的想法，但是混合现实的战斗空间开发实验室主管海蒂·巴克（Heidi Buck）帮助将其从概念转变为现实。她说 AR 头盔可以解决战斗中出现的通信问题。当这个头盔出现在 WEST 2017 海军会议上时，不少优秀的士兵发现这对实践有帮助。

二、医疗模拟

AR/VR 技术在医疗领域潜力巨大，头戴显示设备给传统医疗带来了技术上的突破，在外科手术中模拟手术场景，能够提高医生手术水平，提高医生面对真实手术环境时随机应变的能力；在临床诊断方面利用三维重构技术建立虚拟内镜的模型，为诊断提供良好的实验环境；通过远程干预使得远程的专家能够及时地给予手术室中的外科医生技术支持；通过虚拟现实训练还能给患者带来治疗上的帮助。

英国《科学报告》杂志发布的一份研究报告显示，虚拟现实技术有助于长期瘫痪的患者康复。大部分长期瘫痪的患者会逐渐"忘记"走路的感觉，但是在患者佩戴头戴显示设备后，VR 技术能够虚拟出一个健康的环境，在该环境中，患者能够通过大脑控制自己行走，从而刺激神经系统辅助治疗。参加研究的 8 名患者中，有 7 位是脊髓以下完全瘫痪的,然而在为期12个月的康复训练之后,所有患者的自发肌肉功能都有所恢复,并且对触觉和疼痛都有了感受。其中,4名之前被诊断为完全瘫痪的患者现已"升级"为不完全性截瘫。在心理治疗方面,虚拟现实技术也同样起到了很好的效果。通过虚拟现实技术,医生可以根据患者的实际情况,设计对应的虚拟现实环境来辅助治疗。针对不同的患者所面临的心理创伤,医生创建个性化的虚拟现实世界,结合自身情况以及患者的反应随时调整环境,大大地改善了治疗效果。

除了辅助患者进行治疗外,虚拟现实也能给医生带来直接的帮助。据美国消费者新闻与商业频道报道,来自加利福尼亚州贝弗利山的著名疝气专家希尔林·特菲博士利用虚拟现实技术直播疝气手术。不同于普通的视频直播,将虚拟现实技术应用在直播上,能够完美地展现出一个真实的手术场景,除了给观众带来身临其境的感觉外,观看直播的医生还能够从自己需要的视角去学习专家如何进行手术。这样不仅能将操作过程与外科手术教学结合,同时也有助于实现医疗手术信息的互联共享。此外,外科医生还可以借助虚拟现实装备从多个角度近距离观察病灶,深入了解情况,确定潜在风险,为复杂高危的手术做充分准备,提高手术成功率。

此外,还有能帮助外科医生进行手术的"眼镜助手"。外科医生戴上眼镜,通过"眼睛助手"上的各种辅助软件就能直接分析患者的身体状况,然后反馈给医生各种患者的身体参数信息。该项目就是视频光学透视增强现实系统(Video Optical See-Through Augmented Reality Surgical System,VOSTARS),由欧洲委员会资助、比萨大学信息工程系协作研发,其最终产品是用于在手术期间引导外科医生的混合可穿戴显示器。"该设备能够将X射线数据叠加到患者的身体上。"工程师解释。该设备与VR头戴式耳机是不一样的,它能显示完全不同的场景,是真实环境与外科医生的感觉结合的手术指南。

VOSTARS设计有一个头戴式摄像头,能够捕捉到外科医生的一举一动。这些图像能够与来自CT、MRI或3DUS扫描的患者医学图像合并。另外,该设备还可以缩短手术时间。生物医学工程和项目研究员Vincenzo Ferreri说:"得益于这项技术,外科医生将在他的视线中获得心跳、血氧和所有患者的生命体征参数等信息。""此外,该设备将能够看到在手术之前和手术期间获得的所有医疗信息,完全符合患者的解剖结构,并向外科医生提供虚拟X射线视图,以精确地引导手术。"该设备还将提供关于所使用的麻醉类型和每个患者消耗的时间量信息。该项目计划于2018年完成。位于加利福尼亚州圣地亚哥的Endopodium公司与可穿戴计算技术和解决方案领先开发商Kopin公司进行战略合作,推出新一代医疗用头戴式显示器(HMD),专门用于医疗和外科手术。最新一代的HMD采用最新的Kopin高分辨率微型显示器,具有高带宽无线通信及声音控制功能,是一款轻量级的"安全眼镜"。Endopodium的创始人John Lyon和Allen Newman,在20世纪90年代中期就推出了第一代医疗级3D HMD。Lyon说:"我们非常热衷于开发高性能、包括超高分辨率3D可视化和信息显示功能的医用眼镜,并在轻量级和最佳的人为因素方面有所进步。我们期待与外科医生和公司进一步合作,一起完成第三代

HMD 的开发。"[1]

内视镜手术是一种需要高清立体画面来把握患处的手术,医生通常用显示器查看手术流程,如果能把高精度内窥镜的影像直接投射到医生眼前,将给操作带来极大便利。

HMS-3000MT 就是基于这样的构想而生产的,它使用索尼的 3D 技术,由头戴显示设备和影像处理引擎两部分组成,如图 1-16 所示。处理引擎最大可外接两台显示器。和索尼民用头戴式 3D 显示器一样,HMS-3000MT 使用两个 0.7in(1280×720 分辨率)的 OLED 屏幕,实现了左右屏幕分别显示 3D 图像,杜绝了 3D 显示的重影产生。对于使用内视镜的手术来说,这大大减少了外科医生的手术难度。以往的手术中,外科医生往往需要看着显示器进行手术,由于要保持能看到显示器的姿势,手术动作往往受到限制。改善成这样的头盔式设计的话,就可以一边观看 3D 影像一边进行手术了。由于是两块显示屏分开显示,此款头戴显示设备不仅能看到内视镜的成像,还可以叠加显示超声波影像等其他数据资料,也支持 2D/3D 之间的切换和左右翻转,以及 180°旋转显示等功能。和面向娱乐的 HMD 系列不同,HMS-3000MT 显示器在设计上更加适合站着佩戴,在前头部和头顶都加了缓冲的柔软材料,更适合长时间佩戴。头戴调整设计吸取了索尼头戴耳机的经验,更加舒适。本体下部也有一定间隙,方便医生移动视线。HMS-3000MT 的头戴显示设备三围为 191mm×271mm×173mm,重 490g。处理引擎三围为 306mm×358mm×56.6mm,重 3.3kg。

图 1-16 索尼公司内窥镜成像设备 HMS-3000MT 显示器

据介绍,与传统的内视镜不同,HMM-3000MT 可以帮助医生通过 2D 或 3D 的方式窥视外科患者身体内的器官组织,在提高显示精度的同时,进一步提高手术的准确度。相比于传统的通过显示屏观察患者体内病理反应,头戴式 3D 显示器有助于医生从多个角度近距离观察,深入了解患者情况。目前,日本已经正式批准 HMM-3000MT 用于医疗领域,相信未来随着越来越多类似高科技产品的不断引入,人们将获得更好、更全面的医疗服务。

三、教育旅游

AR/VR 技术在教学中的应用前景广阔。AR/VR 技术有着传统教学方式无可比拟的沉浸性、交互性和构想性。与传统的书本、连接 PC 的输入输出设备不同,AR/VR 技术

---

[1] 谢俊祥,张琳. 智能可穿戴设备及其应用 [J]. 中国医疗器械信息,2015(3):18-23.

不再局限于通过界面的方式交换信息，而是将用户"置身"于系统。在视觉、触觉、听觉等传感器的辅助下，AR/VR技术将交互模式彻底变革。AR/VR技术的应用，除了给教育工作者提供全新的教学工具和教学模式外，还能极大地激发学生的学习兴趣。它通过营造自主学习的环境，引导学生通过全新的信息化环境和工具来获取知识，培养技能，可以在学习中互动，互动中学习，有助于全方位培养学生的素质。

应用在教学领域的头戴式虚拟现实设备一般包含头戴式显示器、位置跟踪器、数据手套和其他设备等，以头戴显示设备为主。结合国内外的研究报告以及目前虚拟现实教育实践情况，AR/VR技术在几乎全部的学科教学中均可应用，而在工程技术、工艺加工等学习、操作相结合的学科领域，教学效果尤其出色。AR教育应用如图1-17所示。

图1-17 AR教育应用

学生使用头戴显示设备学习时，能够置身于AR/VR技术创造的虚拟环境，所学的知识以可触摸、可互动的方式，更加真实地展现在学生面前。比如，与AR技术结合的立体书本，可以将书中的人物显示在读者面前，提高读者的兴趣；通过VR头戴显示设备构建的地形地貌结构，可以让学生以各种视角观察、学习；甚至还可以重现历史场景，让头戴显示设备的使用者亲身经历一次历史大事件。此外，前文提到过的虚拟行星探索项目，可以让现实生活中无法遨游太空的普通人，突破空间的限制，近距离观察星球的运行轨迹，甚至能够降落在星球上进行"实地"考察、体验星际之旅等。AR/VR技术所带来的这种全新的学习方式，把抽象的概念具体化，可以增强学习者的认知能力；而与虚拟环境的互动和反馈，又进一步地加强了学习者的记忆力，使得教学效果事半功倍。此外，AR头戴显示设备还能作为学习的智能辅助工具，充分应用现有的大数据、云计算等服务，实时分析使用者当前阅读、学习的资料，实时地将读者所需要的辅助信息传递给使用者，使用者无须再额外进行互联网检索等操作。

除了教育学习，AR/VR技术突破地域限制，用于博物馆、科技馆或一些名胜古迹的展示已非常普遍。根据所发挥作用的不同，它分为展览式和导览式。前者是定点展览，参观者可以在固定的地方对应用进行体验，AR技术的运用帮助呈现部分不易或无法真实展示的实物，丰富展出内容和形式；后者采用移动设备，在不同的展出位置给予不同的反馈，包括介绍、知识链接、模型、游戏等。AR技术帮助整合了不同形式的资源，带给参观者更全面的游览体验[1]。

比如，Steam 平台上就登陆了一款金字塔主题的 VR 旅游冒险游戏。玩家足不出户，就可以亲临古埃及的金字塔去体验一场古老而又神秘的古代王国的历险。玩家们在 VR 技术生成的金字塔中，举起火把，在探索金字塔的同时，能够更直观地了解古埃及时期的民俗文化及地域特色。此外，还有很多经典的旅游场景正在开发中，或许未来我们可以依靠 VR 技术，前往不同时代的世界各地来一场即兴旅游。

四、工业运用

随着科技的进步，制造企业的设备功能越来越强大，设备的维护也变得更加重要。然而在设备集成度越来越高的今天，如何准确、高效地排除设备故障，维护设备稳定运行也成为操作人员的一大难题。在 AR/VR 技术的帮助下，高集成度设备的维修、点检变得直观方便，大大降低了维护人员的操作难度，使得即便经验不够丰富的维护人员，也可以应急处理大量的设备问题，提升了企业的效率，也有了质量保障。

以富士通公司为例，该公司已经将 AR 技术应用于设备点检与服务运营中，改善了工厂设备维修维护工作人员的现场作业环境。AR 技术改变了过去工作人员需要烦琐的逐一手动记录设备信息，再逐一录入计算机的检查方式。现在，工作人员通过 AR 设备现场记录设备信息，并实时传输、共享数据，提高了检查效率。此外，AR 设备还可以给工作人员快速提供作业手册数据，提供故障历史信息以便参考，如图 1-18 所示。

图 1-18　AR 工业应用

另外，任何企业培养一名技术熟练的高级技工所需的成本都是极其昂贵的。但是在 AR 技术的辅助下，即使是能力不足、经验欠缺的普通技工，也可以合格地完成大多数的现场作业。这不仅有助于技术、经验的传承，还可以节约企业成本，一举两得。

同样还有汽车行业的案例，在汽车零件还不够精密、复杂的阶段，绝大多数汽车维修工，甚至汽车爱好者，都能一眼认出大部分的汽车零件并知道其具体用途。现在随着汽车各种功能的逐渐开发，越来越多的功能性零部件应用在汽车上。车体上越来越多的传感器、计算机、辅助电子设备，使得汽车的维修变得愈发困难。为此，宝马公司与时俱进地

---

[1] 邓俊杰，刘红，阳小兰，等. 可穿戴智能设备的现状及未来发展趋势展望［J］. 黑龙江科技信息，2015（28）：135.

开发出了一款 AR 眼镜，使用者通过这款 AR 眼镜观察零部件，就会获得该部件的信息。当需要进行安装作业时，只要下载对应的安装说明书，眼前的各种零件就会被逐一高亮显示，这样使用者就可以在 AR 软件的提示下，又快又准地按顺序安装汽车零件。

由此可以看出，AR 设备除了能在维修维护过程中提供数据服务上的便利，在企业的生产制造中，还可以免去查询使用说明书和工艺图纸的麻烦，直接提供操作上的帮助，为操作者进行直观的步骤指导。

波音公司生产线上的工人已开始大规模使用具有增强现实技术的谷歌眼镜来完成飞机线束的组装，如图 1-20 所示。众所周知，客机机身内部的线束错综复杂，以往工人需要拿着飞机内部结构指令手册或参照 PDF 图才能一步步完成线束的组装和连接，工作流程冗杂烦琐，往往容易出错。而开始使用谷歌眼镜后，工人就无须拿着手册和计算机在机舱中到处跑，谷歌眼镜可投射出各个细节部分的组装方式来协助工作。据数据统计，使用谷歌眼镜后，波音工人组装线束的错误率降低了 50%，时间缩短了 25%❶。

图 1-19　VR 辅助设计

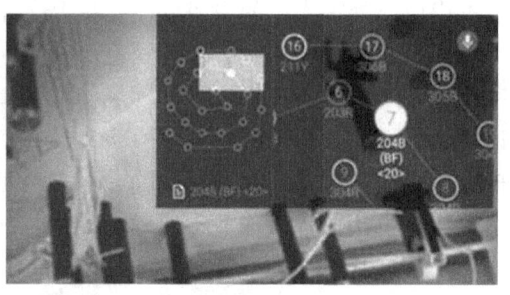

图 1-20　使用具有增强现实技术的谷歌眼镜来完成飞机线束的组装

在企业产品营销方面，AR 技术也改变了传统的企业产品销售方式，通过互动的方式使消费者获得更直观的产品体验。例如，通过 AR 技术使得在网上购物时，衣物首饰的试穿成为可能。现在 Topshop、De Beers 和 Converse 等品牌都在使用 AR 技术让消费者能够试穿、试用各种款式的衣服、鞋子或者首饰。甚至有的品牌还提供了化妆品的试用，不过目前该技术效果反应一般。而对于各种汽车品牌和汽车爱好者来说，AR 技术也是推出新车的好方式，一边介绍新车性能，一边提供虚拟试驾服务，可以让消费者做出更好的购买选择。

第三节　本章小结

本章分别从 AR/VR 头戴设备的起源、发展和主要的应用领域两个方向出发，对 AR/VR 头戴设备做了介绍，现总结如下：

自 19 世纪 30 年代 AR/VR 的概念被提出以来，AR/VR 技术在各方面都获得了极大的进步。随着 AR/VR 技术的成熟，2016 年迎来了 "VR 元年"。AR/VR 初步形成了一

---

❶ 孙效华，冯泽西. 可穿戴设备交互设计研究 [J]. 装饰，2014（2）：28-33.

套产业链，涌入 AR/VR 领域的资金达到了历史最高，各大企业纷纷推出了自己的 AR/VR 头戴设备，表明 AR/VR 获得了企业广泛的关注和认可。

AR/VR 头戴设备目前主要应用在以下几个领域：军用领域，AR/VR 头戴设备已经非常活跃，成为现代战争中不可或缺的军事装备，其在军事训练领域同样发挥着重要作用；医疗领域，AR/VR 头戴设备主要应用在辅助治疗和辅助手术阶段，方便医生工作的同时，在康复患者方面也起到了意想不到的效果；教育旅游领域，AR/VR 头戴设备具有突破地域限制的优势，其能够达到的置身真实情境的深层体验高度，是其他设备不能达到的；工业应用领域，AR/VR 头戴设备已经逐渐应用在设备集成度高、操作复杂的工作场所，不仅能提高工作效率，还提升了工作的准确度。

第二章　专利视角下的 AR/VR

AR/VR 技术因其广阔的应用前景已逐渐被国内外企业所重视，并被我国列为优先发展的前沿技术之一。通过对专利数据的分析可以实现对技术和商业情报的深度挖掘和客观评价，下面我们将从多个视角对 AR/VR 技术进行介绍。

第一节　以申请趋势为视角

一、全球范围内更加重视 AR/VR 技术

自 20 世纪 70 年代以来，用于增强现实或者虚拟现实的头戴显示设备便被提出，AR/VR 头戴显示设备在这 40 多年间处于快速发展阶段。随着人们对 AR/VR 头戴显示设备关注度的不断提升，国内外各类申请人不断加大研发力度，AR/VR 头戴显示设备的技术不断向前发展。图 2-1 示出了全球范围内与 AR/VR 头戴显示设备相关的专利申请量呈波动增长态势，自 2009 年后增速明显加快。AR/VR 头戴显示设备的技术发展按专利申请量的情况主要分为三个阶段。

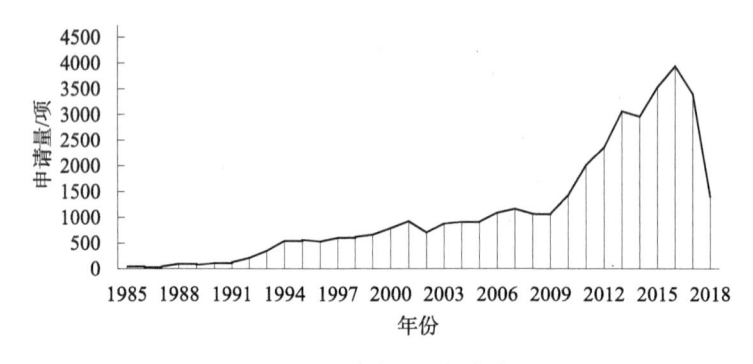

图 2-1　全球专利历年申请量

萌芽阶段（1980~1990 年）：AR/VR 头戴显示设备的概念刚刚被提出，AR/VR 头戴显示设备专利申请量比较少。决定设备性能的处理器、加工技术等关键技术，仍然不能具备实现设备商业化的条件，企业对其研发和制造的热度不高，尚且属于技术的萌芽阶段。

成长阶段（1991~2009 年）：AR/VR 头戴显示设备专利申请量稳步增长，随着计算机、处理器等相关技术的发展，能够生产实验室级 AR/VR 产品，因此专利申请量迅速增长了 8 倍以上。但由于成本高和体验不佳等原因，仍无法开展大规模商业生产。其中，2009 年受金融危机影响，企业减少科研投入，研发活跃度下降，专利申请量出现

阶段性下降。

成熟阶段（2010年至今）：2010年以后，随着计算机技术和处理器技术以及精密加工技术的快速发展，市场对于增强现实和虚拟现实技术的需求日渐强烈，众市场主体纷纷开始在该领域着手进行技术研发和专利布局，而从2010年开始AR/VR头戴显示设备专利申请出现爆发式的增长。需要说明的是，本小节中各趋势图在2018年附近处的数据量下降是由于专利文献延迟公开的特点造成的。

二、中国起步较晚但增长迅猛

对比图2-1，由图2-2可以看出，AR/VR头戴显示设备国外专利申请量基本与全球申请量趋势保持一致，基本保持逐步增长的态势，其中在2008年前后增速尤为平缓，呈现平台调整。这可能与金融危机环境下科研投入减少有关。2009年之后，开始出现专利申请的爆发式增长。

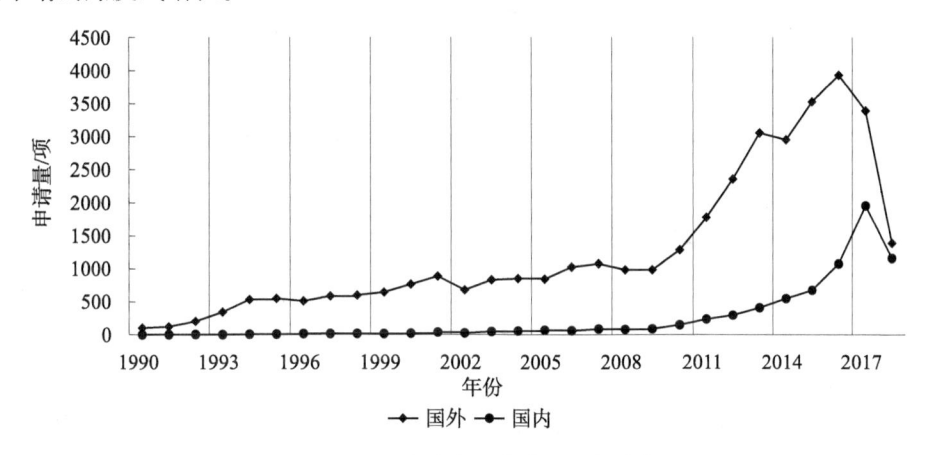

图2-2 国内外专利申请量历年分布

相比于国外，国内AR/VR头戴显示设备专利申请量起初比较小，这是由于国内技术起步较晚，并且早期国内AR/VR头戴显示设备市场较小，国外申请人对中国市场不够重视。2000年之后，随着国内技术的发展以及中国经济的增长，国内专利申请量开始有了相对较快的增长，随后在2009年前后，国内申请量增长速度与国外申请量增长速度趋于一致，接下来的时间里始终保持着高增长的态势。到2017年，我国AR/VR头戴显示设备专利申请量相比2009年增长了10倍以上。

第二节 以地域为视角

一、美、日在全球占据主导地位

由图2-3可以看出，AR/VR头戴显示设备的申请量前四位的国家/地区/组织分别是美国、日本、欧盟和中国，这四个国家和地区占全球专利申请总量的八成以上，美国和日本的专利申请量就占了全球申请量的一半，其中美国是专利申请量最多的技术来源国，占全球申请量的36%，其次是日本，占全球申请量的21%，紧随其后的是欧盟和中国，提交的申请分别占全球申请量的12%和11%。这充分显示了上述区域在头戴显示设备的重要性，以及美国与日本在AR/VR头戴显示设备领域的技术创新能力优势明显。

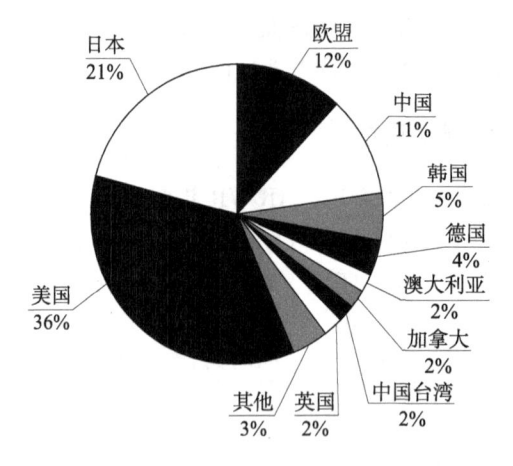

图2-3 各国家、地区或组织专利申请量分布

二、在华申请美、日同样是主力

从图2-4可见，在华申请AR/VR头戴显示设备专利的非中国国家/地区/组织主要是日本、美国、韩国三个国家；其中日本最多，占全部国外申请人申请量的39%，日本为主要技术输出国，其在中国申请力度最大，其次是美国，占全部国外申请人申请量的35%，两者所占比例是其他国家总占比的三倍左右，再次是韩国，占全部国外申请人申请量的9%。分析其原因，首先，AR/VR头戴显示技术在日本和美国发展最快；其次，美日两国均十分重视中国市场。

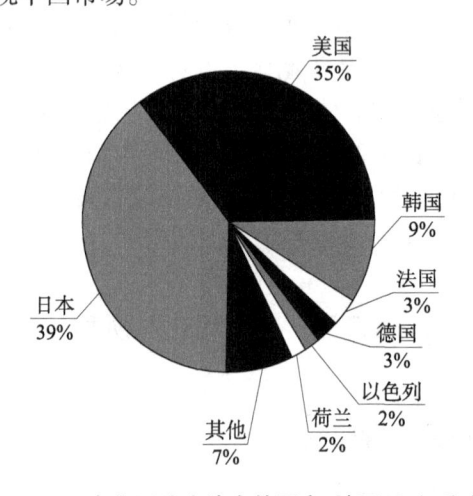

图2-4 在华国外申请人的国家/地区/组织分布

第三节 以申请人为视角

一、国外公司绝对主导

从全球专利申请量排名前 20 位的企业来看,主要来自日本、美国、韩国、德国、法国、英国和芬兰,其中日本企业占据八个席位,美国企业有六个席位,韩国企业占有两个席位,其余四个国家各占一个席位。其中涉及的企业类型也各有差别,排在首位的索尼公司是世界视听、电子游戏、通信产品和信息技术等领域的先导者,作为世界最大的电子产品制造商之一、世界电子游戏业三大巨头之一、美国好莱坞六大电影公司之一,索尼公司重点研发的是用于电子游戏和个人观影用的 AR/VR 头戴显示设备;另外,还有传统的光学影像设备生产商精工爱普生、奥林巴斯、佳能和尼康,以及来自其他领域的商业巨头,比如 PC 软件企业微软、互联网搜索企业谷歌、手机企业三星和诺基亚,高平(KOPIN)公司是美国军方头戴显示系统的主要供应商,该公司是 Oculus VR 强有力的竞争对手之一,其虚拟现实游戏头盔 Trimersion 无论从专利储备还是行业经验和资源都远比 Oculus 丰富。高平公司在 2016 年 CES 展上发布了世界上最小的智能眼睛显示器,Pupil 显示组件只有 2mm 长。

MICROVISION(MVIS)公司是美国微机电投影显示技术领导厂商,其也是老牌的头戴显示设备制造商,值得注意的还有新晋的专注于 AR/VR 头戴显示设备的美国 Magic Leap 公司。Magic Leap 成立于 2011 年,是一家位于美国的增强现实公司,其产品 Magic Leap 是一个类似微软 HoloLens 的增强现实平台,主要研发方向就是将三维图像投射到人的视野中,但 Magic Leap 还没有推出过正式的产品。

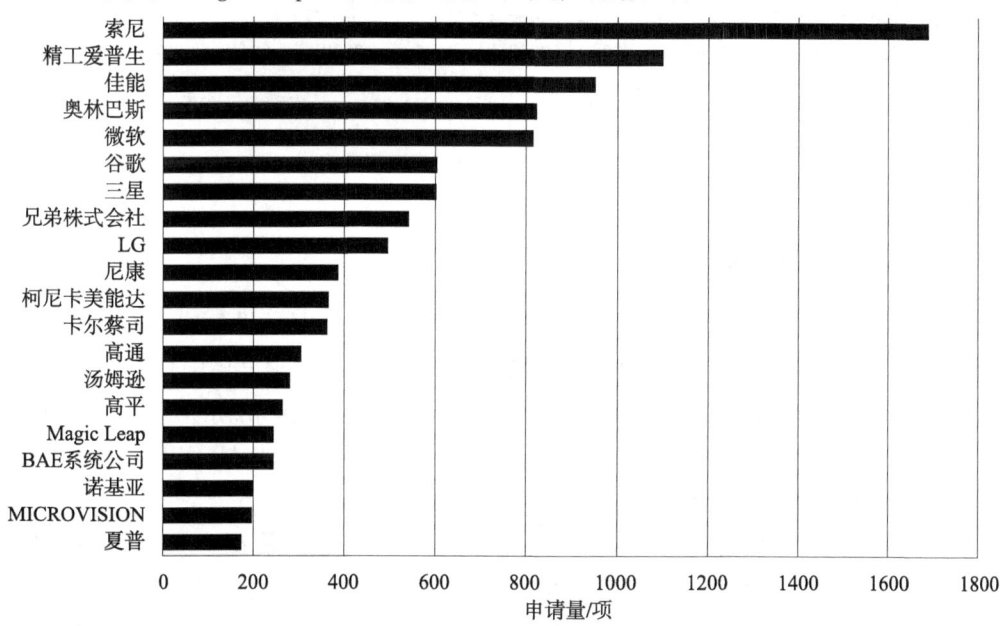

图 2-5 全球主要申请人申请量排序

选取申请量前六位的索尼、精工爱普生、佳能、奥林巴斯、微软以及谷歌作为主要申请人进行历年申请量分析。从图2-6可见，索尼和精工爱普生的专利申请趋势基本一致，起步都很早，最初发展比较缓慢，在2010年前后开始进入急速发展时期。而佳能自2010年起申请量逐年下降，虽然从当前AR/VR头戴显示设备市场来看，佳能并未大规模推出AR/VR头戴显示设备产品，但该公司具有一定的技术储备。奥林巴斯的专利申请最初发展很快，但是中间申请量起伏变化较大，也并没有在2010年进入申请量激增的阶段。谷歌相比前述四家企业，其技术起步较晚，但是从其专利申请伊始，就保持着申请量激增的态势，在2012~2014年达到申请量的高峰，之后申请量开始逐渐减少，这可能是两个原因导致的，一方面谷歌眼镜技术已相对成熟，需要改进之处不多，另外，更重要的原因可能是由于设备及研发成本过高而市场反响一般，因此在头戴显示设备的投入相对减少。

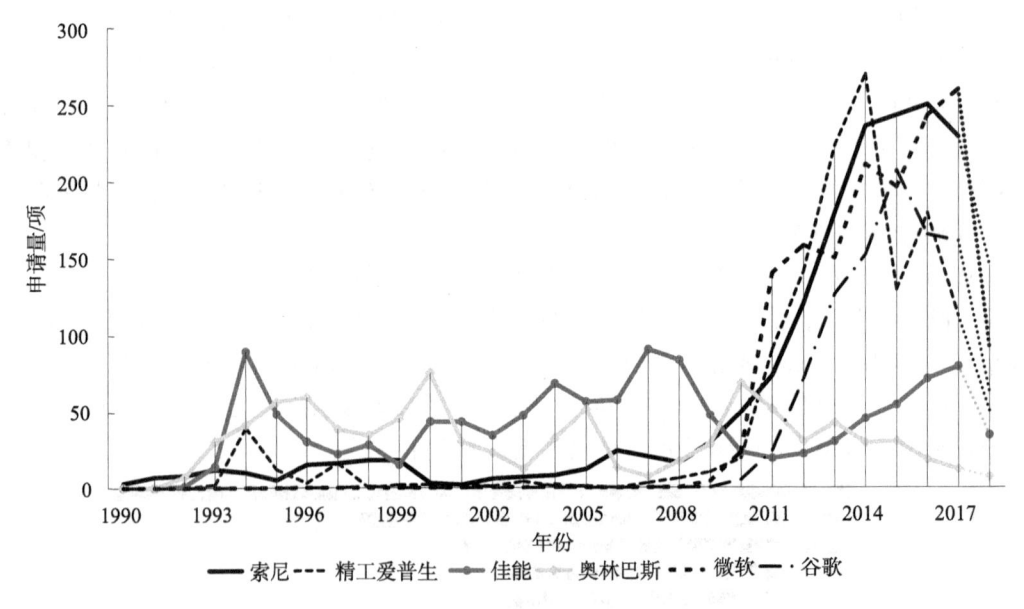

图2-6 全球主要申请人申请量分布

二、中国企业奋起直追

自1991年开始，国外申请人开始在华申请AR/VR头戴显示设备的专利，起初由于申请人的申请量相对较少，加之对中国市场的重视程度不高，最开始国外申请人在华申请量比较少。随着全球AR/VR头戴显示设备的发展，以及中国市场的崛起，自1999年开始国外申请人逐渐增加在华的专利申请。2009年前后随着全球AR/VR头戴显示设备专利申请量的激增，国外申请人在中国的申请量也随之剧增。

AR/VR头戴显示设备在国内发展较晚，参见图2-7可以看出，从1998年开始才有国内申请人提出相关专利申请，跟其他新技术一样，最初的研发进程较为缓慢，并且国内申请人的专利保护意识不强，最初的几年申请量比较少，2007年前后申请量出现比较明显的增长趋势，2012年开始出现指数型的增长，这有可能与谷歌在2012年4月公布 Google Glass 有关，Google Glass 的发布给国内 AR/VR 头戴显示设备研究人员带来了信心，投资者也加大了相应的投入，使得国内申请人在 AR/VR 头戴显示设备方面的申请激增。

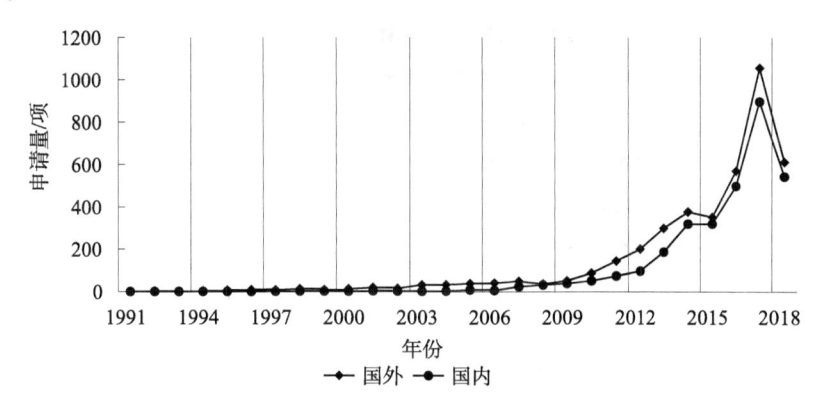

图 2-7　在华国内外申请人申请量历年分布

图 2-8 示出了在华国外主要申请人的申请量，索尼公司仍然占据申请量的榜首，远超其他申请人。其他申请人的申请量与其全球申请量排名并不十分一致，其中日本佳能和奥林巴斯的申请量相比于其在全球专利布局中的申请量排名有所下降，而日本的兄弟株式会社和美国的三家新兴 AR/VR 头戴显示设备公司完全排在了十名开外，说明上述公司在短期内并未考虑开拓中国市场。

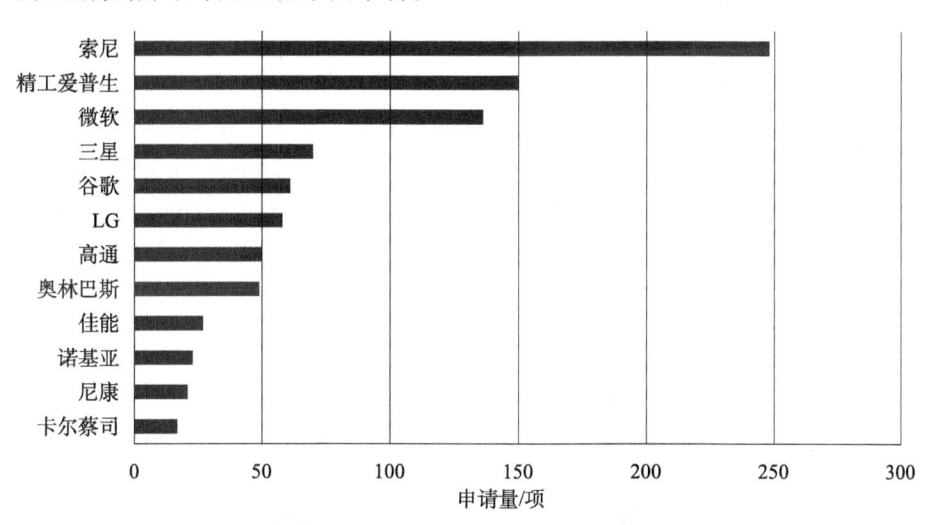

图 2-8　在华国外主要申请人申请量

图 2-9 示出了国内主要申请人在 AR/VR 头戴显示设备领域申请专利的情况，与国外大公司相比，国内主要申请人在申请量上具有一定的差距，申请量相对较少，并且主要申请并没有集中在传统的知名企业或研究机构；相反，歌尔、成都理想境界、北京小鸟看看这些新生的创新型企业后来居上，在专利申请量上占有一定的优势，并且已经有产品发布。

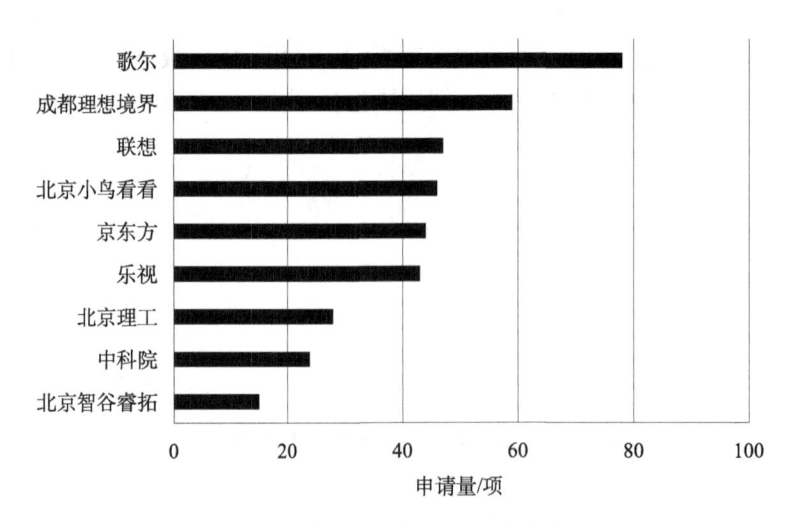

图 2-9 在华国内主要申请人申请量分析

第四节 以申请类型为视角

中国 AR/VR 头戴显示专利申请的类型主要为发明和实用新型，如图 2-10 所示。从申请总量上看，中国申请人的申请量与外国申请人的申请量大致相当，说明 AR/VR 头戴显示领域中国申请人的专利意识有所加强。但从申请类型角度详细比较后不难发现，外国申请人的申请中绝大部分是发明专利申请，而中国申请人的申请中实用新型专利申请量占发明专利申请量半数以上，说明 AR/VR 头戴显示领域中国申请人的专利质量，以及专利背后的创新能力和保护意识还略显不足。此外，外国申请人在 2011 年以前，通过巴黎公约直接在中国提出专利申请与通过 PCT 条约提出的专利申请数量上总体差别不大。而从 2011 年开始，PCT 申请量开始全面超过直接提交的中国专利申请量。外国申请人的专利布局表现说明随着 AR/VR 头戴显示技术日趋成熟，作为重要国际市场的中国也会成为专利布局的重要战场。

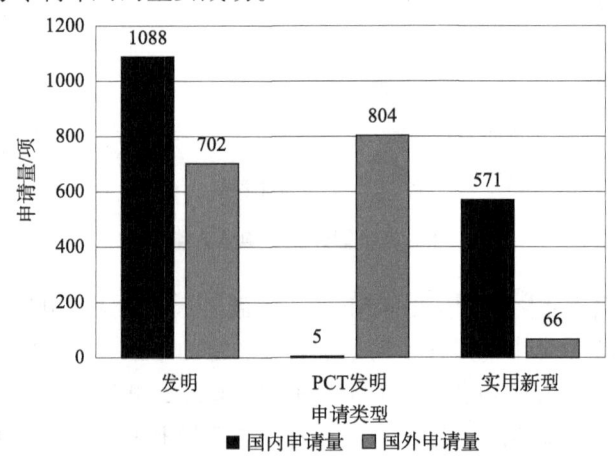

图 2-10 中国专利申请类型对比

图 2-11 示出了 AR/VR 头戴显示设备领域国外申请人在中国申请的发明、实用新型以及通过 PCT 渠道进入中国的发明专利申请量的趋势（该领域没有通过 PCT 渠道进入中国的实用新型专利申请），1991~2010 年，AR/VR 头戴显示设备领域的外国申请人通过巴黎公约进入中国申请的发明专利与通过 PCT 进入中国国家阶段的发明专利的年申请量总体差别不是很大，自 2011 年开始，外国申请人通过 PCT 条约进入中国国家阶段的发明专利开始全面超过通过巴黎公约进入中国的发明专利申请量。而实用新型专利的申请量虽然总体有一个上涨的态势，但是年申请量相比于发明专利远远不如。

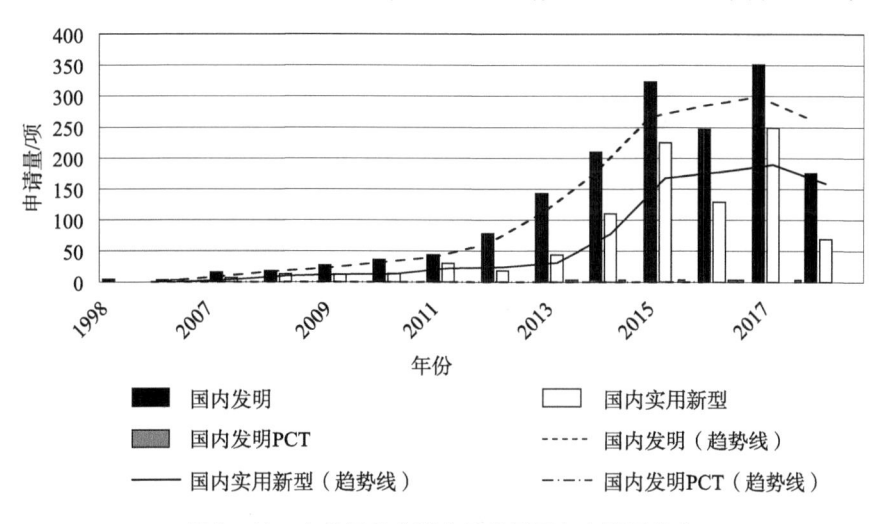

图 2-11 在华国外专利申请类别历年申请量分布

相比于外国申请人在中国的专利申请类别，国内申请人在华申请的专利主要是在国内提交的发明和实用新型专利，如图 2-12 所示，虽然总量上实用新型专利申请相比于发明专利申请量较小，但是远超过国外申请人对应年份的实用新型专利申请数量。并且国内申请人在发明和实用新型专利申请上的整体趋势基本一致，都是逐年上涨的。

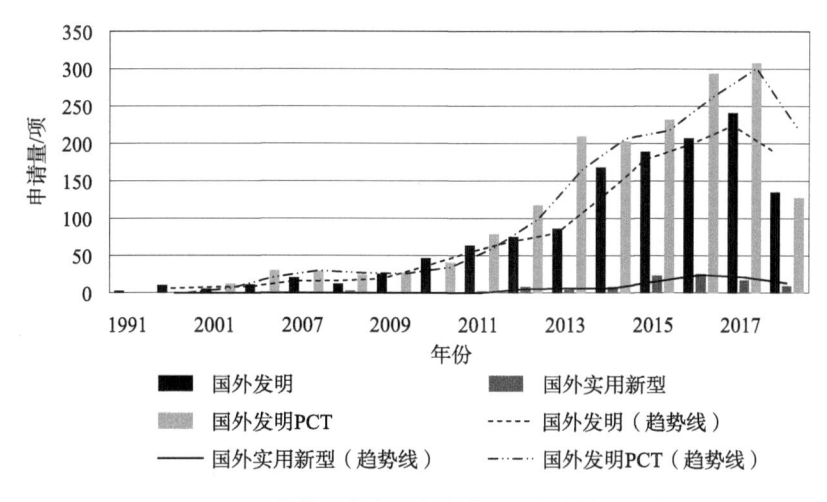

图 2-12 在华国内专利申请类别历年申请量分布

第五节　本章小结

在本章中，我们分别从申请趋势、地域、申请人以及申请类型的角度了解了一些 AR/VR 技术的相关专利数据，并对上述数据进行了简略的分析。这些数据向我们直观地呈现了 AR/VR 技术在近年来迅猛发展的态势以及我国与美、日等国在技术上存在的差距。相信上述信息有助于我国专利权人把握市场动态，提升国际视野。

第三章　从专利申请看热点技术

用头戴显示设备能看到什么，它和人眼看到的画面视角有什么不同？如何佩戴才适合双眼、缓解头部压力？怎样控制设备让它听话，触摸还是点击？沉浸感会从哪些方面增强？这是体验者在佩戴 AR/VR 头戴显示设备的过程中，自然会关注的关键问题。以下从视场角、佩戴舒适调节、眼动追踪、手势交互、触觉反馈等技术角度介绍普遍关注的热点技术。

第一节　看得宽广，戴得舒适

一、大视角的沉浸体验

在头戴显示设备的 VR 和 AR 体验中，视场角的大小直接影响到显示设备的显示效果以及使用者的体验感受，因此视场角宽度一直是申请人关注的热点之一。

在 VR 设备中，视场角一般表示水平方向上人眼所能看到的角度，自然人眼的总视场角一般是从最左侧到最右侧，在200°左右，人眼能够看清楚的区域只有左右眼视场角重合的区域，大概是120°，在身体两侧各存在有40°的单眼视觉区域。因此最初在系统设计时，大多以120°为标准。目前 VR 视场角的设计逐渐从120°增加到210°，追求逐渐接近自然的人眼视场。而 AR 头显在视场方面与 VR 头显设备还具有一定的差距，要实现一定的沉浸感，AR 世界必须与现实世界完美融合，如果不能实时看到眼前的 AR 世界，体验者就会不自然地挪动头部"扫描"周边环境，这样一来大脑就无法通过直观的映射将 AR 世界看作真实世界的一部分，沉浸感体验自然不佳。通常情况下，大的视场角需要显示设备光学系统具有较大的体积，如果想缩小头戴显示设备的体积，就得把屏幕和目镜同时缩小，这样视场角也会随之缩小，因此光学系统的结构设计对于增大视场角的同时保证小的光学系统的体积就显得尤为重要。越来越多的设计为了模拟更真实的观看视角，视场角的设计也越来越大，而视场角越接近人眼的自然视场角，沉浸感就越强[1][2]。

以下从对不同光学系统元件结构的角度对视场角的改进情况进行详细分析，如图 3-1 所示。

---

[1] AR 目前无法跨越的三座高山：视场角、理解物体和自适应设计 [EB/OL]. (2017-10-11) [2018-07-14]. http://www.sohu.com/a/197425036_114877.

[2] VR 知识科普：视场角、分辨率、清晰度之间的正确解读 [EB/OL]. (2017-06-16) [2018-07-14]. http://www.83830.com/hardware/201706/144219828.shtml.

图 3-1 大视角技术演进

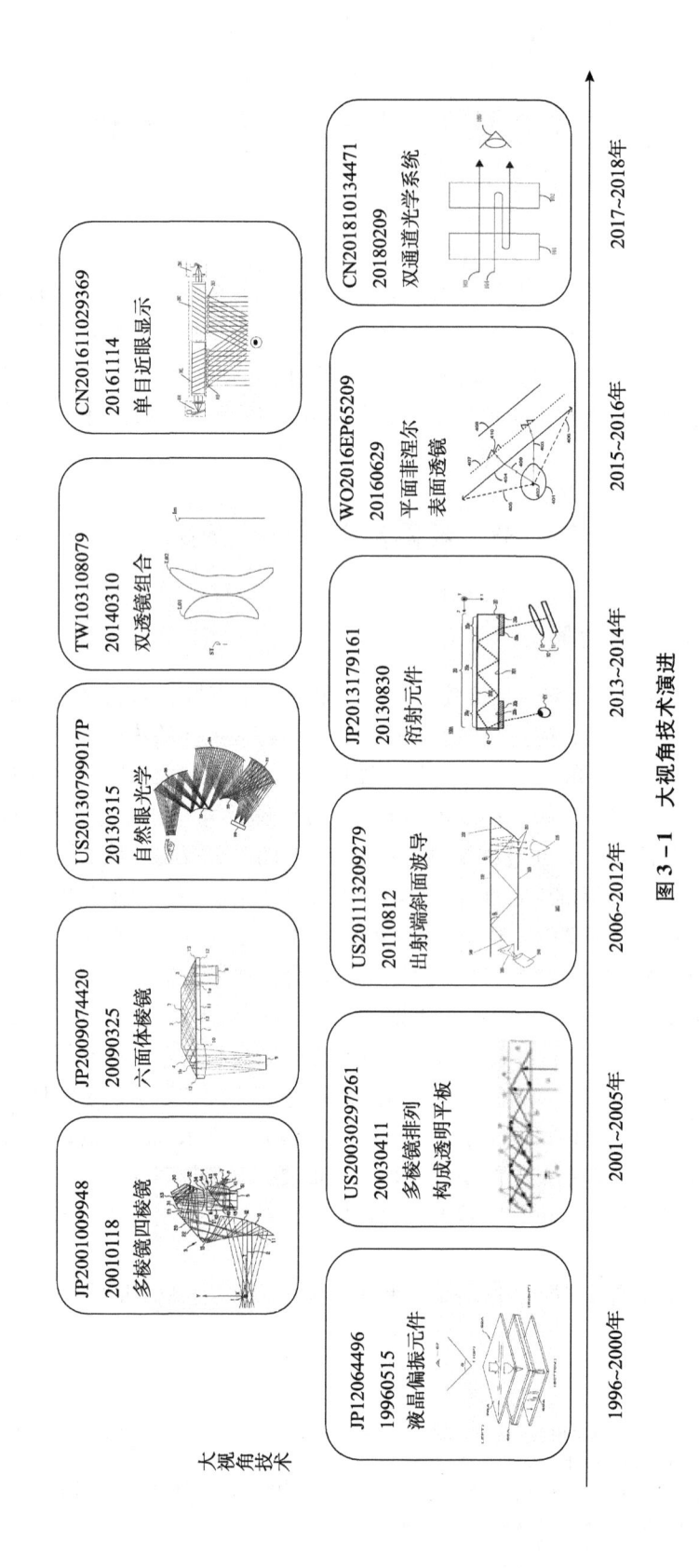

我们知道光线是通过一定的光学元件之后才显示到观看屏幕上并进入人眼的，VR头显视场角的改善主要是依托于光学系统元器件的结构设计，通过改变光线的传播方向增强视场角度。传输光经过的光学元器件主要包括液晶偏振传输、棱镜、反射镜、像差校正透镜、衍射元件、半透半反镜等，这些元器件可以是单一的或者是多个组合的。

索尼公司较早提出通过减小可视范围内的色散度从而提高 VR 头戴显示设备的可视化角度，如 1996 年提出的专利申请 JP12064496，通过使用液晶偏振抑制色散，从而提高可视化的视角。液晶面板主要的结构是在第一偏振板和第二偏振板中间加入液晶板，并且第一偏振板的偏振方向和第二偏振板的偏振方向具有一个倾斜的夹角，这样使得水平方向的对比度保持不变而垂直方向的对比度能够改变，通过这种方式提高了视场角度。

在各种光学镜使用的结构方面，较早出现的是多棱镜组合，2001 年提出的专利申请 JP2001009948 中共使用了四棱镜，第一棱镜具有正屈光力，将光线朝向使用者的视线光轴弯曲，第二棱镜将光线远离光轴，第三棱镜具有正屈光力，将光线向与第一棱镜相反的方向弯曲，通过设置棱镜的屈光力来设计改变光线的传输方向从而增大视角。虽然多个棱镜组合能够带来增大视场角的效果，但是由于其棱镜个数多，这样自然形成大的光学系统体积，这是头戴显示设备中所不希望的，因此光学镜的使用逐渐朝着棱镜组合结构简单、单棱镜、反射镜、衍射元件的方向简化。

LUMUS 有限公司在 2003 年提出的专利申请 US20030297261 中提出了一种多个棱镜整齐排列构成的透明平板，包括光传输基片、用来通过全内反射将光耦合进基片内的光学装置和多个由基片承载的部分反射面，基片可由多个棱镜或多个平行的透明平板组成，部分反射面可由涂覆有光学涂层的柔软透明片组成，也可以是基片的部分边缘或部分表面涂覆有光学涂层以生成反射面，部分反射面彼此相互平行并且均不平行于基片的任何边缘，每个部分反射面的反射率可局部地变化，以获得具有预定亮度的视场，透明平板可被嵌入眼镜框内或被嵌入便携式电话内，能够实现 30° 的增强现实的视场角。奥林巴斯在 2009 年的专利申请 JP2009074420 中提出了光传输经过的光波导结构设计为六面体棱镜结构，彼此相对的第一光学表面和第二光学表面大致平行，所述第一光学表面与彼此相对的第三光学表面和第四光学表面中的每一个之间的内角相等，彼此相对的第五光学表面和第六光学表面构造成朝向彼此倾斜，并且所述第五光学表面和所述第六光学表面之间的距离从所述第三光学表面到所述第四光学表面变窄，此外，来自图像显示元件的光束通过第一部分光学表面进入所述六面体棱镜，在该棱镜内反射，并且通过第二部分光学表面出射到用户的眼瞳孔，在眼瞳孔间距的方向具有大宽度的光瞳，可防水和灰尘，但是棱镜面型复杂。谷歌公司在 2011 年的专利申请 US201113209279 中提出了在出射端设计成斜面波导，光线经过耦合入射元件进入到光波导，图像源光线在上、下两个反射表面之间传输，在反射端面的位置设计为一斜面，对应地在下反射表面设置有输出耦合区域，输出耦合区域正对人眼位置，通过入射角度以及反射端面斜度的调整提高观看视角。这种波导结构相对于前面提到的六棱镜结构，减少了棱镜的面型，在同等光线传输距离的情况下缩短了光波导的长度。

除了对导光元器件结构的简化，研究者引入了衍射光学元件，例如衍射光栅，参见

2013年的专利申请JP2013179161，在导光体的光入射面配置有第一衍射光学元件，在导光体的光出射面配置有第二衍射光学元件，并且在导光体的第二衍射光学元件侧的端面配置有反射层。第一衍射光学元件的衍射光栅的倾斜面倾斜成第一衍射光学元件的出射面与导光体的接触面上的位置，与第一衍射光学元件的入射面上的位置相比位于朝向导光体的中央部侧；第二衍射光学元件的衍射光栅的倾斜面倾斜成第二衍射光学元件的出射面上的位置，与第二衍射光学元件的导光体的接触面上的位置相比位于导光体的中央部侧；第一衍射光学元件和第二衍射光学元件的衍射光栅的倾斜角相等、光栅周期也相等，消除了制造上的困难，同时更容易推进小型化、高视场角化。

2014年提出的专利申请TW103108079则选用双透镜组成的广角镜头达到校正视差以及增大视角的目的，主要在于对第一透镜和第二透镜的参数设计，包括焦距、折射率、屈光度、面型以及材料，通过设计满足要求的透镜焦距和折射率，并且选用更为轻量化的塑胶镜片材质，将面型设计为对像差校正具有更佳效果的非球面，最终达到校正像差、增大视角的效果。

以上介绍了几种提高视场角的光学结构，那么目前来说VR和AR头戴显示设备最优的视场效果是怎样的呢？

STARbreeze在2016年提出了具有210°视场角的VR专利申请WO2016EP65209，这个光学系统接近于自然人眼的视角，最重要的是其采用了平面菲涅尔表面的透镜，具有了极大的视场角、高质量的成像、更优的对比度，减少了杂散光、紧凑且轻量化。成都虚拟世界科技有限公司在2016年推出的IDEALENS一体机专利申请CN201611029369具有180°的VR视场角度，并具备相应的畸变校正算法，该专利申请为一种用于单目的近眼显示系统以及虚拟现实设备，近眼显示系统包括左侧成像装置和右侧成像装置，左侧成像装置和右侧成像装置的结构相同；左侧成像装置包括第一图像源和第一成像单元，第一图像源出射的图像光线经过第一成像单元后进入人眼，右侧成像装置包括第二图像源和第二成像单元，第二图像源出射的图像光线经过第二成像单元后进入人眼，由于第一成像单元出射的最右侧光线与第二成像单元出射的最左侧光线之间的夹角范围为100°~180°，相当于该近眼显示系统能够提供的单目视场角即为100°~180°，增大了虚拟现实技术提供的视场角，使得虚拟现实技术能够在视觉上满足人眼的观看需求，从而能够向用户提供沉浸式的体验。蚁视科技推出的MIX AR产品具有96°的视场角，且轻便小巧，在具有大视角的同时保持了纤薄的体积，主要采用了2018年提出的专利申请CN201810134471双通道光学系统技术，包括近眼双通道光学系统，有第一光学层和第二光学层，当光学系统中射入两种属性不同的偏振光，其中的一种偏振光可以透过第一光学层和第二光学层后射入人眼，但经过第二光学层的反射，再经过第一光学层的反射，就无法再透过第二光学层；另一种偏振光透过第一光学层后无法再透过第二光学层，但经过第二光学层的反射，再经过第一光学层的反射，可以透过第二光学层后射入人眼，两种光线经过的光路不同，产生光程差或焦距差，形成了相对于人眼的双通道光学系统。

其实比蚁视科技申请更早、达到技术效果更优的是依米公司（IMMY）在2013年申请的自然眼光学专利申请US20130799017，可以将人们在显示中看到的景象复制下来，从而达到最自然、最舒适的视觉体验。在其他公司的技术中，光线穿越镜片、衍射元件、波导或全息元件，都会使光线产生扭曲和畸变，最终可能会导致眼睛疲劳和头痛。而依米公司的这套光学系统让光线穿过空气直接到达视网膜，不需要通过任何其他介质，从而减缓眼部疲劳和头疼的状况，还能增强可视角度达到135°，让使用者可以看到身边几乎所有的东西，并且整个设备可以装配在紧凑、重量轻的机体之中。目前还没有产品上线得以验证，但是其135°的AR体验视场角以及避免疲劳、轻量化的特点还是值得期待的。

二、更轻更舒适的体验

不同使用者具有不一样的头部体积和眼睛生理状态，因此对于头戴显示装置的佩戴要求其满足不同的佩戴者使用，理想的状态是完全个性化配置，完美适合个人用户的瞳距、视力、面型、鼻子等，佩戴感觉舒适，像个普通眼镜一般，既轻便又能够有舒适的视觉体验，让用户愿意长期使用佩戴。以下从调节可适用不同头型大小、减缓使用者压力、提高舒适度等效果方面分析其技术发展，如图3-2所示。

在佩戴调节适用于不同的头部体积和人眼瞳距方面，是否适用于佩戴者的头型大小以及是否满足佩戴者的双眼间距的观看需求，对佩戴者的体验感受而言都十分重要。奥林巴斯在1995年的专利申请JP28350195中提出设置支撑结构，通过支撑结构调节显示设备佩戴在头部和耳部之间的位置关系，实现设备可佩戴于任意使用者头部体积，不仅结构紧凑，还提高了佩戴与最优位置的稳定性，但是其中并没有提到显示屏幕如何适应于人眼瞳距的调节，而支撑结构是一种机械结构部件，具有一定的重量和体积，增加了头部的承重负担；进而对根据人眼瞳距调节显示装置间距以及对调节适应不同头部体积的装置提出了进一步的改善，索尼在2008年的专利申请JP2008272879中提出将显示装置附接在佩戴装置上，通过附接部件能够沿着相互垂直的两个方向独立调节左右图像显示装置，其中一个方向沿着双眼中心连线延伸，能够实现根据不同人眼瞳距，自由调节左右眼图像显示装置的间距和位置，并且减少脸部前的部件数量；索尼在2015年还提出了一项关于绑带调节方式的专利申请WO2015JP55920，通过设置采用一根弹性可膨胀材料绑带和一根低张力性能材料绑带，通过绑带支撑显示装置，将显示装置固定在头部，通过调整绑带长度从而适用佩戴者头部，缩减了佩戴装置的重量和体积。北京小鸟看看于2015年提出了一种角度和距离调节结构的专利申请CN201510350169，角度调节机构和距离调节机构相连接，距离调节机构固定连接头戴支架，角度调节机构固定连接显示模组；角度调节机构可转动，且在转动时显示模组转动，实现显示模组的显示屏幕与用户眼睛视线间角度的调节；距离调节机构在前后方向上可移动，且在前后运动时经角度调节机构带动显示模组的显示屏幕运动，实现显示屏幕与用户眼睛间距离的调节，适应不同用户的使用需求，提高了用户使用体验。盟云全息公司提出专利申请CN2017021018623，将左支撑架和右支撑架设置于人体脑部后脑勺处，左支撑架与右支撑架形成的平面与左支架和右支架形成的平面呈钝角，通过左支撑架和右支撑架的支撑转移VR眼镜的重心，防止VR眼镜掉落；通过调节装置调节左支撑架和右支撑架之间的连接距离，使得VR眼镜满足不同人群的头部尺寸；通过左连接带和右连接带进一步牢牢稳固VR眼镜防止其掉落，通过紧固装置调节并固定左支架和右支架的延伸长度满足不同人群的需求。

图 3-2 佩戴调节技术演进

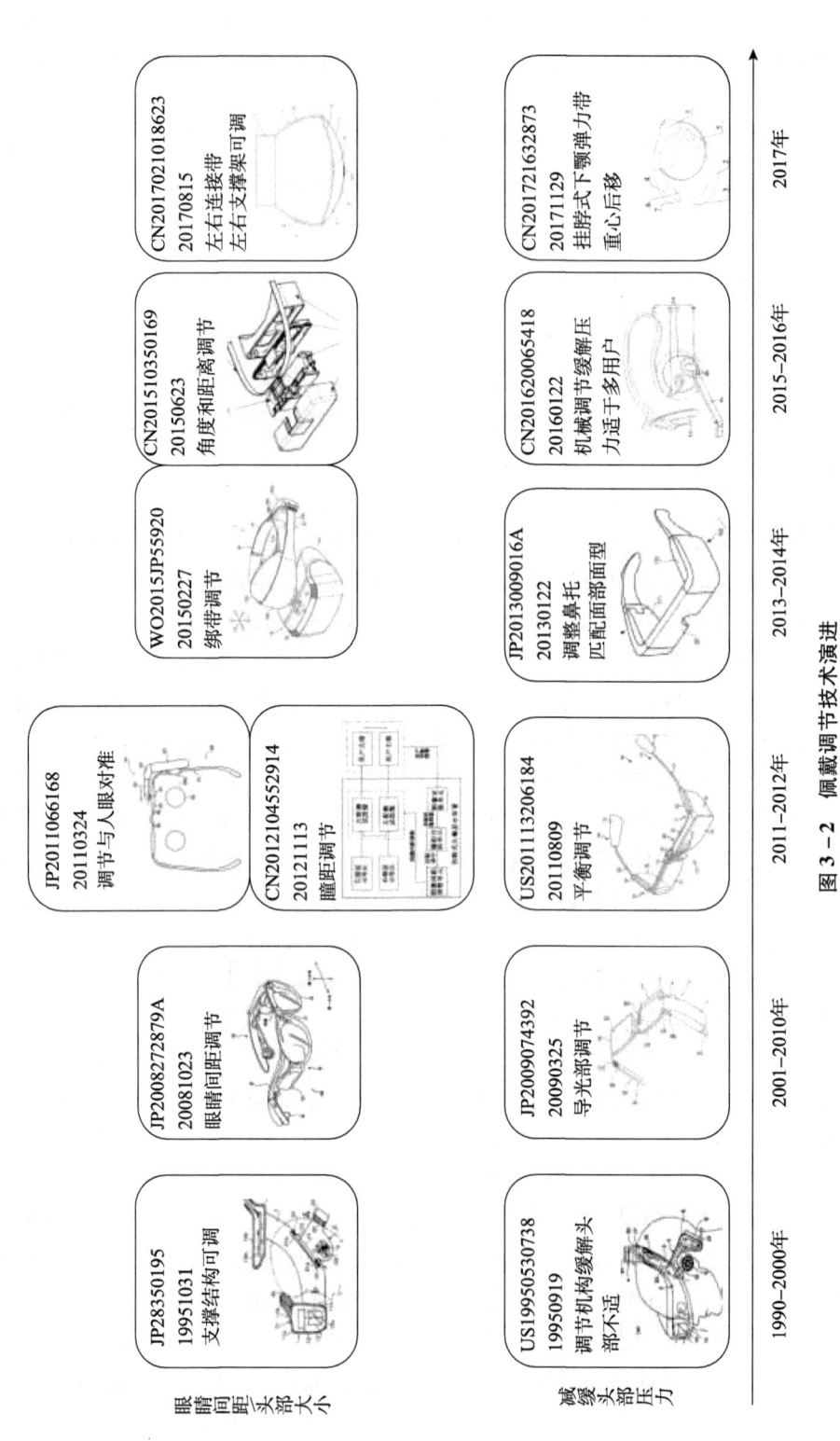

在缓解头部压力、提高佩戴舒适度方面，主要是通过减轻重量实现轻小型和平衡调节两种方式。奥林巴斯在 1995 年提出专利申请 US19950530738，通过一种头戴显示的调节机构来缓解头部佩戴不适，支撑在头部的支撑部件设置了至少四个支撑点，其中至少一个支撑点设置在另外三个支撑点的平面之外，由左支架、右支架、头顶支架组成，调节机构用来调整右支架，这种结构虽然可以调节佩戴适合头部大小，但是由于其支架结构过多导致其具有一定的重量，对使用者的鼻梁、耳部或者面部都造成了一定的承重压力。谷歌公司在 2011 年提出的专利申请 US201113206184 通过将电路设备配置在镜腿末端以平衡眼镜上的设备的重量，这种转移设备配重的方式能够减轻设备对鼻梁的压力，降低了使用者在佩戴过程中的重量感。精工爱普生在 2012 年提出专利申请 JP2012110435，通过使用柔性支撑部，将显示单元驱动电路板设置在第一框上，显示单元设置在第二框上，这样针对头部的配重实现显示单元框体的轻量化，适用于不同佩戴者头部；在 2013 年提出专利申请 JP2013063528，通过调节佩戴者眼部和耳部的重量平衡，从而缓解佩戴压力；同年该公司提出专利申请 JP2013009016，调节鼻托调整佩戴状态减轻眼睛负担，能够减缓佩戴者的紧张程度。京东方公司在 2016 年提出了一种能够同时适用于多个用户佩戴，又能够缓解使用者压力的具有机械调节机构的头戴显示设备的专利申请 CN201620065418，使得连接臂在使用者头部的宽度方向上位置可调，能够进一步减少连接臂对使用者面部的压力。可见在缓解头部压力方面，由设置多个支撑架缓解不适感，向调节设备重量分配以减轻鼻梁、面部和耳部压力方向发展，提出了可调节的鼻托。猎维科技公司在 2017 年提出弹力带装置的专利申请 CN201721632873，具有减负功能的眼部观看结构，两个眼镜片，U 形电源控制主板，两个连接臂，每个连接臂的一端与一个眼镜片的侧边固定，另一端与电源控制主板的一个 U 形端连接，在连接臂上还开有挂耳卡槽，还包括下颚弹力带，下颚弹力带的两端分别与两个眼镜片的侧边固定，解决了现有的 AR 眼镜容易压迫脑部神经，对鼻梁的压迫力过大，佩戴舒适感较差以及容易被甩掉的问题。

可见，同时具有适用于不同的头部体积以及能够缓解头部压力、提高佩戴者的舒适度这两种效果的头戴显示装置更能满足使用者的佩戴要求，是未来的发展趋势之一。

第二节　人与机器全方位的交互

一、动一动眼睛就能被 get

眼动追踪技术包括虹膜识别和眼球追踪，虹膜识别是利用人类眼睛进行的，每个人眼睛的虹膜都是独特的，相较于面部识别、指纹识别都更加安全和有效。眼球追踪技术能够追踪眼球的运动并利用这种眼球运动增强产品或服务的体验，能够实现注释点渲染，对减少眩晕产生一定的效果，使用眼球的运动和设备进行交互能够解放头部运动和双手，只要简单地看着或者眼球转动就能够快速实现人机交互。这项技术的工作原理是利用瞳孔红外线的反射性低，虹彩反射性较高，使得影像中瞳孔与虹彩的亮度差异大，而虹彩与巩膜之间的亮度差异小，通过固定摄像机获取眼球图像，利用亮瞳孔和暗瞳孔的原理，提取出眼球图像内的瞳孔，利用角膜反射法校正摄像机和眼球的相对位置，把角膜反射点数据作为摄像机和眼球的相对位置的基点，瞳孔中心位置坐标就表示视线的位置。眼睛运动速度可以达到 0.9°/ms，在 AR/VR 头显设备中使用眼动追踪技术，系统必须与这个速度相匹配，在图像改变时，眼球运动会发生变化，除了强大的处理器和精准传感器，还需要高效轻便的红外光源。检测眼球的运动，还能检测瞳孔的扩张，这样能够在一定程度上实现对人情绪和心理状态的检测研究❶。以下就从虹膜识别和眼球运动角度分析眼动追踪的技术发展，如图 3 – 3 所示。

追踪眼球运动能够检测到人眼位置，并且能够获得眼睛的注视方向和人眼的真实注视点，为当前所处视角提供最佳的 3D 效果并得到虚拟物体视点景深，使图像显示更自然、延迟更小。出现较早的眼部动作追踪是用于辅助视力，1990 年索尼公司提出追踪使用者眼部动作的专利申请 JP12800790，是对弱视用户起到一定辅助作用的装置。追踪眼球运动主要是追踪眼球的位置、眼睛的注视方向即视线，用于实现图像调节、控制选择等。1995 年奥林巴斯公司提出了追踪眼球位置调节图像的专利申请 JP31039295，根据人眼的眼球位置与人眼调节实现图像调整的方式，更加符合视觉生理特性。谷歌公司在 2012 年提出专利申请 US201213427583，通过感测使用者视线，控制选择观测目标；精工爱普生也在 2012 年提出专利申请 JP2012285283，通过检测用户注视方向确定用户凝视的地方区域作为外景被识别；可以看出企业已经开始关注通过追踪使用者眼球的视线方向而实现外景或控制目标的选择。随着眼球追踪技术的发展，眼球追踪不仅用于图像位置调整和目标控制选择，其逐渐与图像渲染、图像显示分辨率和显示质量相结合。2013 年 SMI 创新传感技术有限公司提出了专利申请 CN201380045737，利用双眼追踪，计算来自眼睛的定向向量，并且渲染注视点的左右眼图像，提高分辨率。2014 年，精工爱普生提出专利申请 JP2014213543，通过检测使用者视线方向，调整进入到使用者眼睛中的外界光线，从而提高显示质量。

随着眼球追踪不断得到企业和申请人的重视，越来越多的眼球追踪控制操作被提出和实现。乐视公司在 2015 年就分别提出了三项通过眼球追踪实现不同控制操作的技术：一是专利申请 CN201510785541，通过追踪使用者视线，检测视线和虚拟键盘是否相交，来进行虚拟键盘操作显示的方法，当虚拟现实应用接收输入文字请求时，在虚拟现实场景中显示包含有两个以上虚拟按键的虚拟键盘，虚拟键盘根据人眼视线显示在人眼视线区域内，根据人眼视线计算视线向量，若视线向量与虚拟按键相交产生相交事件，则将产生相交事件的虚拟按键对应的文字发送给虚拟现实应用，通过输入文字的方式代替操作实体按键的方式，简化了对虚拟现实应用的操作。二是专利申请 CN201510933755，通过确认左右眼亮度值关系，确定是否翻页操作的技术，采集用户左右眼的亮度值，确定左右眼亮度值是否存在差异，若存在，则根据差异启动功能菜单的翻页操作，不需要人手操作，根据人的眨眼动作即可操作功能菜单翻页。三是专利申请 CN201510946932，通过眨眼过程中的闭眼时间，实现菜单选择的方法，判断用户眨眼过程中的闭眼时间是

---

❶ VR/AR：各类眼球追踪技术快到我碗里来 [EB/OL]. (2016 – 11 – 03) [2018 – 07 – 14]. http: // www.sohu.com/a/118023604_374283.

图 3-3 眼动追踪技术演进

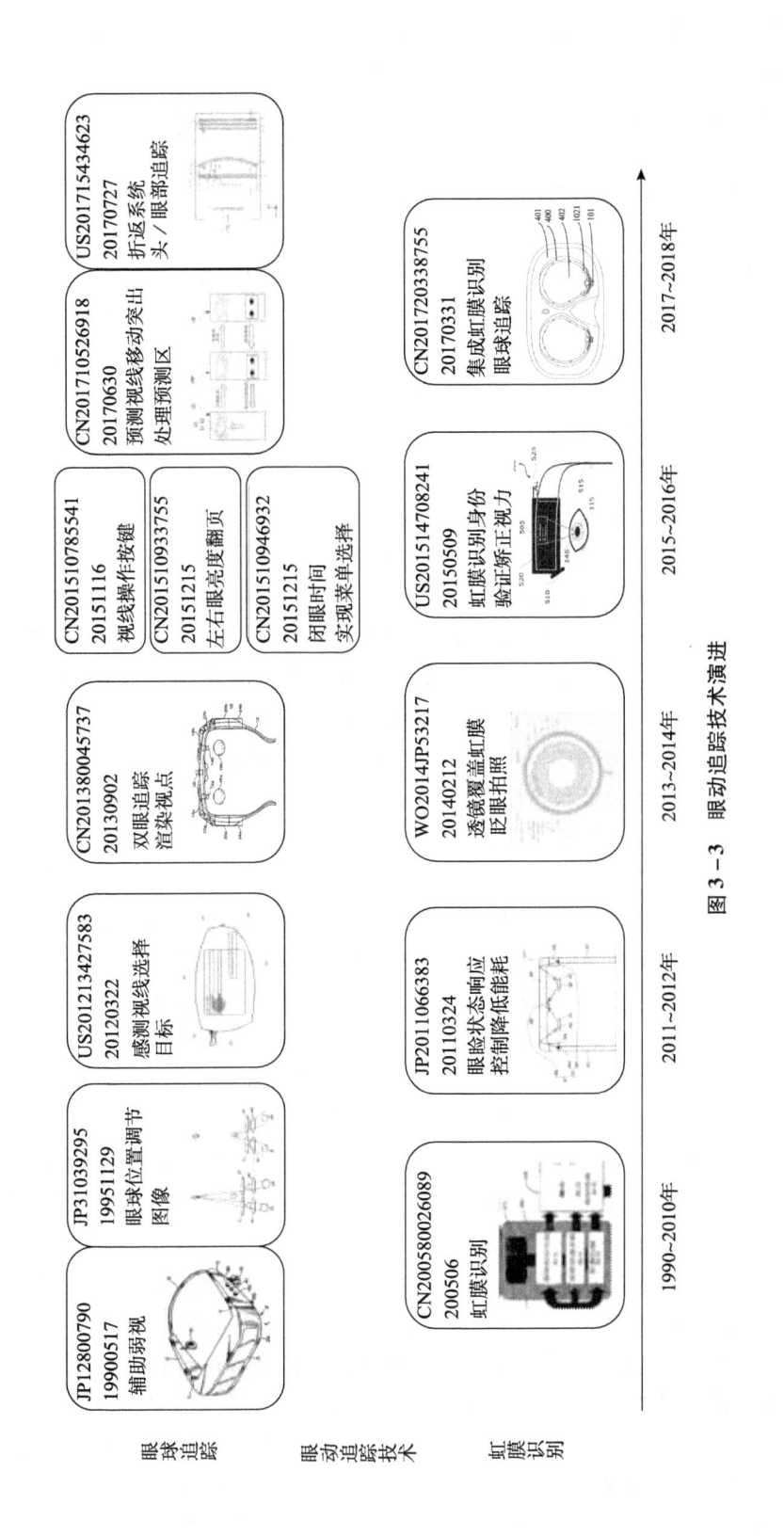

否大于或者等于预设阈值；当大于或者等于时，确定用户进行了菜单选择，用户无须借助外物或者双手，仅通过闭眼就可以进行虚拟现实头盔中的菜单选择。上述三种眼部追踪控制方式操作方便简洁，选择快速、效率高，保持了操作的连贯性，同时由于解放了双手，用户可以更好地用于其他的交互，提升了用户的体验度。

眼球追踪不仅仅停留在对视线的追踪和检测上，还逐渐出现了对视线移动方向的预判，FOVE 公司于 2017 年提出了一种提高使用便利性的影像显示系统的专利申请 CN201710526918，当显示存在移动的影像时，通过将移动影像显示成使用人员简单观看的状态而提高使用人员便利性的影像显示系统。影像显示系统包括：影像输出部，输出影像；视线检测部，检测相对于影像输出部输出的影像的使用人员的视线方向；影像生成部，在影像输出部输出的影像中，以使用人员对视线检测部检测的视线方向对应的规定区域内的影像的识别与其他区域相比更突出地执行影像处理；视线预测部，在影像输出部输出的影像为视频的情况下，预测使用人员的视线的移动方向；放大影像生成部，在影像输出部输出的影像为视频的情况下，除规定区域内的影像之外，以使用人员对视线预测部预测的视线方向对应的预测区域内的影像的识别与其他区域相比更突出地执行影像处理。

近两年，越来越多的设备不仅仅设置了单一的交互传感器，而是将头部追踪传感器、位置追踪传感器和眼球追踪传感器安装在同一台设备中，如苹果公司在 2017 年提出的专利申请 US201715434623，涉及一种折反射光学系统的头戴显示器，以一种非常紧凑的方式进行光学聚焦，在消除色差效应同时支持三维空间中的头部追踪和眼球追踪，头部追踪可以避免在房间中单独摆放传感器，眼部追踪可以捕捉到用户目光的朝向，有利于增强显示画面的景深和真实感。在输入和输出方式方面，涉及环境光传感器和触控板控制，主要是保持设备本身的轻巧和舒适，以便延长用户佩戴使用的时间。

在虹膜识别方面，AR/VR 的特点之一就是距离使用者的眼睛非常近，这也使得虹膜识别成为最方便、安全的信息识别方式、控制响应。较早提出的虹膜识别是用于身份验证，例如谷歌公司提出的专利申请 CN200580026089 包括一种利用虹膜特性同时结合面部和皮肤特性识别的方法。在 AR/VR 头显设备中虹膜识别可用于控制图像、眨眼拍照、检测使用者身份等，例如精工爱普生在 2011 年提出了专利申请 JP2011066383，通过探测眼睑状态控制响应的头戴显示装置，检测单元用来检测使用者的眼睑状态，控制单元给出相应眼睑状态的响应，不需要使用者的手部操作，在没有降低图像质量的情况下而降低能耗。索尼公司在 2014 年提出了一种 AR 隐形眼镜专利申请 WO2014JP53217，通过透镜单元的第一区域即中心区域覆盖瞳孔，围绕第一区域的第二区域覆盖眼球虹膜，眨眼的瞬间镜片就可以捕捉一张图片，该照片可被储存并发送到智能手机或平板电脑上；用户在使用这款隐形眼镜进行眨眼拍照时，相机能够精确地判断出眨眼的动机，并过滤掉人的自然眨眼，因此不用担心眨眼几次就拍多少张相片。谷歌公司在 2015 年提出了基于眼睛的虹膜识别或其他生理参数实现安全身份验证的专利申请 US201514708241，提出用于实时使用眼睛信号对个体的基本连续的生物识别的装置，装置被包括在可穿戴计算设备内，其中识别设备穿戴者是基于在指向一个眼睛或双眼的一个或多个相机内的虹膜识别和/或其他生理、解剖学和/或行为的测量；设备用户身份的验证能够被用于启用或者禁用对安全信息的显示，身份验证也能够被包括在所述设备传送的信息内，以便由远程处理单元来确定适当的安全措施；可执行的其他功能包括：视力矫正、头戴式显示、使用场景相机来查看周围环境、经由麦克风和/或其他感测设备来记录音频数据。

目前眼球追踪技术大多是采用近红外摄像头摄取捕捉眼部图像，利用机器视觉和深度学习等技术实现对眼球和眼部运动的捕捉，虹膜识别也是采用近红外摄像，而两种方式对眼睛图像的成像需求不同因而需要不同的算法，七鑫易维公司在2017年提出了利用相同的硬件同时支持眼球追踪算法和虹膜识别算法的专利申请CN201720338755，提供了视线追踪装置及头戴式显示设备，这是一种集成虹膜识别的眼球追踪，视线追踪装置包括：红外摄像机、红外灯组和控制电路，控制电路与红外灯组电连接，红外灯组包括至少两个设置于不同位置的红外灯；红外摄像机用于采集在红外灯点亮时用户的眼球图像；控制电路用于在视线追踪装置工作于虹膜识别和视线追踪时分别控制红外灯组中的达到有效工作亮度的红外灯个数，有效工作亮度指该亮度不小于阈值亮度，使得视线追踪装置工作于虹膜识别时能够较快获取用户身份，工作于视线追踪时，更加精确地获取用户视线方向。

为了确认虹膜信息没有被盗用，需要在虹膜识别过程中进行活体检测，利用眼球追踪技术验证使用者的活体性能够保证活体检测的有效性，因此使用虹膜识别进行使用者身份检测，利用眼球追踪加强人体活体检测，最终达到安全高效的身份识别。

二、虚空中的手势操作

在AR/VR交互方式中，不再使用鼠标和键盘，大部分交互使用手直接抓取的方式，使用手势跟踪进行交互具有多种方式，例如，光学跟踪中的Leap Motion、将传感器戴在手上的数据手套。手指具有多个关节点并且伴随着多个关节移动的角度，在移动过程中手势具有多个自由度，操作灵活，并且简化了设备部件，在空中弯曲手指、比划手势或者做出点击、滑动、抓取等自然手势动作，就能够被捕捉到，实现操作控制。

以下介绍几种不同的手势追踪控制技术，如图3-4所示。

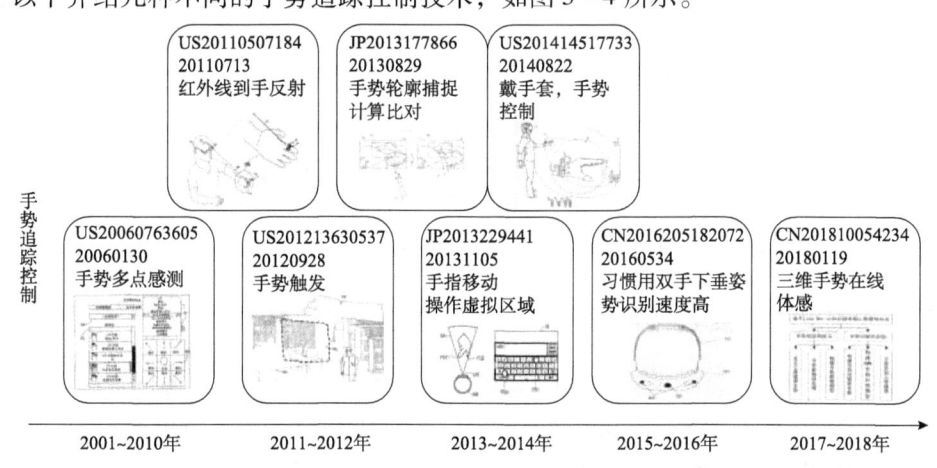

图3-4 AR/VR手势追踪控制技术演进

手势交互的形式在开始出现时并不像现在人们所看到的在空间中直接做出手势动作就能够实现操作控制，而是需要一个手势触控面板，手指直接触碰到手势控制面板上，例如，苹果公司在2006年提出的利用多点感测设备进行的手势操作专利申请

US20060763605，接收来自一个或多个对象的输入的多点感测区域，手势模块被配置成确定用于由多点感测设备的多点感测区域接收到的给定输入布置的手势集，监测给定输入布置以获得包括在手势集中的一个或多个手势事件，利用输入布置执行手势事件时，启动与手势事件相关联的输入动作，输入布置可以是手指或手的其他部分。随着AR/VR设备交互控制的需求和交互技术的发展，提出了红外摄像的手势识别方式，例如，谷歌公司在2011年提出了专利申请US20110507184，包括通过眼镜上发射出的红外光线照射到手上，利用眼镜上的红外相机探测反射回的红外线，以实现人机交互的手势追踪方式。手势交互主要用于对显示图像的控制和对显示设备的操作，在2012年提出了专利申请US201213630537，通过手势触发操作并识别手势限制的区域用来限定图像摄取位置和范围。为了不断提升使用者对虚拟现实操作的体验感，越来越多的手势控制操作方式被开发，精工爱普生在2013年提出一种与预先存储进行手势识别的系统专利申请JP2013177866，在AR头戴显示设备中，提高用户的手的识别准确度，预先存储拍摄得到的手的轮廓形状，接受相机具备的每个像素的拍摄数据的输入，进行以拍摄数据表示的颜色的相邻像素间的差值计算，对该计算差值在预定阈值以内的同色系统的拍摄数据的排列进行分组化，对轮廓进行捕捉，对捕捉到的轮廓与存储完毕的手的轮廓形状进行对比，实现进入拍摄区域的用户的手的识别。精工爱普生在2013年提出了一种手指移动操作虚拟部的头戴显示装置专利申请CN201410616180，通过检测使用者手指的移动，使用者观看到手指移动的虚像，检测到和手指移动相应的虚拟操作部，进行操作。上述几种都涉及了利用手势交互实现简单动作的操作控制，随着使用者体验需求的要求以及交互技术的发展，手势交互越来越多地体现了自然人手势动作的操作和体验需求。例如，索尼公司在2013年提出一种手套专利申请JP2013229441，通过手套进行触碰、抓取等动作操作；武汉理工大学在2018年提出了一种基于Leap Motion的在线体感三维建模方法及系统专利申请CN201810054234，包括手势信息预定义和手势训练及识别，手势信息预定义包括定义三维建模手势、手势数据预处理以及构建手势数据模型，手势训练及识别包括构建手势训练样本集、构建HMM手势训练模型以及手势识别三维建模，系统包括软件交互单元、采集单元、实时通信单元、数据处理单元、存储单元、计算单元和执行单元，主要基于虚拟现实、人机交互和计算机图形学等技术原理来辅助用户通过体感交互方式进行基于浏览器端的在线三维建模操作，希望使用人们习惯的双手姿态和运动，利用手势自然地完成这些动作，实现自然的互动体验。

三、力的反馈让感觉更真实

如果仅是视觉体验，缺少感觉信息如视觉、听觉、触觉、温度、湿度、振动、压迫、力反馈等，会使体验效果大打折扣，触觉和力的反馈都是现实中的重要体验信息，增加了真实感觉，触摸能够感觉到物体的质感，人与接触物体的摩擦、作用力与反作用力，触觉是人较为复杂的感官，其感觉遍布人的全身皮肤。如果在AR/VR中能够完美还原触觉和力反馈，将会带来更逼真和沉浸感的体验。目前应用的触觉反馈，例如触觉反馈手套，4D电影中加入振动、喷水、坠落等。常用的触觉和力的输出设备有数据手套、力反馈鼠标、手柄、操作杆、方向盘等。以下介绍几种不同的触觉反馈方式，如图3-5所示。

图 3-5 触觉/感觉反馈技术演进

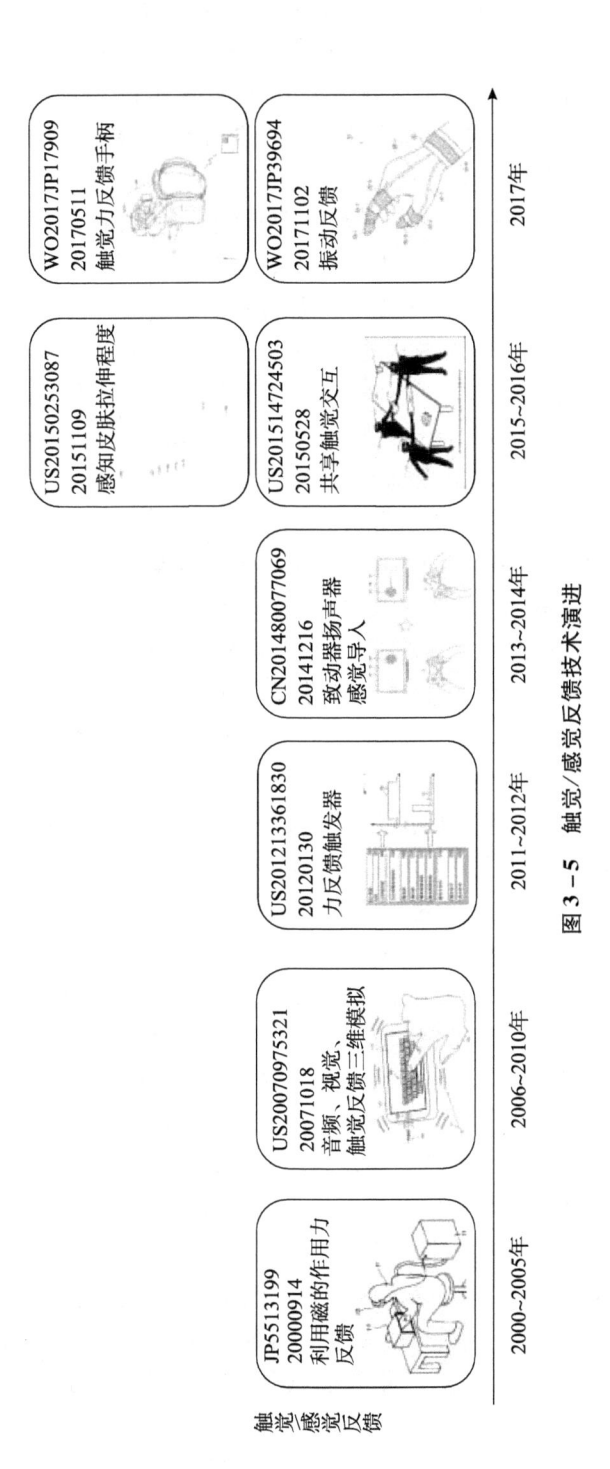

美能达在2000年提出了一种利用磁的作用力反馈的专利申请JP5513199，在头戴显示设备计算成像中，使用者接触磁环，将反作用力反馈到计算机，基于计算结果成像。在单纯的触碰实现力反馈之后，多种感觉反馈集合在一起提供多感官感受的装置也被提出，微软公司在2007年的专利申请US20070975321中提出了一种音频、视觉、触觉三维反馈模拟的装置，通过利用音频、视觉和触觉反馈来创建用户正与物理的形象化的、三维对象交互的感觉的安排来向具有触摸屏的设备的用户提供多传感体验，给予触摸屏具有特定大小、持续时间或方向的运动以使得用户可通过感觉来定位显示在该触摸屏上的对象，在与声音和诸如动画等视觉效果结合时，触觉反馈创建了触摸屏上的按钮在被用户按下时就像真实的、物理的形象化的按钮那样移动的感觉，按钮改变其外观，设备播放可听的"咔嗒"声，并且触摸屏向用户手指提供触觉反馈力。还有在MR和VR中提供触觉反馈的专利申请US201213361830，适配用户的手和手臂，带有触觉反馈马达的装备，它可以让用户在虚拟环境中感受到阻力。索尼公司在2014年提出一种能够通过将声音输出和振动输出联动来提高真实感的专利申请CN201480077069，包括一种包含多个致动器和多个扬声器的感觉导入装置；感觉导入装置包含相互关联的致动器和扬声器的多个集合，其中多个致动器中的至少一个致动器以及多个扬声器中的至少一个扬声器相互关联；来自致动器的输出以及来自扬声器的输出受到控制而针对相互关联的致动器和扬声器的每一集合而联动。多感觉反馈不仅能够在单个用户和单个设备中体现，也可以实现共享交互，微软公司在2015年提供了一种共享空间多人沉浸式虚拟现实中的共享触觉交互和用户安全的系统专利申请US201514724503，多个用户经由被映射和渲染到可以由多个用户触摸和操控的实际物体的虚拟元素来共享触觉交互，对共享现实空间的实时环境模型的生成实现将虚拟交互元素映射到与沉浸式VR环境向多个用户的多视点呈现组合的实际物体，实时环境模型对现实表面和物体的几何形状、定位和运动分类，为每个用户生成包括定位、定向、骨架模型和手部模型的统一实时跟踪模型，STIVE生成器然后渲染与每个特定用户的实时视野对应的共享沉浸式虚拟现实的帧。随着多种感觉反馈体现在AR/VR设备中，感觉反馈的细腻程度和是否更加接近现实中的感觉逐渐成为感觉反馈技术精益求精的追求，Oculus在2017年提出了一种"皮肤拉伸仪器"专利申请US20150253087，当使用者在拾取特定的对象时，可以感知皮肤的拉伸程度，每个手套有六个皮肤拉伸器，一个在手掌上，然后每个指尖各一个，而皮肤拉伸器可以在X、Y或Z轴方向移动以模拟触摸。索尼公司在2017年提出了一种具有力反馈的可操作手柄专利申请WO2017JP17909，操作装置具有可移动元件，该移动元件在第一位置和第二位置之间移动限制部分用致动器驱动，并在可动元件的运动轨迹的内部移动。限制部分控制可动元件的可移动区域，接收单元接收指定控制模式的信息，控制单元使用接收到的控制信息控制与所接收的信息指定的控制模式中的相对于可移动部分的触觉力反馈。在此基础上，索尼继续研发了一种振动反馈装置专利申请WO2017JP39694，该振动呈现装置具有通过施加电压而振动的多个振动单元，控制单元控制由多个振动单元产生的振动，振动单元包括柔性和轻质的薄原材料，以及作为振动对象的部分中的表面接触。

第三节　本章小结

本章主要对 AR/VR 头戴显示设备中的大视角技术、佩戴调节技术、眼动追踪技术、手势交互技术以及触觉反馈交互技术进行了专利分析，追踪其技术演进路线、重点专利及未来的发展趋势。

总而言之，AR/VR 头戴显示设备在视场角方面所带来的观看效果，例如在色彩方面、视角宽广程度方面，自然是越接近自然眼睛，体验度越佳；由于该设备佩戴于头部，那么轻量级、无晕眩感、低视觉疲劳、舒适度高、便于调节便是人们所希望的方向；在人机交互方面，交互方式以体验者长期使用这种交互方式的舒适程度以及多维度为目标，并且尽可能地综合多种感觉反馈，触发人体的多种感官，增强交互沉浸感。

第四章 创新主体

作为一个新兴的领域，AR/VR行业的发展速度令所有人惊叹，AR/VR产品的应用已经涵盖了医疗保健、汽车、安全、娱乐等各个领域，AR/VR技术的发展离不开创新主体的努力。本章分别选取五个具有代表性的国外、国内申请人进行深入分析，对于国外申请人，选择了申请量排在第一、第二位的索尼和精工爱普生两家日本公司，以及排在第五位的美国微软公司进行分析，另外，虽然苹果公司和Magic Leap在该领域起步较晚，专利申请量并不是很多，但是，苹果公司是一个一直以创新闻名的公司，且Magic Leap是一家专门致力于AR/VR技术研发的公司，因此，也选取了这两家公司作为国外创新主体的代表进行专利技术分析；而对于国内申请人，选取了国内较早发布VR产品的公司HTC以及国内专利申请量排名靠前的成都理想境界、联想、北京小鸟看看以及京东方为国内创新主体的代表进行专利技术分析。通过对上述重点申请人进行深入分析，获取上述公司在AR/VR领域的专利布局状况和技术发展动态。

第一节 国外企业

一、索尼公司

索尼公司在全球具有约1700项关于头戴显示设备技术的专利申请，全球排名第一位，该公司早在20世纪90年代就已经开始进行头戴显示设备的技术研发，在2010年以后索尼头戴显示设备的相关技术专利申请量也出现了突飞猛进的增长，可见索尼公司一直保持对头戴显示设备相关技术的重视程度。

索尼早在2011年就推出了头戴显示设备的第一代产品——HMZ－T1，HMZ－T1就像一个个人影院，搭载两片分辨率为720P（1280×720）的0.7in屏幕，通过光学透镜的放大，索尼官方宣称能够达到"20米的距离观看750寸荧幕"的效果。随后，索尼公司一直在紧锣密鼓地不断完善产品，也不断寻求技术上的突破，在接下来的时间里，索尼也在不断推出新的产品——HMZ－T2和HMZ－T3，相比于HMZ－T1，后面推出的两款产品外形并没有做太大的改变，只是不断完善HMZ－T1存在的不足和问题，比如在重量方面比HMZ－T1更轻，且通过调整配重比使佩戴感觉更加舒适。在2014年，索尼公司再次推出了新的头戴显示产品PS VR，其引入了追踪技术，可通过"PS MOVE动作控制器"来检测手部动作和位置，此外在人体工程学方面，PS VR也做了很大改进，其通过设置大面积的前额护板完全杜绝了HMZ系列的压额头弊病，大面积的后脑护带很轻松就能"夹住"头部，使得整体佩戴过程中头部佩戴负重更加平衡。

索尼公司的头戴显示设备更多地是和游戏场景结合，使游戏玩家能够在虚拟世界享受更加真实的场景和游戏快感，显然，想要获得更加炫酷的游戏体验需要更好的交互方式，而索尼公司在这方面一直在不停地努力。

索尼公司新提交了一项关于交互控制新技术的专利申请WO2017JP17909，其涉及一种新的控制器，如图4-1所示，相对现有的Play Station Move控制器的修改不仅增加了一个类比摇杆，而且还增加了手指追踪技术，该研发技术也预示着索尼在开发新的运动控制器，专门用于提升公司的虚拟现实平台Play Station VR的交互性。

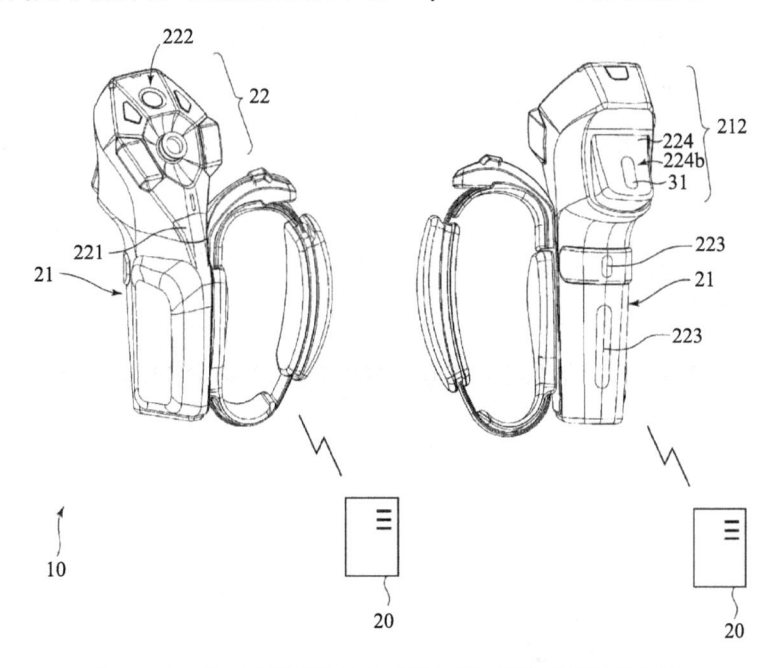

图4-1 具有手指追踪技术的控制器（WO2017JP17909）

2014年索尼公司提交了两项交互控制新技术的专利申请US201414517733和US201415517741，名为"Glove Interface Object"的技术专利，如图4-2所示，该设备在外观上以手套形态出现，在拇指上设置一个接触传感器，在其他手指设置至少一个弯曲传感器，传感器为柔性的传感器，根据传感器所测得的接触数据和弯曲数据来获取用户的手势动作，并进一步实现根据手势的交互识别，例如用户将手比划成手枪则在虚拟空间中模拟出手枪。

此外，在使用现有的头戴显示器时，虚拟图像的距离深度往往不能改变，在用户佩戴观看时，由于虚拟对象距离不合适会影响视觉观看效果，那么，有没有一款头戴显示器能够根据观看对象的深度来调整虚拟图像的距离呢？而索尼似乎发现了这个问题，那他们是怎么解决的呢？

在索尼2015年提交的一份专利申请CN201580056030.7中，在头戴显示设备中，通过改变光学组件如透镜的位置来进一步改变虚拟图像的聚焦位置（见图4-3），那么虚拟图像的显示距离也就相应改变了。而具体地，该设备包括深度获取部件，它通过用户眼睛之间的距离和视线的角度来获取深度信息，并通过驱动部件移动透镜的距离，并最终实现虚拟图像的距离的改变。

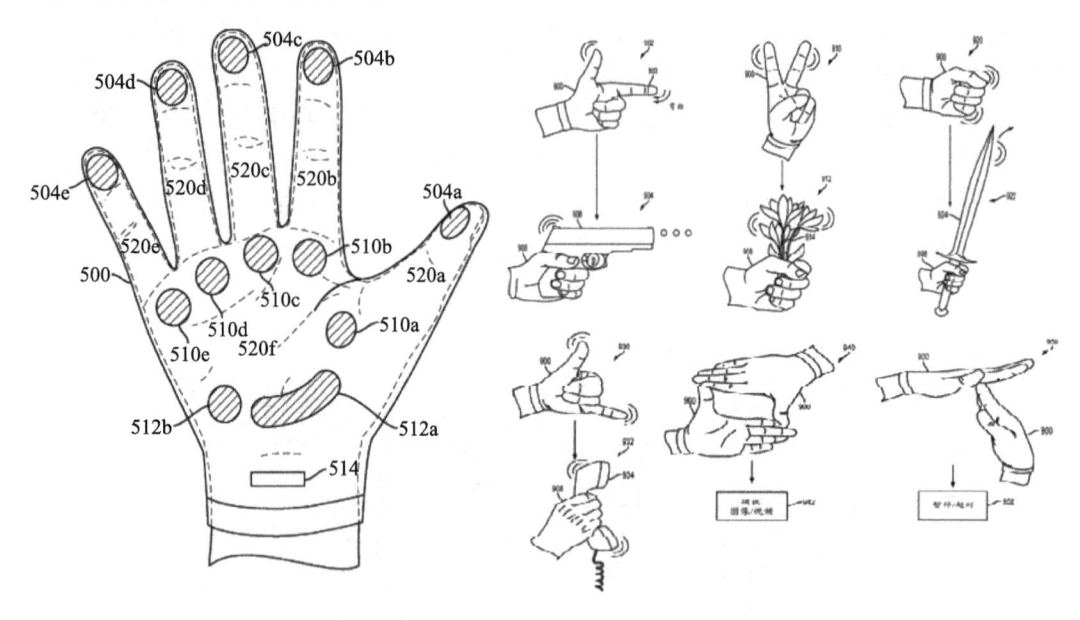

图4-2 手套传感器（US201414517733 和 US201415517741）

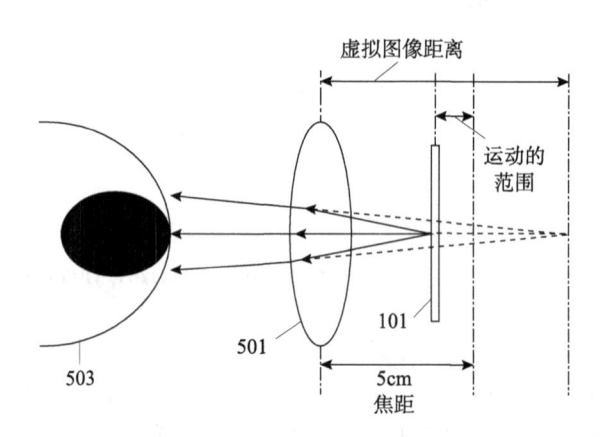

图4-3 虚拟图像调节（CN201580056030.7）

而在视线追踪方面，索尼公司也一直不甘落后，早在2013年索尼公司就提交了关于视线追踪的专利申请CN201380008249.0，如图4-4所示，通过在类似于眼镜的头戴显示设备上安装一个投影仪（该投影仪包括光源，光源不仅可以投射显示图像的光，还包括能产生红外光的 IR LED），并通过照相机来接收由眼镜虹膜反射的红外光来确定视线的方向。索尼公司采用图像光源和红外光源组合在一起的设置，大大减小了头戴显示设备的体积。

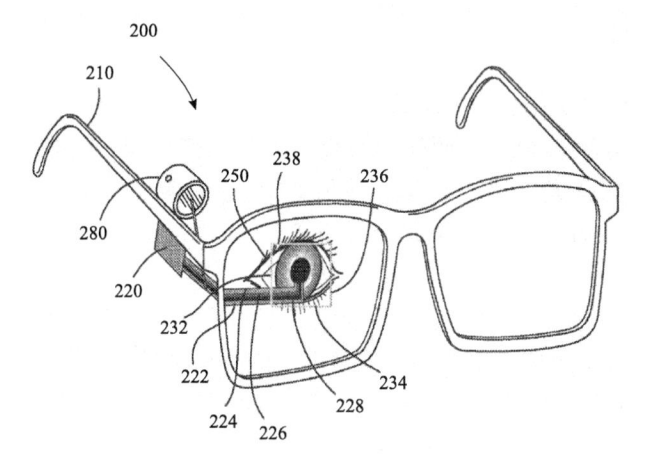

图 4-4 红外追踪（CN201380008249.0）

另外，如图 4-5 所示，传统的视线追踪通常将红外发射器和相机设置在光学组件和眼睛之间，由于视野限制，光学组件和眼睛之间距离很近，那么相机拍摄眼睛的角度就比较小，在这种情况下眼皮、睫毛很大程度上成为拍摄的障碍物。

对此，索尼公司在新提交的专利申请 CN201680045546.6 中，通过重新设置相机单元的位置，例如将其设置在光学组件的后方并结合必要的反射元件（见图 4-6），这样便成功使得相机的拍摄角度近乎垂直，无论用户眼睛处于何种角度，都能够成功对眼睛进行成像。

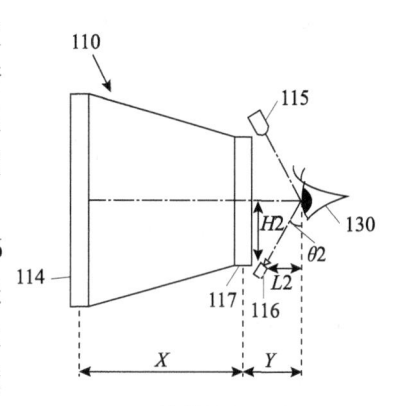

图 4-5 传统的视线追踪

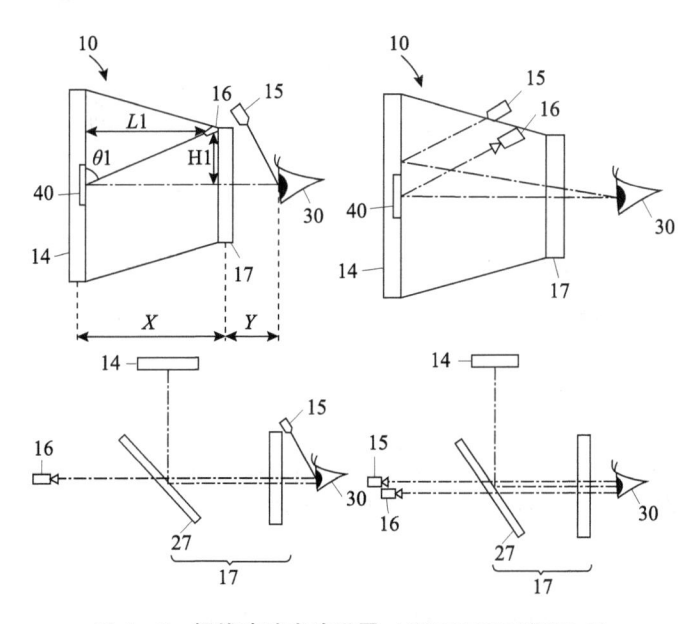

图 4-6 视线追踪光路设置（CN201680045546.6）

二、精工爱普生

成立于1942年的爱普生（EPSON）公司，一直在数码影像领域深耕，投影仪、打印机都做到了全球数一数二。而作为传统的光学影像公司，依赖于其在光学设备以及光学系统等方面的强大优势，爱普生早在20世纪90年代就已经开始进行头戴显示设备的研发和专利布局，并且在该领域具有全球第二的专利申请量，约1100件专利申请。

20世纪80年代开始，爱普生获得了穿戴式投影设备的专利，所以就将这个技术用在了AR眼镜——MOVERIO上。而AR项目开始的契机则是爱普生液晶屏部门被收购这一事件。第一代AR眼镜型号BT-100，从2008年开始立项，历经一年半的研发，直到2011年才正式上市。当时"AR"这个词在市场上还鲜有耳闻，智能手机中的AR应用也给了他们一些灵感，所以最初这款眼镜的定位是面向C端市场的。然而，AR本来就是一个新兴技术，要打入C端市场远比想象中的难，所以他们后期将方向调整为企业端。

MOVERIO的负责人津田敦曾经在采访中提到，研发BT-100的一年半时间是最艰难的，每次做出来都能找到非常多的问题。但是也正因为有了BT-100打下的坚实基础，才使得后续的产品能够顺利快速迭代。

如图4-7所示[1]，从2008年至今，爱普生已经推出了BT-100、BT-200、BT-2000、BT-300、BT-2200、BT-350六款AR产品，从2014年开始几乎实现了一年一代的产品发布节奏（其中BT-100、BT-200已经停产，BT-2000、BT-2200为头盔式的AR眼镜，仅在海外销售）。

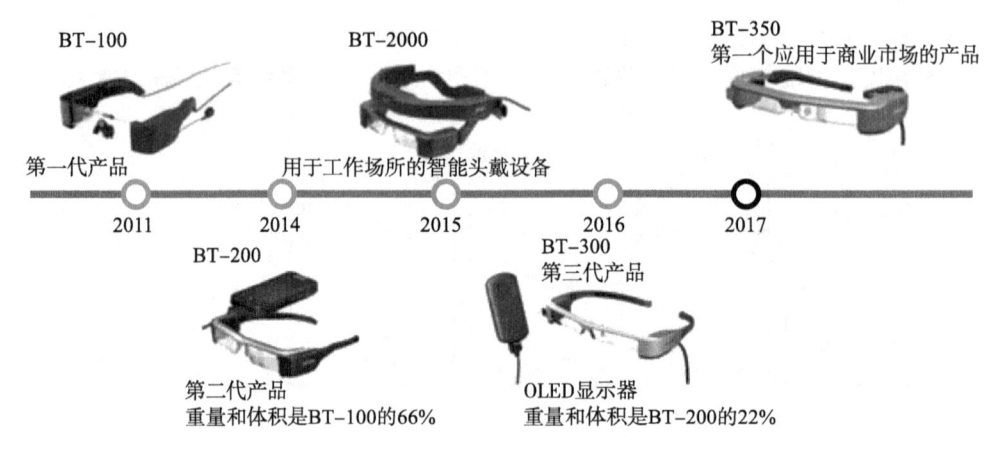

图4-7 精工爱普生产品发展图

注：图中未显示BT-2200。

AR/VR显示设备最直接的功能和用途就是用来显示图像，而图像质量的好坏直接影响着佩戴者的观看体验效果，因此，图像质量提升也一直是包括爱普生在内各公司的

---

[1] 爱普生AR智能眼镜BT-350体验：在虚拟和现实间互动[EB/OL]．(2018-05-18)[2018-07-13]．http://tech.sina.com.cn/digi/dc/p/2018-05-18/doc-iharvfhu6196146.shtml．

重点改善技术。

爱普生新推出的产品 BT-300 和 BT-350 搭载了爱普生自家最新研制的硅化自发光 OLED 显示屏，与之前搭载液晶显示器 LCD 的产品相比，具有更高的色彩饱和度和对比度，在之前，BT-200 的成像效果是基于 LCD 技术的，一旦在高亮环境下，眼镜投射出来的图像很容易被环境中的高光照破坏；在 BT-300 中，由于 OLED 的显示特性，显示屏的色彩对比度高达 100000∶1，而 BT-350 的分辨率达到了 720P 的规格，色域也可以达到 1677 万色，高色域范围可以更好地还原绿色和红色，让显示效果更自然唯美。与 BT-200 相比，成像效果实现了指数级的提升，图像在高亮环境下也非常清晰。如果周围环境变暗，EPSON MOVERIO BT-300 的高色彩对比度也能够让眼镜成像自动调节到与环境相对应的舒适观看度，就像使用 OLED 显示屏手机一样，使用这样的 AR 眼镜体验非常舒服。

AR/VR 显示技术本质是一种投影技术，其将小型图像源的图像光通过一系列光学元件（如棱镜、透镜、反射元件等）进一步投影进入人眼，从而成功显示图像，而在光线投影传播过程中，很容易引起像差和像形畸变。近年来，自由曲面棱镜一直是用来解决像差的热门元件结构，其通过对光轴进行折叠，并利用自由曲面降低系统由于光路离轴带来的大像差，且其通过采用单个元件实现了传统多面透镜才能实现的光学质量，不仅具有紧凑的结构和优异的光学像质，而且工艺简单、成本低廉。由爱普生新推出的产品 BT-350，如图 4-8 所示，搭载了自由曲面技术，实现了高清晰优异的画质展现。且在 2013 年，爱普生就已经开展该技术的专利布局，在 2014 年提交的专利申请 US201414470367 中，该设备通过设置一具有五个自由弯曲表面的棱镜，从而使光线的像差得以校正，且在校正像差的同时还使得该头戴设备保持较小的尺寸和较轻的重量，这也是用户都喜闻乐见的。

图 4-8　EPSON BT-350 增强现实智能眼镜

如何做到使设备小型化、轻量化一直是头戴显示设备不断努力的方向，爱普生也不例外，在爱普生已经推出的六款 AR 产品中，从 BT-100 到 BT-300，爱普生的 AR 眼镜的进化最明显在于轻薄度上。BT-100 重 240g，BT-200 降到了 88g，而到 BT-300 的时候已经只有 69g，不足第一代产品重量的 30%。

不同于市面上大家熟知的 VR 一体机或者 VR 头盔那样笨重，爱普生智能眼镜化繁为简，采用了比较明智的分体式设计，让头部承受更轻的重量，通过将大容量电源和控制装置单独设置，一方面方便使用者直接操控，另一方面，也进一步减轻了装置本身的重量，同时由于电源的单独设置，可采用大容量电源来进一步增加续航能力。

另外，爱普生在注重 AR/VR 设备性能的同时，也更加注重用户的体验，在最近研发的 AR 设备上，爱普生更加小型化，爱普生同样采用眼镜式外观设计，如图 4－9 所示，在其拥有正常眼镜宽度的基础上，眼镜的高度减少了一半，这样，穿戴者在保证观看画面的同时，使其重量也大大减轻，如在其 2016 年提交的专利申请 JP2016026432 以及 JP2016026429 中就采用了该种镜片设计，且该种设计已经在产品 BT－300 和 BT－350 上进行了使用。

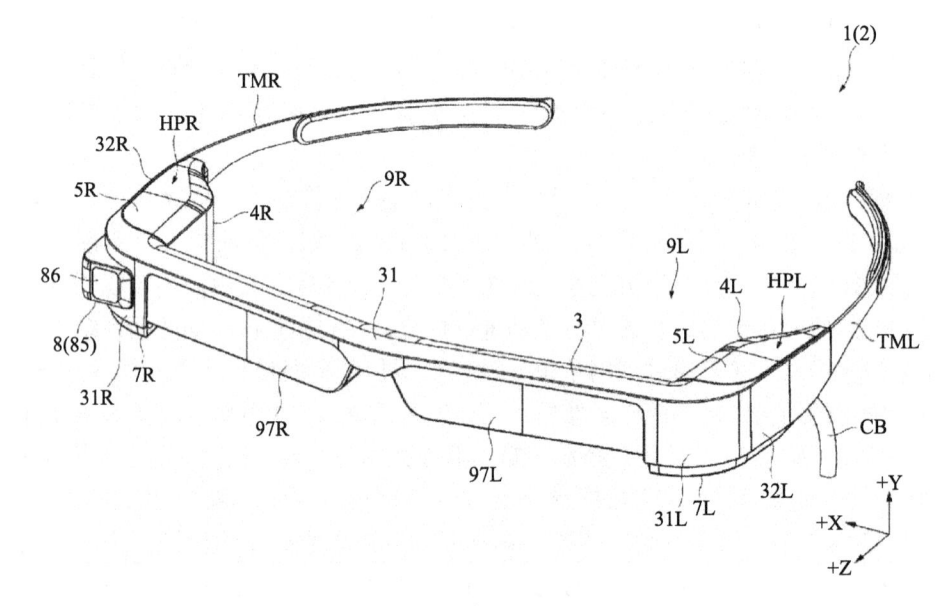

图 4－9　镜片设计（JP2016026432）

在做到小型化、高画质的同时，作为可穿戴设备，能够使用户具有更高的佩戴舒适性也是至关重要的。

在 AR/VR 头戴显示设备中，眼镜式由于佩戴舒适以及轻便越来越受到欢迎，然而在佩戴过程中由于观看姿势的调整或者使用者眼睛、鼻子、耳朵位置的偏离等因素，从而影响用户对图像的观看，而爱普生通过设置一位置可调的鼻托部，可通过调整鼻托的位置以及姿势的变化，使得使用者的俯瞰方向角度发生变化，进而能够以合适的视线进行观察。

在 2014 年提交的专利申请 CN201410200774.9 中，通过多种方式实现了鼻托的姿势变化。如图 4－10 所示，通过设置鼻托安装部，实现不同尺寸的鼻托垫部的安装，用户可以根据眼镜、鼻子的大小、位置来选择合适的垫部，另外，通过设置多个并列的垫部安装位置以及调整鼻托垫部的安装位置以改变鼻托部的高度。

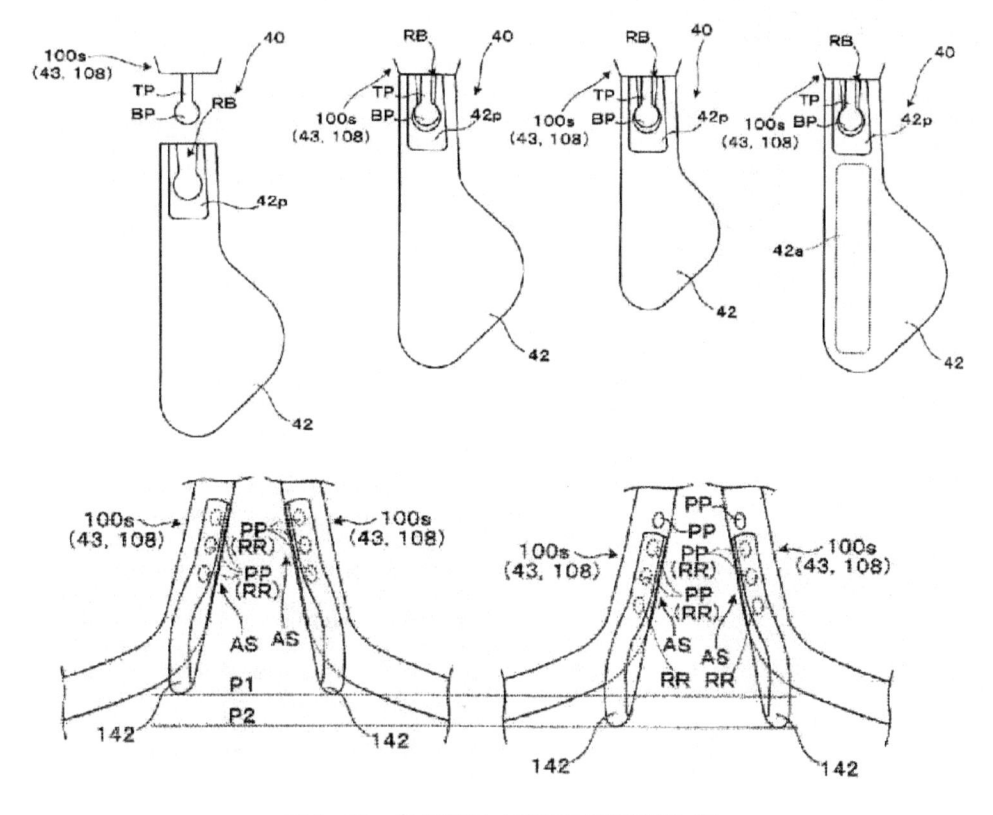

图 4-10　鼻托调节（CN201410200774.9）

三、微软公司

微软作为 AR 领域的先驱者之一，一直非常重视 AR/VR 技术的研发，其在该领域的专利申请量也位于全球第五，且在最近两年内，微软公司一直保持着较大的专利申请量。

微软在 2015 年推出了 HoloLensAR 全息眼镜，该设备撤去了传统 AR 眼镜笨拙庞大的外形，拥有类似普通黑框眼镜的外形设计，并且无需线缆连接、无需同步计算机或智能手机，可以完全独立使用，由于 AR 技术开发难度大，所以当时该领域的厂商并不多，微软在 AR 领域也处于科技的最前沿。

科技和创新总能不断改变我们的世界，而微软是一个一直不断创新的公司，最近几年，微软一直不断地尝试新的想法，想让 AR/VR 不断融入并改变人们的生活。

由于追踪技术使人机交互变得更加简单且使用户观看体验效果也更佳，因此，各大公司也一直在不断研究该技术。传统的眼球追踪技术通常使用摄像头来追踪眼球的运动和方向。然而，由于摄像头的成本、复杂度、高功率要求以及体积等因素，使用摄像头检测眼球的运动和位置就变得不太理想。而微软最近推出了一种新的眼球追踪技术，其在 2016 年已经提交专利申请 CN201680032446.X，如图 4-11 所示，其通过在镜片上设置一系列的透明电容传感器，该电容传感器通过检测凸起的角膜的位置和距离，来作为

57

眼镜注视方向的依据。该种眼球追踪技术具有延迟性低、简便、准确的优点，允许传感器跟踪非常快速的眼球转动。

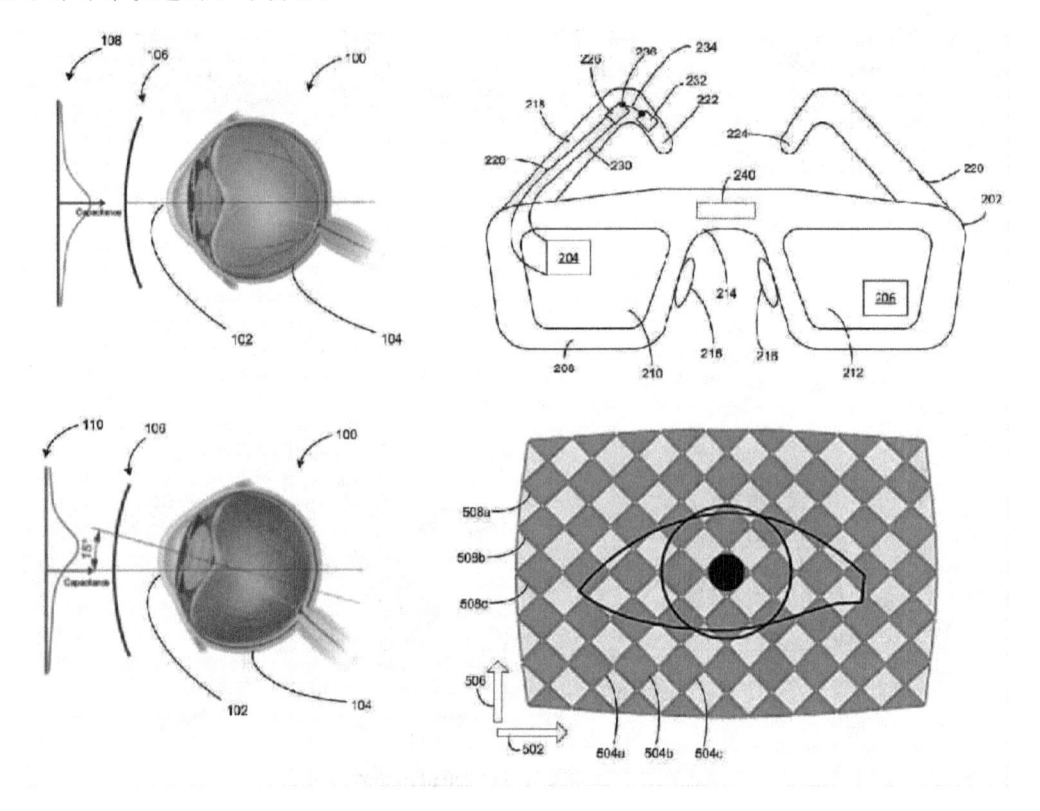

图 4-11 电容式眼球追踪（CN201680032446.X）

由于眼球追踪能够大大提高观看者的视觉体验效果，因此微软在该技术方面进行了较多的创新和探索。早在 2014 年微软就提交了一份关于眼球追踪技术的专利申请 CN201480071271.4，该设备仍然采用红外线光跟踪眼球运动，不同的是，其采用了一种波导技术，这种波导可以在头戴显示器上使用，但不限于此，它是透明的，并包含一个输入耦合器和一个输出耦合器。

如图 4-12 所示，输入耦合器包含由许多条弯曲光栅线形成的光栅区域，当光束入射在输入耦合器的光栅区域时，输入耦合器的弯曲光栅线能够把光束衍射到波导中，并朝向位于输出耦合器处的公共区域。红外光束与输入耦合器的弧形光栅线共同工作以及输出耦合器的汇聚点作用，最终达成眼球追踪的效果。

在日常生活中，有时候寻找对象（物品）的位置往往会花费人们大量的精力，如寻找车钥匙、钱包、手机等物件。再如我们忘记家里的盐已经用完了，回到家后不得不再出去跑一趟商店，这些行为都会让人类的时间流逝而降低生产力。而一直致力于 AR 技术研究的微软显然发现了这些生活中使人头疼的问题，他们开发了一种新技术，并在 2016 年提交了关于该技术的专利申请 US201615256235——"OBJECT TRACKING（对象追踪）"。这是一个可以识别无生命物体并可以自由选择是否作为追踪对象的技术，系统将会保持对特定对象的追踪并记录，适时为用户提供反馈。

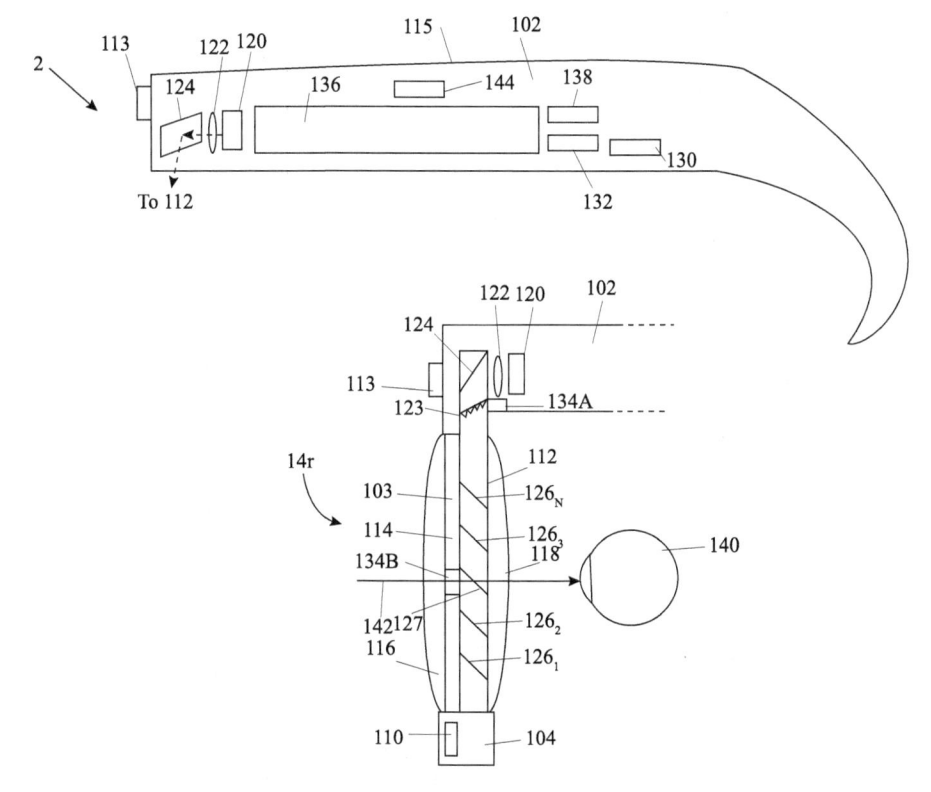

图 4-12 眼动追踪（CN201480071271.4）

例如，当我们戴上这款形似普通眼镜的 AR 设备，经过商店时，可以接收到购买盐的提示，这样也就避免了回到家中才发现必须再次返回商店购买盐的奔波；再如，如图 4-13 所示，生活中总是有人习惯回到家中将钥匙、钱包等常用物品随便放到一边，再次使用时总是忘记了它们的放置位置，而通过这个技术，我们可以快速找到所需的物品，这款技术在追踪到该物品对象时，会根据系统内记录的使用频率等信息来对它们的位置进行反馈提示，这样大家再也不用为经常找不到钱包、钥匙而烦恼了。

微软产品 HoloLens 是目前备受瞩目的增强现实（AR）设备，而其他公司更热衷于虚拟现实（VR），包括谷歌 Cardboard、Facebook 的 Oculus Rift、HTC Vive 以及索尼 PSVR，然而日常生活中，你是否也会为到底选择 AR 设备还是 VR 设备而纠结烦恼呢？针对该问题，微软显然还有大招。

微软在 2015 年已经申请了一项有电子调光模块的头戴式显示设备，申请号为 CN201580045001.0，如图 4-14 所示，在该款头戴显示设备中，可以把眼镜由增强现实模式切换成虚拟现实模式，该技术将允许用户切换开关后锁定外界视线，从混合增强现实的真实世界进入更加沉浸式的虚拟现实世界。该调光模块包括一个电致变色单元，它可以实现可变密度的调光，进而控制穿过近眼显示器而到达用户眼镜的环境光的量，从而实现头戴显示设备在增强现实（AR）和虚拟现实（VR）之间进行切换。

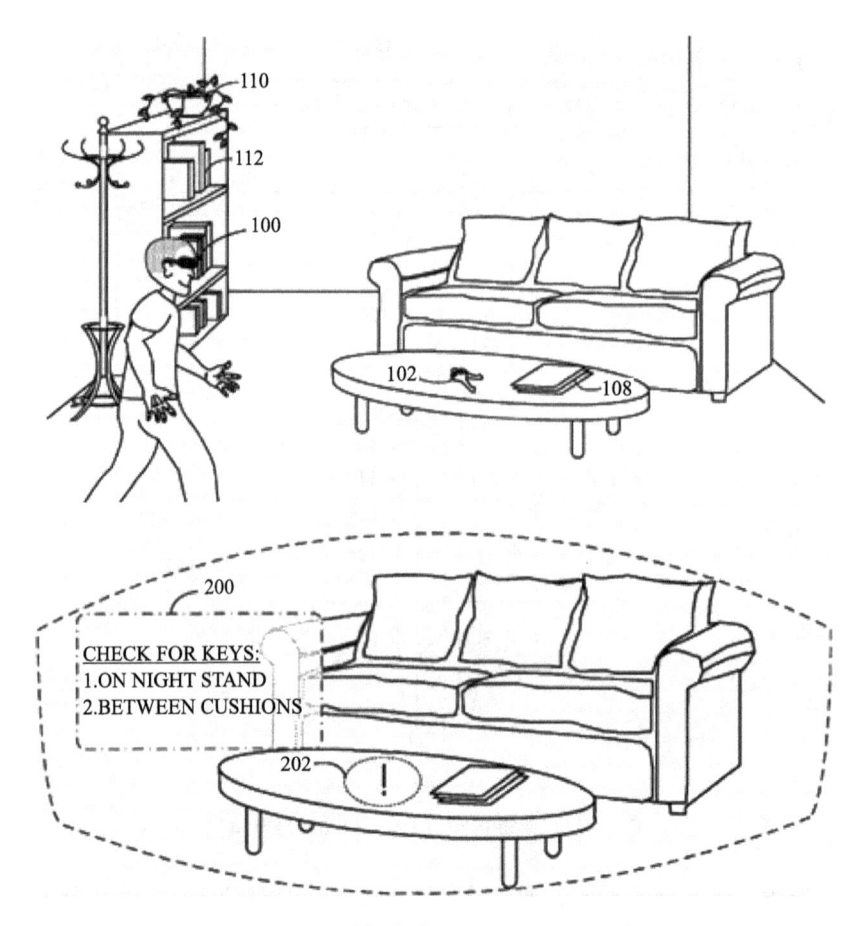

图4-13 对象追踪（US201615256235）

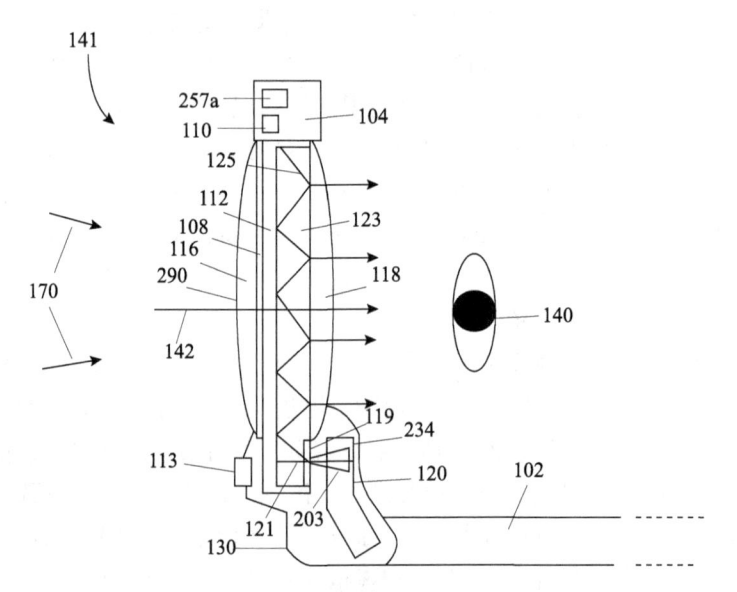

图4-14 AR/VR可切换（CN201580045001.0）

科技创新能够不断地改变世界。而目前不管是我们常用的手机还是日常办公的计算机，文本的输入都是通过键盘进行的。然而微软公布的专利显示，文本输入的未来可能不会包含键盘的存在。微软在 2014 年提交的专利申请 US201414332334 "Holographic keyboard display" 向我们描述了文本输入的未来，该项技术已经于 2017 年在美国获得授权（US9766806B2）。如图 4-15 所示，这项技术通过检测手的实际位置的深度信息从而在全息环境中显示手的全息图像，并在全息手图像下方某一虚拟距离处自适应地显示虚拟键盘平面，通过虚拟键盘平面来感测用户的输入并读取用户手势来模拟文本键入，这种全息键盘将如同普通键盘一样运作。

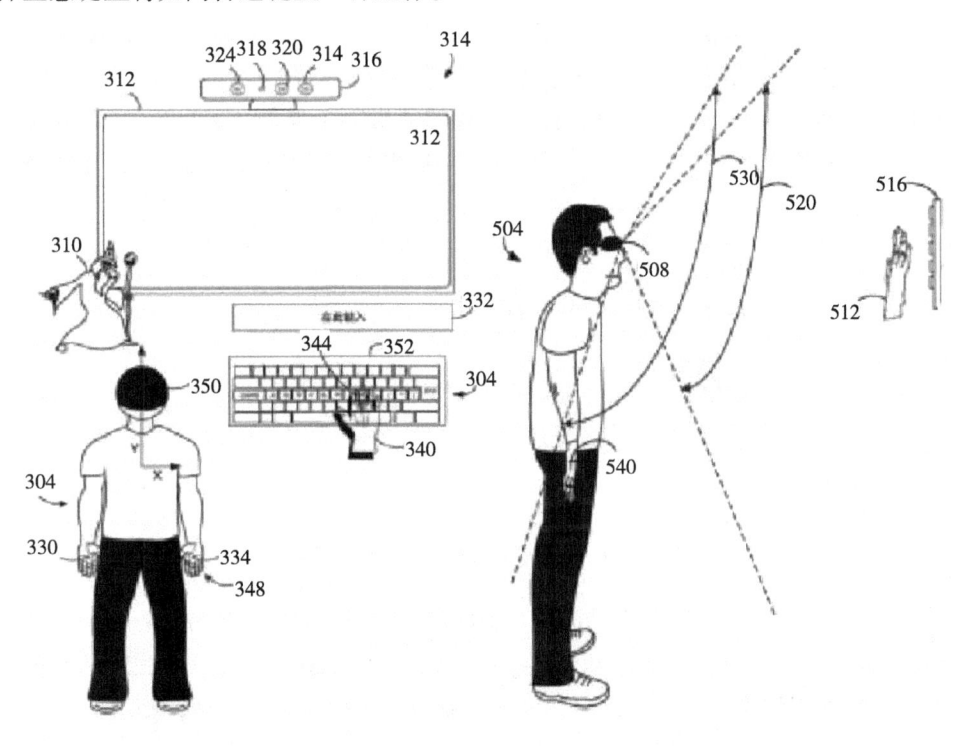

图 4-15 全息键盘控制（US201414332334）

专利文件中提及这款技术不仅可以应用于游戏，而且还可以应用于工作场所，未来的知识型员工可能不再需要办公桌，甚至不再需要前往集中式工作场所，员工随时随地使用手势进行文本输入有望变成现实。

四、苹果公司

苹果研发虚拟现实和增强现实可追溯到许多年前，但坊间却是在 2015 年 3 月才开始盛传这些消息，当时有新闻报道称苹果已经安排了一个小团队负责增强现实项目的研发。在 2015 年和 2016 年年初，苹果的 AR/VR 团队不断发展壮大，目前，苹果公司对 AR 技术也增加了很多投入，且苹果公司 CEO 库克也多次表示看好 AR 的发展。苹果公司虽然在 AR/VR 设备的研发起步较晚，然而，作为一家以创新而闻名的科技巨头，其所发布的产品一直不断带给人们惊喜，公司的研发方向和专利布局也一直备受人们的关注，那么苹果公司在 AR/VR 技术方面的创新是什么样的呢？

在此之前，苹果公司推出的一系列产品，例如 iPhone、iPad、iPod 等均受到广大消费者的推崇和喜爱，而苹果公司在关于头戴显示设备研发过程中，似乎也想将他们之前的产品与之结合。例如，在 2008 年苹果公司就申请了可放入手机的 VR 眼镜，它的基本概念和三星 Gear VR 非常相似，也是将 iPhone 嵌入机匣当作显示器来使用，然后通过外部控制器来进行相关的操作。该设备比常见的 VR 产品外形小了不少，配有自己专用的耳机，而且还预留出来了摄像机的开孔。

在 2016 年，苹果公司为这一专利又进行了延续申请 US201615215122，并于 2017 年获得了美国的专利批准 US9595237B2。如图 4-16 所示，这款 VR 设备通过手机充当显示屏幕，并在手机屏幕和人眼之间设置光学组件，通过光学组件对图像的处理来使人眼接收手机图像。这款 VR 设备拥有内置的耳机、苹果的 Lightning 接口以及定制镜头。苹果公司在专利中着重要保护的就是以物理接口的形式让头显和手机直接连接的技术。

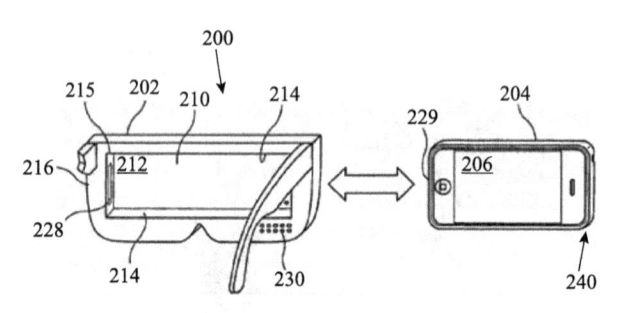

图 4-16 VR 眼镜（US201615215122）

2017 年 2 月苹果公司提交了一项关于 AR/VR 的专利申请 US201715434623——头戴式光学显示系统，该专利也表明苹果正在不断投资 VR 和 AR 技术。VR 眼镜的原理是通过光学系统来将图像显示给用户，而如果光学系统镜头比较笨重的话，则会给用户带来繁重的压迫感和不舒适感。如图 4-17 所示，苹果新公开的这份专利申请中的光学系统则是将光学镜片和波片进行紧凑式一体化组合设计，它是一种折反式系统，通过使图像光线在透镜和反射式波片之间折射和反射，来达到消除色差提高图像质量的目的，同时，这种采用紧凑式的光学系统设计，也大大缩小了显示设备的体积，提高了用户佩戴舒适度。

在 2017 年 9 月提交的专利申请 WO2017US52573 中，公开了一种 AR 头戴显示设备，如图 4-18 所示，该设备包括一个反射式全息组合器来将由光引擎发出的光引入人眼，该组合器包括一系列点对点全息图，而组合器和光引擎的投影配合可以投影不同的视觉区域从而来匹配眼睛的视觉敏锐度。根据眼睛移动或注视的位置不同，可以改变投影到眼睛盒子上的图像位置，这样能够自动适应眼睛的移动，从而进一步减轻观看过程中的视觉疲劳。

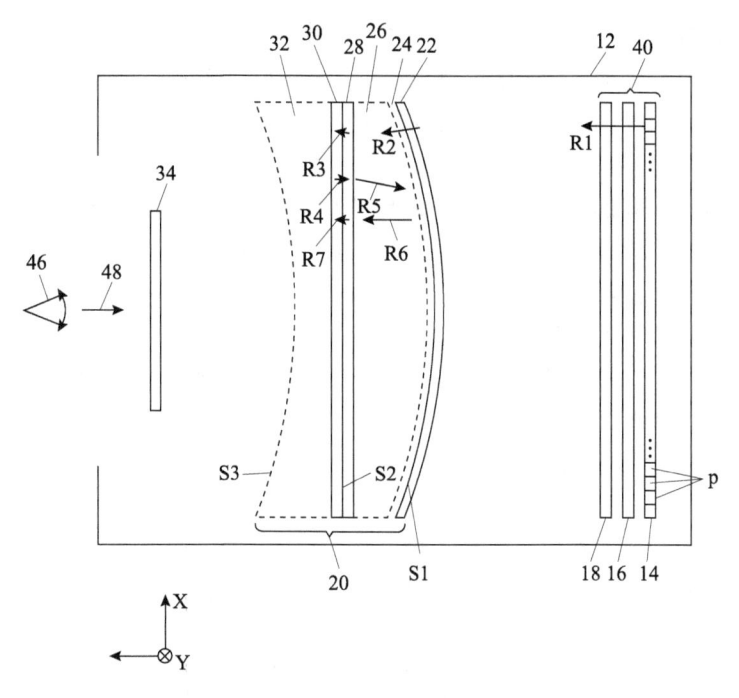

图 4-17　折反式系统（US201715434623）

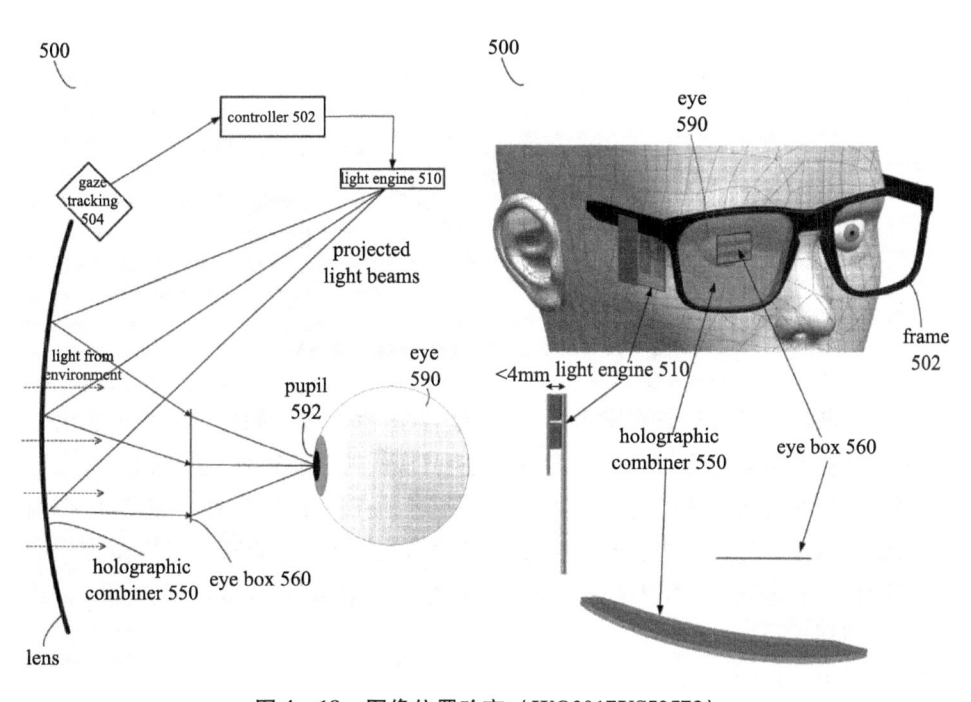

图 4-18　图像位置改变（WO2017US52573）

五、Magic Leap

Magic Leap（奇跃公司）成立于 2011 年，是一家位于美国的专注于增强现实的公司，自成立起，Magic Leap 一直致力于 AR/VR 技术的研发，在最近几年的专利申请量不断上升，可谓是头戴显示领域的一颗新星。在 2017 年年底，该公司也发布了它的首款 AR 设备 Magic Leap One。截至目前该公司已融资数十亿美元，可见该公司依托于自己的创新能力一直备受投资者们的青睐。Magic Leap 的 CEO 说过："我们现在的媒介和计算在与我们分离，我们看电视、看书来理解别人的真实或想象的体验，玩电子游戏也很有趣，但是缺少在绿茵场上和朋友踢足球的那种直接性，很多年来我一直在疑惑怎样消除这种鸿沟，从而能够整合所有我热爱的事物。为什么不能把计算和内在体验结合起来？为什么内在体验不能够以更自然的方式与计算互动？为什么我不能看见一条龙？为什么我们不能以更自然的方式与计算互动，就像真实世界那样？那么 Magic Leap 是怎样将虚拟世界和真实体验融合的呢？"

Magic Leap 在 2015 年提交了一份专利申请 US201514707253，如图 4-19 所示，该头戴显示设备包含一个眼镜，可通过多种不同的手势指令对该设备进行控制，如通过手指的不同动作表示聚焦、粘贴、选中、取消以及轻击菜单等。例如，用户张开手后，不同的手指代表的几个主要功能，通过硬件配合可以实现识别和控制。

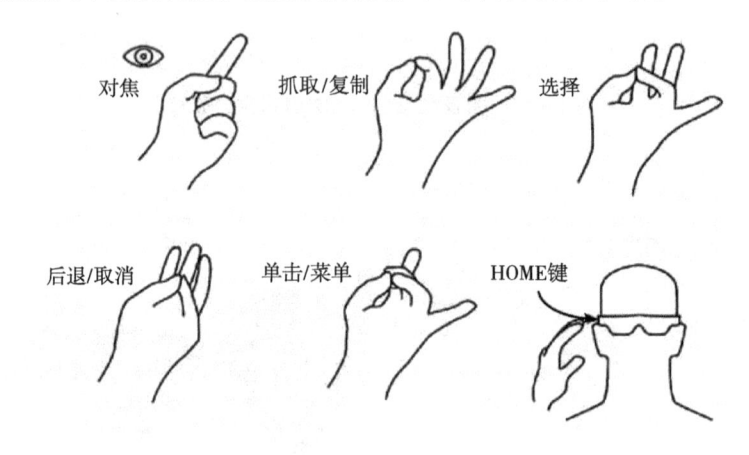

图 4-19 手势识别（US201514707253）

该专利申请还显示，该款头戴设备可以应用到多个领域，如休闲、商务、医疗和健身等。比如，在家中家庭影院，用户可以通过手势操作实现节目控制和拍照等功能；在购物时，除了能够看到墙上的立体广告之外，还可以在空中查看 3D 成像的虚拟商品和购物车信息；而在看病过程中，医生可以利用 3D 成像的患者器官虚拟模型为他们讲解病情。我们看出，未来的 AR/VR 设备将会使我们的生活更加丰富多彩，同时也让我们的生活更加便利。

在实际使用过程中，由于每一位佩戴者的瞳距不同，研发人员一直为头戴显示设备不能适应不同使用者观看而烦恼。在早期，其他公司就该问题提出的解决方案是在头戴显示设备右下方设置旋转钮，在戴上头戴显示设备时，可以转动这个按钮，调节瞳孔距离。在调节过程中，头显内会显示数字，以展示你目前的设置。而 Magic Leap 为解决该问题也进行了专利布局，2014 年提出的专利申请 CN201480068504.5，公开了一种具有可调节瞳距的 AR/VR 头戴设备，如图 4-20 所示，通过在镜架上设置轨道部件，使两个镜片以滑动的形式来进行瞳距调节。该款设计不仅轻薄，而且调节方便，更加符合人体工程学的设计。

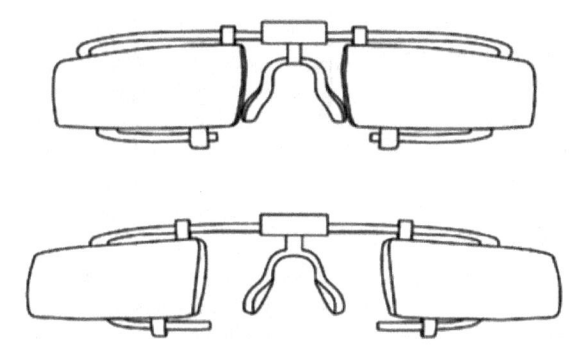

图 4-20　轨道式瞳距调节（CN201480068504.5）

Magic Leap 的创始人罗尼·阿伯维茨（Rony Abovitz）具有生物医学工程师背景，而罗尼似乎也在不断将 AR/VR 技术和生物医学相结合。2016 年 Magic Leap 提交的一项专利申请 US201615072290 中，通过增强现实技术可治疗色盲，展示了这项时尚但未成熟的技术的新应用。

色盲产生的原因是因为眼睛中用于辨别颜色的视锥出现了问题。视锥不能把光的波长区分为特定的颜色，而是将其定义为大致相同的颜色。这就好像你把太多的颜色混在一起，最终只会调出棕色一样，但不同的是，你眼睛中的视锥会把特定颜色的光混在一起。

Magic Leap 的专利申请中的头戴显示设备搭载了传感器以判断用户不能识别具体哪种颜色，然后设备会放大光的波长并应用滤光片，这样就不会有光产生重叠。Magic Leap 的这项技术同时还能用于诊断其他的眼部问题，比如近视、远视和散光等，然后通过头戴显示设备进行调整。该系统还有一个用户菜单，可以手动调整所有这些不同的视觉设置。

这样的技术如果能够变为头戴设备产品，真的很酷。同时，眼科医生也许要面临"失业"了。

最近，Magic Leap 公布了一项人脸识别专利，为 AR 扩展了新的应用场景，该项技术由 Magic Leap 于 2017 年提交，申请号为 WO2017US35429。

人身安全一直是大家担心和重视的问题，而 Magic Leap 所开发的 AR 设备不仅让你在享受视觉体验的同时，还可以兼顾网络安全问题。该 AR 设备所搭载的系统仅凭增强现实设备视场捕捉的单独图像就可以完成个人身份鉴定。捕捉的图像包含两张面部照片：一张是站在 AR 眼镜佩戴者面前的真人面部照片，另一张是出具的身份证件上的面部照片。通过检测并识别真人照片和身份证件照的面部特征，再对两张面部照片进行分析并验证它们之间的"匹配度"。该系统还可以对分析结果做出"虚拟注释"，告诉 AR 设备佩戴者两张面部照片之间的相似性，或指出两张照片的差异并提出进一步鉴定的要求。Magic Leap 公开的专利申请 WO2017US35429 显示，该系统可以鉴定面部信息与"各类证件"上的个人信息的匹配度，例如，它可以鉴定人的面部、护照和登机牌是否都属于同一个人，如图 4-21 所示。

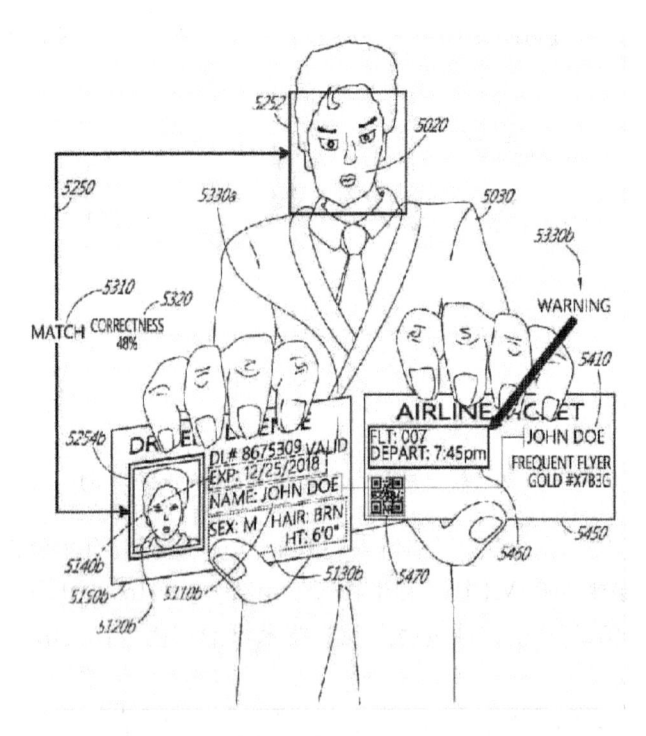

图 4−21　身份识别（WO2017US35429）

如此来看 Magic Leap 不仅是想把 AR 应用在游戏、娱乐等场景下，还将结合网络安全等行业应用。

第二节　中国企业

一、HTC

说到 HTC 公司（宏达国际电子股份有限公司），大家可能最先想到的是该公司生产的手机，然而，HTC 早在 2015 年 3 月在 MWC2015 上就已经发布了 VR 头戴显示设备 HTC Vive，是国内最早发布 VR 产品的公司之一，该款设备由 HTC 与 Valve 联合开发，不仅具有手势追踪功能，而且其显示延迟为 22ms，实际体验几乎零延迟，用户几乎不会觉得恶心和眩晕，大大降低了用户的疲劳感。作为国内较早发布 VR 产品的公司，一直处于 AR/VR 行业的领先地位，公司在该领域的技术研发一直备受人们的关注。

自 HTC Vive 发布以来，HTC 在 AR/VR 领域一直没有停下创新研发的脚步，2016 年，HTC 还专门成立一家名为 HTC Vive Tech Corporation 的全资子公司，以打造全球 VR 生态系统，这也显示了 HTC 致力于研发 VR 技术的决心。2017 年年底，HTC 在中国市场推出了 VR 一体机 Vive Focus，这款 VR 设备不需要用线跟计算机相连，所有图形渲染、音频输出和动作追踪等计算任务完全由机身内置的高通骁龙 835 芯片完成。2018 年，HTC 在 CES 2018 展会上推出了新的产品 Vive Pro，这款产品着重改善了佩戴体验和分辨率等问题，增加了内置耳机、双麦克风和双前置摄像头，这款设备本身看起来比初代更加小巧。

除此之外，屏幕分辨率由原来 Vive 的 2160×1200 升级到了 2880×1600，提升了 78%。

HTC 在 2016 年提交了一项依赖于智能手机，并且搭载了磁性保护盒的 VR 显示设备的专利申请 US201615213348。如图 4-22 所示，该装置由两部分组成，一个用于容纳智能手机的保护盒，其包含一个磁性后板；以及一个可折叠双透镜设置，可以用磁性方式连接到配件上，一旦从保护盒中取出，系统可以折叠成看起来像是一个依赖于手机屏幕的小型 VR 模块。用户可以将智能手机从底部滑入设备，然后用双手握持设备并体验 VR 内容。当折叠时，VR 显示设备看起来比谷歌 Cardboard 更小，结构也更简单，而且可折叠的性质应该可以令它非常紧凑，增加了便携性。

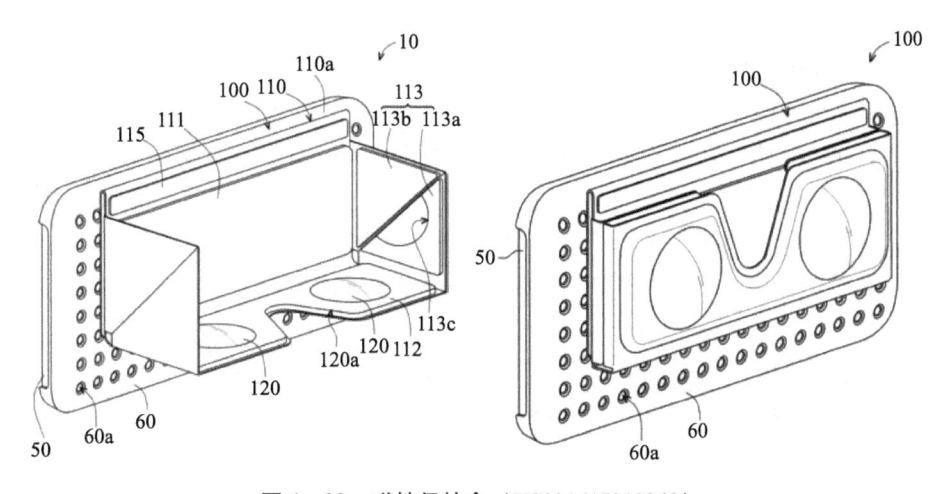

图 4-22　磁性保护盒（US201615213348）

眼动追踪和图像控制一直是 AR/VR 领域的热门技术，多家公司都有关于该方面的专利布局，HTC 也不例外，2017 年 HTC 就关于眼动追踪申请了专利，申请号为 US201715704002，如图 4-23 所示，该头戴设备包括瞳孔追踪模块和控制模块，瞳孔追踪模块可以追踪两个瞳孔的位置和移动，而控制模块获得显示设备前方目标物体的尺寸

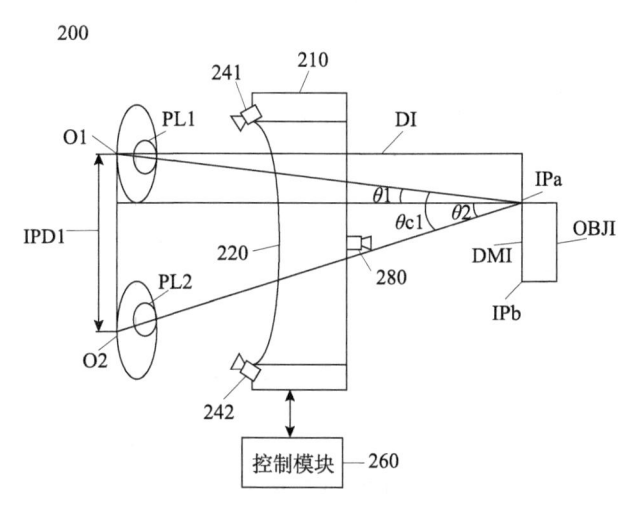

图 4-23　瞳孔追踪（US201715704002）

参数。如先获得两个瞳孔的位置和目标物体之间的间隙距离，根据该间隙距离和两个瞳孔的移动来计算目标物体的尺寸参数，并在显示器上显示该尺寸参数。该项发明完美解决了对于佩戴在用户头上的显示设备操作按钮、按键或开关不方便的问题。该项技术只需要基于追踪眼睛的移动就可以获取一些信息或者用户的指令操作，使头戴显示设备更加方便操作。

二、成都理想境界

成都理想境界公司（IDEASEE）成立于2012年，该公司专注图像识别、光场显示、AR/VR技术的研究。该公司现已成功开发了一系列移动应用及智能可穿戴产品，包括全球首款量产VR头戴一体机（IDE-ALENS）。

该公司一直专注于创新，在AR/VR领域其专利申请量在国内位于第二。且该公司在头戴显示领域的技术发展较为全面，包括光路系统、电路程序控制以及硬件结构设计等多方面。在图像调节方面，IDEASEE在2013年提交了专利申请CN201310380189.7并在2016年获得专利授权CN103500446B，如图4-24所示，根据目标图像到人眼距离的远近自动调节虚像到人眼的距离，从而使虚像和实际环境更好地实现融合。

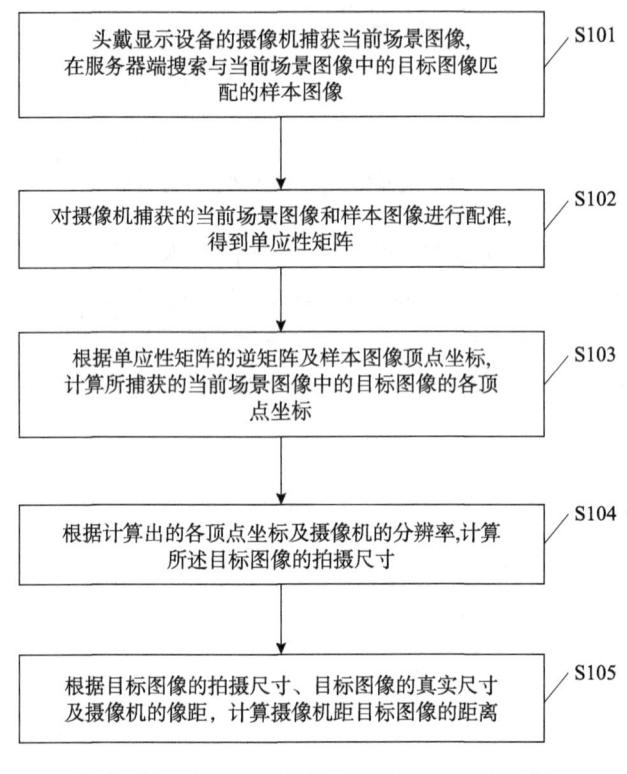

图4-24 虚像距离调节（CN201310380189.7）

而在2016年提交的专利申请CN201610340842.0中，如图4-25所示，通过在主显示屏两侧各设置辅助显示屏，使得在保证不增大体积的情况下获得较大的观看视角，同时也能够提供沉浸式体验。该申请也在2018年2月获得授权CN105807429B。

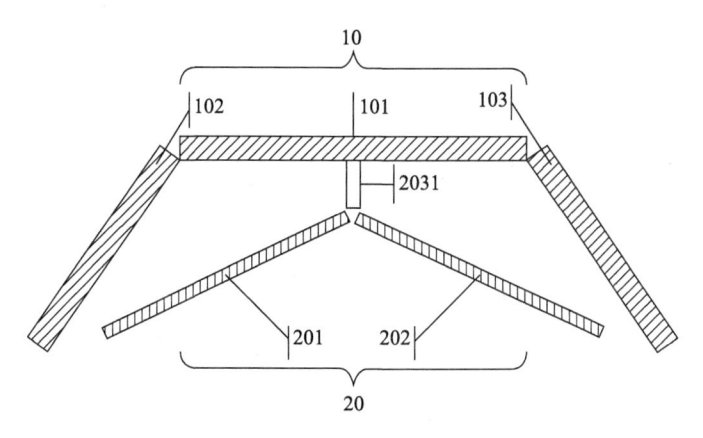

图 4-25　辅助显示屏（其中 102、103 为辅助显示屏）（CN201610340842.0）

此外，在追踪方面，IDEASEE 则是根据视线—屏幕坐标映射关系，通过视线追踪系统来计算使用者注视目标物时的视线信息数据来计算得到视线对应的屏幕坐标，在该屏幕坐标位置或附近来叠加 AR 信息。该种方式只需要视线追踪系统即可完成，无需增加额外的硬件设备。

三、联想

联想在 AR/VR 市场的布局是较早的，其在国内关于 AR/VR 技术的专利申请量也位于第三，联想在 2014 年就推出过智能眼镜，2016 年 10 月微软发布 Windows10 MR 系统时，联想是其首批公布的 VR 头盔指定的五个 OEM 小伙伴之一。稍后联想更是发布了搭载谷歌 Tango AR 平台的大屏手机 Phab 2 Pro。同时，联想还在帮英特尔的 VR 一体机 Alloy 做产品落地业务。而在拉斯维加斯 CES2016 展上，联想第一次展示了一款 VR 头显的原型机。

2017 年的 CES，联想宣布和美国公司 Kopin 成立合资公司联想新视界，研发 AR 眼镜。2017 年 7 月，在迪士尼年度盛典 D23 Expo 上，联想出乎意料地发布了与迪士尼合作的星战 AR 游戏《星球大战：绝地挑战》，以及配套使用的 AR 头戴式显示器 + 光剑控制器 + 追踪信标套装，这是联想第一款由智能手机驱动的增强现实设备。2018 年 1 月 9 日，联想在 CES 上发布了其与谷歌合作的 VR 一体机 Mirage Solo，基于谷歌的 Daydream 移动 VR 平台。

从产品上看，联想的硬件布局也较为全面，已经拥有 PC VR 头盔、VR 一体机、AR 眼镜、AR/VR 手机、AR 云、VR 背包电脑这些项目。除了 VR 眼镜盒子明确表示不做外，几乎是全线铺设，细数下来可以算是国内大厂在 AR/VR 领域发声最多的一家了。

在技术创新方面，联想也不甘落后。在 2018 年 1 月提交的专利申请 CN201810003266.X 显示，联想新研发了一种显示设备，其包括两个像源，分别对第一光线和第二光线进行调制并分别投射在第一焦平面上显示第一影像以及投射在第二焦平面上显示第二影像，并进一步通过影像合成装置将两影像合成为合成影像，如图 4-26 所示。例如第一焦平面用于近景成像，第二焦平面用于远景成像，通过该种设计方案，用户可以舒适地观察不同距离处的场景。

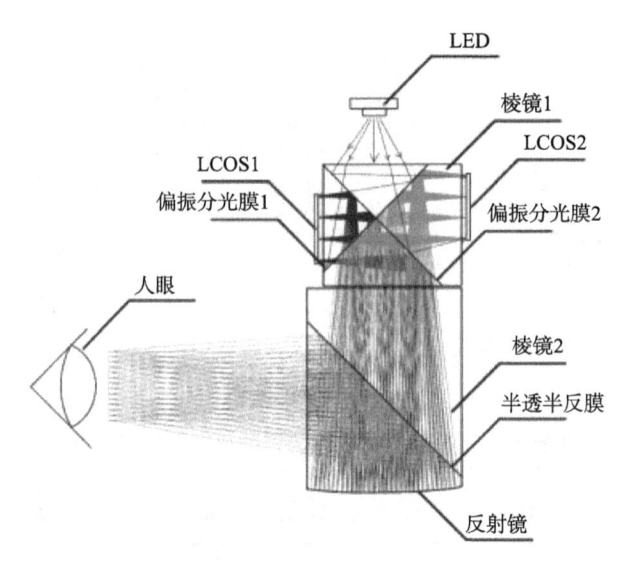

图 4-26 远近景显示（CN201810003266.X）

而针对现有虚拟现实技术所显示的 VR 图像单一、无层次感的缺点，联想也开发了新的解决方案，在 2018 年刚提交的专利申请 CN2018010120505.X 中，联想通过设置光学镜片来进行成像，通过将光学镜片形成多个焦距不同的第一区域，使用户在观看图像时，用户视角范围可以看到画面的清晰区域和不清晰区域，这样用户看到的画面便具有真实的空间感和层次感，图 4-27 为传统显示和使用该技术的层次感显示的对比图，图 4-28 为光学镜片结构设计图。

图 4-27 对比图（左为传统显示，右为该专利中的空间层次感显示）（CN2018010120505.X）

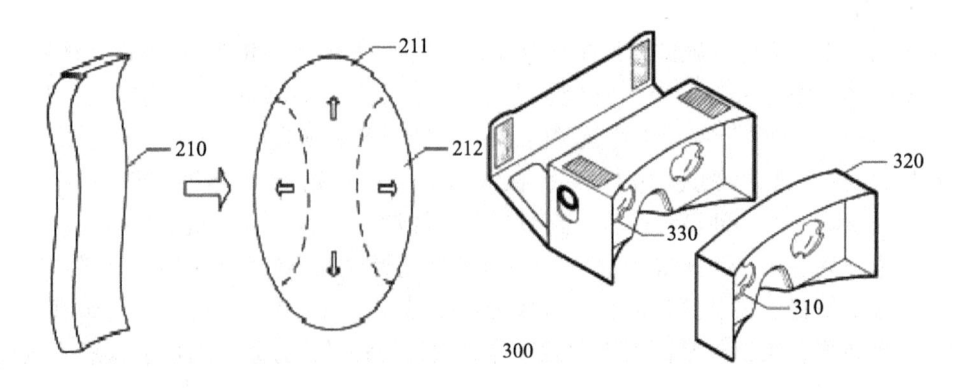

图 4-28 设备结构图（CN2018010120505.X）

在人体工程学方面，联想也一直在不断探索更符合用户佩戴需要的产品和技术，在专利申请CN201710197584.X中的头戴显示设备，联想将其设计为具有可拆卸连接的显示主体设备和环形头箍，如图4-29所示，当显示主体设备和环形头箍连接固定时，该种状态适合长时间佩戴的场合，减小佩戴承重，而二者分离时，则适合应用于摘戴频率较高的场合。可见通过该种设计使佩戴更加人性化。而在另一篇专利申请CN201810000587.4中，则是在显示主体设置可佩戴体，通过设置可佩戴体的各种调节形式，来适应不同的用户和不同的佩戴环境，如图4-30所示。

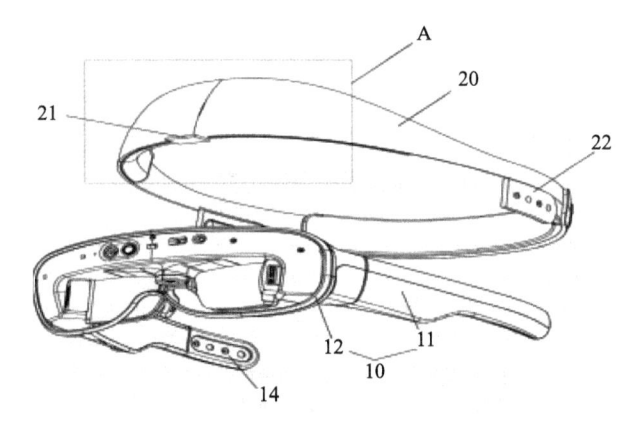

图4-29 可拆卸连接结构（CN201710197584.X）

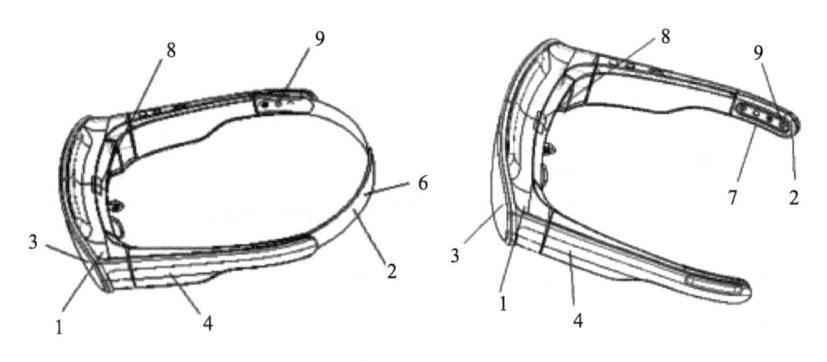

图4-30 佩戴结构（CN201810000587.4）

四、小鸟看看

小鸟看看是一家研发智能穿戴虚拟现实领域电子产品的科技公司，团队分布于美国硅谷、英国伦敦和中国北京。公司专注于VR头戴显示器硬件的开发和内容平台的搭建，主打沉浸式3D IMAX个人超级影院体验。小鸟看看最早于2012年组建了VR技术研发团队，进行VR产品开发，2015年，小鸟看看公司正式成立，同年12月，发布了首款小鸟看看独立品牌产品Pico 1。在2017年，该公司先后发布了Pico Goblin VR一体机和Pico Neo VR一体机。Pico Goblin目前的重量为400g，而Pico下一代产品则着重降低产品重量，进一步减少眩晕感并提高佩戴舒适性。

小鸟看看公司的专利申请主要集中在人机交互和佩戴调节等技术方面。在人机交互方面，小鸟看看于 2015 年提交的专利申请 CN201510168600.3 显示，他们已经把 VR 设备应用于社交场合，如图 4-31 所示，通过设置多个传感模块和分析模块，多个传感模块可以获得佩戴者的瞳孔信息、语音信息、心率和脑电信息，分析模块则根据上述所获得的多个信息来进行分析从而进一步得出佩戴者的心理变化。该设备还包括虚拟模块，用于虚拟社交场所，显示模块可以在虚拟场所中将佩戴者的心理变化显示给社交对象。

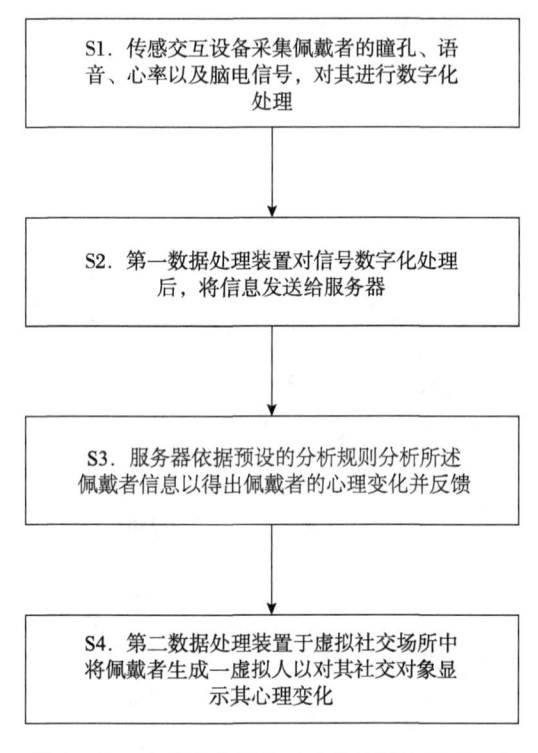

```
┌─────────────────────────────┐
│ S1. 传感交互设备采集佩戴者的瞳孔、语 │
│     音、心率以及脑电信号，对其进行数字化 │
│     处理                      │
└─────────────────────────────┘
              │
              ▼
┌─────────────────────────────┐
│ S2. 第一数据处理装置对信号数字化处理 │
│     后，将信息发送给服务器       │
└─────────────────────────────┘
              │
              ▼
┌─────────────────────────────┐
│ S3. 服务器依据预设的分析规则分析所述 │
│     佩戴者信息以得出佩戴者的心理变化并反馈 │
└─────────────────────────────┘
              │
              ▼
┌─────────────────────────────┐
│ S4. 第二数据处理装置于虚拟社交场所中 │
│     将佩戴者生成一虚拟人以对其社交对象显 │
│     示其心理变化                │
└─────────────────────────────┘
```

图 4-31　心理变化显示（CN201510168600.3）

另外，该公司于 2016 年提交的专利申请 CN201610141088.8 涉及一种虚拟显示设备，如图 4-32 所示，其包含一种收纳盒，可以放置视频播放设备，如手机或其他播放设备，收纳盒中设置有限位装置，可以适应不同尺寸的视频播放设备，而该收纳盒的观

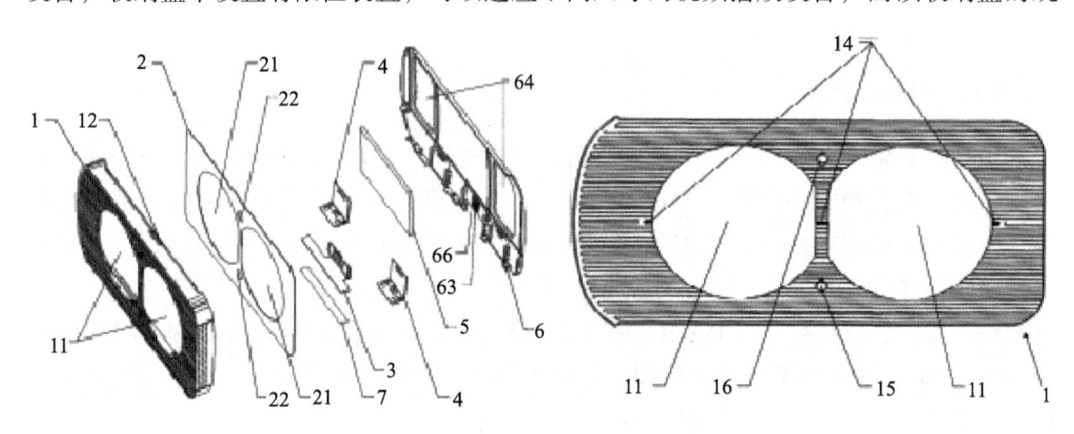

图 4-32　收纳盒（CN201610141088.8）

察孔还设置有对正标识,可以通过视频设备中的软件显示标志与对正标识相对应,这时视频播放设备则被调整至预定播放位置,从而保证了视频播放设备定位精确、屏幕居中,给用户带来了良好的使用体验。这种收纳盒的结构保证可匹配多种不同机型,且结构简单,操作便捷。

小鸟看看提交的专利申请 CN201510309233.4 显示,其还具有用户身份识别功能。当用户佩戴好虚拟现实眼镜时,即通过虹膜识别和/或人脸识别等方式获取用户的特征,对用户的身份进行适时确认和鉴权(身份验证),该种识别功能大大提高了设备使用的安全性。

五、京东方

京东方是一家传统的液晶显示面板企业,而随着 AR/VR 技术不断发展,京东方也很快投入该领域的研发,早在 2014 年 9 月,在 AR/VR 火爆之前,京东方就注资了 Meta 公司,快速跨入 AR/VR 产业领域。在 2016 年美国 SID 上,京东方发布了两款 AR/VR 显示新品,2.8 in AR 显示屏和 2.8 in UHD AR/VR 显示屏。京东方展出的 AR/VR 显示屏拥有高达 1600PPI 的超高像素密度,可完美呈现虚拟显示的世界。而伴随着京东方不断在 AR/VR 领域的发展和投入,其在该领域也在不断进行专利布局。

伴随着消费者一直在 AR 和 VR 设备的犹豫不决,接下来京东方的这款设计可能会让你不再为选择 AR 还是 VR 而烦恼。京东方 2016 年提交的一项专利申请 CN2016010931491.0 显示,这款可穿戴设备包括一显示可切换机构,如图 4-33 所示,通过引入一旋转机构如转轴,并引入一半透半反镜,通过旋转该转轴,则可实现显示设备在 AR 状态到 VR 状态的切换,该款设备实现起来调节非常简单,且透镜、显示器以及半透半反镜结合非常紧凑,也大大减小了体积,实现了小型化。

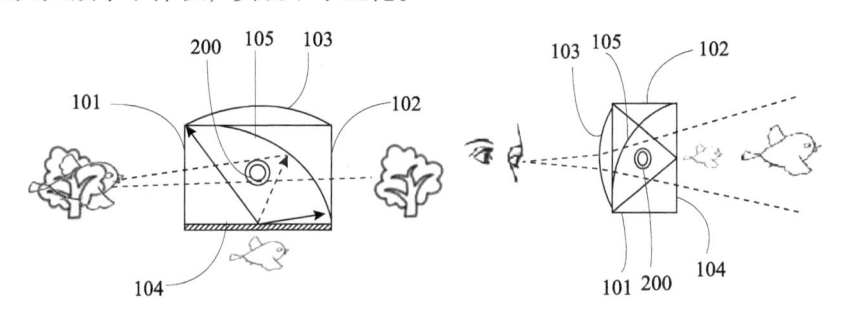

图 4-33 AR/VR 可切换(CN2016010931491.0)

在佩戴调节方面,京东方 2017 年提交的专利申请 CN201710439819.1 涉及一款虚拟现实眼镜,如图 4-34 所示,其包括一个头带,并在头带和眼镜本体上设置有压力检测模块,通过检测头带和眼镜本体对头部的压力,来使驱动模块张紧或松开头带。这款设计可根据佩戴者的使用情况自动、实时地进行头带松紧度的调节,另外也很好地解决了一些残疾人士使用不方便的问题。

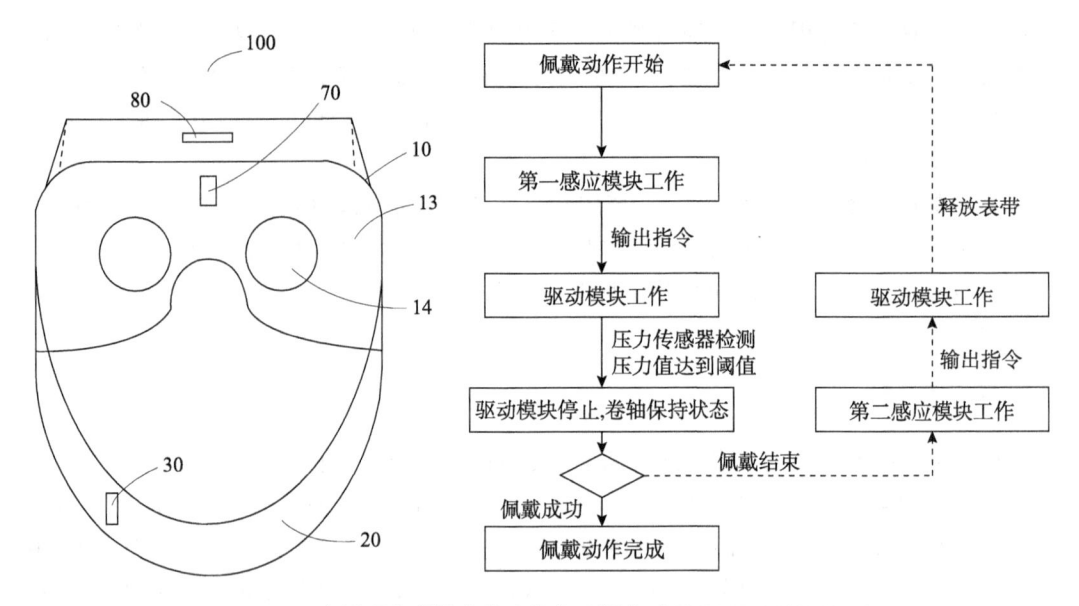

图 4-34　虚拟现实眼镜中的头带自动调节（CN201710439819.1）

第三节　本章小结

从以上 AR/VR 领域的创新主体的专利技术分析可以看出，国外公司专利技术创新更多的是在光学系统设计、交互控制方面，通过上述技术使 AR/VR 设备能够应用于更多的领域，并融入我们的工作和生活中；而国内公司更多技术上的创新是集中在硬件设备上，相比于国外申请人，国内公司还需充分利用自身优势，不断研发属于自己的核心技术，实现技术反超。

第五章　AR/VR 的未来

AR/VR 技术作为一种全新的现代显示技术，在军事、医疗、教育、娱乐等领域具有广阔的应用前景，且已被我国列为优先发展的前沿技术之一。因而，我国创新主体有必要了解 AR/VR 领域的发展形势，并制定符合自身实际的发展策略。

第一节　战场形势与趋势预测

在第一章中我们了解了 AR/VR 设备是如何从科幻小说中的构想逐步走向我们的日常生活，并展望了在可预见的未来 AR/VR 设备又将如何改造我们的生活方式；在第二章中我们主要探讨了专利视角下的 AR/VR 技术，并从行业申请趋势、申请地域、申请人、申请类型等角度对 AR/VR 技术相关的专利情况有了大致的了解；在第三章中我们整理了 AR/VR 技术的主要改进方向以及其技术发展历程；在第四章中我们则从专利的角度研究了在 AR/VR 领域中拥有较强实力的企业所侧重的技术方向。相信通过前面四章的介绍，各位读者已经对 AR/VR 技术的发展及其前景有了较详尽的认识。下面，我们进一步提升自己的视角，从更加宏观的角度谈一谈对 AR/VR 技术的一些看法。

1. 美国和日本申请占据全球专利的垄断地位，中国专利申请增长与国际保持同步

美国和日本由于技术研发力量强，掌握的核心专利技术多，专利申请覆盖的技术分支全面，一直排在全球申请量的前两位。在市场竞争的促进下和国内巨大市场的吸引下，美国和日本也不断重视在中国的专利申请，抢占技术优势地位，尤其在图像质量和人体工学等技术分支占比最高，其中图像质量分支中的亮度、大视场、像差等分支占比也相对更高。而中国的 AR/VR 头戴显示设备技术研发开始较晚，专利布局主要在国内进行，并未积极进行海外布局。可见，美国和日本在全球范围内的专利垄断地位优势明显。中国经济的快速发展，加快了 AR/VR 头戴显示设备的市场发展，国家的新兴产业扶持和人才引进政策，促使中国企业涉足该领域，积极开展专利保护。同时外国龙头企业受市场竞争的刺激和国内巨大市场的吸引，加快在中国的专利布局步伐，抢占技术优势地位，使得我国 AR/VR 头戴显示设备专利申请的发展趋势与全球同步，从 2009 年开始迅猛增长并持续至今。

2. 本国专利申请质量和策略有待提高，中国民营企业的专利活跃性表现不俗

我国的头戴显示设备专利申请还存在实用新型专利申请占比高、申请领域分散、对外申请量少等问题。整体上在创新能力和专利战略意识方面与处于领先地位的日本和美国存在较大差距。我国企业今后不仅要保持增长速度，还要加强对国外专利的包围战略，同时集中优势研究力量实现关键技术突破，开发更多拥有自主知识产权的产品，逐

步提升竞争实力。我国民营企业虽然近几年才刚刚涉足 AR/VR 头戴显示设备，但专利战略方向把握准确，专利数量和专利质量方面表现不俗，如理想境界、小鸟看看、歌尔等。尽管这些企业在该领域的起步比较晚，却抓住人体工程学、图像质量、人机交互等 AR/VR 头戴显示设备的研发热点，从进入该领域开始就与技术研发同步进行专利布局，为保证市场竞争力打下良好基础。

3. 图像质量方面的技术生命力保持旺盛，图像质量和人体工学是技术持续改进的重点

在 AR/VR 头戴显示设备 20 多年的发展过程中，图像质量一直占据市场研发和专利申请的重要地位。显示图像具有高亮度、宽视角并修正像差，使用户在清晰地观看影像的同时不产生疲劳感一直是头戴显示的重要追求。从作为图像质量重要技术保障的光学系统演变过程不难发现，平均 5 年就会出现突破性的技术创新，经久不断。在 AR/VR 头戴显示设备的发展过程中，由于图像质量是用户最直观的视觉感受，同时人体工学关乎用户佩戴的舒适度，图像质量、人体工学成为市场研发的主体，占据专利申请的重要地位。可见，图像质量和人体工学的改进与用户的视觉效果以及用户的体验度具有直接关系，因此，提高图像质量和人体工学也是所有致力于研究头戴显示设备的公司所重点关注并一直努力改进的技术分支。

4. 人机交互将成为未来研发的热点，眼动追踪应用技术浪潮即将到来

人机交互是体验 AR/VR 人性化和沉浸感的关键技术，要实现一个完整的 AR/VR 系统，不仅需要一种具有沉浸感的、不同于二维屏幕的观看手段，更需要能够让人沉浸其中的交互方式，以及与之相配合的数字内容。近年来，相比于人机交互中的头部追踪、眼动追踪、手势追踪等专利申请量逐步增多，成为技术研发的热点，而现实生活中，人们优先以眼球转动来实现注视目标锁定，并用手部动作实现与环境的交互操作，眼动追踪有利于注视点的像差实时校正，在画面渲染过程中也可以渲染注视点位置。可见，手势追踪和眼动追踪是实现人机交互的关键技术，可以预测未来交互技术的发展重点在于眼动追踪和手势追踪。用户体验决定 AR/VR 头戴显示设备市场价值，人机交互是其中的重要一环。眼动追踪技术具有身体负荷小、耐疲劳性强、追踪响应速度快、准确性高等优点，促使其成为人机交互的技术热点。眼动追踪方法发展到 2011 年已基本趋于完善，而眼动追踪应用技术发展恰恰从 2011 年开始才拉开帷幕。近一两年我国头戴显示设备企业专利表现积极，反映出已开始努力尝试把握这一热点技术。

第二节 我国 AR/VR 的未来

由于国内企业起步较晚，在传统技术分支上追赶国外商业巨头的同时必须在新兴技术分支中寻求突破，来实现企业的快速发展。根据我国的发展现状，对涉及 AR/VR 头戴显示设备的企业提出以下建议。

1. 持续关注图像质量和人体工学的改进方向

不论产品的技术如何发展，不论产品的应用方向如何变化，AR/VR 头戴显示设备其最基本的应用是始终为观察者提供高质量的图像，图像质量和其佩戴的舒适性是始终

要关注的主题。在当前国家重视中国制造和中国智造的背景下，国内 AR/VR 头戴显示设备的厂商，要用工匠精神，保持在图像质量和人体工学方面的研发投入，不断提高图像观看品质，增加佩戴舒适性。

2. 充分把握人机交互的未来发展机遇

我国 AR/VR 头戴显示设备企业在技术研发上应充分把握住人机交互这一未来发展趋势。可以预见，人机交互技术分支的研发将不断推进 AR/VR 头戴显示设备与用户之间的互动体验，从而提高设备的可用性和对用户的友好性，将在用户体验上发挥越来越重要的作用。加大人机交互中的眼动追踪和手势追踪的研发力量，积极探索新的高效的交互方式以便给用户带来更加新鲜的体验，从而寻求打破国外企业的技术垄断，占据更大的市场。

3. 加大技术研发，扩宽技术分支，在新兴技术分支中寻求突破

我国 AR/VR 头戴显示设备企业的技术起步较晚，个别企业还是刚刚成立的新兴企业，因此，专利申请量较少，掌握的核心专利技术也比较少，专利申请所覆盖的技术分支比较窄，不够全面。因此，我国的 AR/VR 头戴显示设备企业缺乏强大的技术支撑，面临残酷的市场竞争，从而面临对技术投入和技术积累的迫切需求。虽然面临上述诸多困难，但是我国企业作为新兴企业，充满活力和激情，再加上国内对新兴产业给予强大的支持力度，鼓励创新，因此，我国企业可通过扩宽技术分支，在新兴技术分支中寻求突破，来实现企业的快速发展。

对于扩宽技术分支，建议我国企业关注图像质量中的像差和大视场以及人体工程学中的轻量小型化。图像质量和人体工程学等技术分支在 AR/VR 头戴显示设备专利中占比最高，我国企业申请虽然同样在这两项技术分支里占比最高，但较多地集中在图像质量中的亮度分支，因此我国企业需对图像质量中的大视场、像差等技术分支加强研发，从而提高产品观看品质。同时，产品小型化、佩戴舒适、注重用户体验是现代产品设计的潮流，因此轻量小型化也是显示设备的重要指标。

对于在新兴技术分支中寻求突破，建议我国企业加大人机交互中的眼动追踪和手势追踪的研发力度。眼动追踪在人机交互方面更符合人性，根据眼动追踪来完成菜单调用、对焦显示、图像渲染等都给予用户更佳的使用体验。同时，手势追踪的加入，使得用户的交互维度得到提升，比如触摸、抓取等，也能够给用户带来更加新鲜的体验。因此，我国企业要把握 AR/VR 头戴显示设备的技术发展新趋势，实现快速发展。

此外，通过与国外大型跨国公司合作开发，对技术进行引进吸收，从技术上进而从产品上逐步追赶，在 AR/VR 头戴显示设备产业市场还未开发完成前，抓住机遇，做强自己，抢占未来庞大的市场份额，提高市场竞争力。

参考文献

[1] 杨铁军. 产业专利分析报告（第5册）[M]. 北京：知识产权出版社，2012.

[2] 徐迎阳. 可穿戴设备现状分析及应对策略 [J]. 现代电信科技，2014（4）.

[3] 孙效华，冯泽西. 可穿戴设备交互设计研究 [J]. 装饰，2014（2）：28-33.

[4] 肖征荣，张丽云. 智能穿戴设备技术及其发展趋势 [J]. 移动通信，2015，39（5）.

[5] 李东方. 中国可穿戴设备行业产业链及发展趋势研究 [D]. 广州：广东省社会科学院，2015.

[6] 朱婧. 国内外可穿戴行业发展动态与趋势 [J]. 广东科技，2015，24（14）.

[7] 谢俊祥，张琳. 智能可穿戴设备及其应用 [J]. 中国医疗器械信息，2015（3）.

[8] 邓俊杰，刘红，阳小兰，等. 可穿戴智能设备的现状及未来发展趋势展望 [J]. 黑龙江科技信息，2015（28）.

[9] 张阿维，王浩. 可穿戴设备的应用现状分析和发展趋势的研究 [J]. 中国新技术新产品，2016，（4）.

[10] 侯云仙. 可穿戴设备市场发展将呈六大趋势 [N]. 中国计算机报，2016.

[11] 温广新，李红. 浅谈可穿戴智能设备市场和技术发展研究 [J]. 数字技术与应用，2016（2）.

[12] VR/AR：各类眼球追踪技术快到我碗里来 [EB/OL]. (2016-11-03) [2018-07-14]. http://www.sohu.com/a/118023604_374283.

[13] "科普中国"百科科学词条编写与应用工作项目. 增强现实_百度百科 [EB/OL]. (2017-05-02) [2018-07-20]. http://baike.baidu.com/link?url=oj1npY4khmIReMMrheE9kp8QB4J-2ldRQmagZJCt9qsnbQ-KZccXJPl4T41jj23424GfFCc9lBNqjxJ1VrONfsn9aJ4VynGmM7uHZ2YVivUCPQsFAoX2pJ4k85xUhtFS.

[14] VR知识科普：视场角、分辨率、清晰度之间的正确解读 [EB/OL]. (2017-06-16) [2018-07-14]. http://www.83830.com/hardware/201706/144219828.shtml.

[15] AR目前无法跨越的三座高山：视场角、理解物体和自适应设计 [EB/OL]. (2017-10-11) [2018-07-14]. http://www.sohu.com/a/197425036_114877.

[16] "科普中国"百科科学词条编写与应用工作项目. 虚拟现实_百度百科 [EB/OL]. (2018-01-12) [2018-07-20]. http://baike.baidu.com/link?url=13NrhGsvjMBa8aQ7pIgP_ZPpxi-L5NzICZXFFjvCEunMl_sSRZMZodQgOm-oYP98dUdxYh0yuY1XK9LvA-4osdulD2h-Jk3DJRBCvCA0dze4NEdscboqklvbduKGM09I.

[17] 爱普生AR智能眼镜BT-350体验：在虚拟和现实间互动 [EB/OL]. (2018-05-18) [2018-07-13]. http://tech.sina.com.cn/digi/dc/p/2018-05-18/doc-iharvfhu6196146.shtml.

第二部分

车辆视觉

第六章 让汽车看到世界——初识车辆视觉

随着智能技术的不断发展,汽车的自动驾驶技术不断提高,实现完全无人驾驶成为汽车行业的重要发展方向。我们知道,人类的视觉系统是一个高性能的信息处理系统,它能够快速、有效地完成大量纷繁复杂的外部景物识别、定位、追踪等任务,视觉系统是人类对外界环境做出反应的基础。同样地,对于不依靠驾驶员驾驶的自主车辆来说,为了在复杂的路况中实现安全行驶,自主车辆需要建立自己的视觉系统,实现对外界环境的感知。也就是说,自主车辆自动驾驶的首要任务是为车辆配备看到世界的"眼睛"。

第一节 车辆视觉是什么

在常规的驾驶过程中,驾驶员需要实时观察和分析路面、车辆、行人、交通标志、信号灯等环境信息,通过眼睛、耳朵等感知器官获取信息,利用经验和推理来理解信息,并做出决定。对于无人驾驶的自主车辆而言,"车辆视觉系统"主要扮演着眼睛的角色,并且在一定程度上承担着车辆大脑的功能。

一、特斯拉的 Autopilot 事故

Autopilot 是特斯拉于 2014 年首发的自动辅助驾驶系统,首发时的系统使用了一个前置摄像头,一个前向毫米波雷达以及车身一周的 12 个超声波雷达,但其并不能真正地实现全自动驾驶,只具有提升舒适性和安全性的辅助功能,车辆的控制权仍然在驾驶员手中。2016 年 5 月,特斯拉 Model S. 在美国佛罗里达州发生一起自动驾驶致死事故,事故发生时,Model S. 的 Autopilot 模式处于开启状态,并在一个十字路口上直接撞上了前方的重型卡车,在这起事故中,Autopilot 模式没有识别出前方车辆。无独有偶,2016 年 1 月,京港澳高速河北邯郸段发生追尾事故,一辆特斯拉轿车直接撞上一辆正在作业的道路清扫车,特斯拉轿车当场损坏,司机不幸身亡,历时两年,特斯拉公司在 2018 年最终承认车辆在案发时处于自动驾驶状态。面对自动驾驶造成的事故,特斯拉推出了 Enhanced Autopilot(增强自动辅助驾驶系统),配备了 8 个摄像头、1 个毫米波雷达和 12 个超声波雷达,并在发布会中宣布可以开启全自动驾驶功能,这种"毫米波雷达 + 摄像头"全自动驾驶传感器方案在行业内引发热议[1]。

从这两起事故的调查结果来看,造成事故的关键原因在于 Autopilot 系统没有识别出前方车辆,从而在没有任何减速处理的情况下发生碰撞。同时,从 Enhanced Autopilot

---

[1] 车云. 自动驾驶再致命,我们才看清特斯拉 Autopilot 2.0 [EB/OL]. (2018-03-20) [2018-07-15]. http://36kr.com/p/5124652.html.

的硬件配置上来看，升级的重点也在于提高车辆的感知能力。显然，车辆感知外界环境的准确性是实现车辆无人驾驶的大前提，没有车辆对周围环境的定量感知，就如人没有了眼睛，自动驾驶的决策系统就无法工作。

二、车辆视觉的概念

自动驾驶车辆行驶过程中需要随时随地地看清周围环境，即需要具有环境感知功能，保证在不同时间和气候条件下全方位检测车道、行人、标志和障碍物等实时信息。机器视觉是人工智能正在快速发展的一个分支。简单说来，机器视觉就是用机器代替人眼来做测量和判断。我们将机器视觉在车辆上的应用概括为车辆视觉，即车辆视觉是自主车辆对自身以及外界环境进行测量和感知的综合性系统。

人类在感知外部世界中，80%以上的信息是通过视觉获得的，人类的视觉系统是一个非常好的信息处理系统，它能够快速、有效地完成大量纷繁复杂的外部景物识别、定位、追踪等任务，机器视觉是以人类视觉系统为模型，代替人类视觉做出测量和判断。近年来，随着人们对于安全、舒适驾驶的不断追求，高级辅助驾驶以及无人驾驶成为机器视觉的典型应用，是汽车行业最热门的发展方向。车辆视觉通过传感器为高级辅助驾驶和无人驾驶提供外部识别和环境感知，为车辆路径规划和车辆控制提供关键信息，是无人驾驶汽车与智能汽车中的核心技术❶。

图6-1是典型的智能车辆体系结构，分为环境感知层、决策控制层和操作执行层三个层次。环境感知层对外部环境进行感知与测量，并将外部信息经数据融合后传输至

图6-1 典型的智能车辆体系结构❷

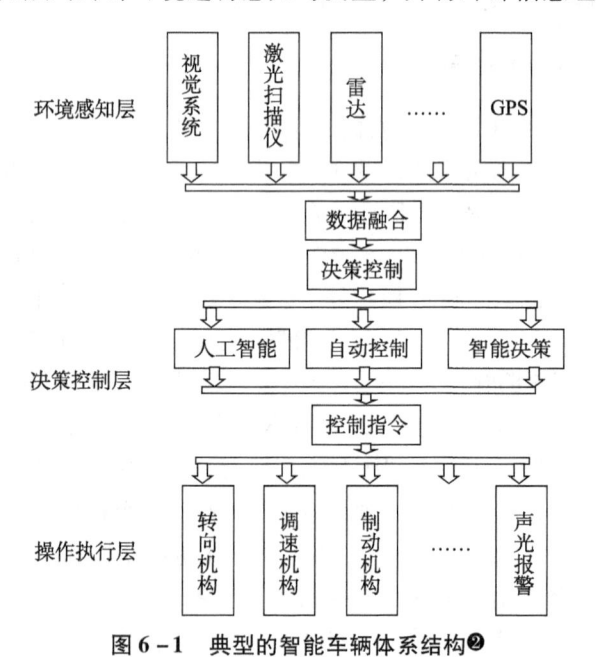

❶ 陈小平. 基于边缘特征的运动目标检测与跟踪［D］. 武汉：华中科技大学，2008：1.
❷ 郝宝青. 智能车辆视觉导航中道路与行人检测技术的研究［D］. 哈尔滨：哈尔滨工业大学，2006：7.

决策控制层；决策控制层通常包括人工智能、自动控制和职能决策三个方面，用于根据外部信息向操作执行层发送控制指令；根据控制指令，操作执行层进行相应操作，实现智能车辆的相关动作。车辆视觉系统是环境感知层中的一部分，在智能车辆研究中主要起到环境感知和识别的作用。车辆视觉系统主要包括图像采集、图像处理以及图像分析等部分，其中，图像采集以摄像机为主要采集器件，与车辆一起运动，构成人 - 眼协调系统。

第二节　车辆视觉靠什么

车辆如何了解周围环境中复杂的交通状况，如何像人的眼睛和大脑一样灵活应变，关键就在于各种各样的传感器。车辆依靠传感器感知周围的环境，包括道路、障碍物、行人以及其他车辆等，并将获取的信息传输给处理器。

目前，主流的用于车辆视觉的传感器有雷达和图像传感器。雷达又包括激光雷达、毫米波雷达和超声雷达[1]。图像传感器主要包括灰度传感器和彩色传感器，而根据图像传感器的使用方式和个数，图像传感器还可以划分为单目摄像头、双目摄像头和多目摄像头。随着技术不断进步，现阶段，图像传感器和雷达的混合使用越来越受青睐。

一、测距"神器"——雷达

雷达又可以称为无线电定位，其利用电磁波探测目标，通过向目标发射电磁波并接收回波，来获得目标距发射点的距离、目标的方位、高度等信息。

1. 激光雷达

激光雷达是通过发射和接收激光束来工作的，在其内部，每一组组件都包含一个发射单元和一个接收单元，通过扫描从一个物体上反射回来的激光来确定物体的距离，可以形成精度高达厘米级的3D环境地图。因此它在辅助驾驶系统及无人驾驶系统中起重要作用。

激光雷达的波长约在900nm，具有很好的指向性。通过旋转激光发射器和激光接收器，能够很好地勾绘出物体的形态，尤其是多线激光雷达，可以用来描述复杂的场景。但激光雷达也有不足的地方：波长较短，导致在恶劣环境如雨雪、沙尘下，激光光束可能被颗粒阻断；受限于激光强度，一般检测范围只能在100m以内；由于激光光束之间的角度一定，越远的物体被激光覆盖的线束数量越少；并且，激光雷达造价比较高[2]。

2015年12月，百度路测成功的无人驾驶汽车车顶安置了一个体积较大、价值70余万元的64线激光雷达（Velodyne HDL64 - E），谷歌同样也采用相同的高端配置激光雷达。车载激光雷达系统的优劣主要取决于2D激光扫描仪的性能。激光发射器线束越多，每秒采集的云点就越多，然而线束越多也就代表着激光雷达的造价更加昂贵。

---

[1] 车载智能感知识别，关键就在这三大传感器 [EB/OL]. (2017 - 01 - 02) [2018 - 07 - 15]. http：//www.sohu.com/a/123220531_467791.

[2] "看"得见的自动驾驶：自动驾驶中的图像传感器 [EB/OL]. (2017 - 02 - 27) [2018 - 07 - 15]. http：//www.sohu.com/a/127389626_470008.

2. 毫米波雷达

毫米波是指波长为 1~10mm 的电磁波，毫米波导引头具有体积小、重量轻和空间分辨率高的特点。应用到车辆视觉中，毫米波导引头穿透雾、烟、灰尘的能力强，具有全天候全天时的特点，与激光雷达的作用互补。但是，毫米波雷达缺点是由于波长较长，其探测距离有限，无法准确感知行人。

毫米波雷达很早以前就应用在汽车安全系统上，频率通常是 24GHz 或 77GHz。自然界的物体本身不会发射毫米波，毫米波雷达是通过主动发射固定频率的波，然后接收回波，根据时间差和回波强度来判断物体距离、角度、速度甚至类型的。由于波长较长，故容易产生衍射现象，衍射本身会对分辨率有不良影响，比如很难"看清"物体的形状，只能给出粗略的估计。同时，也很难检测较小的物体。但在恶劣天气（风雪、沙尘）下，衍射特性使波束更容易"绕过"雨雪、沙尘，受影响较小。所以毫米波多用于 ACC（自适应巡航系统）或 AEB（自动控制系统）。

3. 超声雷达

超声波的频率高于 20000Hz，运用超声波定位的雷达即为超声雷达。超声雷达一般用于汽车的倒车辅助。超声波雷达成本比较低，具有防水、防尘的优点，最小测距可达 0.1~0.3m，车辆之间的干扰比较小，且具有金属探头，能够与车外壳结合得很好。但是超声波的检测角度比较小，一辆车上需要在不同的角度安装多个超声雷达。

二、离不开的图像传感器

图像传感器是车辆视觉系统中最主要的传感器，通常是指安装在车辆上的摄像头。图像传感器具有较高的分辨率，可以获取足够多的环境细节，帮助车辆进行环境认知，车载摄像头可以描绘物体的外观和形状、读取标志等，这些功能其他传感器无法做到。而且图像传感器的成本比较低，但是图像传感器受环境因素以及外部因素影响较大，比如隧道中光线不足、天气因素导致的视线缩小等。常用的图像传感器主要有单目摄像头、双目摄像头和多目摄像头。

雷达为主动式传感器，对算法依赖程度较低，算法较为简单，而图像传感器为被动式传感器，对算法依赖程度较高，算法比较复杂。图像传感器所依赖的算法大都由第三方企业提供，如 Mobileye。Mobileye 提供标准的传感器安装方式、地图数据云服务和软件体系平台构建，凭几款产品占领了 90% 的市场份额，算法和硬件是先进驾驶辅助系统的核心，也是 Mobileye 的核心竞争力所在[1]。

1. 单目摄像头

单目摄像头指的是仅用一台摄像机完成对物体的拍摄、定位工作。早期，单目摄像头开始比较广泛地应用于车辆视觉中，主要用于辅助驾驶。目前更多地采用单目摄像头与其他类型的传感器，如激光雷达混合使用，来感知车辆周围的环境。

单目摄像头的优势在于成本较低，对计算资源的要求不高，系统结构相对简单。其

---

[1] 智能感知：激光雷达、毫米波雷达、图像传感器 [EB/OL].（2016-12-30）[2018-07-15]. http://www.sohu.com/a/122987154_468626.

缺点在于必须不断更新和维护一个庞大的样本数据库，才能保证系统达到较高的识别率；无法对非标准障碍物进行判断，准确度较低。

2. 双目摄像头

通过两个摄像头拍摄两幅图像，并计算两幅图像的视差，进而达到对图像所拍摄到的范围进行距离测量，无须判断前方出现的是什么类型的障碍物。对于任何类型的障碍物，都能根据距离信息的变化，进行必要的预警或制动。

双目摄像头的原理与人眼相似。人眼能够感知物体的远近，是由于两只眼睛对同一个物体呈现的图像存在差异，也称"视差"。物体距离越远，视差越小；反之，视差越大。视差的大小对应着物体与眼睛之间距离的远近，这也是3D电影能够使人有立体层次感知的原因。

双目摄像头系统的特点分析，一是成本比单目系统高；二是没有识别率的限制，因为从原理上无须先进行识别再进行测算，而是对所有障碍物直接进行测量；三是精度比单目高，直接利用视差计算距离；四是无须维护样本数据库，因为对于双目没有样本的概念。

双目摄像头系统的难点在于计算量大和配准技术要求高，这对计算单元的性能要求非常高，使得双目系统的产品化、小型化难度较大。在芯片或FPGA上解决双目摄像头的计算问题难度比较大，国际上使用双目摄像头的研究机构或厂商，绝大多数使用服务器来进行图像处理与计算。对于配准技术，通过双目摄像头的图像配准可以计算生成表示距离的二维图像，需要对噪点与空洞做很好抑制，保证色调（距离）的平滑过渡。

3. 多目摄像头

多目摄像头指的是使用多于两个摄像头的成像系统辅助汽车驾驶，设置多个摄像头的目的在于能够获得车身周围更宽泛的范围，如前后左右各设置一个摄像头，实现对车身四周环境的感测。多目摄像头系统由于所需的摄像头数目比较多，成本相对也比较高；并且多目摄像头系统往往需要对相机进行标定，对图像进行配准、拼接，算法比较复杂；同时由于多目摄像头所设置的摄像头分布于车身四周，可以对车身周围环境进行全面的检测，能够实现更强大的功能❶。表6-1示例性地对比了四种不同类型传感器的优劣势。

表6-1　四种传感器对比

传感器	最远探测距离	精度	功能	优势	劣势
图像传感器	50m	一般	车道偏离预警、前向碰撞预警、交通标志识别、全景泊车、驾驶员注意力检测等	成本低、可识别物体	依赖光线、极端天气可能失效、精度不高

---

❶ 无人驾驶硬件平台［EB/OL］．（2017-03-16）［2018-07-15］．https://blog.csdn.net/chenhaifeng2016/article/details/62417821.

续表

传感器	最远探测距离	精度	功能	优势	劣势
超声波雷达	10m	高	倒车提醒、自动泊车	成本低、近距离测量精度高	探测距离近
毫米波雷达	250m	较高	自适应巡航、自动紧急制动	不受天气影响、探测距离远、精度高	成本高、难以识别行人
激光雷达	200m	极高	实时建立周边环境的三维模型	精度极高、扫描周边环境实时建立三维模型的功能暂无替代方案	成本高、难以识别行人

三、强强联合的混合传感器

鉴于单一类型传感器都存在一定的缺陷和不足，多传感器融合（即混合传感器）能很好地弥补上述缺陷，实现功能互补。目前在车辆前方障碍物检测方面广泛采用传感器融合的方法，主要有图像传感器和测距传感器的融合，测距传感器和惯性传感器的融合等。

将摄像机与激光雷达进行融合是障碍物检测领域的热门。激光雷达扫描数据和摄像头图像信息对环境的描述具有很强的互补性，如三维激光雷达扫描数据可以快速准确地获取物体表面密集的三维坐标，而摄像机图像包含了丰富的信息可以对目标进行分类。因此，融合激光扫描数据与光学图像可以获得车辆行驶环境更加全面的信息，提高了障碍检测的快速性和对复杂环境的适应能力。

关于距离和图像的信息融合问题，有不少学者进行了研究。马里兰大学的 Tsai-hong Hong 针对美国 Demo Ⅲ 计划中试验无人车在野外环境行驶的要求，提出了融合三维激光雷达数据和摄像机图像的障碍检测算法，其能够对野外环境中的障碍物进行检测，提高了无人车对野外环境的适应性，但是其提出的算法只针对三种典型路况即路标、池塘和道路进行识别，缺乏对环境中其他常见障碍例如草地、树木进行识别的研究。国内学者项志宇提出了一种融合激光雷达与摄像机信息的草丛中障碍物检测方法，该方法先将激光雷达数据分组，判别出障碍点，然后映射到摄像机图像中，以此分割出摄像机图像中的不可行驶区域和非不可行驶区域，降低了纯激光雷达判别时出现的误判，并改善了最终障碍物轮廓检测的完整性[1]。

---

[1] 付梦印，等. 一种融合距离和图像信息的野外环境障碍检测方法：中国，201010195586.3［P］. 2011-02-16.

第三节　车辆视觉做什么

在实际生活中，作为获取信息的主要途径，视觉系统在车辆行驶过程中起着至关重要的作用，它需要感知判别周围的环境，并且在到达目的地的方向上做出即时精准的规划，使车辆能安全、迅捷、经济地行驶。基于此目的，车辆视觉需要检测的目标物包括在道路上行驶的车辆的外部状况，例如路标、路况、前后方车辆、行人、障碍物，同时需要测量和判断车辆的内部状况，尤其是驾驶员行为，例如驾驶员动态视觉行为等。

根据车辆视觉对象检测的不同，可以将对象检测技术分为障碍物检测、道路检测、盲区检测、驾驶员行为检测以及车距检测，其中道路检测又可以细分为车辆可行驶区域检测（例如车道线、路边缘等）、标志检测、信号灯检测、路口路况检测，障碍物检测又可以细分为车辆障碍物检测、行人障碍物检测、静止障碍物检测。

一、障碍物检测

障碍物检测对于保证车辆的行驶安全至关重要，由于障碍物的出现具有不可预见性，无法根据预先设定的电子地图避开障碍物，只能在车辆行驶过程中及时发现，及时处理。当前，关于障碍物的定义还没有统一的标准。一些系统中将障碍物限定为道路上中近距离的行人、其他车辆等，更多系统中则认为障碍物是车辆行驶道路上具有一定高度的物体。最近，有些系统把道路中可能妨碍车辆行驶的凹坑、水沟等低于道路平面的地形也定义为障碍物。可以认为一切可能妨碍车辆正常行驶的物体和影响车辆通行的局部异常地形都是车辆行驶过程中的障碍物。道路上常见的障碍物包括车辆障碍物、行人障碍物和静止障碍物等。

车辆视觉系统可以检测前方障碍物，并在即将与前方障碍物相撞时对司机发出警告信号，以帮助其实现安全行驶。以东芝的一件专利申请为例：车辆通过使用两个摄像机来检测障碍物，从两个摄像机分别输入第一图像和第二图像，基于从参考平面和两个相机之间的几何关系引入的图像变换将第一图像变换为变换图像，将第一图像中的参考平面区域中的任何给定像素变换为对应的第二幅图像中的像素，在第二图像中建立的处理区域中的图像与在第一图像中建立的相应处理区域中的图像之间的相似度 D，并且是在垂直方向上的位置的函数图像，基于由相似度计算装置获得的参考平面区域上的相似度 D 来检测障碍物❶。

二、道路检测

道路检测主要分为车辆可行驶区域检测（例如车道线、路边缘等）、标志检测、信号灯检测、路口路况检测，借助车辆视觉对道路进行检测，可以获取道路上的各种静态和动态信息，帮助驾驶系统做出决策和判断。例如，车辆可行驶区域（车道线、路边缘等）的获取可以防止车辆在行驶过程中出现偏离车道或者道路的情况；借助标志和信号

---

❶ 武田信之，等．障碍物检出装置及方法：JP，2001154569［P］．2002－12－06．

灯，驾驶系统可以感知交通灯、弯道、限速等信息，便于行车决策判断；获取路口路况等信息，可以防止事故的发生，提高车辆行驶的安全性。

车辆视觉系统可以获取车辆行驶的道路信息。例如日产公司的一件专利申请，公开了一种精确检测车辆偏离行驶车道的车道保持辅助系统，系统的控制器被布置成基于道路图像检测器所采取的视图来计算道路形状，基于目标转弯指示值和实际转弯指示值来确定车辆是否接近行驶车道的车道边界❶。

三、盲区检测

所谓"盲区"是指汽车在行驶过程中因地形、建筑物或其他交通工具的影响，导致驾驶员的视线、视野受到了限制而形成的视觉死角。据统计，由于后视镜盲区造成交通的事故在中国约占30%、美国约占20%，且70%高速公路变换车道发生的交通事故是由于后视镜盲区产生的。而盲区的形成原因主要如下：

因道路情况不良而形成的盲区：从交通事故分析可知，20%发生在山区道路或弯路上，这是由于在弯道上行驶时，路边有障碍物或树木，由于这些障碍物和树木挡住了驾驶员的横向视距，以至于驾驶员不能及时观察周围的情况，形成了弯道对面的观察盲区。

车辆结构所造成的盲区：不论哪种车型都不能完全消除视野盲区的存在，如前挡风玻璃的中梁、边梁，后视镜的大小及角度方向，座椅的高低等，驾驶员在驾驶位置上观察时，对于车辆前、后、左、右的情况不可能尽收眼底，特别是车前2~3m处（长车头），左右侧方1m处等，都是盲区所在地❷。

盲区检测就是检测盲区的存在，提醒车辆，以提高车辆在驾驶过程中的安全。车辆视觉在盲区检测中最典型的应用是停车辅助，爱信精机的一件专利申请提出了根据拍摄车辆后方的图像和车辆本身的状况估计车辆的轨迹，从而指引驾驶员更好地完成停车，在该停车辅助装置中，驾驶员能在电视画面上看到后方的视野以及车辆预定的后退轨迹，从而判断在何处开始转动方向盘及反向转动方向盘❸。

四、驾驶员行为检测

车辆视觉的一个主要功能是辅助驾驶，在目前还没有实现自动驾驶的情况下，驾驶员因素是影响道路交通安全的首要因素。驾驶员的可靠性取决于三个因素：驾驶员的技术熟练程度、个性与感受交通信息的特性以及在动态交通环境中的应变能力。

车辆视觉系统的一个重要发展方向是分析驾驶员行为以辅助安全驾驶。丰田的一件专利申请中披露了采用车辆视觉系统对驾驶员清醒程度检测的方案，其车辆系统中包括用于判定驾驶员清醒水平的清醒水平判定装置，其中，根据清醒水平来放松驾驶辅助限制装置对驾驶辅助的限制。通过上述驾驶辅助系统，可根据驾驶员的清醒水平提供驾驶

---

❶ 佐藤茂树，等. 车线逸脱装置：JP, 2000269562 [P]. 2002-03-19.
❷ 赵宇峰. 汽车后视镜盲区检测及预警关键技术研究 [D]. 郑州：郑州大学，2008：1.
❸ Toshiaki Kakinami et al. Assistant apparatus and method for a vehicle in reverse motion：US, 20010794322 [P]. 2001-10-04.

辅助，从而提高可靠性。百度在车辆视觉领域的早期申请中也有相关技术，其利用图像传感器对驾驶员疲劳状态进行检查和预警，通过安装在驾驶座上前方的摄像头监控驾驶员（尤其是眼睛部位）的状态，根据眼睛视频图像计算驾驶员的眼睛闭合时间占单位时间的百分比，当眼睛闭合时间百分比超过阈值时，判断驾驶员是处于疲劳驾驶状态❶。

第四节　溯源车辆视觉

车辆视觉是一种人工智能技术，伴随着人工智能的发展，车辆视觉技术在近几年取得了突破性的进展，但不同于一些新兴技术领域，车辆视觉技术可以说是一种"有历史的新技术"，其起源可以伴随汽车和计算机技术追溯到20世纪。

一、车辆视觉起源

真正意义上的车载视觉导航系统的历史开端，可以追溯到20世纪六七十年代的火星探测计划，但由于当时计算机处理能力低下，计算机视觉并没有引起很大的重视。而20世纪80年代，美国DARPA预研项目资助的自动陆地车辆（Autonomous Land Vehicle）的研究重点之一就是机器视觉的导航方法。此后，德国人Dickmans E. D. 利用图像处理技术进行了高速公路的车道识别与跟踪❷❸，从1986年开始，每年举行一次的移动机器人（MR）、国际自动控制联盟（IFAC）以及智能车辆论坛（IVS）等很多国际会议，都将视觉导航作为一个重要的会议议题进行讨论。

二、车辆视觉发展

1987年是车辆视觉发展的一个里程碑，德国联邦大学（UBM）研制成功VaMoRs - M无人驾驶汽车，该车采用机器视觉识别车道线进行自动导航，以97km/h的速度完成了20km的高速公路自动驾驶实验。基于这项研究成果，基于视觉的导航研究被列入了欧洲的Pormetheus计划（具有最高效率和空前安全度的欧洲交通计划），并且由奔驰公司开始，在欧洲各汽车制造商和众多欧洲大学中进行推广。与此同时，美国、日本等发达国家纷纷合作进行车辆视觉系统的研制，政府支持和主要汽车厂的参与对车辆视觉的发展起了很好的促进作用，美国于1995年成立了国家自动高速公路系统联盟（NAHSC），其主要的目标之一就是研究发展智能车辆的可行性，并推进智能车辆技术进入实用化，日本于1996年成立了AHSRA高速公路先进巡航/辅助驾驶研究协会，又在2000年发起ASV项目计划。众多知名汽车公司和研究机构纷纷投入研制车辆自动导航的方法，这就极大地促进了智能车辆技术的整体进步，奔驰公司在其2005年推出的新款轿车中，高速公

---

❶ 田中勇彦，等. 驾驶辅助系统及方法：中国，200780044528.7［P］. 2009 - 09 - 30.
❷ Dickmanns E D, Zapp A. Autonomous high speed road vehicle guidance by computer vision［J］. Proceedings of the 10th IFAC World Congress, Germany, 1987：221 - 226.
❸ Dickmanns E D, Graefe V. Dynamic Monocular Machine Vision. Machine Vision and Applications［J］. Springer International, 1988：223 - 240.

路的无人驾驶功能已经作为可选购件,可以供用户选装。

同时,国外大学的研究成果颇丰。卡内基梅隆大学(CMU)机器人研究所在 NAV-LAB 系列智能车上共开发了四套视觉系统,分别是:SCARF(Supervised Classification Applied to Road Following)、YARF(Yet Another Road Following)、ALVINN(Autonomous Land Vehicle in a Neural Net)、RALPH(Rapidly Adapting Lateral Position Handler);加州大学伯克利分校电子工程和计算机系在立体驾驶(Stereo Driving)和基于视觉的侧向和纵向控制方面都进行了深入的研究,并取得了大量的研究成果;密歇根大学为智能车辆开发了两套视觉系统,分别是 ARCADE(Automated Road Curvature And Direction Estimation)和 MOSFET(Michigan Off-road Sensor Fusing Experimental Testbed);意大利帕尔马大学的 ARGO 系统的视觉系统称为 GOLD(Generic Obstacle and Lane Detection)系统,它基于道路平坦性假设进行车道检测,使用双目视觉系统进行道路障碍物检测。

国内的车辆视觉研究起步较晚,早期的相关技术研究主要集中在高校和研究所,例如上海交通大学、中国科学院自动化研究所、东南大学等,随着车辆视觉核心从研究阶段逐渐向生产应用转变,国内许多企业,如百度、奇瑞,大幅度地增加了车辆视觉技术研究的经费投入和人才培养力度❶。

第五节 本章小结

本章从特斯拉的 Autopilot 事故出发,解释了车辆视觉系统的重要性,如果没有车辆视觉实现实时、准确的环境感知,无人驾驶就无从谈起。同时引入了车辆视觉的概念,车辆视觉是自主车辆对自身以及外界环境进行测量和感知的综合性系统,在智能车辆体系结构中起着至关重要的作用,是环境感知层中最重要的组成部分。

想要实现环境感知,就需要各种各样传感器的支持,比如雷达、图像传感器和混合传感器,雷达主要实现测距、确定目标方位和高度等功能,图像传感器主要获取足够多的环境细节,帮助车辆进行环境认知,并且可以描绘物体的外观和形状、读取标志等。图像传感器的成本比较低,但是图像传感器受环境因素以及外部因素影响较大,鉴于上述两种单一类型传感器都存在一定的缺陷和不足,多传感器融合(即混合传感器)能很好地弥补上述缺陷,实现功能互补。依靠上面的硬件,车辆视觉能够实现障碍物检测、道路检测、盲区检测和驾驶员行为检测,这样就能在到达目的地的方向上做出即时精准的规划,使车辆能安全、迅捷、经济地行驶。

本章还追溯了车辆视觉的发展史,从技术发展的角度展现了车辆视觉的提出、发展和壮大,车辆视觉起源于 20 世纪六七十年代,受限于计算机处理能力,前期发展缓慢,随着计算机技术的发展、传感器功能的完备,在国外大学里的研究热情逐渐提高。相比而言,国内的车辆视觉技术起步晚,但随着人工智能技术热潮,国内的研究发展迅速。

---

❶ 卢卫娜. 车辆视觉导航方法研究[D]. 西安:西北工业大学,2006:2.

第七章 从专利"窥探"车辆视觉

车辆视觉的应用前景和市场价值是巨大的。各个国家和地区的厂商、高校和研究所都投入了巨大的人力、物力对车辆视觉领域进行了研究和开发,同时也加强了其知识产权保护。本章基于全球和中国的专利统计数据进行分析,勾勒出该领域的技术发展脉络,并初步掌握了该领域重要申请人的情况。

第一节 全球专利分析

本节对车辆视觉的全球专利申请进行了分析,对车辆视觉的全球专利申请发展趋势、区域分布和主要申请人做了整理。

一、总体申请趋势

图 7-1 示出了全球车辆视觉专利申请年度分布(专利申请数据统计至 2018 年 3 月)。从图 7-1 中可以看出,2002 年以前车辆视觉在全球的申请量比较少,属于技术萌芽期,全球的申请量在 50 项左右,这是因为传统的汽车还在发展中,同时计算机硬件水平很低,而图像处理的运算量又相当大,人们还没有充分意识到车辆视觉的重要性。

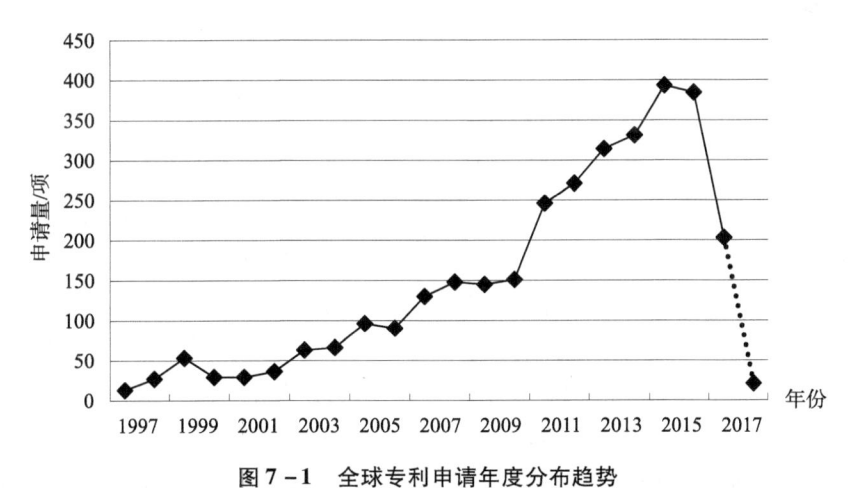

图 7-1 全球专利申请年度分布趋势

从 2003 年开始,全球车辆视觉的申请量开始逐年增加,是因为计算机硬件技术飞速发展,使得很多关于图像计算的问题迎刃而解,这样研究人员可以把主要精力放在车辆视觉问题本身的探讨和具体算法的设计上来,因此,车辆视觉技术开始取得初步进展。

从2010年开始,车辆视觉开始进入快速发展阶段,关于车辆视觉的专利申请开始迅速增加(由于部分2016~2018年的专利申请处于未公开的状态,导致2016~2018年的申请量数据存在偏差)。在这一段时间,车辆视觉的迅速发展与智能技术的发展息息相关,伴随着计算机技术的不断提升,人们对辅助驾驶和自动驾驶的需求越来越强烈,许多国家开始制定大力发展无人驾驶的政策,汽车行业的厂商对自动驾驶的布局也越来越明确,同时互联网公司如谷歌、百度等,也加入到自动驾驶的研发中,并积极进行专利布局,多种原因促进了车辆视觉技术的快速发展,在该领域的专利申请量也突飞猛进式地增加。

二、全球地域分布

图7-2示出了车辆视觉的全球专利申请技术原创国家/地区分布,其中,中国的原创专利申请最多,占44%;其次为日本,占23%;美国的原创申请排名第三,占12%,德国和韩国分别占8%、5%。

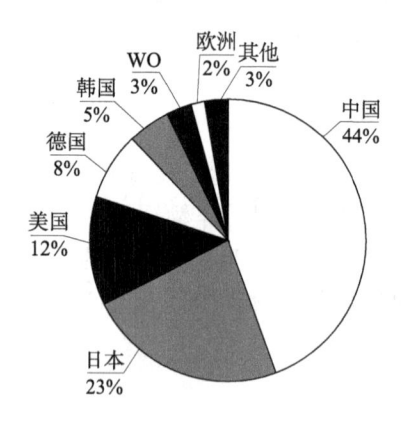

图7-2 全球专利申请技术原创国家/地区分布

究其原因,虽然中国在车辆视觉领域的起步较晚,但发展迅速。由于车辆视觉处于技术发展期,中国政府高度重视无人驾驶的发展,众多高校、研究所都投入到车辆视觉领域的研发中,同时也注重申请专利对自己的研究成果进行保护,此外众多企业申请人也同样关注到车辆视觉这一新兴行业,投入大量人力、物力进行研发,并且申请专利以占领市场份额。日本的传统汽车行业处于世界前列,对于新兴的车辆视觉领域,日本传统的汽车厂商自然不会放弃发展新技术的时机,因此日本车辆视觉的专利申请也非常多。目前世界知名的车辆视觉厂商,比如特斯拉、谷歌等都位于美国,其必然也重视在美国本土申请专利进行保护,因此车辆视觉的美国原创专利申请在全球也占据较重的份额。

图7-3示出的是全球专利申请目标国家/地区分布。其中,目标国为中国的专利数量仍然占据了第一位置,达到32%。向日本和美国申请专利并列排在第二位,均占比17%。另外,向WO提出专利申请占比8%。

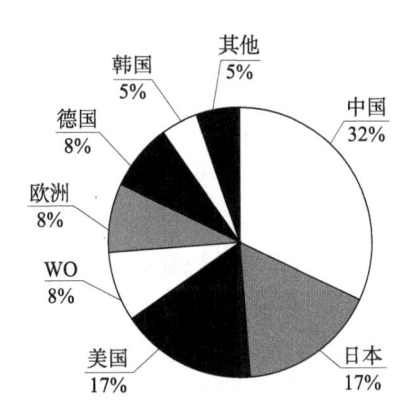

图 7-3 全球专利申请目标国家/地区分布

分析其原因，首先中国本土的申请人主体贡献了绝大部分的专利申请，同时目前中国是世界上首屈一指的汽车消费大国，众多传统的国外汽车厂商非常重视中国的市场，将其研发的车辆视觉的技术在中国申请专利进行保护，以占领市场份额。日本由于传统的汽车厂商非常重视本国新兴的车辆视觉领域，美国目前知名的车辆视觉企业必然重视在美国本土申请专利进行保护，因此，在日本和美国申请车辆视觉领域的专利数量占到了全球的1/3。WO 申请和欧洲申请的占比均达到8%，可见该领域申请人不仅重视在本土的专利申请，而且重视进行 PCT 申请和欧洲申请，从而在全球和欧洲进行专利布局。

三、全球重要申请人分布

图 7-4 示出了车辆视觉领域重要申请人的专利申请量，包括传统的整车厂商和汽车零部件生产商，例如：丰田、日本电装、日产、罗伯特·博世、爱信、本田以及现代，上述申请人的申请量都比较多，其研发车辆视觉技术的主要目标是将其应用于辅助驾驶，从而提升汽车产品的性能，并且其研发主要着力于传感器方面。除了上述申请人，松下是电子产品制造商，在车辆视觉领域拥有相当数量的专利申请，利用自身研发电子产品的优势，对车辆视觉的相关产品进行研发和专利布局。

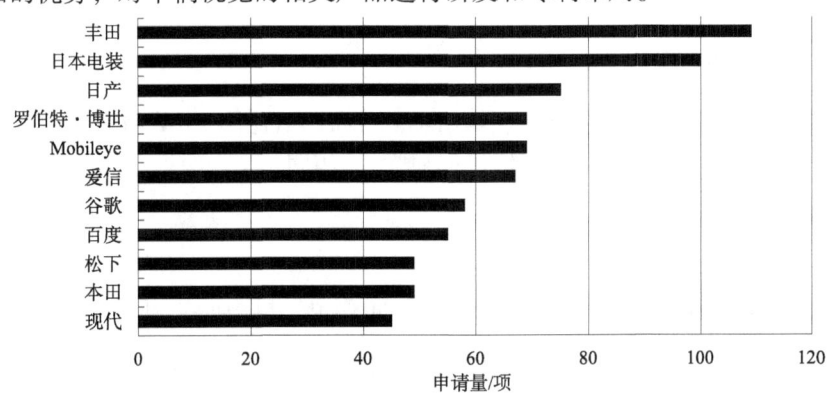

图 7-4 全球重要申请人的专利申请量

全球重要的申请人中还包括 Mobileye，作为图像传感器领域中的一个重要申请人，其以自身研发的视觉处理器芯片为核心，专利技术几乎涵盖了视觉感知的所有技术分支，包括基础的障碍物感知、道路感知、交通标志感知，以及相关硬件、算法等。Mobileye 本身是一家致力于汽车产业的计算机视觉算法和驾驶辅助系统的芯片技术研究的企业，其研发目的集中于辅助驾驶员在驾驶过程中保障乘客安全和减少交通事故，目前已积累了大量的技术基础，该公司在单目视觉高级驾驶辅助系统的开发方面走在世界前列❶。

全球车辆视觉重要申请人中还包括两家互联网公司：谷歌和百度，这两家公司是基于其在人工智能方面的优势进行车辆视觉的研发。谷歌是一家美国的跨国科技企业，致力于互联网搜索、云计算、广告技术等领域，开发并提供大量的基于互联网的产品与服务❷。谷歌于 2009 年开始无人驾驶项目，2010 年研发出第一款无人驾驶汽车，并于 2012 年获得了无人驾驶汽车上路测试许可证❸，其在无人驾驶方面进行了大量的专利申请。

全球申请量比较多的申请人中只有百度一个中国申请人，整体分析来看虽然车辆视觉全球专利申请技术原创国家/地区中中国占据第一位，但是中国国内的申请人众多，申请量比较分散，并没有更多的中国申请人占据到车辆视觉在全球专利申请量靠前的位置。

从图 7-4 中还可以看出，各申请人车辆视觉方面的专利申请量数量不多且差距不大，说明车辆视觉作为新兴技术领域，目前还没有形成技术垄断。并且随着车辆视觉技术的发展，越来越多的申请人会投入到车辆视觉的研发当中，目前排名靠前的申请人也会继续加大在车辆视觉领域的技术研发和专利布局的力度，继续巩固自身在车辆视觉领域的领先地位。

第二节　中国专利分析

本节对车辆视觉的中国专利申请进行了分析，并对车辆视觉的中国专利申请发展趋势、区域分布和主要申请人做了整理。

一、总体申请态势

图 7-5 示出了中国车辆视觉专利申请年度分布。对比图 7-1 和图 7-5 可以看出，中国专利申请量的发展趋势和全球的发展趋势基本相同。

---

❶ 百度百科：moblieye［EB/OL］.（2018-06-22）［2018-07-15］. https：//baike.baidu.com/item/Mobileye/2045823？fr=aladdin.

❷ 百度百科：谷歌［EB/OL］.（2018-06-21）［2018-07-15］. https：//baike.baidu.com/item/Google？fromtitle=%E8%B0%B7%E6%AD%8C&fromid=117920.

❸ Nevada DMV Issues First Autonomous Vehicle Testing License to Google［EB/OL］.（2012-05-07）［2018-07-15］. http：//dmvnv.com/news/12005-autonomous-vehicle-licensed.htm.

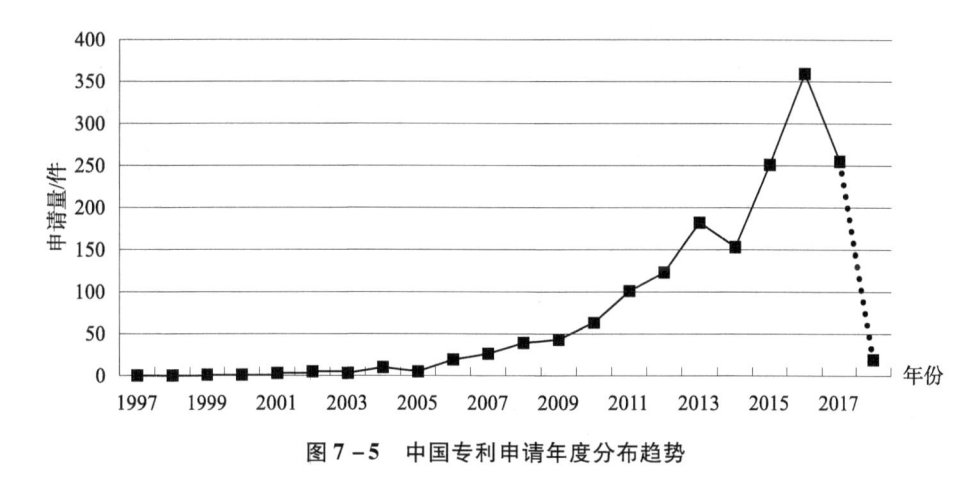

图 7–5 中国专利申请年度分布趋势

从图 7–5 中可以看出，中国车辆视觉领域专利申请量在 2002 年之前比较少，数量少于 10 件，处于技术萌芽期，同样是受限于传统汽车的发展和当时计算机硬件水平，人们还没有充分意识到汽车视觉的重要性。

从 2003 年开始，中国车辆视觉的申请量开始缓慢增长，处于技术稳定发展期，发展到 2009 年，车辆视觉的申请量在 50 件左右，这与中国申请人的研发能力及车辆视觉的整体发展息息相关。

从 2010 年开始，中国车辆视觉的专利申请开始迅速增加，车辆视觉技术进入了快速发展阶段。

车辆视觉在中国的发展虽然比较晚，但是值得欣喜的是，在车辆视觉技术领域，中国的申请人无论在技术上，还是在专利申请的布局上都能够与世界领先的申请人保持一致。这一方面表明了中国申请人在该领域的研发热情；另一方面也说明了中国申请人在知识产权保护方面的意识已经得到了长足的提高，自改革开放以来中国的技术研发能力和市场意识已经逐步与全球接轨。

二、中国地域分布

车辆视觉在中国的专利市场上潜藏着无数机会，那么有哪些申请人进行了专利申请呢？图 7–6 是各国/地区在中国申请专利的情况，根据图 7–6 所示，中国国内的申请人占据了 80%。为响应中国政府的号召，国内申请人大力发展无人驾驶技术，作为实现无人驾驶技术必不可少的一环，中国国内的申请人积极进行车辆视觉技术研发，这说明了中国申请人的专利意识逐渐提高，能够使得技术研发和专利保护并驾齐驱。结合图 7–2，中国的原创专利申请占全球的 44%，位居第一，但是中国申请人车辆视觉的专利申请还是主要集中于国内，对国外进行专利申请比较

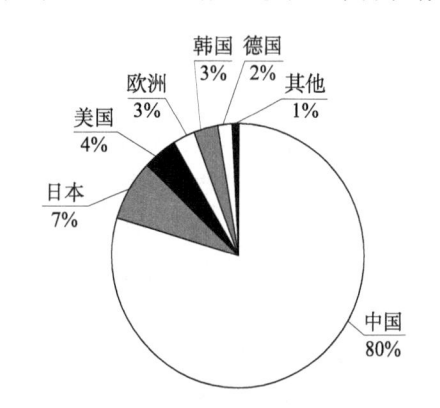

图 7–6 各国/地区在中国申请专利情况

少，还没有充分地在国外进行专利布局。

其次是日本较为重视在中国的专利布局，日本申请人在中国的专利申请占到中国申请总量的7%。紧接着是美国，其在中国的专利布局不容小觑，结合图7-2和图7-3可以看出，日本和美国的原创专利申请占据全球的第二位和第三位，同时，中国又是全球专利申请最大的目标国，日本和美国申请人注重在中国的专利布局。

图7-7对中国国内申请人的省市分布情况进行分析。由图7-7可以看出，在全国各地区中，北京占据第一位，专利申请所占比重为16%；江苏和广东次之，其专利申请所占比重均为11%。这说明上述省市地区是车辆视觉技术国内申请人的主要根据地，这与其主要申请人的公司所在地有着密切的联系。同时也说明北京、江苏和广东相对于其他省市地区来说在车辆视觉技术研发以及专利申请方面，具有一定的优势。

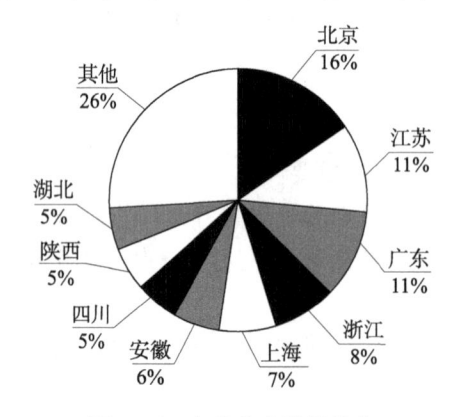

图7-7 各省市申请量分布

同时，从图7-7中可以看出，除了图中列出的省市地区，其他省市地区的申请量所占比重为26%，也就是说车辆视觉领域的申请人在国内分布比较分散，我们认为这与众多高校、研究所分布于全国各地有关，另一方面，这样的分布为以后车辆视觉在各省市地区的发展奠定了基础。

三、中国重要申请人分布

从前面的分析可知，车辆视觉属于新兴的产业，那么，究竟是谁在中国的车辆视觉技术领域进行专利布局呢？我们来详细分析一下，图7-8反映了中国申请的重要申请人申请量。从图7-8中可以看出，申请量排在第一位的是中国的互联网公司百度，这也与百度目前在车辆视觉领域的领先地位相符，其具有很强的技术研发能力。

排名第二的是德国传统汽车厂商罗伯特·博世，其在中国的申请量为22件。申请量同样排在第二位的美国传统汽车厂商通用在中国的申请量也为22件。作为传统的汽车厂商，其研发的重点在于将车辆视觉用于辅助驾驶以提升自身汽车产品的用户体验。

从图7-8中还可以看出，传统的车厂申请人在中国的车辆视觉领域布局不够充分，中国的车辆视觉领域的专利申请分散于高校、科研院所，说明中国有较大的专利转化发展空间，中国的企业可以联合高校、研究院所开展技术研发和实现技术的产业转化。

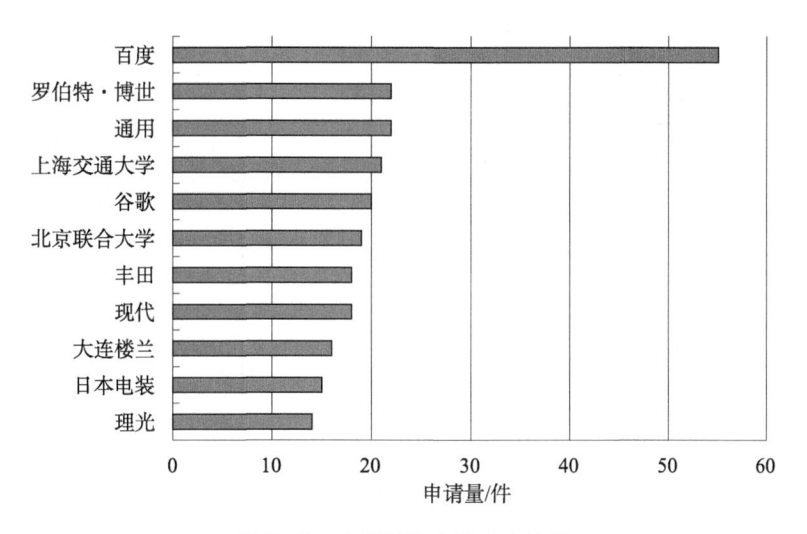

图 7-8 中国重要申请人申请量

第三节 重点技术分析

为了进一步地对车辆视觉重点技术进行分析，通过外网广泛检索并了解车辆视觉的技术内容划分，构造粗略的技术分解，同时深入多家单位如百度、滴滴和天津智能网联汽车产业研究院等，进行调研，验证并修正技术分解表的各个分支，构建整体框架以及各分支的内容。

技术分解主要采取"技术-技术构成"的方式，遵循了"符合行业标准、习惯"与"便于专利数据检索、标引"二者统一的原则，针对车辆视觉的三个一级技术分支进行技术结构分解。对车辆视觉的具体分解情况如表 7-1 所示。

表 7-1 车辆视觉技术分解表

一级分支	二级分支	三级分支
传感器	雷达	激光雷达
		毫米波雷达
		超声波雷达
	图像传感器	单目摄像头
		双目摄像头
		多目摄像头
	混合传感器	混合传感器
图像	图像处理	图像去噪
		图像变换
		图像校正
		图像拼接、融合
		形态学图像处理

（车辆视觉为一级分类，贯穿整个表格）

续表

一级分支	二级分支	三级分支
车辆视觉	图像	图像分析	特征提取
		图像匹配
		边缘检测
		图像分割
	对象	盲区检测	盲区、盲点检测
		道路检测	车辆可行区检测
			标志检测
			信号灯检测
			路口路况检测
		障碍物检测	车辆障碍物检测
			行人障碍物检测
			静止障碍物检测
		车距检测	车距检测
		驾驶员行为状态检测	驾驶员行为状态检测

图7-9示出了全球和中国一级技术分支的申请量，其中全球涉及传感器的有2051项，中国涉及传感器的有1096项；全球涉及图像的有1932项，中国涉及图像的有870项；全球涉及对象的有2766项，中国涉及对象的有1130项。

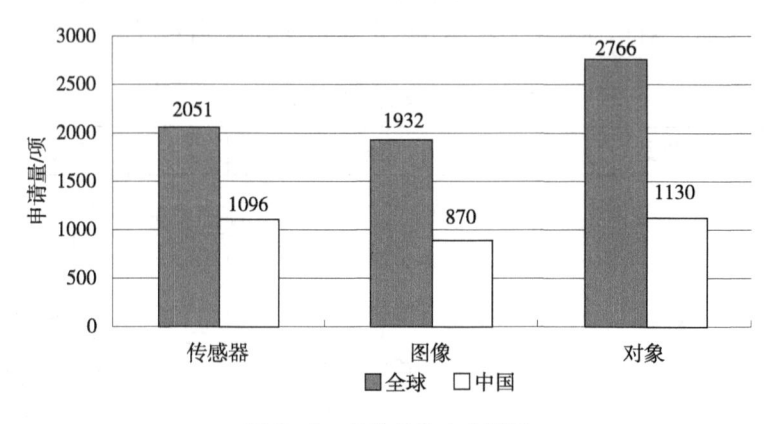

图7-9 各技术分支申请量

车辆视觉技术是采用传感器感知外部环境，通过图像处理等算法对待检测对象完成识别以得到支持车辆行驶数据的系统技术，目前采用的传感器主要包括摄像头、激光雷达和毫米波雷达，而图像技术是利用图像处理技术来处理传感器采集到的图像。图像处理技术作为一种广为应用的计算机技术，发展已经较为成熟，车辆视觉领域中的图像技术更多地体现了图像技术在车辆上的应用，并不涉及图像技术本身的改进，因此在讨论车辆视觉领域的技术改进时不重点关注图像技术。检测对象与车辆视觉直接相关,研发特别活跃,在车辆视觉中,为了实现辅助驾驶或者自动驾驶,需要准确感知和判别周围的环境,及时做出精准的判断,使驾驶能够安全、迅捷、经济并具有平稳的体验。基于此目的,车辆视觉需要检测的目标物包括在道路上行驶的车辆的外部状况,例如路标、路况、前后方车辆、行人、障碍物等,同时需要测量和判断车辆的内部状况,尤其是驾驶员行为,例如驾驶员动态视觉行为等,其技术研发分支较多,同时又是实现自动驾驶必须解决的问题,因此,申请人将大量精力投入到检测对象技术的研发中,并积极进行专利布局。下面对传感器和检测对象的专利申请进行进一步的介绍。

一、传感器专利申请概况

下面针对车辆视觉中涉及传感器技术的改进专利进行分析(其中全球涉及传感器改进的专利2051项,中国涉及传感器改进的1096项),主要对传感器专利申请量趋势、地区分布以及传感器类型分布做了简单介绍。

1. 申请量趋势

车辆视觉中的传感器技术萌芽于20世纪70年代,欧美首先开始了自动驾驶的研究,20世纪90年代,国外汽车行业开始将感知传感器用于民用车辆,21世纪初,国内开始对汽车感知传感器进行研究,相关专利的申请量年度趋势如图7-10所示。

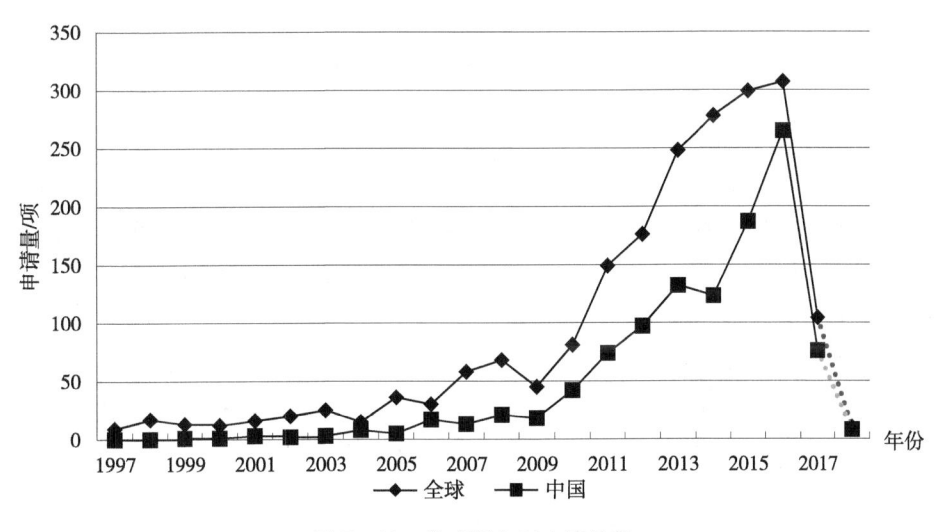

图7-10 传感器专利申请趋势

由图7-10可知,该技术在国外起步比较早,自20世纪90年代开始;国内起步较晚,约2004年开始,后稳步上升,在2010年跟上全球的研究步伐。众所周知,国内汽车行业起步较晚,但车辆图像传感器的研究发展较快,尤其近些年研究比较深入和广泛。

2. 地域分布

图7-11(a)是车辆视觉领域传感器专利申请国家/地区分布,由图可知,申请量最多的依次为中国、美国、日本、欧洲、德国。美国和日本车企对车辆视觉感知传感器

的研究时间长，也比较深入，量的积累也是比较可观的。虽然车辆视觉在中国起步比较晚，但是发展比较迅速，国内各个中小车企、高校研究所以及互联网公司都开展了对车辆图像传感器的研究，尤其近些年研究量突飞猛进。

图 7-11（b）是国内申请的省市分布，按照占比排序依次为北京、江苏、广东、浙江、上海，均是国内经济比较发达的省市，可见对车辆图像传感器的研究在国内分布较为广泛，并且差异不大，但在北京、江苏、广东等经济科技发展较迅速的地区，申请量更多，技术研究更加广泛、深入，这与车辆视觉整个领域表现出来的分布趋势是相同的。

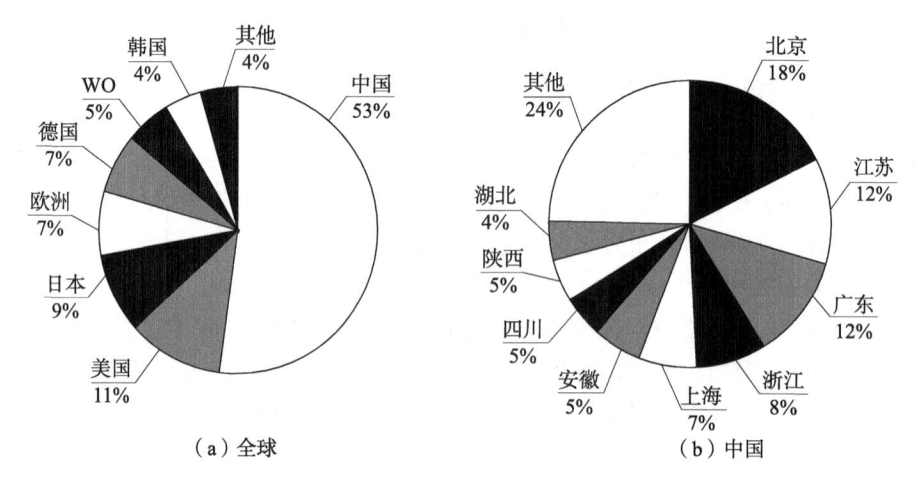

图 7-11 传感器专利申请国家/地区分布

（a）全球

（b）中国

3. 传感器类型分布

在车辆视觉中，由于图像传感器成本低廉、采集的图像信息比较丰富，受到传统车厂的青睐。国内高校研究所也多是开展基于图像传感器的车辆视觉技术的研究。激光雷达虽然精度高，但相对比较昂贵，多为一些互联网公司研究使用，如百度、谷歌等在辅助驾驶、无人驾驶中均使用了激光雷达。

图 7-12 是车辆视觉技术中常用的传感器类型分布，由图可知，图像传感器是车辆视觉中主要的传感器，在国内和国外占比均在 80% 左右，雷达和图像传感器混合使用在车辆视觉中的占比虽然目前不高，但是混合传感器技术越来越多地受到关注。

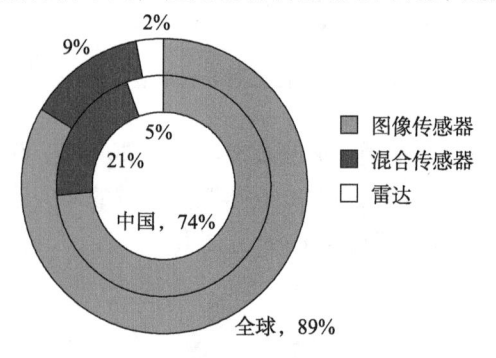

图 7-12 传感器类型分布

二、检测对象专利申请概况

下面针对车辆视觉样本专利中涉及检测对象方面改进的专利进行分析,如上所述,检测对象分支的研究活跃度较高,下面主要对检测对象分支的专利申请量趋势、地域分布以及类型分布做简单介绍。

1. 申请量趋势

图7-13是车辆视觉中检测对象分支在全球范围内历年专利申请量的分布,从图7-13可以看出,该领域的发展大致可以分为三个阶段。

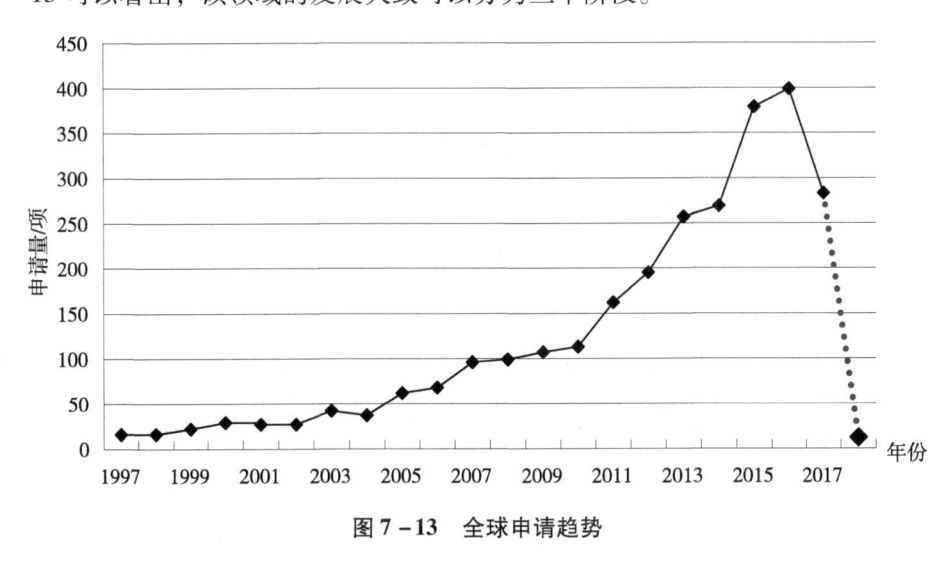

图7-13 全球申请趋势

1996~2004年,车辆视觉检测对象技术分支处于萌芽阶段。汽车的出现极大地方便了人们出行,但在20世纪90年代,受限于硬件技术的水平,人们对汽车自动驾驶的需求并不高,因此在这一阶段车辆视觉检测对象领域的申请并不多,在全球范围内,1996~1997年的申请量仅为个位数,直到2000年才达到了近30项,这些专利的数量虽然不多,但为车辆视觉检测对象技术领域的发展打下了基础。

2005~2010年,车辆视觉检测对象技术处于平稳发展期。在2005年,车辆视觉检测对象技术分支专利数量突破了50项,之后专利申请量逐渐增多,虽然其后申请量有所波动,但是总体趋势是增加的。全球各国研究人员也越来越重视到车辆视觉检测对象技术的重要性,越来越重视对车辆视觉检测对象的研究。

2011年至今,是车辆视觉检测对象技术的高速发展阶段。在这一阶段,除了传统的汽车厂商,新兴企业比如特斯拉、Mobileye和谷歌等充分认识到车辆视觉检测对象这一技术对于未来的汽车行业的巨大冲击,同时也为未来汽车行业带来巨大的发展机遇,因此,纷纷投入到车辆视觉检测对象技术的研发中,并且积极地在全球进行专利布局。

视线转回到国内,图7-14示出了车辆视觉检测对象技术分支在中国专利申请量历年的分布趋势,由图可知,国内1999年出现了第1件关于车辆视觉检测对象技术分支的专利申请,但在2005年之前申请量一直很少,维持在10件以下。2005~2009年,车辆视觉检测对象技术分支的专利申请量开始增加,但是增加量不是很大。从2010年开始，车辆视觉检测对象技术的申请量开始迅猛增长，2016 年的申请量突破了 230 件。整体上来看，中国检测对象分支的申请量分布趋势与全球趋势保持一致。

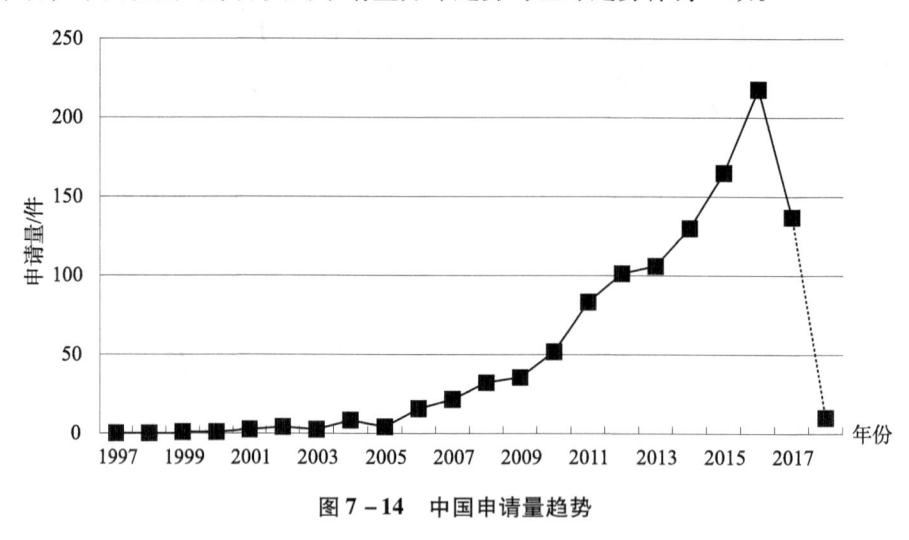

图 7 – 14　中国申请量趋势

2. 三级分支申请量分布

我们将车辆视觉检测对象技术分为可行驶区域检测、车距检测、驾驶员行为状态检测、静止障碍物检测、车辆障碍物检测、标志检测、行人障碍物检测、路口路况检测、信号灯检测、盲区检测。其中，可行驶区域检测包括检测车道线、路边缘等。

图 7 – 15 示出了全球范围内车辆视觉检测对象技术分支中各个三级技术分支的分布情况，可以看出可行驶区域检测、车距检测、驾驶员行为状态检测分别位于申请量的前三位。其中，涉及可行驶区域检测的专利申请量位于第一位，因为车辆视觉技术主要服务于辅助驾驶和自动驾驶，安全行驶的基本要求就是车辆行驶在可行驶的区域以内，这造成了这一技术分支的蓬勃发展。位于第二位的是车距检测，与可行驶区域一样，想要提高自动驾驶的安全性，必须实现与前后车距在合理的范围内，因此，全球的研究人员也非常重视这一技术分支。位于第三位的是驾驶员行为状态检测，这一技术主要服务于辅助驾驶，在驾驶员驾驶的车辆中，驾驶员的行为状态在行车过程中显得非常重要，需

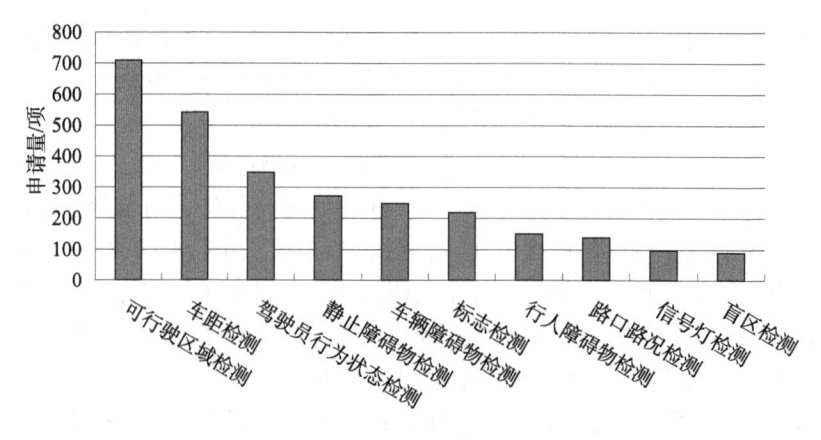

图 7 – 15　检测对象三级技术分支全球申请量

要检测驾驶员的生理或心理状态,关注驾驶员的行为,这对于实现安全驾驶非常重要。引起注意的是,车辆视觉各个三级技术分支中,信号灯检测和盲区检测中的申请量比较少,是因为现在的技术发展还不够充分,但为了实现自动驾驶,这两个分支也是值得重点关注的。

与全球申请量分布不同,图 7-16 是检测对象三级技术分支中国申请量的分布,由图可知,位于前三位的是车距检测、可行驶区域检测和驾驶员行为状态检测。其中,排在第一位的是车距检测,第二位的是可行驶区域检测,与全球分布不同,体现出在中国进行申请的申请人关注的技术焦点略有不同。但同样地,信号灯检测和盲区检测的申请量比较少。

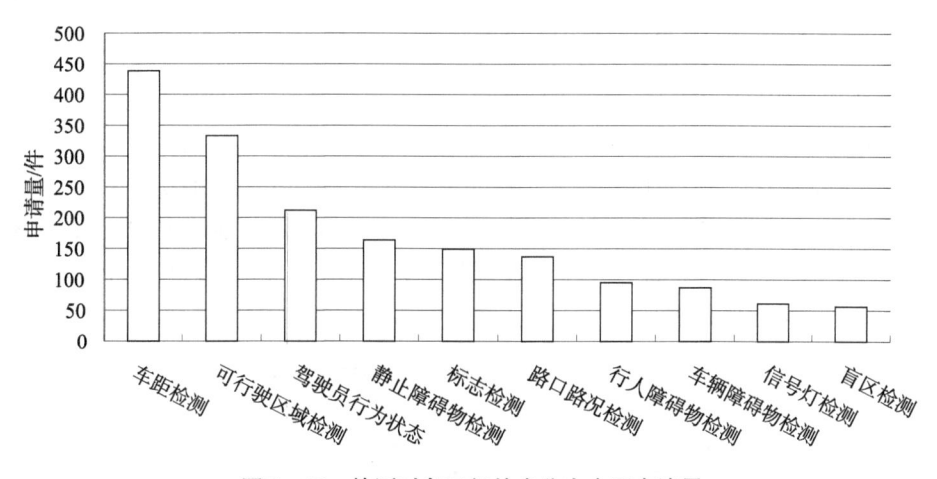

图 7-16 检测对象三级技术分支中国申请量

3. 地域分布

图 7-17 示出了车辆视觉检测对象技术领域在全球主要国家及地区的区域分布和布局情况。在涉及车辆视觉检测对象的专利申请中,在中国申请的专利数量高居榜首,占据了全球总申请量的 33%,说明中国已经成为车辆视觉检测对象领域主要的专利布局市场。同时我们需要注意到 WO 申请占全球申请比例的 8%,所占的比重可观,这表明涉及车辆视觉检测对象的专利申请有一部分是通过国际申请来实现的,说明车辆视觉检测对象技术在全球范围内都受到高度的重视,尤其是大公司和厂商更加注重使用这种方式来申请专利。同时,在欧洲、德国、韩国的申请量虽然不及前几位的国家和地区的数量多,但是数量也达到了数百件,说明这些国家和地区同样也是非常重视车辆视觉检测对象技术专利申请的。

图 7-18 示出了车辆视觉检测对象技术分支各国在中国申请专利的情况。从图 7-18 可以看出,车辆视觉检测对象技术分支国内的申请人处于绝对领先地位,这一方面体现了中国在国内的车辆视觉检测对象领域处于主导地位,另一方面也说明了国外的申请人在中国的专利布局不充分,这有利于国内的申请人进行专利布局,占据更大的优势。排在第二位和第三位的分别是日本和美国的申请人,其申请量分别占到了 9% 和 5%,所占比例较小。

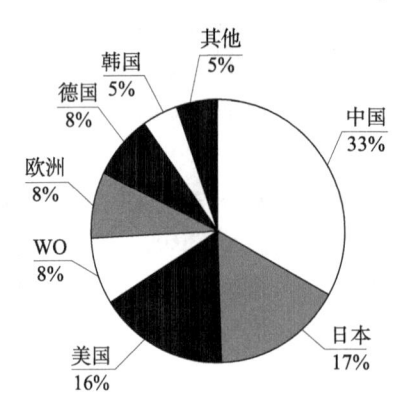

图 7-17 全球专利申请目标国家/地区分布 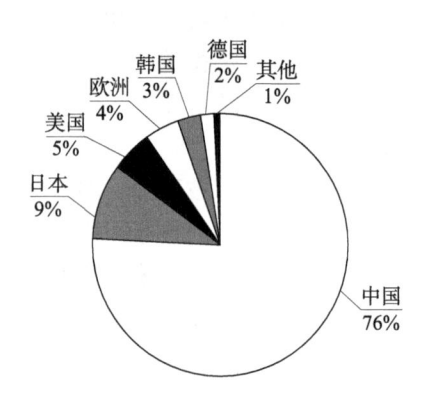   图 7-18 各国在中国申请专利情况

4. 申请人分布

在车辆视觉检测对象技术领域，申请人主要是一些传统的汽车厂商、互联网公司等一些新兴的高科技企业。图 7-19 示出了申请量靠前的主要申请人的排名情况。从图 7-19 中可以看出，申请量排名前 11 位的公司中，既有传统的汽车厂商，比如丰田、日本电装、日产、罗伯特·博世、爱信、本田、现代等，还包括一些互联网公司，比如谷歌、百度等，另外还包括新兴的高科技公司，比如 Mobileye。

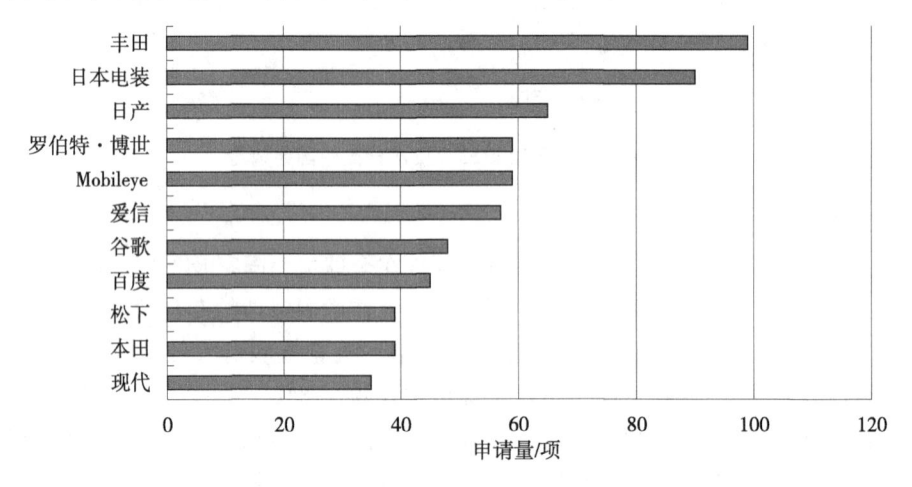

图 7-19 全球重要申请人的专利申请量

全球重要申请人中专利申请量排名第一的是丰田，作为传统的汽车厂商，其致力于未来汽车行业的发展，正积极地向未来汽车行业的发展方向转型。申请量靠前的申请人中还包括像谷歌和百度这样的互联网公司，这些申请人的研究目的与传统的汽车厂商有一些区别，传统的汽车厂商还是将汽车视为传统的汽车，只是将车辆视觉技术应用于传统的汽车上，用于辅助驾驶汽车，而谷歌和百度等互联网公司将汽车视为能够驾驶的机器人，并将其自身非常擅长的 AI（人工智能）技术推广应用，发挥研究的特长，迅速占领了先机。

但从图 7-19 还可以看出，排名榜首的丰田的申请量也不过 100 项左右，其他申请人的申请量甚至更少,而且纵观全球范围内涉及车辆视觉检测对象的所有2000多项专利申请中,申请人非常分散。现阶段,车辆视觉检测对象技术领域的门槛并不高,各申请人都有自己的独到之处,"百家争鸣,百花齐放"的情形对于车辆视觉检测对象技术的发展十分有利。

图7-20示出了在中国的车辆视觉检测对象领域的重要申请人。从图7-20可以看出,申请人百度在中国申请检测对象技术的专利最多,遥遥领先于位于第二位的申请人罗伯特·博世和通用。罗伯特·博世和通用作为传统的汽车厂商,注重在中国的专利布局。在中国重要的申请人中还包括上海交通大学和北京联合大学这两所高校,说明中国的高校在车辆视觉检测对象这一领域同样非常关注。同时,我们从图7-20中可以看出,车辆视觉检测对象技术分支申请量靠前的申请人的申请量数量都不多,都在50件以下,但是中国车辆视觉检测对象技术分支的专利申请总量为1000余件,同样说明检测对象领域的申请人比较分散。

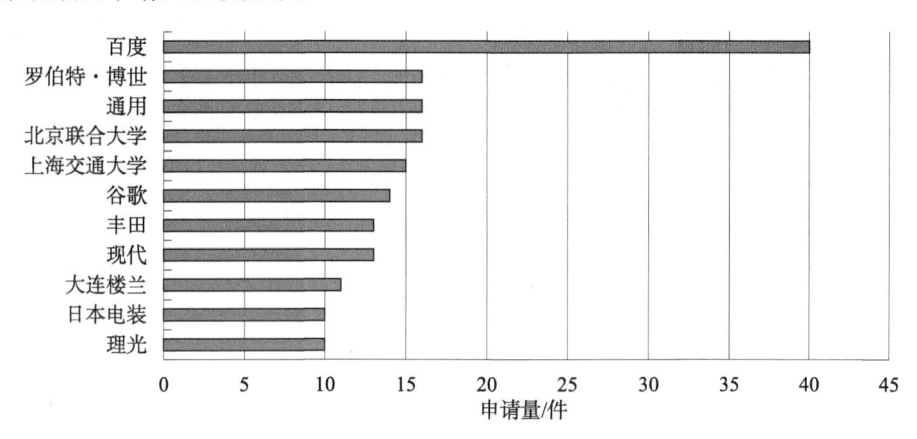

图7-20 中国重要申请人的申请量

第四节 本章小结

本章从专利的角度出发对车辆视觉进行了研究,分别从申请量趋势、技术分支申请分布、地域分布、申请人分布等维度进行分析,得出以下结论:

1)车辆视觉目前处于快速发展阶段,车辆视觉是实现当前迅速发展的无人驾驶技术的必经之路,车辆视觉专利的申请人不仅包括传统的汽车厂商,还包括新兴的互联网公司,比如谷歌、Mobileye、百度等,以上申请人投入大量的人力和物力进行车辆视觉的研发,以期占领车辆视觉市场。

2)中国占据当前车辆视觉全球专利申请技术原创国家/地区的第一位,同时也是全球专利申请量最大的目标国家,究其原因,虽然中国在车辆视觉领域的起步较晚,但其发展迅速,国内众多高校、研究所非常重视车辆视觉领域的研究,也注重申请专利对自己的研究成果进行保护。目前中国是汽车消费大国,众多传统的国外汽车厂商非常重视中国的市场,将其研发的车辆视觉的技术在中国申请专利进行保护。

3）车辆视觉领域全球重要的申请人中，既包括传统的汽车厂商，例如丰田、日本电装、日产、罗伯特·博世、爱信、本田、现代，其研发车辆视觉技术主要将其应用于辅助驾驶，从而提升自身的汽车产品的性能，并且其研发主要着力于传感器方面，还包括新兴的公司，比如图像传感器领域中的重要申请人 Mobileye 和互联网公司谷歌和百度。但是，每个全球重要的申请人在车辆视觉领域的专利申请数量都不多且差距不大，说明车辆视觉作为新兴技术领域，目前还没有形成技术垄断。

4）车辆视觉领域全球重要申请人中只有百度一个中国申请人，这是因为虽然车辆视觉全球专利申请技术原创国家/地区中，中国占据第一位，但是中国国内的申请人众多，国内的申请人的申请量比较分散。建议中国的申请人继续加大对于车辆视觉的研发，同时加强车辆视觉专利申请的布局。

5）车辆视觉的技术分支中，检测对象技术分支的研发特别活跃，其次是传感器和图像技术。车辆视觉需要检测的目标物包括在道路上行驶的车辆的外部状况，例如路标、路况、前后方车辆、行人、障碍物，同时需要测量和判断车辆的内部状况，尤其是驾驶员行为，例如驾驶员动态视觉行为等。目前采用的传感器主要包括摄像头、激光雷达和毫米波雷达。与车辆视觉的整体趋势一致，传感器和检测对象分支的申请量都是在 2010 年左右出现大幅增长，中国在各分支的申请量都占据首位，其次是日本和美国。

第八章 让汽车看清世界——重点专利技术

车辆视觉技术是采用传感器感知外部环境、通过图像处理等算法对待检测对象完成识别以得到支持车辆行驶数据的系统技术，目前采用的传感器主要包括图像传感器、激光雷达、毫米波雷达以及联合使用的混合传感器，图像技术是利用图像处理技术来处理传感器采集到的图像，检测对象是即时检测在道路上行驶的车辆的外部状况和内部情况。本章从传感器和检测对象两个角度入手，对车辆视觉领域的重点专利技术进行整理和分析。

第一节 传感器技术

20世纪90年代传感器开始用于车辆视觉系统。最先被广泛应用的是成本低廉的图像传感器，2005年以后逐渐演变出两个发展方向，一个是运用多目摄像头辅助车辆驾驶；另一个是将雷达与图像传感器相结合、共同辅助车辆驾驶。

一、技术演进路线

如图8-1所示，在2005年以前，主要使用图像传感器来辅助车辆驾驶，使用图像传感器的车辆视觉系统首先通过摄像头拍摄环境图像，采用图像处理算法识别对象，主要用于障碍物的检测、标识自动识别等，如中国台湾工业技术研究院1993年提交的专利申请US19930124445，提出了一种车辆号码自动识别系统，该系统通过在汽车上设置摄像机来识别前方或侧方车辆的标识，对于采集的图像信息基于神经网络的模糊逻辑算法进行处理以获得识别特征。日产汽车公司于2000年提交了专利申请JP2000302709，其通过CCD相机拍摄前方环境，通过卡尔曼滤波算法，识别道路形状和检测车辆状态。

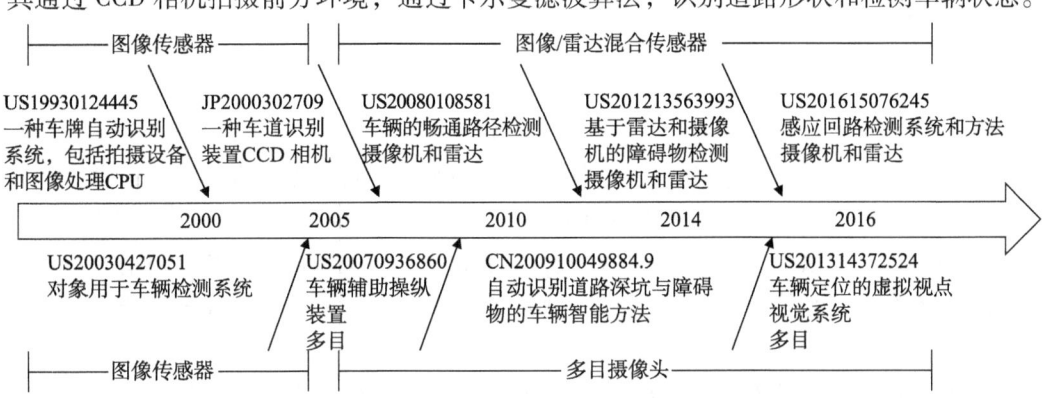

图8-1 车辆图像传感器技术路线

车辆图像传感器的一个发展方向是多目摄像头的运用。由于单目摄像头拍摄范围小，存在较多盲区，为了使检测更加精准，更加立体展现检测对象，2005年以后慢慢引入双目摄像头以及多目摄像头系统，其中双目系统一般分为左右摄像头，例如上海交通大学2009年提交的专利申请CN200910049884.9公开了一种自动识别道路深坑与障碍物的车辆智能方法，其通过两个针孔摄像头实时采集路面景物图像，并将各自所采集到的图像输送至信号处理器，保障车辆行驶安全方面进一步提高自动化和智能化水平。双目摄像头技术中首先需要对两个摄像头的参数标定，还需要对两个摄像头所拍摄的图像进行配准，在图像处理中算法比较复杂，但是由于获得的信息更加丰富，检测精度也比较高。进一步地，为了获取更多的信息，各申请人均提出采用多目摄像头的技术。为了检测车辆周围更广泛的范围，以使视角能够覆盖车的前后以及左右，通常在车身设置多个摄像头以实现相应功能，如福特公司2007年提交的专利申请US20070936860，其公开了一种车辆辅助操纵装置，通过在车辆上安装三个摄像机以便拍摄车辆前后以及一侧的环境，能够准确预测倒车路径。MAGNA电子公司2013年提交的专利申请US201314372524公开了一种汽车视觉系统，其使用多个摄像机辅助驾驶。

车辆图像传感器的另一个发展方向是将雷达与图像传感器混合运用。图像传感器虽然成本低廉，但是容易受到光照、烟雾、环境的影响，并且算法复杂度较高。2005年以后雷达开始被用于车辆辅助驾驶中，大多通过将雷达与图像传感器相结合来对路径、障碍物等进行检测，其中雷达主要用于测距，图像传感器采集物体更加丰富的特征信息。如通用汽车2008年提交的专利申请US20080108581，公开了基于照相机和雷达的车辆畅通路径检测方法，通过使用照相机和雷达成像系统，寻找车辆前面的地面或路面可能需要避免的物体的存在，以检测畅通路径；通用汽车2012年提交的专利申请US201213563993公开了一种基于雷达和摄像机的障碍物检测方法，提高了两个不同的障碍物感测装置探测时识别障碍物的准确性，将来自两个障碍物感测装置的输出进行融合，利用更加丰富的信息内容，对被识别障碍物进行探测和跟踪，相比于首先执行探测和跟踪来自每个相应装置的数据、后融合探测和跟踪数据，增加了识别相应位置处的障碍物的准确性；福特公司2016年提交的专利申请US201615076245公开了一种结合摄像机和雷达进行感测的自动驾驶系统，其能够实现定位，并根据驾驶历史数据构建地图，实现对感应回路的检测。

二、重点专利

本小节通过对涉及车辆视觉传感器的专利申请的多维度分析，选定传感器领域需要研究的重点专利，并从中选择代表专利进行详细分析。在此依据专利的基本信息、技术方案、产业影响等多方位对专利进行判断，从而确定其是否为该技术领域的重点专利，具体地讲可以包括以下方面：被引证次数，同族情况，分案情况，系列申请情况，是否与国内技术存在交织等。根据上述筛选原则，筛选重点传感器专利，并进行分析。

1. 图像传感器感测环境

专利申请号：US19930124445，发明名称：移动的自动识别车牌系统，申请人：中国台湾工业技术研究院。

图 8-2 示出了该专利申请的具有拍照系统的车辆的示意图。照相机支撑架可分离地固定在车身顶部，成像设备中具有一个快门速度在万分之一秒的高分辨率 CCD 电子照相机和一个图像电子放大镜。图像处理器包括一个 6 核 LCD 和数据输入终端。配置有该成像系统的车辆可以检测道路上静止或者行驶过往的车辆的车牌，该系统可以准确地识别速度在 120km/h 以下的车辆车牌。

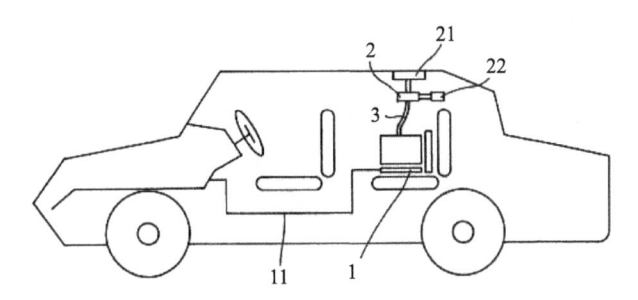

图 8-2 具有车牌识别系统的汽车示意图（US19930124445）

2. 雷达和相机融合感测环境

专利申请号：US20080108581，发明名称：车辆畅通路径检测，申请人：通用汽车环球科技运作公司。

图 8-3 示出了根据该专利申请的位于车辆前面并指向车辆前面的地面的照相机的示例性设置。在该车辆中，照相机与控制模块通信，控制模块包含逻辑以处理来自于照相机的输入；车辆还配备有雷达成像系统，雷达成像系统也可以与控制模块通信。除了使用照相机和雷达成像系统之外，车辆可以使用多种方法来辨识道路状况，包括 GPS 信息、来自于与车辆通信的其他车辆的信息、关于具体路面的历史数据、生物信息（例如，读取驾驶员的视觉焦点的系统）等。

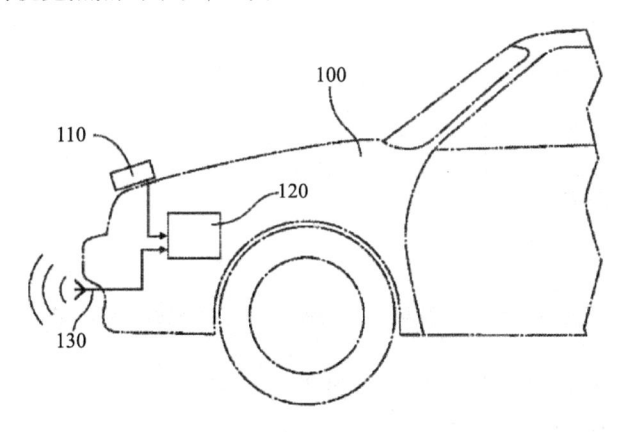

图 8-3 配备照相机和雷达成像系统的车辆（US20080108581）

3. 双目摄像机感测环境

专利申请号：US201615076245，发明名称：感应回路检测系统和方法，申请人：福特全球技术公司。

根据该专利申请，图 8-4 是车辆控制系统的实施例的框图，其可以用于检测道路中的感应回路，自动驾驶/辅助系统包括感应回路检测器，其使用神经网络或其他模型或算法来确定在道路中存在感应回路并且还可以确定感应回路的位置。该自动驾驶/辅助系统可以用于自动化或控制车辆的操作或向人类驾驶员提供辅助，例如，自动驾驶/辅助系统可以控制制动、转向、加速、灯、警报、驾驶员通知、无线电或车辆的任何其他辅助系统中的一个或多个。自动驾驶/辅助系统可以提供通知和警报以辅助驾驶员安全驾驶，还可以确定驾驶操纵或驾驶路径，以确保车辆在感应回路上行驶时激活感应回路。

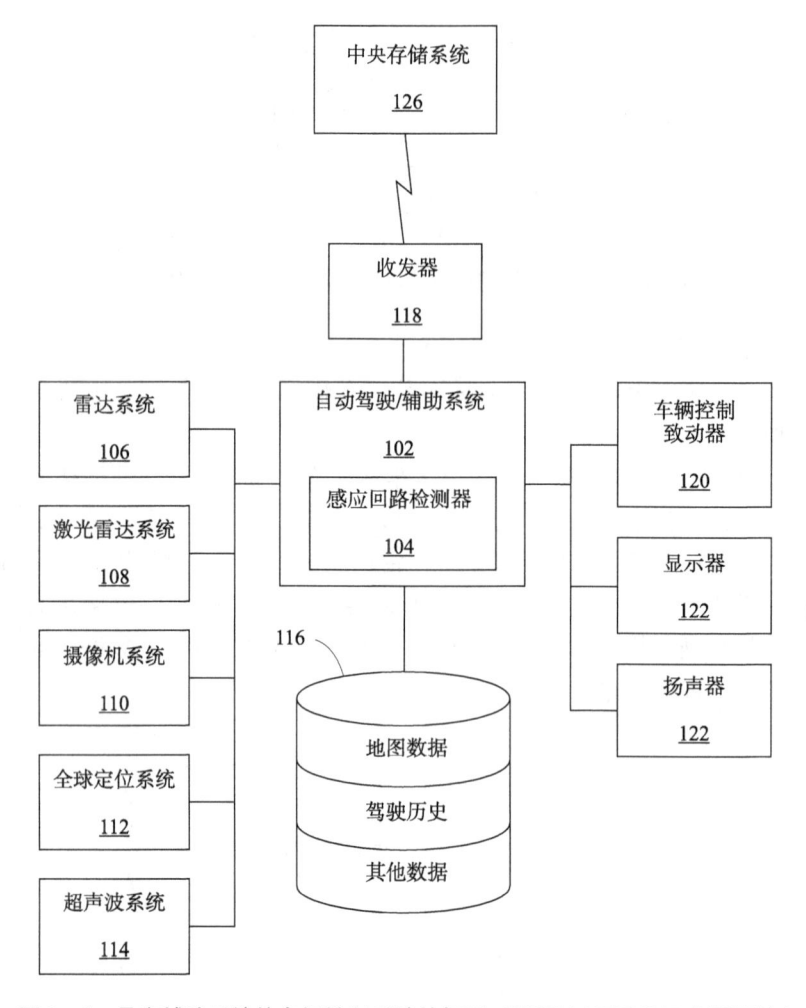

图 8-4　具有辅助系统的车辆控制系统的框图（US201615076245 中国同族）

图 8-5 是该专利申请中具有多个摄像机的车辆的实施例的俯视图。如图 8-5 所示，车辆具有四个摄像机 302、304、306 和 308，其中摄像机 302 是捕获车辆 300 前方道路的图像的前向摄像机，摄像机 304 和 306 是捕获车辆 300 左侧和右侧的图像的侧向摄像机，例如，摄像机 304 可以捕获车辆 300 左侧的相邻车道的图像，摄像机 306 可以捕获车辆 300 右侧的相邻车道的图像。摄像机 304 和 306 安装在车辆 300 的侧视镜中（或附近）。摄像机 308 是捕获车辆 300 后面道路的图像的后向摄像机。摄像机 308 也可以被称为倒车摄像机。摄像机 302~308 中的一个或多个在车辆 300 移动时连续捕获附

近道路的图像，分析这些捕获的图像以识别道路中的感应回路并基于 GPS 数据记录感应回路的地理位置。

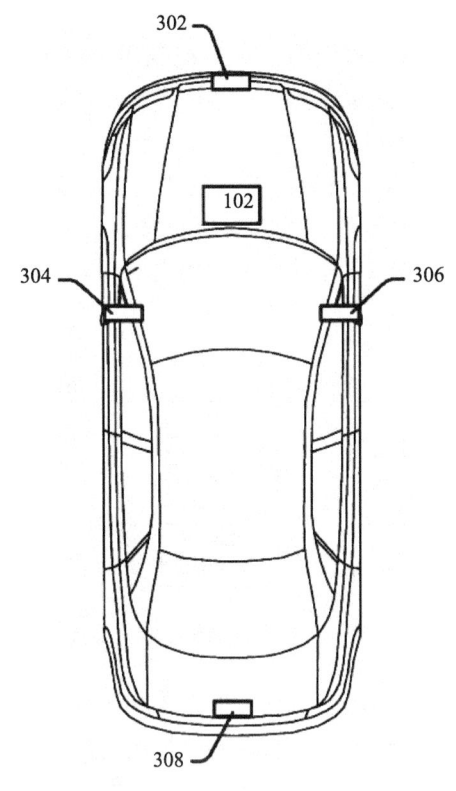

图 8-5　具有多个摄像机的车辆俯视图（US201615076245 中国同族）

第二节　检测对象技术

据交通事故统计表明，许多交通事故是由于司机疏忽或疲劳驾驶造成的，车辆视觉正是用来在汽车要驶离车道或者要与前方障碍物相撞时对司机发出警告信号以辅助实现安全行驶。车道信息主要包括横向偏离、障碍物检测和车道其他参数的估计。为防止汽车驶离安全车道，横向偏离和纵向间距的控制是辅助驾驶系统的关键。对于横向偏离，最关键的参数是汽车当前的位置和行驶方向与车道边界的相互关系，纵向间距可以通过障碍物检测来实现，这其中又都以可行驶区域的检测为基础。在等级公路上，车辆必须在车道标线内行驶，智能辅助驾驶也必须遵从这个规则。

因此，可行驶区域检测技术是非常有必要研究的一个分支，在车辆视觉检测对象三级技术分支中，可行驶区域检测的全球申请量是排在第一位的。为了研究对象检测可行驶区域分支的技术演进路线，通过对可行驶区域检测技术相关专利进行筛选，得出以下重要专利，并且通过重点专利分析该技术的发展脉络。

一、技术演进路线

1. 停车辅助技术

首先介绍停车辅助的技术演进路线，车辆视觉用于停车辅助主要兴起于 2000 年左右，主要研发力量集中于传统汽车厂商，这些厂商将车辆视觉的研究成果用于自身的汽车产品上，这样可以改善用户体验。

从图 8-6 中可以看出，停车辅助技术从最初的只有倒车影像发展到智能化——提供驾驶控制信息、提供目标停车位、提供行车路径，再到少硬件化——减少调用的硬件，技术越来越完善。下面就停车辅助技术的代表专利介绍停车辅助的技术演进路线。

```
倒车影像              智能化              少硬件化
2000年               2005年              2010年              2015年

US20010794322    EP04008486      KR20080013615    EP10728015
倒车影像          目标停车框       基于参考点        现有硬件单应变换
                                                  鸟瞰视图

US20010807348   JP2004131919    JP2008197407
基于偏摆角        行车路线         多摄像头俯视图
```

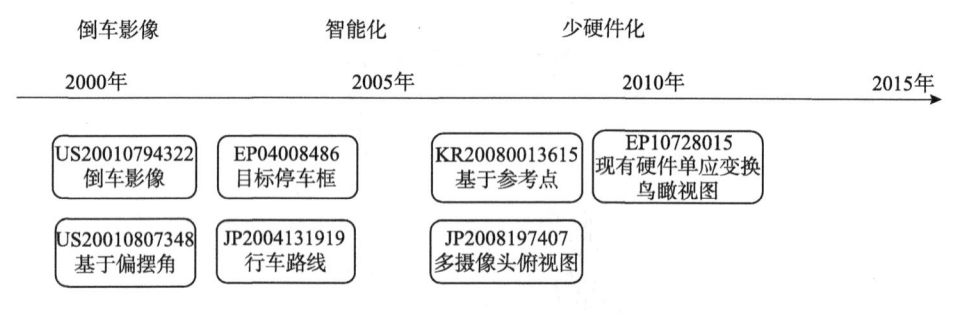

图 8-6 停车辅助技术演进路线

为了方便停车，申请人爱信精机于 2001 年 2 月 28 日提出了专利申请 US20010794322，根据拍摄车辆后方的图像和车辆本身的状况估计车辆的轨迹，从而指引驾驶员更好地完成停车。但是上述专利申请使用的停车辅助装置中，驾驶者只能在电视画面上看到后方的视野以及车辆预定的后退轨迹，难以判断在何处开始转动方向盘及反向转动方向盘，另外还难以判断使驾驶控制量控制在何种程度上。

申请人丰田于 2001 年 7 月 13 日提出的申请 US20010807348 提出了这样的技术方案：使用设有用于检测车辆偏摆角的偏摆角检测装置，向驾驶者提供驾驶控制信息。这样能够由车辆的偏摆角监测出车辆究竟处于停车过程的哪一个阶段，通过引导在后退运行中的各步骤中的操作方法及操作定时，驾驶者即使以不习惯的操作方法进行操作的情况下，也能够进行无差错的操作，从而完成停车。

为了能够在进行初始停车操作之前判断车辆是否能够停放到预期的停车位置上，申请人爱信精机于 2003 年 4 月 7 日提出了专利申请 EP03007895，其使用了图形获取装置获取倒车影像，并且检测当前车辆和目标停车位置之间的相对关系，并且基于车辆的最小转弯半径计算判断当前车辆能否停放到目标停车位置上。

为了进一步完善 US20010807348 提出的使用检测偏摆角进行辅助停车的装置，申请人丰田于 2003 年 12 月 3 日进一步完善了辅助停车装置，提交了专利申请 EP03027693，其同样能够实现提前确定是否可将车辆停泊进入停车空间，其采用的方案是将测得的横摆角和规定横摆角相比，以识别目前车辆位置，给出指导信息，同时将预测路径和预测停车位置中的至少一个在监视器上显示，使其与捕捉到的图像重叠，驾驶员根据指导信息来确定是否可停泊入目标停车空间。

现有技术中，由于目标停车框的初始位置与使用者所习惯的停车起始位置不一致，对于停车辅助控制的每次操作，必须对停车框的位置进行调整，申请人爱信精机和丰田于2004年4月7日共同提出了申请EP04008486，虽然每个使用者的停车起始位置和目标停车位置的关系不同，但对于单个使用者则趋向于基本保持一致，该申请通过使用者利用以往的设定，初始地显示目标停车框，这样使用者通过将连同车辆环境的实际图像一起显示的目标停车框移动到对应于实际停车位的位置，完成设定目标停车位置，这样可以减少设定目标停车位置所需的时间。

在上面提到的技术中，目标停车路线的运算是在将车辆的变速杆操纵至倒挡位置的场合下进行的，这样造成的结果是，在将车辆的变速杆操纵至倒档位置时，判明在目标停车位置上不能停车的场合下，没有办法变更目标停车位置。这样，停车花费了多余的时间，给用户造成额外的负担。为此，申请人爱信精机和丰田于2004年4月27日共同提出了申请JP2004131919，在车辆的变速机控制杆未操纵至倒挡位置的情况下，每隔规定的距离计算出从车辆的现在位置到目标停车位置的行车路线，这样无需变更目标停车位置及移动车辆，能够在短时间内将车辆停好，提高了用户的便利性。

使用上面的停车辅助系统能够增加驾驶员的便利，但是使用停车辅助系统时，驾驶员必须首先选择想要停车的目标停车位置，申请人万都公司于2008年2月14日申请了专利KR20080013615，其提出通过安装在车辆上的照相机拍摄停车位，通过使用由驾驶员输入的两个参考点来识别停车标记，并且在所获得的输入图像中指定目标停车位置的入口，然后基于这两个参考点和所识别的停车位标记来检测目标停车位置。

上述停车辅助装置通过对由多个摄像机拍摄得到的车辆周围的图像进行坐标转换，生成虚拟的高空俯视车辆的俯视图像，将表示由驾驶员设定的停车目标位置的停车框图像叠加到俯视图像上来显示。但是在与表示停车目标位置的停车框相邻的停车框内存在其他车辆的情况下，由于显示成停车框覆盖其他车辆，驾驶员可能无法正确地掌握停车框。因此，申请人日产于2008年7月31日提出了申请JP2008197407，在俯视图像内的存在立体物的区域与停车目标区域重叠的情况下，除去停车目标区域中的重叠部分，生成停车目标区域图像，显示所生成的停车目标区域图像和俯视图像，使得驾驶员正确地掌握停车框，将车辆停放到停车目标位置上。

申请人日产提出的申请JP2008197407采用的是安装于车辆前部、后部和两侧中的四个超宽高分辨率摄像机来提供车辆周围的全景视图，这样驾驶员在平行停车操纵时切换左侧、前部和右侧的视图，导致图像处理时的数据量较大，处理时间长，难以做到及时响应。因此，申请人罗伯特·博世于2010年5月7日提出了申请EP10728015，提供一种包括前向和/或后向摄像机、在平行停车期间辅助车辆驾驶员的方法。与申请JP2008197407相比，仅仅需要使用较少的传感器，造价相对便宜很多，该申请仅需要使用车辆上现有的前向和/或后向摄像机，并不需要安装另外的硬件。首先通过摄像机捕获包括至少一个未占用泊车空间和多个由其他车辆占用的泊车空间的泊车区域图像，将产生捕获图像进行变换，产生从鸟瞰视角估算泊车区域的图像，并且在车辆的显示屏上实时更新显示从而辅助驾驶员进行停车操作。

2. 车道线检测技术

为了实现安全驾驶，车辆必须按照道路上的车道线行驶，同时也必须在可行驶区域内行驶，这也就要求车辆视觉必须能够检测道路边缘，以便控制车辆保证安全行驶。接下来介绍车道线检测的技术演进路线。

从图8-7中可以看出，车道线检测技术从最初的只是简单地识别出道路的形状，发展到适应各种环境条件、适应各种路况的车道线检测，再发展到能够实时检测处理，实现了车道线检测技术的飞速发展，下面就代表专利具体阐述车道线检测的技术演进路线。

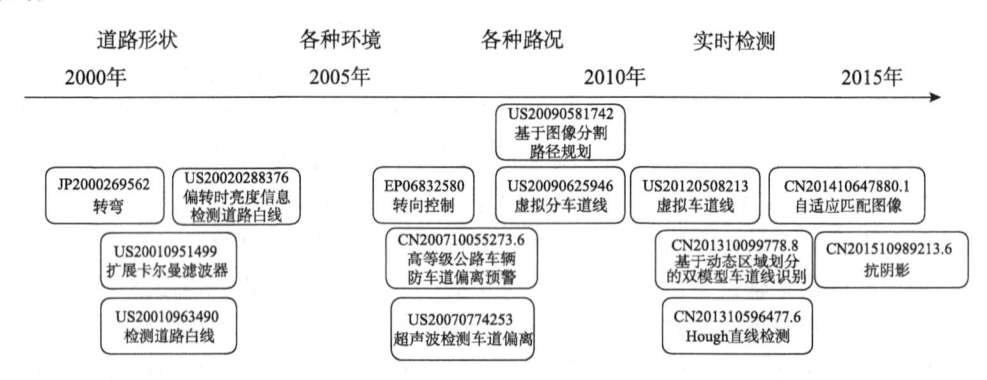

图8-7 车道线检测技术演进路线

以往的辅助车辆沿着车道行驶的系统中，基于车辆相对于车道标记的相对位置产生警报，但是在车辆沿着小半径拐角行驶的情况下，即使车辆没有沿拐角转向也不会产生警报，仅当车辆与车道标志之间的相对距离小于阈值才会产生警报。为此，申请人日产于2000年9月6日提出了申请JP2000269562，其公开了一种精确检测车辆偏离行驶车道的车道保持辅助系统，基于道路图像检测器的视图来计算道路形状，基于道路形状来计算车辆实际转弯指示值，并且基于目标转弯指示值和实际转弯指示值来确定车辆是否接近行驶车道的车道边界。

在以往的车道线识别装置中，车道中的水、护栏以及双重白线都容易被误识别，并且这样的对象经常沿着实际的车道标记延伸，这些对象的二值图像容易导致道路几何估计错误。为此，申请人日产于2001年9月27日提出了申请US20010963490，提供了能够准确估计道路几何形状而不会误识别的道路车道标记识别方法，首先获得车辆前方道路的前方道路图像，在道路图像中设置一系列窗口，计算每个窗口中可能的候选车道标记，判断每个窗口中候选车道标记在位置上的位置精度，通过使用候选车道标记的图像坐标来估计道路参数，这样就能精确地估计道路的形状而避免误差。

为了更加准确和稳定地估计道路形状，申请人日产于2001年9月14日提出了申请US20010951499，提出了一种改进的车道识别方法，能够在稳定地进行干扰估计的同时准确地估计车道，该方法包括拾取车辆前方的道路图像，根据道路图像计算车道标记的多个候选点的坐标值以及估计表示车辆前方的道路形状和来自扩展卡尔曼滤波器的车辆状态量以及车道标记候选点的坐标值。其中，扩展卡尔曼滤波器被用作基于图像处理检测车道标记候选点来估计二维道路模型。

在道路白线识别装置中，在晴朗天气或多云天气期间，普通路面的整个拍摄图像的亮度值基本上是均匀的，由于在白线对应部分和除白线以外的任何部分之间出现明显的像素灰度级差异，可以高精度地检测白线。但是，在下雨天或隧道中的车辆行驶期间，随着车身接近前方中心或者从摄影机构到拍摄对象的距离变长，由水膜引起的反射光变得强烈，具有水膜的图像部分的亮度通常大致等于或高于白线的亮度，所以难以设置合适的亮度阈值接近白线的亮度值。这样会导致将不是白线的部分检测为白线，导致整个白线检测系统运行停止。因此，申请人日产继申请 US20010951499 后，于 2002 年 11 月 6 日提出了申请 US20020288376，其提供一种道路白线识别方法，能够在下雨天或隧道中的车辆行驶期间精确地检测道路白线，包括以下步骤：通过拍摄装置拍摄在车辆前方延伸的道路通过从拍摄图像的亮度信息中排除偏转亮度信息来检测标准化亮度信息，以及基于检测到的归一化亮度信息来检测道路白线。

在道路上一般还可能存在护栏等结构，护栏等结构或者其阴影往往对道路上白线检测造成干扰，为此，申请人本田于 2006 年 11 月 14 日提出了申请 EP06832580，其在车辆转向时能够识别道路上的护栏等结构，从而控制车辆沿着经过图像识别、正确的道路行驶防止了由于道路上的护栏之类的结构导致的不适当转向。

基于视觉的车道标识线识别和跟踪方法的研究大都是针对较为理想的外界环境进行的，对于恶劣的光照条件下的车道标识线识别问题研究较少，目前还没有一种方法能实现不同光照条件下的车道标识线参数的精确提取，为此，申请人吉林大学于 2007 年 1 月 25 日提出申请 CN200710055273.6，提供一种能适应高等级公路上车辆防车道偏离的预警方法，其工作过程是：适时捕获本车前方的场景图像，利用获得的图像信息通过各个图像处理模块（包括：车道标识线识别与跟踪模块、车辆方向参数估计模块、车辆位置参数估计模块、车道宽度估计模块和车道偏离警告决策模块）的分析判断，检测车辆在当前车道中的运行态势，当检测到车辆将偏离车道而驾驶员并没有开启车辆转向灯时，系统触发声光报警，该方法能预测可能发生的车辆车道偏离事故，提前发出警告，提醒驾驶员采取正确的措施。

传统驾驶员辅助系统仅仅监视关于道路偏离或车辆前方或侧方/后方的车辆间碰撞状况的信息，向驾驶员传送非常有限的信息，由于道路废弃的原因而废旧或模糊时，需要提供一种能够基于清楚的车道和车道宽度信息来估计车道的方法，申请人三星于 2007 年 7 月 6 日提出了申请 US20070774253，提出了从前方/后方图像检测车道，确定检测的车道是否是实线车道和虚线车道，合成前方/后方车辆的识别结果以产生道路的图像，通过使用车道识别结果将道路区域设置为感兴趣的区域，并通过使用图像和超声波信号来检测车辆，通过超声波信号来检测车辆，基于距离的改变来确定车辆的行进趋势，并输出车辆在车辆坐标系中的位置。

在车辆正常行驶的情况下，驾驶员每分钟进行数百次观察并根据所感知的路况来调整车辆操作。感知路况的一个方面是感知车道上和周边的物体并在物体中间导航出畅通路径，现有已知的识别操作车辆的畅通路径的方法需要大量的处理能力。为此，申请人通用于 2009 年 10 月 10 日提出了申请 US20090581742，通过分割由车辆上的摄像机装置产生的图像来检测车辆行驶的畅通路径，包括：监测图像，然后通过多种分析方法分析图像，基于分析定义行驶畅通路径，最后利用行驶畅通路径对车辆进行导航。

为了避免在车辆行驶过程中出现的天气、照明和路面情况对车道检测的性能产生较大的影响，申请人现代和起亚于 2009 年 11 月 25 日共同提出了申请 US20090625946，其提供一种车道偏离报警方法，包括生成检测到的分车道线，确定检测到的分车道线是否已满足于预设的车道条件，基于检测到的分车道线和虚拟分车道线确定车辆是否偏离行车道，如果确定车辆偏离了行车道，则生成适当的报警信号并将报警信号传输到报警单元。

当对车辆所行驶的行驶路面的车道线进行识别时，在使用申请 US20090625946 提出的车道偏离报警方法的情况下，可能会检测出实际上不存在的虚拟车道线并发出车道驶离警报，致使驾驶员产生不适感。为此，申请人丰田于 2012 年 5 月 4 日提出了申请 US20120508213，提出了一种驾驶辅助方法，搭载于车辆而对沿行车道的驾驶进行辅助，驾驶辅助方法具备如下步骤：拍摄车辆前方的行驶路面，使用所拍摄到的图像检测行驶路面的车道线，并且在不存在车道线的区间设定虚拟的车道线，基于车道线与虚拟的车道线对车辆进行控制，从而进行驾驶辅助，检测车辆的状态并算出表示该状态的信息作为车辆信息在车辆信息满足预先确定的解除条件的情况下解除驾驶辅助，在车辆驶离虚拟的车道线的情况下发出警告。这样，能够根据车辆的行驶环境来改变向驾驶员发出的警告。

基于机器视觉的车道线识别系统，主要通过安装在车辆上的前视摄像机等图像传感器来获取前方道路图像，然后对图像进行车道线提取，在进行车道线提取时，常用的算法有 Hough 变换、模板匹配和区域生长等方法，算法的难点在于图像无用信息的剔除。对此，申请人北京理工大学于 2013 年 3 月 26 日提出了申请 CN201310099778.8，其提出了一种车道线的智能识别方法，包括：采集车辆前方环境原始图像，采用基于模板的腐蚀、膨胀等图像预处理方法，对原始图像进行预处理，以去除非车道线干扰，规划车道线识别区域，获得仅含车道线识别区域信息的边界图像，对仅含车道线识别区域信息的边界图像进行分区，利用 Hough 变换分别依次对各区域进行直线簇的识别，将各区域划分为直线区和曲线区，在直线区和曲线区通过不同方法实现左右车道线重构得到图像中车道线信息，从而大大提高车道线检测和跟踪的准确性和鲁棒性。

基于 Hough 直线检测车道线的方法具有较强的抗干扰能力和很高的识别准确率，适于进行车道线检测。而使用 Hough 直线检测方法识别车道线的系统往往只使用一个摄像机检测车道线，检测范围有限，当出现不正常转向、颠簸等情况时很容易因视野丢失车道线而产生误识别，并不能充分发挥 Hough 直线检测方法的优势。对此，申请人中国航天科工集团第三研究院第八三五七研究所于 2013 年 11 月 25 日提出了申请 CN201310596477.6，其提出了基于三摄像机协同的大范围车道线视觉检测方法，包括利用第一、第二和第三摄像机分别采集车道线图像，设定感兴趣区域，对处理后的图像进行 Hough 变换，对三个摄像机采集的图像使用 Hough 直线检测的方法检测所有直线，Hough 直线检测方法从整个搜索区域的角度搜索所有可能是直线的点集，因此遗漏车道线的情况较少，对于地面杂物干扰和车道线部分被遮挡的情况处理效果较好。

在车道线检测领域，主流算法是通过 Hough 变换识别图像中最符合车道特征的直线,从而进行标定。此算法的优点是实时性高,不足之处在于处理结果以直线段为主,难以在车辆进行转弯的过程中提供有效的参数,且计算量大,实时性难以保证。对此,申请人北京工业大学于 2014 年 11 月 14 日提出了申请 CN201410647880.1,其提出一种基于视觉的道路信息检测及前方车辆识别方法,该方法首先对图像进行自适应二值化分割,然后对图像中的感兴趣区域进行提取,采用逐行检索的方法进行车道线内侧特征点的筛选,从而得到实际车道的左右标志线参数以进行道路模型重建,通过腐蚀、膨胀法滤除干扰点,进行阴影线的合并及感兴趣区域的提取,利用目标区域内的信息熵、车尾对称性特征对感兴趣区域进行筛选和判别,降低了算法的漏检和误检率,使用改进的Robinson 方向检测算子提取车辆边界。与现有技术中常用的 Hough 变换不同,采用逐行检索的方法进行车道线内侧特征点的筛选,可以使检测结果更贴合实际道路中的车道线,不存在线路特征的局限性,从而在车辆过弯途中为系统提供更多的有效信息。

申请人北京大学深圳研究生院于 2015 年 12 月 25 日提出了申请 CN201510989213.6,其提出了一种检测道路边界特征的方法,对原始图像进行道路边界特征提取后,首先提取道路边界,然后在提取了道路边界范围内提取车道标记,路面检测为车道标记线检测提供了信息,车道标记只需在检测到的路面区域内进行检测,车道线拟合直线的倾角范围在左右道路边界的倾角之间,提升了检测的效率。该申请能够从强阴影干扰下的路面图像中定位道路边界和车道标记线,具有较好的抗阴影效果。

二、重点专利

本节通过对涉及车辆视觉检测对象技术专利申请的多维度分析,选定检测对象领域需要研究的重点专利,并从中选择代表专利进行详细分析。在此依据专利的基本信息、技术方案、产业影响等多方位对专利进行判断,从而确定其是否为该技术领域的重点专利,具体地讲可以包括以下方面:被引证次数,同族情况,分案情况,系列申请情况,是否与国内技术存在交织等。根据上述筛选原则,筛选重点检测对象专利,并进行分析。

1. 障碍物检测

专利申请号:JP2001154569,发明名称:障碍物检出装置及方法。

现有的道路上检测障碍物的方法中,在雨天的湿路面中观察到的障碍物,道路周围的结构以及环境景观的路面产生反射图像的情况下,来自路面的反射图像实际上可以被视为具有负高度的物体,不能将虚像正确地变换成对应的图像元素。

因此,鉴于上述情况,JP2001154569 提出了一种检测障碍物的系统和方法,该障碍物检测方法在产生来自路面的反射图像的情况下也能够正确地检测障碍物。如图 8-8 所示,JP2001154569 通过立体摄像头拾取图像,并且通过变换来提供变换后的图像,使得相应的拾取图像中的道路区域中的图像元素相互对应。所拾取的图像和变换后的图像用于获得各拍摄图像中的对应区域之间的相似程度,以及拍摄图像和变换图像之一中相应区域之间的相似程度。通过对上述两个相似之处的差异进行分析,可以检测路面上的障碍物,从而不受路面上的各种纹理和由于雨天从湿路面的反射引起的虚像的干扰。

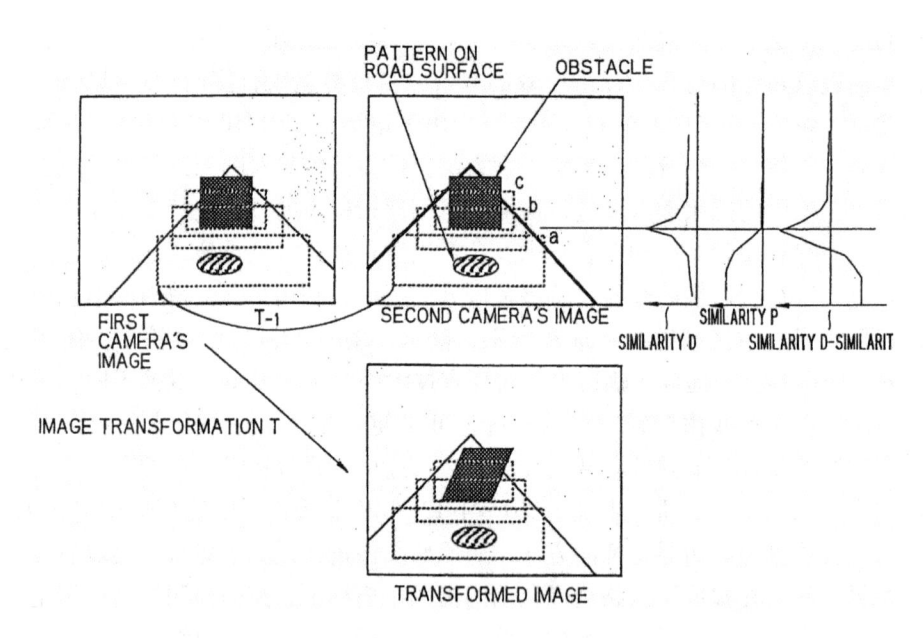

图 8-8　障碍物检测方法（JP2001154569 美国同族 US20020151804A）

专利申请 JP2001154569 的同族信息如表 8-1 所示（包含各个同族专利的申请号、公开年份），于 2002 年在日本首次申请该申请后，很快于 2002 年申请了该专利同族，于 2006 年在美国申请了另一专利，并于 2007 年就这一专利申请了 10 件同族申请，显示了申请人东芝对该申请的技术内容高度重视，同时非常注重在美国市场的专利布局。

表 8-1　JP2001154569 同族信息表

国家	2002	2005	2007
美国	US20020151804	US20050223977	US20070750548
			US20070750550
			US20070217658
			US20070750565
			US20070752474
			US20070752701
			US20070750541
			US20070750560
			US20070752950
			US20070752622

同时，专利申请 JP2001154569 授权号为：JP3759429B2，其授权的权利要求 1 为：

通过使用两个摄像机来检测障碍物的障碍物检测系统，所述障碍物在两个摄像机共同的视野中的参考平面上，所述系统包括：

图像输入装置，用于从两个摄像机分别输入第一图像和第二图像；

图像变换装置，用于基于从参考平面和两个摄像机之间的几何关系引入的图像变换将第一图像变换为变换图像，用于将第一图像中的参考平面区域中的任何给定像素变换为对应的第二图像中的像素；

相似度计算装置，用于获得：表示在第二图像中建立的处理区域中的图像与在第一图像中建立的相应处理区域中的图像之间的相似度 D，并且是在垂直方向上的位置的函数图像，假设第二图像中的指定区域中的任何给定图像行是具有参考平面的障碍物的接触线，则为第一图像和第二图像之间的图像间运算建立处理区域并且建立多个处理区域，其中图像线在垂直方向上偏移，并且表示在第二图像中建立的处理区域中的图像与相应处理区域中的图像之间的相似度 P 在变换后的图像中，作为图像的垂直方向的位置的函数，建立用于第二图像和变换图像之间的图像间算术运算的加工区域，并且沿着垂直方向偏移图像线的多个处理区域被建立；

以及障碍物判断装置，用于基于由相似度计算装置获得的参考平面区域上的相似度 D 和相似度 P 来检测障碍物。

此外，JP2001154569 在美国的同族申请 US20020151804 的授权号为 US6990253B2，其授权的权利要求 1 与 JP2001154569 授权的权利要求 1 的保护范围相同，同样是保护通过使用两个摄像机来检测障碍物的障碍物检测系统。

JP2001154569 的在美国的同族申请 US20050223977 的授权号为 US7242817B2，其授权的权利要求 1 为通过使用两个摄像机来检测障碍物的车辆，障碍物在两个摄像机共同的视场中的参考平面上，车辆包括 JP2001154569 授权的权利要求 1 中使用的两个摄像机来检测障碍物的障碍物检测系统。

JP2001154569 的在美国的同族申请 US20070752622 的授权号为 US7391883B2，其授权的权利要求 1 为一种用于通过使用两个摄像机来检测障碍物的方法，所述障碍物在两个摄像机共同的视场中的参考平面上，其基于相似度 D 和参考平面区域上的相似度 P 来检测障碍物，并获得在参考平面区域上获得的相似度 D 和相似度 P 之间的差 K，判断障碍物在差 K 大的位置，并且基于第二图像上的垂直方向上的位置来确定处理区域的宽度和高度。

JP2001154569 的在美国的同族申请 US20070750548 的授权号为 US7492964B2，其授权的权利要求 1 为一种存储计算机程序指令的计算机可读存储介质，当计算机程序执行时，其执行步骤包括申请 US20070752622 的授权号为 US7391883B2 授权的权利要求 1 的一种用于通过使用两个摄像机来检测障碍物的方法。

JP2001154569 的在美国的同族申请 US20070752565 的授权号为 US7389000B2，其授权的权利要求 1 为一种用于通过使用两个摄像机来检测障碍物的方法，所述障碍物在两个摄像机共同的视场中的参考平面上。

JP2001154569 的在美国的同族申请 US20070752701 的授权号为 US7382934B2，其授权的权利要求 1 为一种用于通过使用两个摄像机来检测障碍物的方法，所述障碍物在两个摄像机共同的视场中的参考平面上，所述方法基于相似度 D 和参考平面区域上的相似度 P 来检测障碍物，并且基于第二图像上的垂直方向上的位置来确定处理区域的宽度和高度。

JP2001154569 的在美国的同族申请 US20070752474 的授权号为 US7400746B2，其授权的权利要求 1 为一种用于通过使用三个或更多个摄像机的两个摄像机来检测障碍物的方法，所述障碍物在两个摄像机共同的视野中的参考平面上，所述方法基于相似度 D 和参考平面区域上的相似度 P 来检测障碍物。

JP2001154569 的在美国的同族申请 US20070752950 的授权号为 US7349582B2，其授权的权利要求 1 为一种用于通过使用两个摄像机来检测障碍物的方法，所述障碍物在两个摄像机共同的视场中的参考平面上，所述方法基于相似度 D 和参考平面区域上的相似度 P 来检测障碍物，获得在参考平面区域上获得的相似度 D 和相似度 P 之间的差 K，判断障碍物在差 K 大的位置，当不存在大于或等于相对于所有图像的垂直方向预先设定的阈值的 K 值时，判断为没有障碍物；当存在大于或等于相对于所有图像的垂直方向预先设定的阈值的 K 值时，检测到存在障碍物。

JP2001154569 的在美国的同族申请 US20070750560 的授权号为 US8238657B2，其授权的权利要求 1 为一种存储计算机程序指令的计算机可读存储介质，当计算机程序执行时，其执行步骤包括申请 US20070752622 的授权号为 US7400746B2 授权的权利要求 1 的一种用于通过使用两个摄像机来检测障碍物的方法。

JP2001154569 的在美国的同族申请 US20070750541 的授权号为 US7428344B2，其授权的权利要求 1 为一种存储计算机程序指令的计算机可读存储介质，当计算机程序执行时，其执行步骤包括申请 US20070752622 的授权号为 US7389000B2 授权的权利要求 1 的一种用于通过使用两个摄像机来检测障碍物的方法。

JP2001154569 的在美国的同族申请 US20070750550 的授权号为 US7421148B2，其授权的权利要求 1 为一种存储计算机程序指令的计算机可读存储介质，当计算机程序执行时，其执行步骤包括：分别从两个摄像机输入第一图像和第二图像，基于相似度 D 和参考平面区域上的相似度 P 来检测障碍物，并且基于第二图像上的垂直方向上的位置来确定处理区域的宽度和高度。

JP2001154569 的在美国的同族申请 US20070750565 的授权号为 US7349581B2，其授权的权利要求 1 为一种存储计算机程序指令的计算机可读存储介质，当计算机程序执行时，其执行步骤包括申请 US20070752622 的授权号为 US7349582B2 授权的权利要求 1 的一种用于通过使用两个摄像机来检测障碍物的方法。

从 JP2001154569 的同族申请及其授权的权利要求可以看出，申请人东芝非常重视该申请，并且以专利申请 JP2001154569 为基础，对该申请的方案进行改进，并充分在美国进行专利布局。各个美国同族专利申请的保护范围逐步缩小，分别对各个具体的技术领域进行限定，得到了一个个较小的保护范围，而这些专利申请的组合涵盖了通过使用两个摄像机或者三个摄像机来检测障碍物的障碍物检测系统、方法和存储计算机程序指令的计算机可读存储介质。上面的专利布局策略属于地毯式专利布局，也称为丛林式专利布局，是一种带有迷惑竞争对手的布局方式，在步骤中设置可能造成侵权的专利地雷，通过地毯式专利布局，能够在整体的专利数量上达到一定的规模，造成竞争对手在进入时的困难和研发时的成本。并且在竞争对手没有足够的研发资源或专业人员对这些

第八章 让汽车看清世界——重点专利技术

专利申请进行分析的情况下,也可以干扰竞争对手的视线,使其无法得知真正具体的研发方向,从而丧失在相关领域进行竞争的机会。

2. 停车辅助

专利申请号:CN200410003517.2,发明名称:停车辅助设备。

在传统的停车辅助装置中,使用横摆速率传感器或者类似物来检测车辆的横摆角,计算车辆的转向角,以及从扬声器输出与在倒退停车的每一步中的操作方法和操作定时相关的指导信息。根据这种类型的停车辅助装置,驾驶员可以简单地通过根据从扬声器作为声音输出的指导信息来实施车辆的驾驶操作来将安装有该装置的车辆引导到停车空间。

然而,当在到停车空间的途中有障碍物,或者当驾驶员在驾驶操作中犯错误时,即使驾驶操作继续,也有该车辆不能停泊到目标停车空间的情况,仅通过根据来自扬声器的指导信息来执行操作很难预先确定这样的情形。因此,即使当车辆已经靠近该停车空间,驾驶员也不能停泊该车辆,且不得不从头重复停车的驾驶操作。

对此,如图8-9所示,专利申请CN200410003517.2提供一种停车辅助装置,使得提前确定根据指导信息来执行驾驶操作是否可以将该车辆停泊进入停车空间。其中,即使当在目前的状态下不能将车辆停泊进入目标停车空间时,还可以在不将该车辆从其目前的停止位置移动,不重新重复驾驶操作的情况下,停泊该车辆。根据CN200410003517.2提供的一种停车辅助装置,通过该停车辅助装置,驾驶员根据指导信息来执行驾驶操作来将车辆停泊进入目标停车空间,该装置包括:用于捕捉车辆后面的至少一幅图像的图像捕捉装置,设置在车辆的驾驶员座位附近的监视器,用于显示由图像捕捉装置获得的图像,用于检测车辆的横摆角的横摆角检测装置,用于将有关驾驶操作的指导信息输出给驾驶员的指导装置,以及控制器,用于将相应于预定车辆位置的规定横摆角与由横摆角检测装置检测的车辆的横摆角相比较,以识别目前车辆的位置,且通过指导装置提供指导信息,同时在监视器上显示预测路径和预测停车位置中的至少一个,使得与由图像捕捉装置获得的图像重叠,以使得驾驶员确定根据指导信息来继续驾驶操作是否可以将该车辆停泊进入目标停车空间。

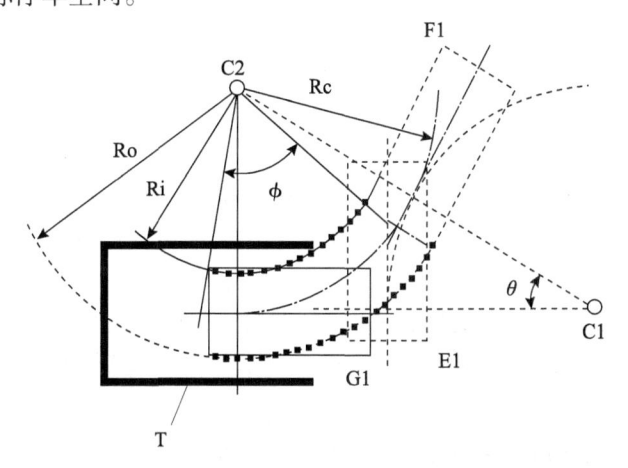

图8-9 辅助停车的车辆路径图 (CN200410003517.2)

CN200410003517.2 的具体信息见表 8-2，该专利申请于 2004 年 8 月 25 日公开，并于 2007 年 1 月 17 日获得授权，授权公告号为：CN1295112C，并且该项专利及其同族申请一共被引证 79 次。

表 8-2 CN1522892A 的具体信息

申请号	发明点	申请人	发明人	公开日	进入国家/地区
CN200410003517.2	停车辅助装置，其控制器将测得的横摆角和规定横摆角相比，以识别目前车辆位置，给出指导信息，同时将预测路径和预测停车位置中的至少一个在监视器上显示，使其与捕捉到的图像重叠。驾驶员根据指导信息来确定是否可停泊入目标停车空间	株式会社丰田自动织机	岛崎和典，木村富雄	20040825	US、CN、DE、AU、KR、TW、AT，其中在 US、CN、DE、AU、KR、TW 已经授权
权利要求 1					

1. 一种停车辅助装置，通过该停车辅助装置，驾驶员根据指导信息来执行驾驶操作而将车辆停泊进入目标停车空间，该装置包括：

用于捕捉车辆后面的至少一幅图像的图像捕捉装置；

设置在车辆的驾驶员座位附近的监视器，用于显示由图像捕捉装置获得的图像；用于检测车辆的横摆角的横摆角检测装置；用于将有关驾驶操作的指导信息输出给驾驶员的指导装置；以及控制器，用于将相应于预定车辆位置的预定的规定横摆角与由横摆角检测装置检测的车辆的横摆角相比较，以识别目前车辆的位置；其特征是：

该控制器经由指导装置提供指导信息，该指导信息用于通过驱动车辆而保持预定转向角来指导预定的停车路径直至目标停车空间，且在监视器上显示由指导信息指导的停车路径上的预定的预测路径和预定的预测停车位置中的至少一个，使得与由图像捕捉装置获得的图像重叠，以使得驾驶员通过根据指导信息来继续驾驶操作以确定是否可以将该车辆停泊进入目标停车空间

一般来说，一项专利的同族申请数量越多，说明申请人对该项专利的投入越大，也就意味着对该项专利的重视程度越大。CN200410003517.2 的同族共有 7 项。分别在德国、澳大利亚、中国台湾、美国、韩国、欧洲等国家和地区进行专利申请，并且都获得了授权。由此可见，申请人非常重视该项专利申请。

接下来看一下该项专利申请被直接引证的情况，2005~2014 年，共有包括丰田自身在内的 8 个不同的公司在中国的专利申请中直接引用了该专利申请。其中这些公司分别为：爱信精机株式会社、罗伯特·博世有限公司、现代摩比斯株式会社、怡利电子工业股份有限公司、大众汽车有限公司、日产自动车株式会社、松下电器产业株式会社，其中这些申请人的专利申请同样涉及驻车辅助，也说明丰田的该项专利申请

CN200410003517.2 在这一领域处于有利地位。

专利申请 CN200410003517.2 不仅被 20 项其他专利申请直接引用，被间接引用的其他专利申请数量更是达到了 79 项之多，具体参见图 8-10。从图 8-10 中可以看出，专利申请 CN200410003517.2 的同族 2004 年公开之日起，该族申请就一直呈上升态势被持续引用。其中，更是在 2010 年达到了最高 15 次，并且，直到 2014 年，还被引用 9 次，这也足以证明该专利申请的重要性以及受关注程度。同时，从图 8-10 中还可以看出，上述直接或间接引用专利申请 CN200410003517.2 的其他专利申请的公开时间从 2005 年至 2014 年，其时间跨度之广，同样表明了该专利申请的重要性。

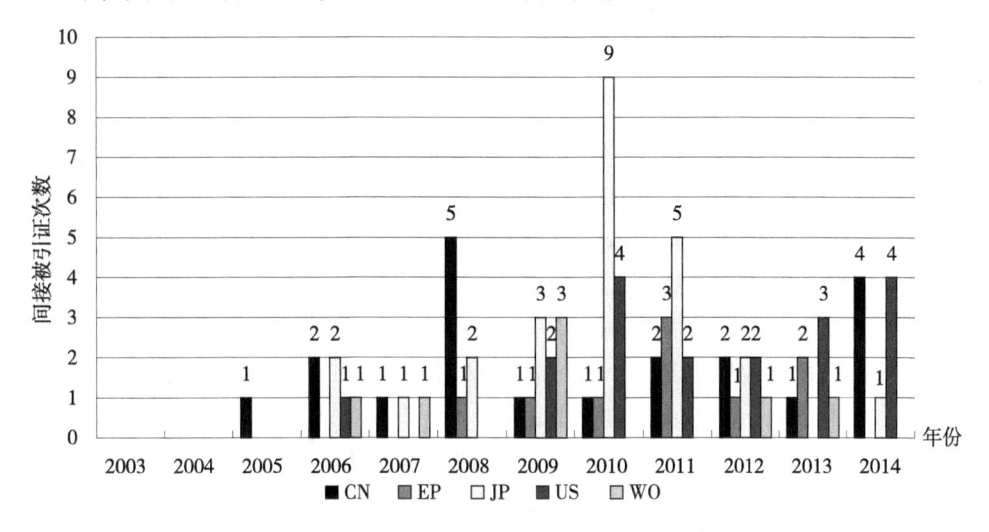

图 8-10　CN200410003517.2 被间接引证情况

需要注意的是，虽然专利申请 CN200410003517.2 无论从涉及的技术内容还是被广泛引用的程度来说都很重要，不过其在中国因为未缴年费而终止失效，也就是说在中国并没有有效的专利保护。因此，对于仅在国内谋求发展的企业来说，其具有技术方面的借鉴意义，并不存在侵权的危险。

第三节　本章小结

本章介绍了车辆视觉中传感器技术、检测对象技术的技术演进路线，并介绍了传感器、检测对象技术中障碍物、检测停车辅助技术分支中的重点专利，经过分析总结如下：

1）车辆视觉对象检测技术已经进入了快速发展期，其与自动驾驶技术的发展有着密切的联系。全球专利申请趋势的多次波动均与技术的发展有关系，技术更新周期越来越短，整个行业专注于技术更新和市场的变动。国外的企业技术研发和专利申请时间较早，同时积累了大量的技术，专利布局较为全面。虽然中国在车辆视觉对象检测领域起步较晚，但是发展迅速；车辆视觉处于发展期，众多高校、研究所非常重视车辆视觉领域的研发，并注重申请专利对自己的研究成果进行保护。同时中国众多企业申请人同样关注车辆视觉这一新兴行业，投入大量人力、资金进行研发，并且占领较大的市场份额。

2）对象检测技术中，可行驶区域检测、车距检测和驾驶员行为状态检测的专利申请量位于前三位，并且这些技术分支与自动驾驶技术有着密切的联系，想要实现安全自动驾驶，车辆必须行驶在可行驶区域内，和四周的车辆保持安全的车距。同时，目前还不能实现完全自动驾驶，因此，驾驶员的行为状态在行车过程中就显得非常重要，需要检测驾驶员的生理或心理状态，时刻关注驾驶员的行为，这对于实现安全驾驶非常重要。但是，在对象检测技术中，信号灯检测和盲区检测中的申请量比较少，不到100项，是因为现在的技术发展还没有完全，目前的研究比较少，需要重点关注，因为这两个技术分支对于实现完全的自动驾驶非常重要，属于未来技术发展需要重点关注的技术分支。

3）在车辆视觉对象检测技术分支中，申请量排名靠前的公司有传统的汽车厂商，比如丰田、日本电装、日产、罗伯特·博世、爱信、本田、现代等，还包括一些互联网公司，比如谷歌、百度等，另外还包括新兴的高科技公司，比如 Mobileye。传统汽车厂商还是将汽车视为传统的汽车，只是将车辆视觉技术应用于传统的汽车上，用于辅助驾驶汽车，而谷歌和百度等互联网公司将汽车视为能够驾驶的机器人，并将其自身非常擅长的 AI，即人工智能应用于其上，这样就可以发挥研究的特长，并迅速占领这一市场。同时，申请量排名第一的丰田的申请量也不过100多项，纵观全球范围内涉及车辆视觉对象检测的所有2700多项专利申请中，其申请人数量非常多。这说明车辆视觉对象检测技术领域的门槛并不是十分高深，而且各个申请人都有自己的独到之处，"百家争鸣，百花齐放"的情形对于车辆视觉对象检测技术的发展十分有利。

4）在车辆视觉对象检测的技术分支中，代表专利主要集中于停车辅助技术和车道线检测技术，这与车辆视觉对象检测技术的技术发展脉络相一致，传统汽车厂商对停车辅助技术研究较多，而车道线检测技术主要涉及车辆视觉的硬件的改进、图像处理技术的发展，目前硬件的改进主要是汽车厂商和互联网公司等企业，而图像处理技术的发展主要由高校和研究所进行研发而推动。目前国内在对象检测技术中主要是由高校和研究所进行研发并申请专利的，主要涉及理论研究，应用到实际车辆上的并不是很多，说明中国目前对于对象检测技术分支的研究还处于理论研究阶段，高校研究所和企业应该通力合作，共同促进中国在对象检测技术领域的发展。

5）通过对重点专利的分析，国外的公司不仅在专利数量上取胜，同时在专利申请质量上严格把关，并采用多种专利申请策略进行专利布局，迷惑竞争对手，提高竞争对手的进入成本和研发难度。中国相关的申请一般首先针对相应的方法或者产品提出单件申请，但是这些申请都是相对独立的，关联性一般，这样的专利申请往往漏洞非常多，即使已经授权，其稳定性也不高，同时还存在着提示竞争对手进行专利二次开发、进行专利技术围堵的风险。中国的申请人应该灵活使用专利申请策略，充分利用国际申请、分案申请等多种申请方式，对其专利进行合理布局，通过多种申请类型构造围绕核心基础专利的专利族，从而更好地实现专利布局。

第九章 传统车厂与互联网公司的较量

"互联网+"代表着一种新的经济形态，依托互联网信息技术实现互联网与传统产业的联合，以优化生产要素、更新业务体系、重构商业模式等途径来完成经济转型和升级。在"互联网+"的模式下，汽车行业也出现了新的发展形态。从车辆视觉领域的专利申请现状来看，新兴互联网公司进入该领域，与传统汽车厂商共同成为该领域的重要申请人。在传统汽车厂商中，丰田在车辆视觉领域的专利申请量位于全球首位，从1990年开始就致力于开发研究"交通事故零伤亡"为终极目标的自动驾驶技术，相关技术起步较早。作为互联网科技公司的代表，百度是唯一进入申请量全球前十位的中国公司，百度无人车项目起步于2013年，在很短的时间里迅速成为国内在该领域的领军型企业，伴随着无人车技术发展，百度在车辆视觉领域也成为最值得关注的申请人之一。

本章选择丰田公司、百度公司两个重点申请人进行深入分析，分析并总结这两个公司在车辆视觉领域的专利状况和技术动态。

第一节 传统车厂——丰田公司

丰田汽车公司（Toyota Motor Corporation），简称丰田（TOYOTA），是一家日本企业，并且是目前全世界排名第一的汽车生产公司，2016年位居《财富》世界500强第八位；2016年10月，丰田汽车公司在2016年全球100大最有价值品牌排在第5名。2016年6月，WPP和Kantar Millward Brown共同发布"2017年Brand Z全球最具价值品牌100强"榜单，丰田排名第30[1]。

一、你所熟悉的丰田

丰田的创始人为丰田喜一郎。1896年，29岁的丰田佐吉（丰田喜一郎的父亲）发明了"丰田式汽动织机"。1933年，在"丰田自动织布机制造所"设立了汽车部。1934年，丰田喜一郎决定创立汽车生产厂。1939年，公司成立了蓄电池研究所，开始着手电动汽车的研制。1940年，丰田生产了约15000辆汽车，其中98%是客货两用车。1947年1月，第一辆小型轿车的样车终于试制成功。1962年，丰田开始进军欧洲。1974年，丰田与日野、大发等16家公司组成了丰田集团；1981年，对美出口轿车自主限制协议生效，丰田决定与美国通用汽车公司进行合作生产。1982年7月，丰田汽车

---

[1] 百度百科：丰田 [EB/OL]. (2018-07-08) [2018-07-15]. https://baike.baidu.com/item/%E4%B8%B0%E7%94%B0/378705? fr = aladdin.

工业公司和丰田汽车销售公司重新合并,正式更名为丰田汽车公司。1988~2000年,丰田在美、英、印、法等国投产,推进先进技术的研究和开发。在欧洲主要是识别技术的开发;在日本负责全球研究开发的统筹线性以及新产品核心部分的开发;北美着力推进将来的系统研究和技术革新。2000年起,丰田相继在中国四川、天津、广州等地成立公司,进军中国市场,目前,在中国有9家投资公司,15家中国合资公司。

丰田将保护环境视为最重要的课题之一,研发全方位的环境技术,并认为混合动力技术是通向未来的核心技术,从能源的特点、配套设施、技术成熟度等方面综合考虑,丰田着眼于混合动力车(HEV)和外插充电式混合动力车(PHEV),到2020年,丰田希望混合动力车的全球累计销量达到1500万辆。2005年后,丰田在双引擎、发动机、变速器等方面进行改进,多车型受到中国消费者的广泛认可❶。

丰田汽车公司奉行安全至上。汽车的安全性是汽车生产中最优先考虑的事项,丰田在遵照各国安全标准的基础上,自行制定了更高的目标,以整体安全理念为基础,积极开发全球领先的安全技术。丰田面向"交通事故零伤亡"的终极目标,贯彻人、车、交通环境三位一体的综合安全举措,在开发更加安全的汽车、实现更加安全的交通环境以及开展交通安全启发活动等各个领域,切实推进各项活动。综合安全管理理念(Integrated Safety Management Concept,ISMC)旨在创建能够将各系统加以整合、共同运行的安全体系,而非各系统单独运行。在使用车辆的每个场景中,从停车到无法避免的碰撞,甚至是在碰撞后的紧急对应,都提供了最佳驾驶支持,其中涉及智能泊车辅助系统、动态雷达巡航控制系统、盲区检测、车道偏离、全景监控等技术,综合安全管理理念支持每一个驾驶场景,连接每一个独立系统,着力开发更加安全的汽车。

此外,丰田自2016年开始在中国市场销售的车型上陆续搭载最先进的Toyota Safety Sense智行安全(丰田规避碰撞辅助套装),该套装集PCS预碰撞安全系统、AHB自动调节远光灯系统、LDA车道偏离警示系统和DRCC动态雷达巡航控制系统四项实用性安全功能于一身,力争将这一先进技术普及到所有丰田车上,并在未来的自动驾驶技术中发挥更有成效的作用。

自动驾驶技术支援安全驾驶。从1990年开始,丰田就致力于开发研究"交通事故零伤亡"为终极目标的自动驾驶技术。以Mobility Teammate Concept为基础,通过自动驾驶技术构建一个让包括老人、残疾人在内的所有人都能安全舒适自由出行的社会。自动驾驶相关技术包括:智能驾驶、信息共享和人车合作。智能驾驶是汽车对感应器"识别"的信息进行"判断",根据这个"判断"引导驾驶者和汽车本身的动作。信息共享是汽车将接收到的其他车辆和路况信息运用到自动驾驶上;人车合作驾驶者和汽车互相提供信息,通过互相配合,来辅助安全驾驶。2015年,丰田Highway Teammate是在Mobility Teammate Concept基础上开发的新型自动驾驶实验车,实现了在高速公路上从入口到出口自动行驶。2016年丰田发布Urban Teammate,实现在一般道路上自动驾驶时对行人、两轮车及障碍物等的识别,还可根据十字路口的交通信号灯以及道路管制信息等进行自动行驶,丰田正在积极推进该技术的研发,力争到2020年应用在车辆上。

---

❶ 丰田中国[EB/OL].[2018-07-15]. http://www.toyota.com.cn.

二、丰田与车辆视觉不得不说的故事

专利驱动创新,丰田作为目前世界排名第一的汽车公司,其专利的保护和运用对其市场占有率有着直接影响,作为车辆视觉领域的重要专利申请人,下面对丰田在车辆视觉领域的专利进行分析,对申请量分布、主要技术领域分布等方面进行研究。

1. 丰田的专利申请情况

经统计,2000年以前,丰田在车辆视觉领域的专利申请量相对较少,属于技术萌芽期。从2000~2007年,丰田汽车公司在车辆视觉领域不断探索、不断研究,申请量也有明显增多,处于发展期,主要技术涉及传感器、摄像头等影像装置的改进。到2007年申请量达到高峰,随着其在安全驾驶技术的快速发展,不断有专利申请。

为便于了解丰田在车辆视觉不同技术分支专利申请情况以及相应技术研发情况,通过对其专利的 IPC 分类号进行统计分析,如图 9-1 所示,排名前三位的是 B60R、G08G、G06T;其中,B60R 的分类定义为不包含在其他类目中的车辆、车辆配件或车辆部件,因为丰田作为全世界排名第一的汽车生产公司,对汽车零部件的相关技术自然是走在世界前列,专利申请量也自然占高的比重。G08G 是交通控制系统,包括交通犯规者的识别、交通控制的车辆位置的指示或交通控制的导航系统。G06T 是图像数据处理或产生。由此可以看出,丰田研发所涉及的领域既包括车辆硬件,也包括图像处理、车辆控制等软件,技术覆盖较为全面,与车辆视觉领域研究的热点趋势相吻合。

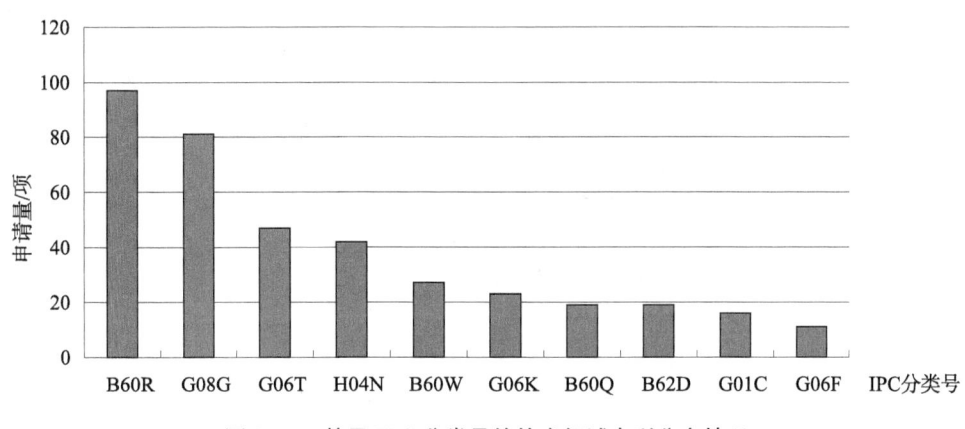

图 9-1 基于 IPC 分类号的技术领域专利分布情况

其中,对于申请量较多的 B60R 大类中,相对集中的小类包括 B60R1/00 和 B60R21/00 两类,其中 B60R1/00 涉及光学观察装置,相关专利申请中主要保护的是在车辆辅助驾驶、车辆周边环境感知等应用场景中,通过车载的外部摄像机、检测单元、拍摄单元等光学观察装置,对车辆外部环境进行拍照或摄像,以便后续通过图像处理技术加以应用。B60R21/00 涉及在发生事故或出现其他交通危险时,保护或防止乘客或行人受伤害的车上装置或配件,具体相关专利申请中主要保护的是障碍物检测装置、对车辆周边对象检测和识别、紧急停车等避险装置、驾驶员状态检测单元、车辆位置和行车轨迹的检测装置、道路检测等装置,上述装置为车辆和人员的安全提供保障,与丰田公司的发展理念相一致。

图 9-2 示出了 B60R 领域专利申请年度分布趋势。可以看出，2003 年以前，丰田在车辆、车辆配件或车辆部件领域的专利申请量相对较少，属于技术萌芽期。2003~2011 年，专利技术不断积累，2011 年起专利申请量呈下降趋势，表明该领域技术相对较为成熟。

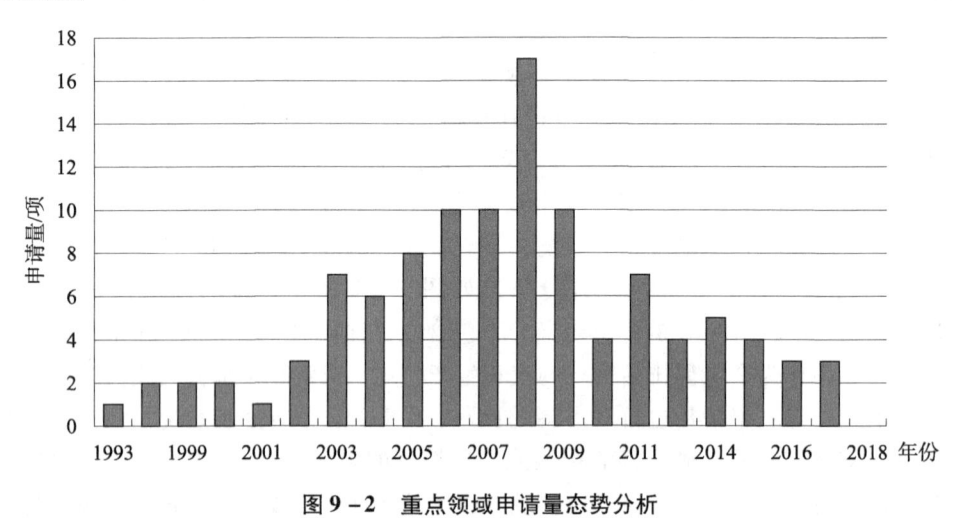

图 9-2 重点领域申请量态势分析

如图 9-3 所示，对丰田的专利申请进行进一步分析，其中，技术原创国/地区主要有日本、WO、美国、欧洲、中国，其中在日本本国的专利申请占比 85%，即其技术原创绝大部分是在日本本国，其在本土投入大量的研发力量；此外，丰田在 WO、美国、欧洲、中国等国家和地区也相继投入技术研发，有少量专利申请。

图 9-3 技术原创国/地区申请量分析

如图 9-4 所示，对丰田申请的目标国进行分析，丰田在日本的专利申请量最大，其次是美国、中国、欧洲等地。这表明丰田非常重视本国的专利布局，同时为扩展更广阔的市场，其在美国、中国、欧洲等国家和地区也进行专利布局，通过专利占领市场。

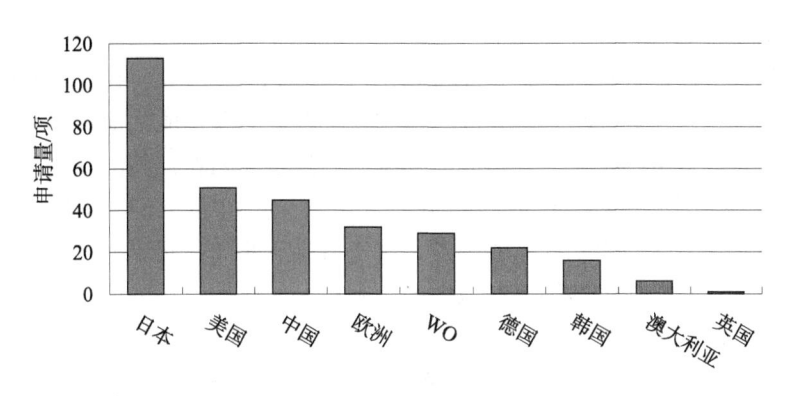

图9-4 目标国/地区申请量态势分析

2. 丰田技术路线、重点专利挖掘和技术研发方向

（1）丰田技术路线

丰田在车辆视觉领域的重点专利集中在2000年之后，2001~2008年，多项专利涉及停车辅助装置和停车辅助方法，其中有6篇被引证次数超过20次，充分说明从2001年开始的8年间，丰田在车辆视觉尤其是停车辅助领域的技术投入研发力量较大，申请的专利涉及基础专利和重点专利，其中涉及的技术包括传感器、图像处理、图像获取装置等。

2008~2011年，除了研究辅助停车技术之外，还在安全辅助驾驶方面，尤其是车道线和道路检测、车距检测、周边环境监测、驾驶员状态检测等方面申请了相关专利，其中涉及图像获取、图像处理等技术。

从2011年开始，丰田还在交通标志识别、障碍物检测等技术分支进行研究以实现其安全自动驾驶的目标。

基于数据分析，可绘制出该公司在车辆视觉技术领域的技术演进路线如图9-5所示。

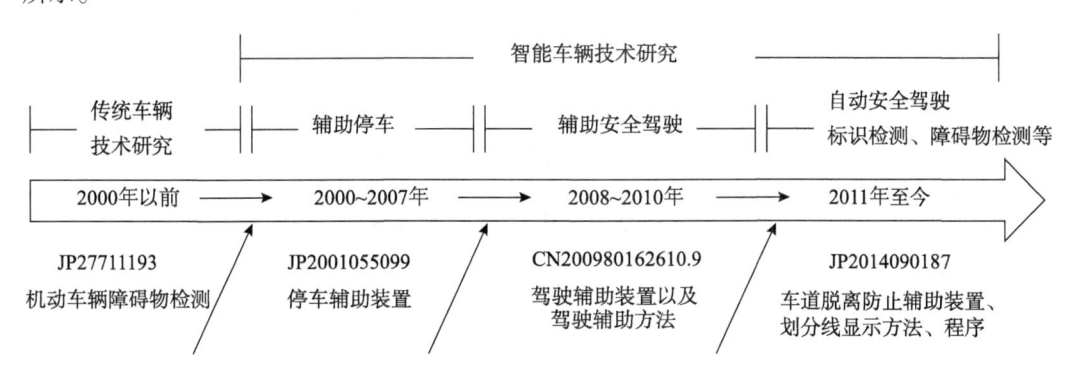

图9-5 丰田在车辆视觉领域的技术演进路线

通常情况下，一项专利申请的同族数量和被引用次数反映了该专利申请的重要程度及技术趋势，因此通过分析专利的同族及被引证信息可以挖掘出该技术领域的重点专利。下面基于丰田的专利进行重点专利的挖掘，并对未来丰田的研究方向进行探究。

（2）重点专利挖掘

对丰田的专利申请进行分析，被引证次数在 30 次以上的重点专利申请为 4 项，其中一项被引证次数高达 62 次；被引证次数在 20 次以上的为 8 项，这些专利申请构成了丰田在车辆视觉领域中的基础专利。同时，从同族的情况来看，大部分同族申请的国家和地区是日本、美国、中国、欧洲、韩国等，也有少量在中国台湾、俄罗斯等地申请专利保护，这与其在上述国家和地区的投产、研发力量相匹配，同时也表明其市场主要在上述国家和地区，对于在上述国家和地区的专利布局和保护非常重视。下面给出丰田在车辆视觉领域的几个重点专利。

a. 专利申请号：CN01801782.7，申请日：20010604，专利法律状态：授权。

该申请涉及一种停车辅助装置，核心技术方案如图 9-6 所示。停车辅助装置，包括用于检测车辆偏摆角的偏摆角检测装置、设定偏摆角的基准位置的基准设定装置、根据偏摆角指定车辆位置的控制器、根据通过控制器指定的车辆位置给驾驶者提供驾驶控制信息的引导装置，控制器与偏摆角比较后存储用于指定车辆位置的设定值，根据由设定值指定的车辆位置，引导装置向驾驶者提供驾驶控制信息，驾驶控制信息可由声音、振动、光或视觉信息产生。该申请的技术方案能够由车辆的偏摆角监测出车辆究竟处于停车过程的哪个阶段，通过引导在后退运行中的各步骤的操作方法及操作定时，使驾驶者即使在以不习惯的操作方法进行操作的情况下，也能够进行无差错的操作以完成停车。

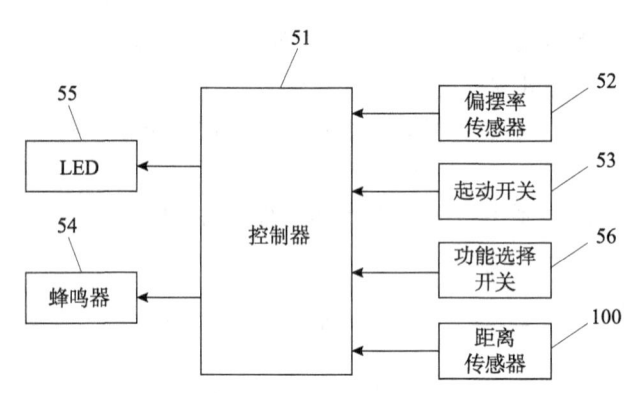

图 9-6 停车辅助装置结构示意（CN01801782.7）

b. 专利申请号：CN200680035955.4，申请日：20060831，法律状态：授权。

该申请涉及一种用于车辆与地上设备间电力发送与接收的方法以及停车辅助装置，核心技术方案如图 9-7 所示，其提供一种停车辅助装置，包含显示单元、输入单元以及控制单元。显示单元显示车辆周围情况，输入单元用于输入车辆的目标停车位置，控制单元根据目标停车位置进行停车辅助控制，其中，控制单元还可在预定条件下进行位置对准辅助控制，位置对准辅助控制用于使设置在车辆上的车辆侧电力发送/接收单元与设置在地上设备上的设备侧电力发送/接收单元对准。

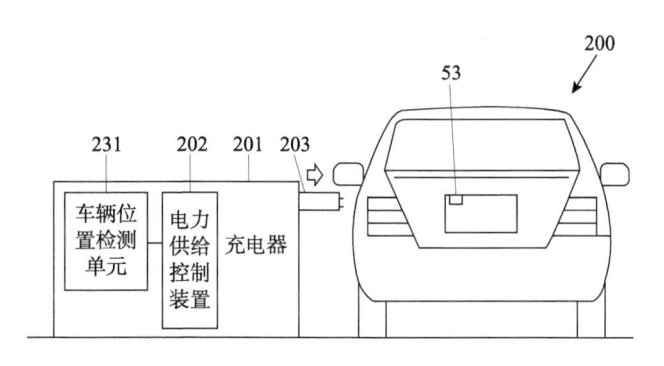

图 9 – 7　停车辅助系统结构示意（CN200680035955.4）

c. 专利申请号：CN200780014178.X，申请日：20070228，法律状态：授权。

如图 9 – 8 所示，该申请涉及一种停车辅助装置以及停车辅助方法，核心技术方案为：一种停车辅助装置，包括障碍物检测单元以及停车框线检测单元，障碍物检测单元对车辆周边的障碍物进行检测，停车框线检测单元对描绘在地面上的停车框线进行检测。在停车框线检测单元检测出了停车框线的情况下，根据检测出的停车框线计算出目标停车位置。停车框线检测单元是对车载摄像单元摄影获得的车辆周边的图像进行处理来检测停车框线的单元，根据障碍物检测单元的障碍物检测结果来设定停车框线检测单元对图像的处理范围。使障碍物检测单元与停车框线检测单元协作能够以适当的优先次序选择性地决定目标停车位置。

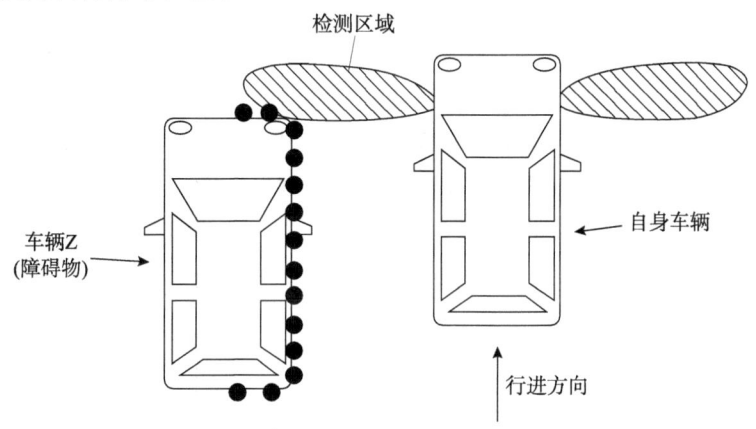

图 9 – 8　车辆检测障碍物示意（CN200780014178.X）

d. 专利申请号：CN200780044528.7，申请日：20071211，法律状态：授权。

该申请涉及一种驾驶辅助系统及方法，核心技术方案如图 9 – 9 所示，具有驾驶辅助装置和驾驶辅助限制装置的驾驶辅助系统，驾驶辅助装置用于向正在驾驶车辆的驾驶员提供驾驶辅助；驾驶辅助限制装置用于在车速等于或低于最小运行速度阈值时限制驾驶辅助；该系统还包括用于判定驾驶员的清醒水平的清醒水平判定装置，其中，根据清醒水平来放松驾驶辅助限制装置对驾驶辅助的限制。通过上述驾驶辅助系统，可根据驾驶员的清醒水平提供驾驶辅助，从而提高可靠性。

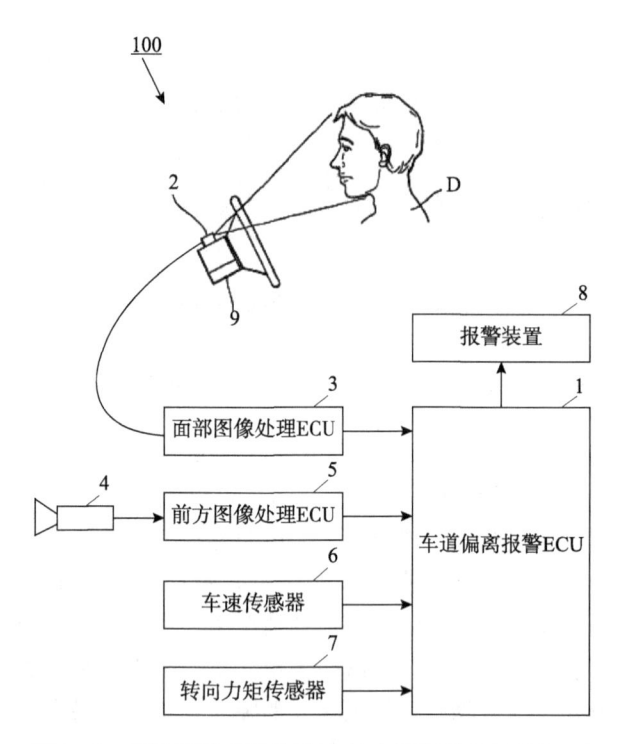

图 9-9　驾驶辅助系统结构示意（CN200780044528.7）

e. 专利申请号：CN201180005970.5，申请日：20110114，法律状态：授权，专利权转移。

如图 9-10 所示，该申请涉及一种将驾驶员检测与环境感测相结合的车辆安全性系统，核心技术方案为一种用于辅助车辆安全操作的设备，包含检测车辆环境内的危险的环境传感器系统、提供驾驶员意识数据的驾驶员监视器以及注意力评估模块，通过比较危险数据与凝视踪迹，识别可能的危险。

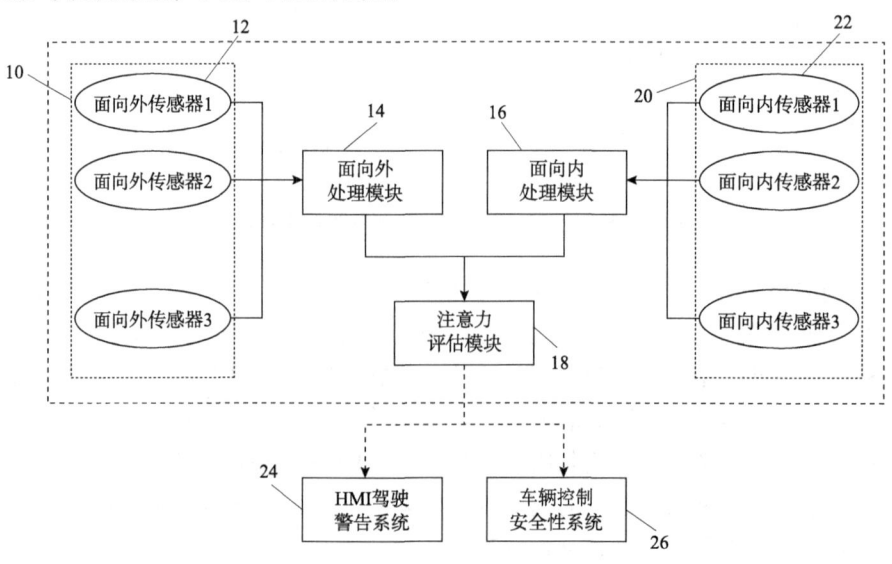

图 9-10　检测驾驶员意识的车辆系统（CN201180005970.5）

可以看到，丰田对于车辆视觉的研究由来已久，但早期的研究重点在于辅助车辆行驶，到 2011 年才开始针对自动驾驶开展相关的研究，从智能化程度上可以看出与早期研究的明显不同。但整体来看，丰田对车辆视觉的研究并不积极。

三、丰田的"犹豫"

丰田作为传统的整车厂商，其更关注汽车本身的安全性，并更注重成本控制，因此其在车辆视觉领域的研发相对保守，从专利申请数量上来看，在 2009 年以后，申请量逐年下降。

1. 是否将高精度雷达投入使用

车辆视觉中常用于感知环境的传感器主要包括图像传感器和雷达传感器，图像传感器又分为单目摄像头、双目摄像头和多目摄像头，雷达又分为激光雷达、毫米波雷达、超声波雷达等。而从丰田在车辆视觉领域的专利申请情况来看，对于传感器的使用更多的是图像传感器，同时根据不同的应用环境，还会结合其他传感器，如距离传感器、偏摆率传感器等专用传感器，以得到相应的感知参数。但涉及雷达或图像传感器与雷达混合传感的方式的专利申请相对较少，例如申请号 CN201180005970.5，涉及一种车辆安全性系统，其中环境传感器系统包含雷达传感器或激光测距器，用于识别具有相对速度的车辆，车辆可被调整以避免碰撞或向驾驶员提供报警。

图像传感器和雷达传感器，以及特殊用途传感器的结合使用，可以充分发挥各自传感器的感测优势，随着传感器技术的发展，在经济成本符合企业定位的基础上，高精度雷达，如 64 线激光雷达的使用将会是未来车辆视觉中环境感知的主要方式。

2. 是否将无人驾驶作为主要研发方向

基于丰田的安全至上的理念，丰田公司作为传统车辆生产商，其在车辆辅助驾驶、辅助泊车、驾驶员状态检测等方面的专利申请相对较多；而在无人自动驾驶方面的专利申请非常少；从 2015 年丰田发布的 Highway Teammate 和 2016 年发布的 Urban Teammate 自动行驶车来看，丰田正在积极推进该技术的研发，力争到 2020 年应用在车辆上。可见，丰田已经跟随上人工智能技术的快速发展的步伐，着力研究自动驾驶汽车及相关技术，相信未来，丰田在车辆视觉领域的专利申请量也会逐步增多。

但是，传统汽车厂商还是将汽车视为传统的汽车，只是将车辆视觉用于辅助驾驶。丰田的车辆视觉领域的研究主要集中在汽车硬件方面的改进，如发动机、传感器、摄像头以及车辆部件等改进，虽然丰田汽车的申请对交通犯规者的识别、交通控制的车辆位置的指示、交通控制的导航系统等方面的软件设计技术也有所涉猎，但控制方法的设计最终多数也落到了防止人或车辆受伤害的车上装置或配件的改进上，都是用于车辆辅助驾驶。而对于需要人工智能技术的无人驾驶技术的研究专利成果，如混合传感器的研究则是丰田汽车研究的空白点。

第二节　互联网巨头——百度公司

本节以百度公司为研究对象，分析了百度在车辆视觉领域的专利申请现状，重点对百度在该领域各技术分支的代表专利进行整理。

一、百度无人车

百度，全球最大的中文搜索引擎、最大的中文网站。1999 年底，身在美国硅谷的李彦宏看到了中国互联网及中文搜索引擎服务的巨大发展潜力，毅然辞掉硅谷的高薪工作，携搜索引擎专利技术，于 2000 年 1 月 1 日在中关村创建了百度公司，致力于为用户提供"简单可依赖"的互联网搜索产品及服务。

作为一家以技术为信仰的高科技公司，百度将技术创新作为立身之本。百度认为，互联网发展正迎来第三幕——人工智能，这也是百度重要的技术战略方向。百度建有世界一流的研究机构——百度研究院，广揽海内外顶尖技术英才，致力于人工智能等相关前沿技术的研究与探索，着眼于从根本上提升百度的信息服务水平[1]。

百度无人驾驶车项目于 2013 年起步，由百度研究院主导研发，其技术核心是"百度汽车大脑"，包括高精度地图、定位、感知、智能决策与控制四大模块。其中，百度自主采集和制作的高精度地图记录完整的三维道路信息，能在厘米级精度实现车辆定位。同时，百度无人驾驶车依托国际领先的交通场景物体识别技术和环境感知技术，实现高精度车辆探测识别、跟踪、距离和速度估计、路面分割、车道线检测，为自动驾驶的智能决策提供依据。

2015 年 12 月，百度公司宣布，百度无人驾驶车国内首次实现城市、环路及高速道路混合路况下的全自动驾驶。如图 9 – 11 所示，百度公布的路测路线显示，百度无人驾驶车从位于北京中关村软件园的百度大厦附近出发，驶入 G7 京新高速公路，经五环路，抵达奥林匹克森林公园，并随后按原路线返回。百度无人驾驶车往返全程均实现自动驾驶，并实现了多次跟车减速、变道、超车、上下匝道、调头等复杂驾驶动作，完成了进入高速（汇入车流）到驶出高速（离开车流）的不同道路场景的切换。测试时最高速度达到 100km/h[2]。

图 9 – 11　搭载百度自动驾驶技术的自动驾驶车辆在高速路进行路测

---

[1] 百度百科：百度 [EB/OL]．（2018 – 07 – 01）[2018 – 07 – 15]．https：//baike. baidu. com/item/百度/6699？fr = aladdin#9999．

[2] 宗仁．百度无人驾驶车完成路测　最高时速 100 公里 [EB/OL]．（2015 – 12 – 10）[2018 – 07 – 15]．https：//www. leiphone. com/news/201512/00y3vcmFAOnlFntR. html．

2016年7月3日，百度与乌镇旅游举行战略签约仪式，宣布双方在景区道路上实现Level 4的无人驾驶。这是继百度无人车和芜湖、上海汽车城签约之后，首次公布与国内景区进行战略合作❶。

2016年百度世界大会无人车分论坛上，百度高级副总裁、自动驾驶事业部负责人王劲宣布，百度无人车获得美国加州政府颁发的全球第15张无人车上路测试牌照。

2017年4月17日，百度宣布与博世正式签署基于高精地图的自动驾驶战略合作，开发更加精准实时的自动驾驶定位系统。同时在发布会现场，也展示了博世与百度的合作成果——高速公路辅助功能增强版演示车❷。

二、车辆视觉技术战略

普遍意义上的智能车分为四个层次：（1）Level 1——具有特殊功能的智能化：汽车具有一个或多个特殊自动控制功能，通过警告防范车祸于未然，可称之为"辅助驾驶阶段"；（2）Level 2——多数功能智能化：汽车具有将至少两个原始控制功能融合在一起实现的系统，完全不需要驾驶员对这些功能进行控制，可称之为"半自动驾驶阶段"；（3）Level 3——有条件无人驾驶：汽车能够在某个特定的驾驶交通环境下让驾驶员完全不用控制汽车，而且汽车可以自动检测环境的变化以判断是否返回驾驶员驾驶模式，可称之为"高度自动驾驶阶段"；（4）Level 4——全工况无人驾驶：汽车完全自动控制车辆，全程检测交通环境能够实现所有的驾驶目标，驾驶员只需提供目的地或者输入导航信息，在任何时候都不需要对车辆进行操控，可称之为"完全自动驾驶阶段"或者"无人驾驶阶段"。

百度的无人车项目起步于2013年，依托于"百度汽车大脑"的技术核心，重点设置了高精度地图、定位、感知、智能决策与控制四大模块，在Level 3和Level 4层次同时开展了技术布局。众所周知，车辆视觉技术是环境感知的关键组成部分，由图9-12可知，百度车辆视觉相关专利申请自2013年开始出现，可见百度在无人车驾驶项目的起步之初就开始了在车辆视觉领域的专利布局❸。

在2013～2014年，申请数量较少；2015～2016年，随着《中国制造2025》《节能与新能源汽车技术路线图》的先后发布，百度在车辆视觉领域的申请量开始增加，而到2016年出现爆发式增长，也正是在2016年百度无人车在乌镇景区街道上实现了Level 4的无人驾驶，并取得了美国加州政府的无人车上路测试牌照，可以说在这一年百度无人车项目成绩斐然，也反映百度在该领域的专利布局意识提高。

图9-13给出了百度在车辆视觉方面的全球专利布局情况。从图9-13来看，中国是百度专利申请的重点目标国/地区，绝大部分专利申请都只有中国同族，仅极少数专利申请存在美国、欧洲同族，并且该美国、欧洲同族均在2017年公开，并未进入审查阶段。百度作为一家中国科技公司，其研发和市场重心必然在中国，就其同族情况来

---

❶ 百度与乌镇旅游合作推无人车景区运营［EB/OL］.（2016-07-03）［2018-07-15］. http：//tech.163.com/16/0703/21/BR34I0GQ00097U7R.html.

❷❸ 韩依民. 百度又一辆车自己开上高速 能自主控速［EB/OL］.（2017-04-17）［2018-07-15］. http：//tech.qq.com/a/20170417/044461.htm.

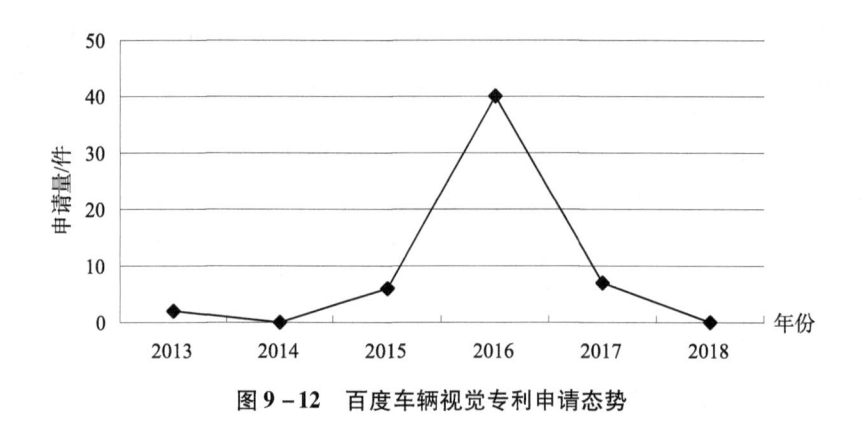

图 9－12　百度车辆视觉专利申请态势

看，百度的全球专利布局较少。进一步分析具有美、欧同族的专利申请，我们有理由推测百度的大部分申请尚未在其他国家公开，由于专利检索迟滞性导致其他专利的同族情况仍无法获知，另一方面也反映出近年来百度全球专利布局意识的提高。

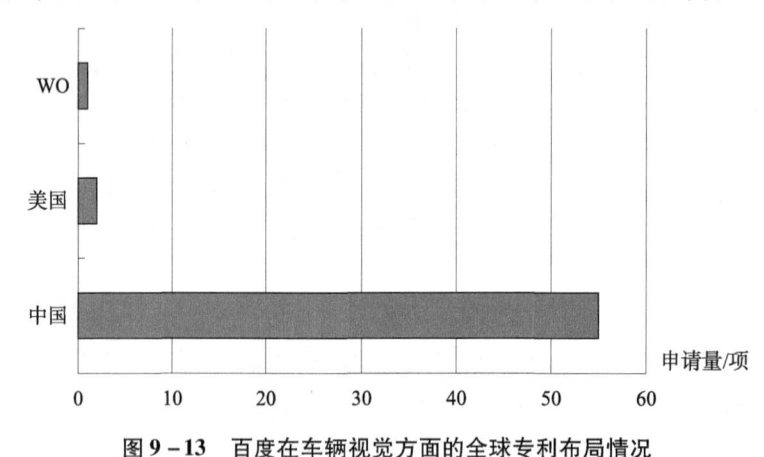

图 9－13　百度在车辆视觉方面的全球专利布局情况

如图 9－14 所示，百度在车辆视觉的各技术分支都有专利布局，就整体申请量而言，百度更侧重于混合传感器、可行驶区域检测、标志检测三个分支，使用激光雷达和图像传感器的混合传感器的应用是百度无人驾驶的重要研究分支，车辆可行驶区域识别和交通标志检测也是无人车车辆视觉领域的传统研究项目。

以下对百度在传感器、检测对象两个技术分支的专利申请进行分析，旨在通过这些专利信息找到百度在传感器和检测对象两个技术分支的技术布局情况。

1. 传感器

在自动驾驶中所需要的传感器主要包括：图像传感器、激光雷达、毫米波雷达、红外传感器、超声波传感器、光电编码器、GPS、惯性测量单元等。其中，图像传感器、激光雷达、毫米波雷达、红外传感器、超声波传感器等用来获取环境信息，是车辆视觉领域的主要传感器。然而，不同类型传感器都有自身的优势和劣势。

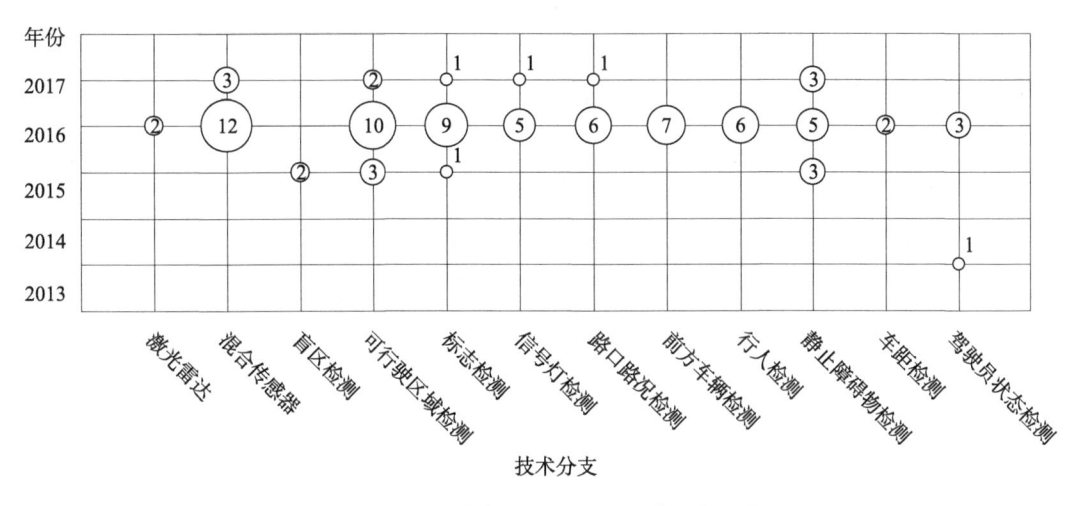

图 9-14　百度车辆视觉专利申请技术分支

（1）混合传感器

为了提高无人车对环境感知的准确性，多传感器融合的混合传感器系统是必然的趋势。就百度而言，其在图像传感器、激光雷达、毫米波雷达等传感器的应用上都有专利申请，同时将图像传感器、激光雷达和毫米波雷达中的两个或多个结合使用的混合传感器也是百度的重点申请分支，尤其是利用激光雷达的技术。由于激光雷达本身成本极高，传统车企从成本控制的角度出发，往往研发重点不在激光雷达，而百度无人车项目关注的焦点在于提高环境感知的精度，在一定程度上可以说是不计成本的，因此对于激光雷达的使用成为百度无人车的特色之一。

如图 9-15 所示，专利申请 CN201511029274.4 中提出了图像传感器与雷达混合使用的三维车道线获取方案，其通过融合 RGB 图像的车道线检测结果和点云强度图的车道线检测结果，在绝大多数情况下可以有效地对抗其他车辆对路面车道线造成的遮挡以及路面上车道线和路面方向箭头的磨损，提高了得到的该路面的三维车道线的几何轮廓的完整性和精度。该申请是百度在车辆视觉领域首次提出将图像传感器采集的数据与雷达采集的点云数据相融合从而提高感知识别精度。基于类似的思想，在 2016～2017 年百度提出了若干与混合传感器相关的申请。

随后，百度于 2016 年提出专利申请 CN201611088130.0，首次给出了高精度激光雷达传感器的使用，实现了快速准确、识别正确的标注结果，并且无需人工标注，有效地提高了标注效率。如图 9-16 所示，其利用激光雷达传感器获取目标区域的点云数据、利用图像采集装置获取目标区域的图像数据，然后分别利用预设的点云识别模型识别点云数据中的障碍物，利用预设的图像识别模型识别图像数据中的障碍物，并分别把识别出的障碍物标注出来，得到第一标注结果和第二标注结果，然后对比第一标注结果和第二标注结果，在二者不同时，确定二者中正确的一个，然后将正确的标注结果输出。

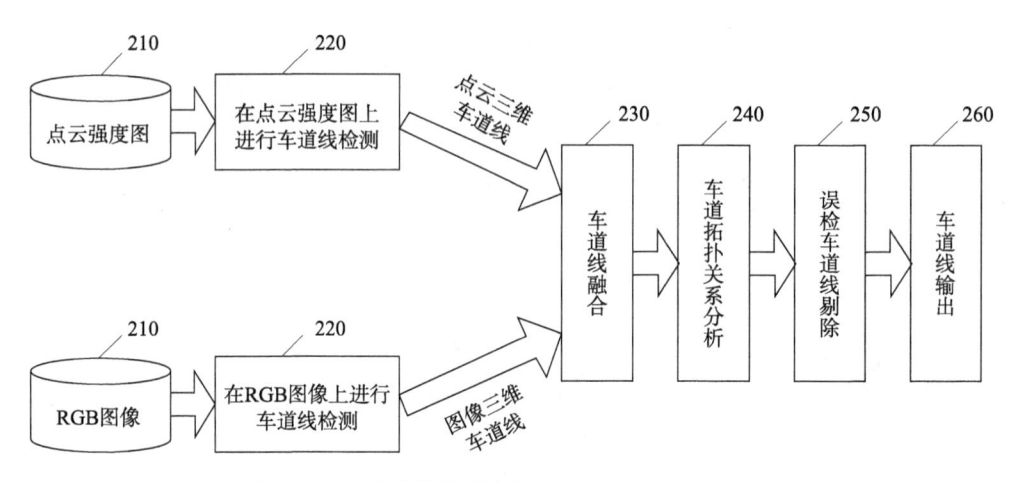

图 9-15 车道线检测流程（CN201511029274.4）

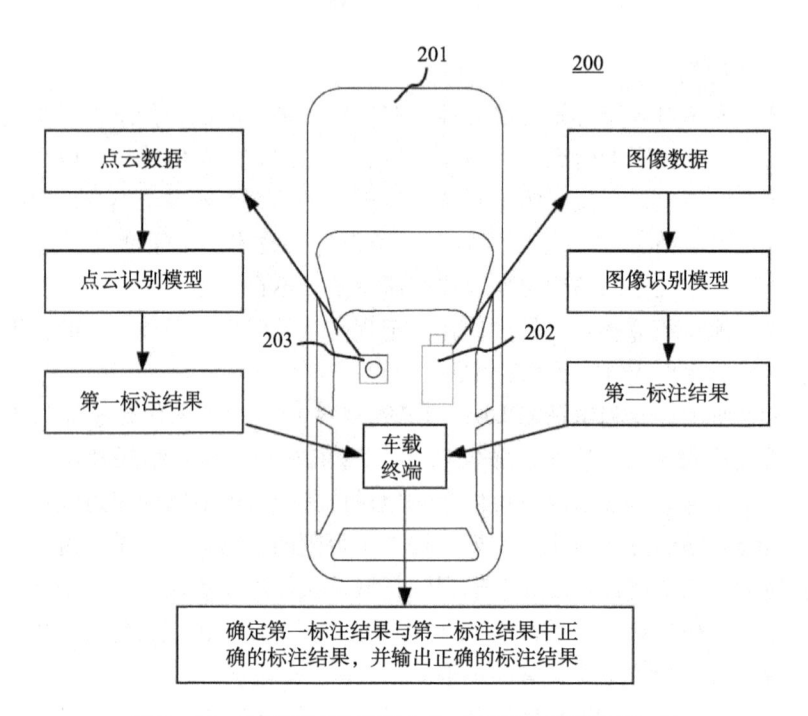

图 9-16 车辆障碍物识别方法（CN201611088130.0）

整理发现，百度于2016年提出了大量利用图像传感器和雷达混合使用以检测路面车道线、行人或静止障碍物的专利申请，但值得注意的是其中一件申请（CN201610847048.5）提出了激光雷达和毫米波雷达混合使用的技术，其利用所述激光雷达探测位于预设的多个位置的标定物的第一点云数据集合以及利用所述毫米波雷达探测所述标定物的第一二维数据集合，基于数据融合确定障碍物的位置（见图9-17）。

```
利用激光雷达探测位于预设的多个位置的标定物
的第一点云数据集合以及利用毫米波雷达探测标
定物的第一二维数据集合
              ↓
基于预设安装位置、第一点云数据集合、第一二
维数据集合,对车载雷达系统进行标定,得一毫
米波雷达坐标系转换到激光雷达坐标系的标定转
向角度差、标定位移差及标定竖坐标
              ↓
利用激光雷达探测障碍物的第二点云数据以及利
用毫米波雷达探测障碍物的第二二维数据
              ↓
基于标定转向角度差、标定位移差及标定
竖坐标,将第二二维数据转换到激光雷达坐标系
中,得到第一转换三维坐标
              ↓
融合第二点云数据及第一转换三维坐标,确定
障碍物的位置
```

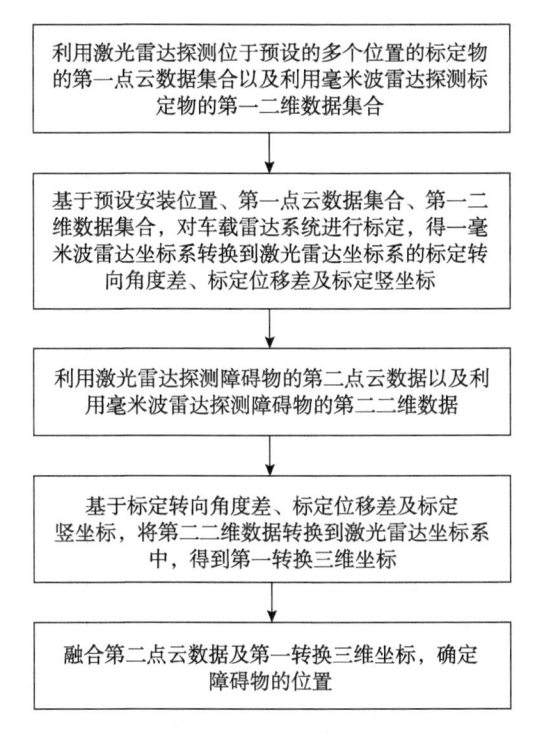

图9-17 混合传感器识别技术(CN201610847048.5)

(2)图像传感器

使用图像传感器的专利申请是百度最早在车辆视觉领域进行的申请之一,并且百度也一直进行相关申请布局。

专利申请 CN201310132259.7 是百度在车辆视觉领域最早的申请,其利用图像传感器对驾驶员疲劳状态进行检查和预警,通过安装在驾驶座上前方的摄像头监控驾驶员(尤其是眼睛部位)的状态,根据眼睛视频图像计算驾驶员的眼睛闭合时间占单位时间的百分比,当眼睛闭合时间百分比超过阈值时,判断驾驶员是处于疲劳驾驶状态。

专利申请 CN201510482990.1 提供了一种基于图像传感器的准确识别车道线的技术方案,通过基于二维滤波,从图像中识别车道线的图像区域,将已经识别了车道线的图像区域的图像输入至基于卷积神经网络的车道线识别模型,得到所述模型的输出概率,基于所述输出概率,进行模型重建,以识别输入图像中的车道线,从而综合考虑图像中车道线图像区域中可能出现的各种异常情况,提高了对车道线进行检测的检测准确率,如图9-18所示。

2016年百度在车辆视觉领域的专利申请量显著增加,利用图像传感器的专利申请数量也有较大提升,出现了较多利用图像传感器获取视频或图像从而进行交通标志检测(如专利申请 CN201610252204.3)、障碍物检测和整体路况检测(如专利申请 CN201611011669.6)的专利申请。到2017年,在公开的为数不多的专利申请中,仍出现了利用图像传感器的专利申请 CN201710264874.1,其利用图像传感器对行进方向中的路口、交通灯进行视频和图像采集以对无人车的姿态进行调整。

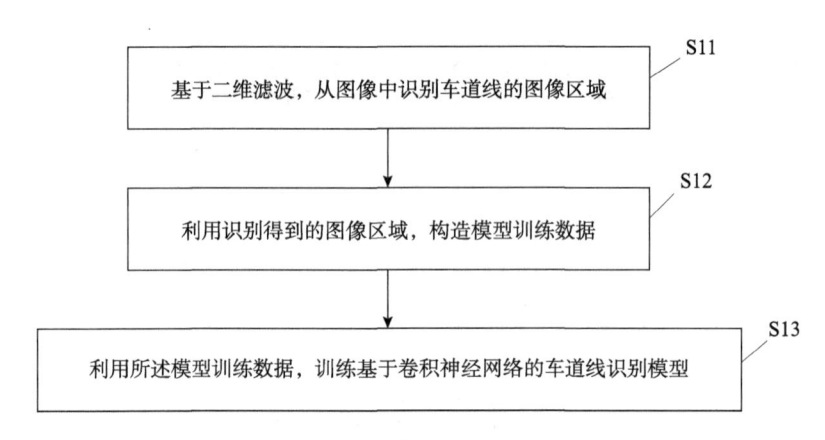

图 9-18 车道线识别技术（CN201510482990.1）

（3）激光雷达

此外，注意到在百度 2017 年的专利申请中，出现了仅使用激光雷达对障碍物进行检测的技术，如专利申请 CN201710146543.8，其通过激光雷达获取无人驾驶车辆行驶过程中所采集的 3D 点云，将所述 3D 点云投影到二维网格上，分别获取各网格的特征信息；根据各网格的障碍物预测参数进行网格聚类，得到障碍物检测结果。类似地，专利申请 CN201710224921.X 利用激光雷达采集的点云数据提供了一种确定无人驾驶车辆的偏航角的方法。

对百度在传感器技术分支的专利申请分布总结如图 9-19 所示。

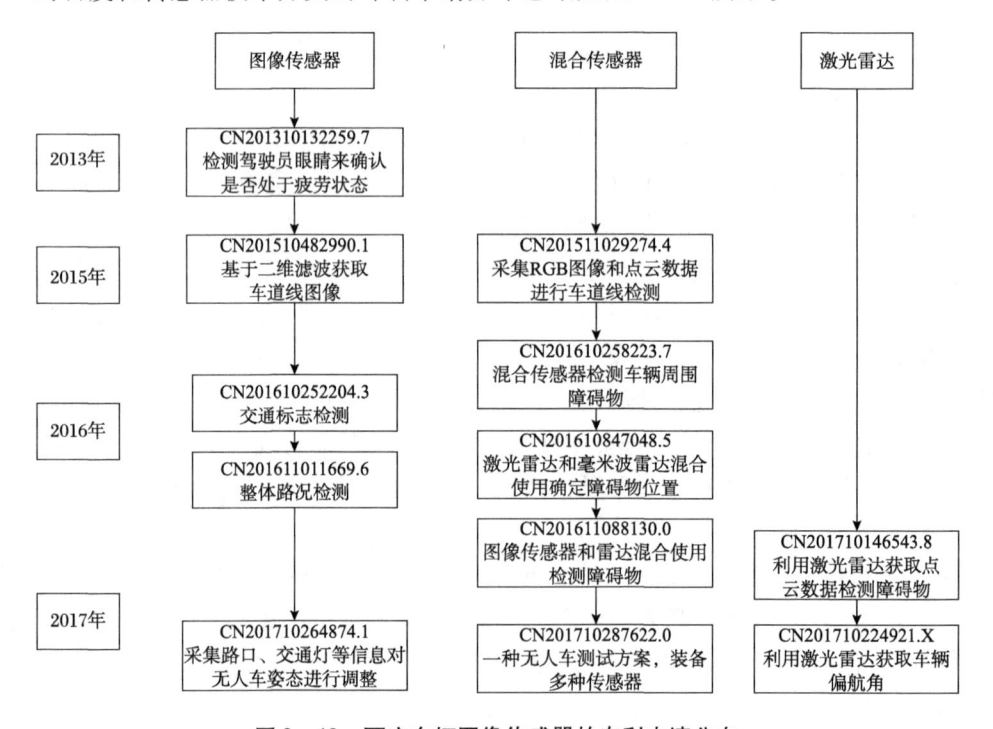

图 9-19 百度车辆图像传感器的专利申请分布

2. 检测对象

车辆视觉的检测对象主要包括车道线、行人、车辆、障碍物、交通标志、交通灯等在车辆行驶中的环境因素。百度在车辆视觉检测对象分支的专利申请技术分布如图9-20所示。

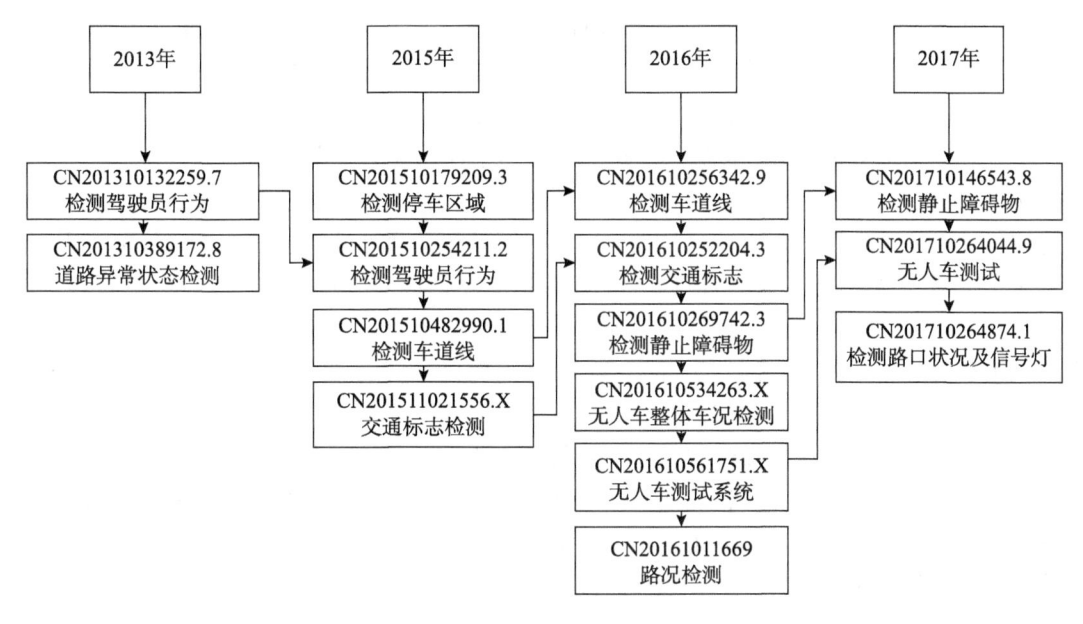

图9-20 百度车辆视觉检测对象中的技术分布

2013年的专利申请CN201310132259.7检测驾驶员疲劳状态,提供一种避免疲劳驾驶的技术方案;同年的专利申请CN201310389172.8公开了一种异常路况的检测方式,通过获取时间区间内当前的检测道路区域的车辆GPS数量信息,根据检测道路区域的车辆GPS数量信息,统计所述检测道路区域在该时间区间内GPS数量≤x的概率P1(GPS数量≤x|时间区间),x为参数,将概率与设定阈值进行比较,提示所述检测道路区域是否出现异常路况。

2015年的专利申请多集中在车道线检测和交通标志检测,也出现了驾驶员行为检测(如专利申请CN201510254211.2)和辅助泊车的停车区域检测(如专利申请CN201510179209.3)。其中,专利申请CN201511025864.X从道路点云中提取防护栏点云的情况,第一防护栏包括波形防护栏、水泥防撞墩或隔音墙,获取防护栏的情况从而确定车辆的可行驶区域,专利申请CN201510482990.1中利用图像传感器采集车辆周围的环境情况,包括车道线图像,基于二维滤波,从图像中识别车道线的图像区域。

到2016年,除去个别专利申请是针对车道线、交通标志的单一对象的检测外,车辆视觉的检测对象主要集中在整体车况、外在环境状况的整体感知。专利申请CN201610252204.3提供了一种交通标志识别的测试方法,技术方案为在无人驾驶车辆的行驶过程中,接收与行驶路线上安放的交通标志物对应的身份标识信息,并对身份标识信息进行存储,图像识别信息记录模块用于记录无人驾驶车辆通过图像识别技术获取的行驶路线上的交通标志物的图像识别信息,准确性验证模块用于将所述图像识别信息与所述身份标识信息进行比对，验证所述无人驾驶车辆对所述交通标志物图像的识别准确性。

专利申请CN201610534263.X公开了一种无人车车况检测方法，其利用传感器获取无人车上报的环境数据以及无人车中包含的智能处理模块的实际输出数据，依据无人车上报的环境数据，确定无人车的邻近车辆，依据无人车以及邻近车辆上报的环境数据，确定智能处理模块的标准输出数据，将智能处理模块的实际输出数据与标准输出数据进行匹配，依据匹配结果确定无人车的车况检测结果。

专利申请CN201610578625.5公开了一种用于控制无人驾驶车辆的方法，当无人驾驶车辆处于自动驾驶模式时，获取无人驾驶车辆的行驶环境信息包括无人驾驶车辆周围物体与无人驾驶车辆的距离信息，无人驾驶车辆的运动速度信息、运动方向信息，无人驾驶车辆周围物体的运动速度信息、运动方向信息等驾驶环境综合信息。

百度作为高科技公司，将汽车视为能够驾驶的机器人，并将其自身非常擅长的AI，即人工智能应用于其上，例如，百度将研究重点放在提高识别的准确度，准确、及时地对车辆周围环境进行感知和识别是百度的重要研究方向之一，目前大部分的识别是基于图像传感器、激光雷达和毫米波雷达中的两种或两种以上的融合来进行，虽然激光雷达成本极高，但融合使用能够较好地保证识别的准确性；同时百度的研究技术上逐渐偏向整体环境感知。从检测对象的角度来看，最初的专利申请涉及驾驶员行为检测、车道线检测、障碍物检测等，2016年开始，出现了大量的整体环境感知专利，不再强调具体检测对象，而是为了实现无人车的上路行驶对车辆行驶过程中的多种环境进行综合的感知和检测。

三、百度的"野心"

百度于2017年发布了阿波罗平台，这是一套完整的软硬件和服务系统，包括车辆平台、硬件平台、软件平台、云端数据服务等四大部分。百度将开放环境感知、路径规划、车辆控制、车载操作系统等功能的代码或能力，并且提供完整的开发测试工具，同时还会在车辆和传感器等领域选择协同度和兼容性最好的合作伙伴，推荐给接入阿波罗平台的第三方合作伙伴使用，进一步降低无人车的研发门槛。百度把自己所拥有的最强、最成熟、最安全的自动驾驶技术开放给业界，旨在建立一个以合作为中心的生态体系，发挥百度在人工智能领域的技术优势，为合作伙伴赋能，共同促进自动驾驶技术的发展和普及❶。阿波罗计划的核心是人工智能技术，这也是该平台搭建的核心支柱，如果百度兼容了高精度地图的领先者与人工智能技术的平台提供者这两种属性，势必会在无人驾驶时代到来前占据先机❷。

---

❶ 百度百科：阿波罗计划［EB/OL］．（2018-07-11）［2018-07-15］．https：//baike.baidu.com/item/阿波罗/20625862?fromtitle=阿波罗计划&fromid=20628192#viewPageContent．

❷ 网易汽车．陆奇：百度Apollo计划将建立自动驾驶平台［EB/OL］．（2014-04-20）［2018-07-15］．http：//auto.163.com/17/0420/17/CIFV9R3B000884MP.html．

第三节　本章小结

本章主要对车辆视觉领域的重点申请人丰田、百度进行专利分析，追踪其技术演进路线、重点专利及未来的技术研究方向，综合上述分析可以总结如下：

1）丰田关注技术革新，跟随科技潮流。作为传统的汽车生产厂商，除了对汽车零部件的生产及制造外，其长胜不衰的原因之一是其跟随科技的潮流、不断扩展业务，创新科技、重视技术研究和专利保护及运用，随着人工智能技术的快速发展，车辆视觉作为无人驾驶和智能车中的核心技术，丰田在车辆视觉领域也及时出击，在本国、中国、美国、欧洲等多地相继投入研发力量进行专利布局。

2）丰田基于安全至上的理念，拓宽研究方向，注重环境感知。从车位检测、车道线检测、驾驶员状态检测、障碍物检测等，从辅助停车到安全驾驶，到自动辅助安全驾驶，丰田在对象检测等环境感知技术投入很多研发路径，为实现其安全驾驶的理念提供技术支持。

3）丰田对于高精度传感器的使用相对较少。丰田目前大部分采用普通的图像传感器，然而，随着传感器技术的发展，除了图像传感器外，超声波雷达、激光雷达等的出现，可使识别和检测的精度得到进一步提高，在考虑经济成本的前提下，结合各传感器的优缺点，灵活使用多种传感器可提高感知精度。

4）百度在车辆视觉领域的专利布局不够。在无人车的研究中，相比于谷歌而言，百度起步较晚但发展快，在较短的时间内取得了较好的成果，但从专利布局角度来看，专利体系不够完善，基础性核心专利较少，全球专利布局明显不足。

5）百度研究重点在于提高识别的准确度。准确、及时地对车辆周围环境进行感知和识别是百度的重要研究方向之一，目前大部分的识别是基于图像传感器、激光雷达和毫米波雷达中的两种或两种以上的融合来进行，虽然激光雷达成本极高，但融合使用能够较好地保证识别的准确性。

6）百度技术上逐渐偏向整体环境感知。从检测对象的角度来看，最初的专利申请涉及驾驶员行为检测、车道线检测、障碍物检测等，2016年开始，出现了大量的整体环境感知专利，其不强调具体检测对象，而是为了实现无人车的上路行驶对车辆行驶过程中的多种环境进行综合的感知和检测。

第十章 让汽车看懂世界——未来畅想

车辆视觉技术真正取得进展的时间较短，现在仍属于新兴技术。我们分析了车辆视觉技术的发展现状，并将车辆视觉技术的全球与中国的技术专利进行分析，对当前车辆视觉技术的发展进行了梳理，从宏观的角度整体认识了车辆视觉技术。截至目前，全球车辆视觉技术研究和开发主要集中在传统车厂、互联网公司、高校研究所和创业中的小微公司。全球和中国的技术专利体现出的发展趋势相同，但同时中国车辆视觉技术的发展又呈现出更具自身特色的方面。

中国车辆视觉技术的发展较全球技术发展而言，起步虽稍晚，但中国车辆视觉技术的快速发展时间与全球相关技术的快速发展趋势是基本相同的。特别是从 2010 年以后，车辆视觉技术在中国更是发展迅速。由于中国产业发展的方向，相对全球发展而言有着明显的特点，因而在车辆视觉技术发展方面，中国的车辆视觉技术的热点、空白点都呈现一致性和特殊性。

第一节 车辆视觉现状总结

车辆视觉技术是智能汽车领域的核心技术之一，其发展决定了智能汽车行业的整体发展，因而国内车辆视觉的发展是国内智能汽车领域发展的重中之重。根据前面几章的数据分析与总结，结合国内产业的发展现状与特点，给出国内车辆视觉技术发展的结论，主要体现在以下几方面。

一、专利布局角度

1. 中国处于车辆视觉技术专利数量领先位置

从全球的专利布局来看，在车辆视觉领域的专利申请中，中国的原创专利申请数量最多，占比 44%；从中国的专利布局来看，有 79% 的申请人为中国申请人，这说明在车辆视觉领域，中国的专利申请数量处于领先位置。

但中国申请人车辆视觉的专利申请还是主要集中于国内。对比中国专利申请与全球申请可以发现，中国申请大部分未进行全球专利申请，这部分主要集中于高校、研究所等，只有少量申请人如百度，针对相同专利在中国进行专利申请保护的同时，还在多个国家进行专利申请，以达到全球专利全面布局的目的。

现阶段，由于车辆视觉仍属于新兴发展领域，同时国内的相关技术发展起步与全球该技术的发展起点相差不多，伴随着国内互联网公司的迅速发展，智能化产业的迅速扩大，国内相关产业的企业研究热情和研究投入都很高；同时中国现在也是车辆视觉技术第一目标国和技术原创国，代表着国内有着车辆视觉最大市场与研发力量，已经逐渐凸显出车辆视觉领域竞争的激烈态势，在今后的一段时间内，车辆视觉技术将逐渐成为竞争激烈的技术领域。虽然现阶段国内的车辆视觉领域专利申请数量处于领先位置，但国内申请人应当持续完善专利布局，尤其是加强全球专利布局，进一步提升优势。

2. 在车辆视觉领域还未出现垄断型专利申请人

在针对中国重点专利进行分析时，我们可以发现在该领域的专利申请关联性不强，没有形成有效的专利体系；另一方面在该领域中发展长久、拥有技术积累的申请人少，技术含金量高的专利少，能形成车辆视觉技术的核心发展技术基础的技术专利更少，总结来看，目前在车辆视觉领域还没有在专利布局以及技术上占据垄断地位的申请人。

在针对中国申请人专利进行分析时，发现中国相关的申请一般是针对相应的方法或者产品提出单件申请，但是这些申请都是相对独立的，相同申请人的相关专利的研究内容承接性和关联性很差。这样的专利申请往往漏洞多，即使已经授权，其稳定性也不高，同时还存在着提示竞争对手进行专利二次开发、进行专利技术围堵的风险。

二、专利技术角度

1. 中国有大量高校、研究所申请人，专利转化发展空间大

在中国重要申请人中，前10位有两位为高校申请人，分别是上海交通大学和北京联合大学，全部中国专利申请中，申请人为中国高校、研究所的占比较大，其他高校还涉及吉林大学、长安大学、清华大学等。结合专利实践来看，高校、研究所类申请人的专利转化率偏低，也就是说，在该领域中国有较大的专利成果向实际应用转换的空间。

同时，随着智能网联汽车的发展，国内以百度为首的大型互联网公司，逐步开放了自己的智能网联汽车技术研究资源，以方便与其他申请人的合作。在这种形势下，高校、研究所的研究质量也将会有很大程度上的提升。

在上述两方面的现状促使下，高校、研究所申请人必将会积累大量的车辆视觉领域的专利研究成果，对于企业而言，这部分专利成果研究价值巨大。

2. 针对难点、核心点的技术研究成果不足

前面的数据分析中可看出，中国混合传感器的研究占比大于全球混合传感器的研究占比，边缘检测、特征提取、图像匹配、图像去噪等图像处理的技术分支与全球研究热点一致，针对车辆视觉的重要技术分支可行驶区域检测、车距检测、驾驶员行为状态检测等技术分支的研究力度大。这些技术分支的研究成果积累都有助于中国车辆视觉技术的发展，但同时中国的车辆视觉技术中也存在发展较弱的技术分支。

传感器技术领域方面，依靠于传统车厂累积发展的图像传感器在国内的研究比例有所减少。这是由于国内传统车厂产业发展较落后，而图像传感器实现的相关算法复杂，需要样本数据库大，使得整体实现过程中计算量非常大，不易于实现，造成国内图像传感器研究处于弱势。由于图像传感器采集的图像和激光雷达扫描数据对环境的描述具有很强的互补性，如三维激光雷达扫描数据可以快速准确地获取物体表面密集的三维坐标，而摄像机图像包含了丰富的信息可以对目标进行分类。因此，融合激光扫描数据与

光学图像可以获得车辆行驶环境更加全面的信息，提高了障碍检测的快速性和对复杂环境的适应能力。因而随着智能化的大力发展，国内发展迅速的互联网公司，处于研究前沿的高校和研究所，以及发展灵活的小微公司逐渐以图像传感器与雷达融合的混合传感器的研究成为技术研究热点。然而激光雷达本身成本昂贵，国内图像传感器的研究又处于弱势状态，混合传感器的研究仍有很大进步空间。

图像技术领域方面，图像技术在车辆视觉领域和其他领域之间存在通用性，通常为了适合车辆视觉领域会做出适应性修改。整体而言，车辆视觉中的图像技术主要是利用目前成熟的图像处理技术，目前图像分割、图像校正、形态学图像处理等技术分支的申请量相差比例较大，研究较薄弱。

对象检测技术的应用主要是为了实现可驾驶环境的确定，对象的选取也是结合行驶的具体情况确定。在现实中，驾驶中道路的路口路况通常是很复杂的，其中信号灯的信息是尤为复杂和重要的。但是结合全球和中国对象检测三级技术分支全球申请量，涉及路口路况检测、信号灯检测和盲区检测的专利数量非常少，不符合现实需求。同时，对比全球和中国对象检测三级技术分支全球申请量，全球可行驶区域、车距检测、车辆障碍物检测专利申请量与中国可行驶区域、车距检测、车辆障碍物检测专利申请量的数量相差很大，而这三个技术分支是保障车辆安全驾驶的重要技术分支。因而解决上述技术分支的弱势问题，也成为国内车辆视觉领域对象技术亟待加强研究的技术分支。

这些研究薄弱的技术分支都是车辆视觉领域技术的难点和核心技术分支，将制约中国车辆视觉技术的发展。即使有研究优势技术分支的支撑，不解决薄弱点，势必影响中国车辆视觉技术的进一步发展。

3. 传统车厂和快速发展的互联网公司在技术上呈现两个方向的趋势

传统汽车厂商还是将汽车视为传统的汽车，只是将车辆视觉技术应用于传统的汽车上，将车辆视觉用于辅助驾驶汽车。以丰田为例，车辆视觉领域的研究主要集中在汽车硬件方面的改进，如发动机、传感器、摄像头以及车辆部件等改进；虽然丰田的申请对交通犯规者的识别、交通控制的车辆位置的指示、交通控制的导航系统等方面的软件设计技术也有所涉猎，但控制方法的设计最终多数也落到了保护或防止人或车辆受伤害的车上装置或配件的改进目的上，都是用于车辆辅助驾驶。而对于需要人工智能技术的无人驾驶技术的研究专利成果，如混合传感器的研究则是丰田汽车研究的空白点。

而百度等互联网公司将汽车视为能够驾驶的机器人，并将其自身非常擅长的AI，即人工智能应用于其上，例如，百度将研究重点放在提高识别的准确度，准确、及时地对车辆周围环境进行感知和识别是百度的重要研究方向之一，目前大部分的识别是基于图像传感器、激光雷达和毫米波雷达中的两种或两种以上的融合来进行，虽然激光雷达成本极高，但融合使用能够较好地保证识别的准确性；同时百度的研究技术上逐渐偏向整体环境感知。从检测对象的角度来看，最初的专利申请涉及驾驶员行为检测、车道线检测、障碍物检测等，2016年开始，出现了大量的整体环境感知专利，其不强调具体检测对象，而是为了实现无人车的上路行驶对车辆行驶过程中的多种环境进行综合的感知和检测。

可以看出，传统车厂和快速发展的互联网公司都是以自身原有的发展优势为起点对车辆视觉进行研究，随着技术研究的逐渐深入，两类申请人都有自己的不同研究领先领域，逐渐出现车辆视觉向两个方向发展的趋势。

第二节 车辆视觉发展建议

自动驾驶技术是当前汽车行业、人工智能和互联网行业的研究热点，我国政府高度重视相关领域的技术开发，在《中国制造 2025》中明确，到 2020 年，掌握智能辅助驾驶总体技术及各项关键技术，初步建立智能网联汽车自主研发体系及生产配套体系；到 2025 年，掌握自动驾驶总体技术及各项关键技术，建立较完善的智能网联汽车自主研发体系、生产配套体系及产业群，基本完成汽车产业转型升级。

为实现自动驾驶，车辆视觉技术的进步和完善是关键性力量。从专利的角度入手，结合上述分析，给出以下几点建议。

1. 中国的申请人应该灵活使用专利申请策略，注重全球专利布局

总体分析来看，中国车辆视觉研发力量强，但各国在中国的车辆视觉领域想分一杯羹的竞争也很激烈，这说明国外公司注重本国专利保护的同时，也对全球专利布局很重视。而对比中国重要申请人分布和全球重要申请人分布，发现中国申请人向国外申请的数据量明显不足，造成中国申请人的国际竞争力较弱。

相比采用《巴黎公约》方式提交专利申请而言，专利申请人通过 PCT 途径提交国际专利申请，能够方便地进入多个国家，优势比较明显。PCT 为申请人向国外申请专利提供了方便，国际专利申请要经过国际检索单位的国际检索，得到一份高质量的国际检索报告，甚至国际初审报告。根据国际初步审查报告，申请人可以重新审视其专利申请的价值，进而考虑是否进入国家阶段，以便节省费用，为申请人提供了方便。

同时建议申请人充分利用国际申请、分案申请等多种申请方式，对其专利进行合理布局，通过多种申请类型构造围绕核心基础专利的专利族，从而更好地实现专利布局。而对技术研究的同时，更应该注重技术的保护，随着全球知识产权意识的提高，国内技术的研究主体，在申请中国专利保护的同时，也需要注重全球专利的布局。

2. 积极应对新兴领域技术研究的挑战，把握发展机遇

首先，政府应当加大对国内新兴技术研究领先的企业的支持力度，重点扶持那些有望突破国外知识产权壁垒的本土企业。例如百度公司对混合传感器的研究力度大，有较多利用图像传感器和雷达混合使用以检测路面车道线、行人、静止障碍物等的技术，同时还提出了激光雷达和毫米波雷达混合使用的技术，大大提高了准确性和安全性，逐步奠定了百度在混合传感器领域研究中领先的位置。对于这一类有领先地位的企业，政府加大支持力度，助力其在全球加大专利布局，力争在该领域的专利布局逐步增强。

同时还有一些企业，如比亚迪、奇瑞汽车等，他们的研发和专利布局大多数集中在中国国内，而且实用新型占据相当比例，向国外提出的申请量偏少，核心技术的研发能力普遍偏弱，这很大程度上制约了企业的市场竞争力。通过增强这些企业的发展竞争意识，发展一批有核心竞争力、主导产品优势突出的大型企业集团。

通过上述方式可增强产业整体竞争力，以创新型龙头企业带动整个车辆视觉领域的

快速发展。

3. 企业注重联合高校、科研院所开发相关技术，加快专利转化

在车辆视觉领域中申请人为高校、科研院所的较多，研发实力不容小觑，以上海交通大学、北京联合大学等为代表在车辆视觉技术领域积累了一定的技术成果。但高校或科研院所研究出的成果从试制到投产过程长、资金和设备较缺，困难多。与高校和科研院所相比，企业研发针对性强，能够敏锐把握市场需求与导向，在设备与资金方面具有一定优势，但在基础性技术研发深度上不如高校与科研院所。

同时，车辆视觉领域中涉及较多的算法研究，而高校、研究所对算法的研究通常都很深入，是算法类研究和应用的主要力量，这也是得到企业普遍认可的。现阶段，企业也逐渐注重高校、科研院所的研究力量，为了提高高校与科研院所的研究成果产业化，部分大企业已经开源了公司自身的专利研究成果，便于高校、研究所的使用。多种方式共同作用下，必将促使企业能够在较高技术水平的基础上，增强企业与高校、科研院所的合作，有效利用高校和科研院所的创新研究成果，提高企业的研发效率，及时将研究成果产业化，从而充分利用产学研优势，促进创新成果向企业转移，实现双赢。

4. 积极技术创新，突破核心专利的制约

由于近几年车辆视觉技术快速发展，研发团队投入力量大幅增加，专利申请量增长迅速，实际上，车辆视觉已经进入较快的专利发展区。但是中国的车辆视觉领域研究仍然存在较多核心的空白技术分支或弱势点。

通过对车辆视觉技术的分析，发现其作为一项新兴技术，在全球和国内都处于发展初始阶段，例如，申请量排名第一的丰田的申请量也不过100多项，纵观全球范围内涉及车辆视觉对象检测的所有2000多项专利申请中，申请人数量非常多。这说明车辆视觉对象检测技术领域的门槛并不高，国外申请人在华的布局也还没有成型。同时，国内公司研究活跃，有较强的竞争力，建议国内申请人注重新兴和核心技术创新，例如混合传感器的研究，并注意保持研究优势；对于国内发展薄弱的核心技术分支，建议国内研究主体加大对其的技术研究重视程度，以免后期车辆视觉发展受限。

5. 加强传统车厂和互联网公司间技术合作

车辆视觉技术研究中，传统车厂拥有优势硬件相关技术积累，而互联网公司对人工智能的研究经验丰富，两类企业的发展各有优势。为了提升中国车辆视觉整体的发展水平，建议传统车厂和互联网公司加大技术交流与合作的力度，开启企业联合新思路。

企业间联合的新思路可以从以下几方面扩展：在企业合作中，利用已有的代码开源方式，建立共同研究机制；搭建专业的车辆视觉专利数据库平台，提高行业运用能力，最大限度地提升现有专利成果的运用率；开展车辆视觉领域共性问题的共同研究，集中力量解决核心问题；加大重点领域知识产权联盟建设的力度，提升中国车辆视觉领域整体知识产权实力；在合作中不断完善行业合作制度，提升行业技术的安全性，保障中国企业的利益。

这些企业间合作的新思路、发展方向可以发挥各自企业的研究特长，迅速地联系现有的研究成果和企业利益，增强中国车辆视觉技术领域相关企业的整体研究力量，提升中国企业在全球范围内车辆视觉领域的整体地位，进而达到迅速占领车辆视觉领域市场，实现优势互补、互利共赢目的。

参考文献

[1] Dickmanns E D, Zapp A. Autonomous high speed road vehicle guidance by computer vision [J]. Proceedings of the 10th IFAC World Congress, Germany, 1987.

[2] Dickmanns E D, Graefe V. Dynamic Monocular Machine Vision [J]. Machine Vision and Applications, Springer International, 1988.

[3] Toshiaki Kakinami, et al. Assistant apparatus and method for a vehicle in reverse motion: US, 20010794322 [P]. 2001 – 10 – 04.

[4] 佐藤茂树, 等. 车线逸脱装置: JP, 2000269562 [P]. 2002 – 03 – 19.

[5] 武田信之, 等. 障碍物检出装置及方法: JP, 2001154569 [P]. 2002 – 12 – 06.

[6] 郝宝青. 智能车辆视觉导航中道路与行人检测技术的研究 [D]. 哈尔滨: 哈尔滨工业大学, 2006.

[7] 陈小平. 基于边缘特征的运动目标检测与跟踪 [D]. 武汉: 华中科技大学, 2008.

[8] 赵宇峰. 汽车后视镜盲区检测及预警关键技术研究 [D]. 郑州: 郑州大学, 2008.

[9] 田中勇彦, 等. 驾驶辅助系统及方法: 中国, 200780044528.7 [P]. 2009 – 09 – 30.

[10] 付梦印, 等. 一种融合距离和图像信息的野外环境障碍检测方法: 中国, 201010195586.3 [P]. 2011 – 02 – 16.

[11] Nevada DMV Issues First Autonomous Vehicle Testing License to Google [EB/OL]. (2012 – 5 – 7) [2018 – 07 – 15]. http://dmvnv.com/news/12005 – autonomous – vehicle – licensed.htm.

[12] 网易汽车. 陆奇: 百度 Apollo 计划将建立自动驾驶平台 [EB/OL]. (2014 – 04 – 20) [2018 – 07 – 15]. http://auto.163.com/17/0420/17/CIFV9R3B000884MP.html.

[13] 宗仁. 百度无人驾驶车完成路测 最高时速 100 公里 [EB/OL]. (2015 – 12 – 10) [2018 – 07 – 15]. https://www.leiphone.com/news/201512/00y3vcmFAOnlFntR.html.

[14] 百度与乌镇旅游合作推无人车景区运营 [EB/OL]. (2016 – 07 – 03) [2018 – 07 – 15]. http://tech.163.com/16/0703/21/BR34I0GQ00097U7R.html.

[15] 车载智能感知识别, 关键就在这三大传感器 [EB/OL]. (2017 – 01 – 02) [2018 – 07 – 15]. http://www.sohu.com/a/123220531_467791.

[16] "看"得见的自动驾驶: 自动驾驶中的图像传感器 [EB/OL]. (2017 – 02 – 27) [2018 – 07 – 15]. http://www.sohu.com/a/127389626_470008.

[17] 无人驾驶硬件平台 [EB/OL]. (2017 – 03 – 16) [2018 – 07 – 15]. https://blog.csdn.net/chenhaifeng2016/article/details/62417821.

[18] 韩依民. 百度又一辆车自己开上高速 能自主控速 [EB/OL]. (2017 – 04 – 17) [2018 – 07 – 15]. http://tech.qq.com/a/20170417/044461.htm.

[19] 车云. 自动驾驶再致命, 我们才看清特斯拉 Autopilot 2.0 [EB/OL]. (2018 – 03 – 20) [2018 – 07 – 15]. http://36kr.com/p/5124652.html.

[20] 百度百科: 谷歌 [EB/OL]. (2018 – 06 – 21) [2018 – 07 – 15]. https://baike.baidu.com/item/Google?fromtitle=%E8%B0%B7%E6%AD%8C&fromid=117920.

[21] 百度百科：mobileye [EB/OL]. (2018-06-22) [2018-07-15]. https：//baike.baidu.com/item/Mobileye/2045823? fr = aladdin.

[22] 百度百科：百度 [EB/OL]. (2018-07-01) [2018-07-15]. https：//baike.baidu.com/item/百度/6699? fr = aladdin#9999.

[23] 百度百科：丰田 [EB/OL]. (2018-07-08) [2018-07-15]. https：//baike.baidu.com/item/%E4%B8%B0%E7%94%B0/378705? fr = aladdin.

[24] 百度百科：阿波罗计划 [EB/OL]. (2018-07-11) [2018-07-15]. https：//baike.baidu.com/item/阿波罗/20625862? fromtitle = 阿波罗计划 &fromid = 20628192#viewPageContent.

[25] 丰田中国 [EB/OL]. [2018-07-15]. http：//www.toyota.com.cn.

第三部分

纳米压印

第十一章 改变世界的新兴技术——纳米压印

随着半导体行业不断地朝着小型化、高集成度等方向发展,传统光刻技术受到其分辨率极限的限制已满足不了行业发展的需求,新一代的制造技术随之产生。作为新一代集成电路制造技术之一的纳米压印技术,以其高分辨率、低成本等优势广受人们的关注,被誉为改变世界的新兴技术之一。

第一节 芯片制造的"建筑师"

一、纳米压印是什么

1. 从光刻到纳米压印

光刻是芯片制造中最关键的工艺技术[1],占芯片制造成本的35%以上。在整个芯片制造工艺中,几乎每个工艺的实施,都离不开光刻技术。所谓光刻技术是指在光照作用下,借助光致抗蚀剂(光刻胶)将掩膜版上的图形转移到基片上的技术。抗蚀剂可以是正性抗蚀剂或负性抗蚀剂,这取决于其形成操作,例如,正性抗蚀剂照射后在溶剂中变得更易溶,负性抗蚀剂在照射后变得不可溶。光刻的主要过程为:首先紫外光通过掩膜版照射到涂敷有光刻胶薄膜的基片表面,引起曝光区域的光刻胶发生化学反应;再通过显影技术溶解去除曝光区域或未曝光区域的光刻胶,使掩膜版上的图形被复制到光刻胶薄膜上;最后利用蚀刻技术将图形转移到基片上。而随着半导体技术的发展,特征尺寸不断缩小,光刻图形尺寸已从毫米级发展到亚微米级,从传统光学技术步入到应用电子束、X射线、极紫外光刻、微离子束、激光等新技术的领域中。

电子束光刻技术虽然分辨率高,但产量低,加工成本高,只能应用于加工关键层,比如接触孔或通孔。X射线光刻技术虽然速度快,分辨率高,但需要较高的X射线源,掩膜制作困难,且X射线的高能辐射会迅速破坏掩膜和透镜中的许多材料,导致光刻成本高昂。对于极紫外线光刻技术,由于常规的透镜不能透过极紫外光,所以为了避免折射系统中强烈的光吸收,必须采用精度极高的反射式光学系统,这同样导致了成本的剧增[2]。

由于电子束光刻、X射线光刻和极紫外光刻技术等在应用时所必需的光源、光学系统和聚焦设备等价格较贵,研发及生产成本较高,只有一小部分企业能够负担,产业化进程较为缓慢。同时,受到光刻最短曝光波长的限制,很难进一步将集成电路(IC)的尺寸做得更小。为进一步发展半导体产业,满足下一代IC制造的需求,亟需找到一种能够替代上述工艺的低成本工艺技术。

---

[1] Suki. 光刻技术新进展 [J]. 半导体技术, 2005, 30 (6): 8–9.
[2] 刘彦伯. 纳米压印复型精度控制研究 [D]. 上海: 同济大学, 2006: 2.

压印，是一种常见的材料成型技术，即在压力作用下印制图案，具体步骤为将材料放在模具下面，在压力的作用下使其材料发生塑性形变，使材料填充到模具的凹凸空隙处，从而在工件表面得到和模具相对应的图案，我们日常生活中所见到的硬币和纪念章都是用压印的方法制得的。当然，这种图案化的尺寸在宏观量级，不适合半导体器件的加工，人们很难想象这样一项古老的印制技术能够应用到纳米世界里。

20世纪90年代，美国明尼苏达大学的周郁教授（Stephen Y. Chou，现执教于普林斯顿大学）提出了一种将压印技术应用到纳米世界的方法❶❷，被称为纳米压印光刻技术（Nanoimprint Lithography，NIL），简称纳米压印。纳米压印，是一种通过压印胶的机械变形制造纳米级图案的方法，它具有低成本图形转移以及不受光学光刻最短曝光波长物理限制的优势，自从问世便逐渐受到人们的广泛关注。

纳米压印技术原理简单，操作方便，采用纳米压印进行图案化加工可大致分为三个步骤。第一步是模板的加工。一般使用电子束蚀刻等手段，在硅或其他衬底上加工出所需的结构作为模板。由于电子的衍射极限远小于光子，因此可以达到远高于光刻的分辨率。第二步是图形的转移。在待加工的材料表面涂上光刻胶（又称压印胶），然后将母版压在其表面，采用加压的方式使图形转移到光刻胶上。注意光刻胶不能被全部去除，防止模板与材料直接接触，损坏模板。第三步是衬底的加工。光刻胶固化后，将模板与衬底或光刻胶分离，用蚀刻液将上一步未完全去除的光刻胶蚀刻掉，露出待加工材料表面，然后使用化学蚀刻的方法进行加工，完成后去除全部光刻胶，最终得到高精度加工的材料。图11-1是一种纳米压印工艺设备的简图，可以直观地感受到这样的一种工艺就像刻图章一样简单。

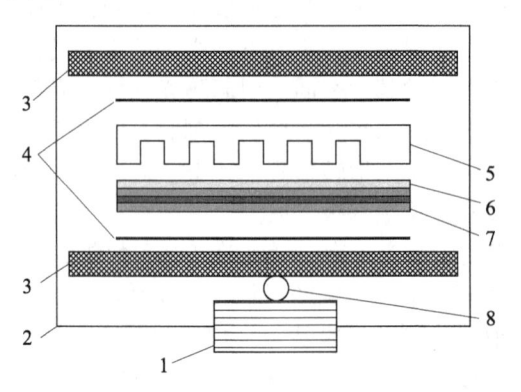

1-油压系统；2-真空腔体；3-压印盘；4-加热冷却线；
5-压模；6-聚合物薄膜；7-基片；8-连接球

图11-1 纳米压印设备❸

---

❶ Chou S Y, Krauss P R, Renstrom P J. Imprint of sub-25nm vias and trenches in polymers [J]. Applied Physics Letters, 1995, 67 (21): 3114-3116.

❷ Chou S Y, Krauss P R, Zhang W, et al. Sub-10nm imprint lithography and applications [J]. Journal of Vacuum Science & Technology B, 1997, 15 (6): 2897-2904.

❸ 陈建刚，等. 纳米压印光刻技术的研究与发展 [J]. 陕西理工学院学报（自然科学版），2013, 29 (5): 1-5.

2. 纳米压印的分类

纳米压印自从提出以来，经过了多年的发展，技术逐渐成熟和多元化。对于纳米压印的研究主要集中在三个方面，工艺、设备和应用，参见图11-2。

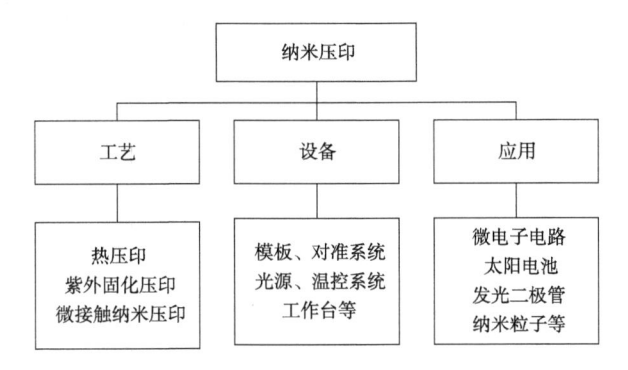

图11-2 纳米压印的技术分支

传统的纳米压印技术主要有热压印（Hot Embossing Lithography）、紫外固化压印（UV-Nanoimprint Lithography）和微接触压印（Microcontact Printing）。

热压印是最早的纳米压印技术，应用最为广泛，主要适用于光电、光学器件和微型机电系统等领域。参见图11-3，热压印的工艺步骤可以简单概括为：制备硬度大且化学性质稳定的模板—涂敷光刻胶—对准—加热聚合物至玻璃化转变温度—压模—冷却—脱模—蚀刻。

紫外固化压印是综合优势最好的纳米压印技术，其相对于热压印最大的优势就在于不需要高温，在常温下即可进行，且能够达到比热压印更高的分辨率和对准精度，主要适用于纳米光电器件和电子器件的生产，以及集成电路的制造等。参见图11-4，紫外固化压印的工艺流程为：制备紫外光透明的模板—涂敷光刻胶—压模—紫外曝光—脱模—蚀刻。

图11-3 热压印

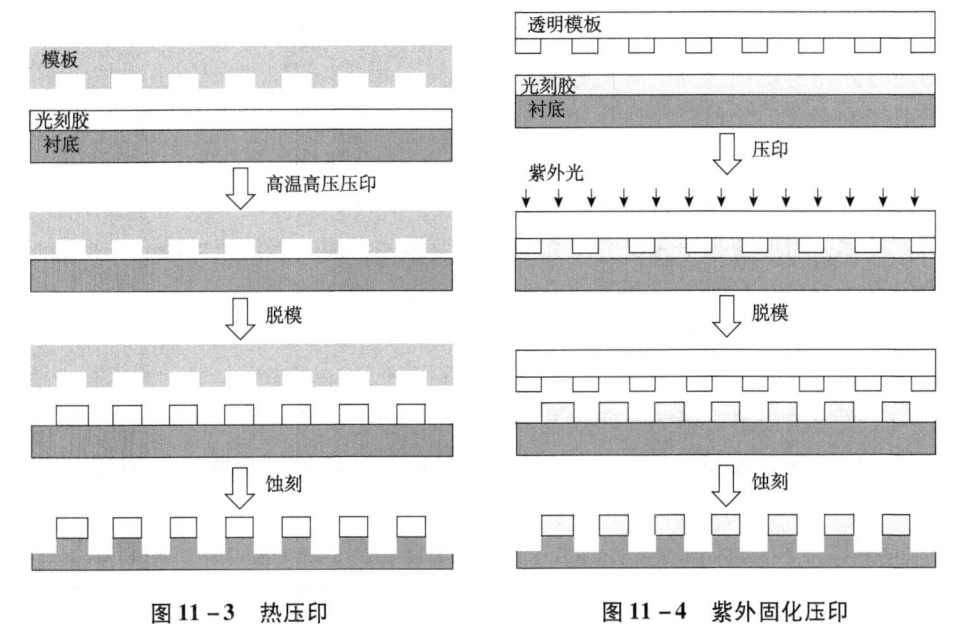

图11-4 紫外固化压印

微接触纳米压印是基于分子自组装原理提出的一种纳米压印技术，其工艺环境要求相对较低，室温下即可完成，且应用起来比较灵活，能够适用于不同的表面，主要适用于生物芯片、生物传感器和微流体器件的生产等。参见图11-5，微接触纳米压印的工艺流程为：制作弹性模板—浸"墨水"—形成自组装分子层SAM—蚀刻。

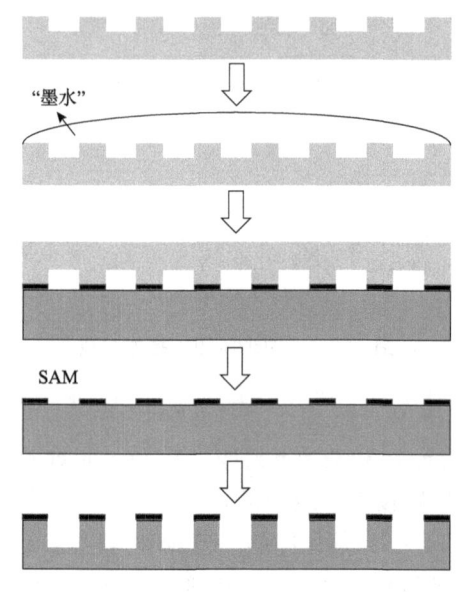

图11-5　微接触压印[1]

随着技术的不断发展，除了上述三种主流的纳米压印技术之外，还有激光辅助纳米压印、气体辅助纳米压印、超声波辅助纳米压印、滚动纳米压印、金属薄膜直接压印技术等。

在纳米压印工艺中，压印胶所处的地位非常关键。总的来说，所有的纳米压印工艺均要求压印胶与衬底有较好的结合力的同时黏度又不能太高，需要能够均匀涂敷，流动性好的同时固化速度快，且具有良好的抗蚀性能。对于不同的纳米压印工艺，对压印胶也有其独特的要求。比如，用作热压印的压印胶要满足玻璃化转变温度低、流动性好以及热膨胀系数和压力收缩系数小的条件；用于紫外固化压印的压印胶，很明显是需要对紫外线敏感的材料，能够通过紫外线曝光而固化。在压印胶方面，依托于日本强大的化工实力，日本公司展开了很多研究，并开发了很多种不同性能的压印胶。压印胶通常采用涂敷的方式形成在衬底上，常见的有旋涂、滚涂、喷雾等方式。

除了压印胶，在纳米压印工艺过程中还会用到专门的设备，比如模板。纳米压印模板是纳米压印工艺的最重要的组成部分，模板的质量好坏直接决定了纳米压印工艺所制作出的压印图形的质量。不同压印工艺对于压印模板的要求不同，比如热压印模板需要有高硬度、低膨胀系数和好的抗黏性能[2]，紫外固化压印的模板需要能够透过紫外光，

---

[1] 陆晓东. 光子晶体材料在集成光学和光伏中的应用 [M]. 北京：冶金工业出版社，2014：89-90.
[2] Nugen S R, Asiello P J, Baeumner A J. Design and fabrication of a microfluidic device for near-single ell mRNA isolation using a copper hot embossing master [J]. Microsystem Technologies, 2009, 15 (3)：477-483.

微接触纳米压印需要采用弹性软模板。纳米压印模板的材料常见的有硅、石英、镍板、聚二甲基硅氧烷 PDMS 等。制备纳米压印模板的方法常用电子束光刻技术、聚焦离子束曝光技术、X 射线光刻技术和极紫外光刻技术等。对于纳米压印整机设备，目前主要有 5 家公司提供，已经形成比较成熟的商品进行销售，包括美国的 Molecular Imprints（分子制模）公司和 Nanonex 公司、奥地利的 EV 公司、瑞典的 Obducat 和德国的 Suss 公司，其中，Molecular Imprints 公司是得克萨斯大学（Texas）的分离公司，是半导体行业最为关注的压印设备制造商之一，是目前世界上最大的步进闪烁式压印设备的供应商；Nanonex 公司是普林斯顿大学的分离公司，是最早的纳米压印公司，出售抗阻材料、掩膜、热压印设备以及模压曝光压印机；EV 公司组建了一个"NILcom"的联盟，这个联盟拥有来自企业、大学和研究机构的 12 个成员，致力于纳米压印光刻技术的商业化，是掩膜对准器和晶片压接工具制造商；Obducat 公司是压印设备的主要供应商，同时提供扫描电子显微镜和电子束光刻工具；Suss 公司是掩膜对准器和晶片压接工具制造商，提供能够自动完成晶片处理过程的新型压印设备。整体来说，目前纳米压印设备还很昂贵，售价在几十万到百万美元，购买量很低。

当通过模板和压印胶实现了图形转移之后，接下来就是分离模板与压印胶的过程，即脱模。脱模过程是通过外力破坏固化后的压印胶与模板之间的黏附力的过程。根据纳米压印过程中所使用的模板不同，脱模方式也不同，对于模板和衬底都是硬质材料的情况多采用平行脱模的方式，对于模板和衬底中存在软材料的情况采用揭开式脱模。最后，通过蚀刻工艺即完成了整个纳米压印的过程。

在纳米压印的发展进程中，工艺和设备在不断突破和完善，促进了纳米压印应用范围也变得越来越广泛，遍布于芯片制造中电路和器件的生产环节中，比如应用在微电子电路、太阳电池、发光二极管、光栅、纳米粒子、生物仿生结构以及其他技术外延等方面。与此同时，在应用的不断尝试中，又会反过来对设备和工艺提出新的要求，促进设备和工艺的进一步发展，图 11-6 示出了纳米压印工艺、设备和应用之间的关系。

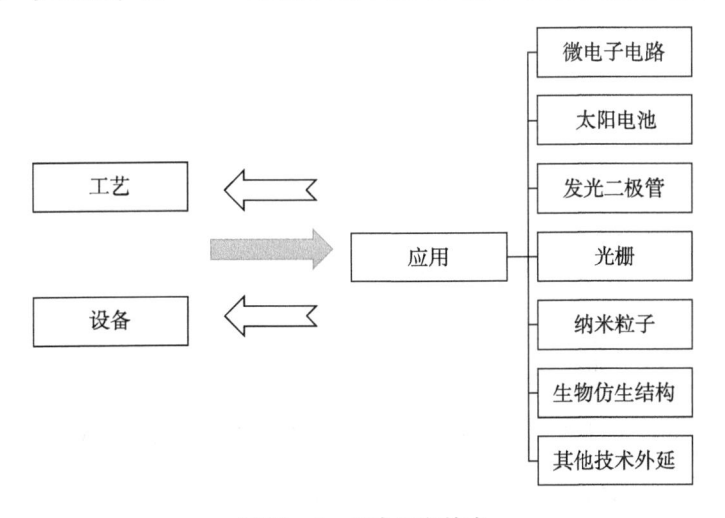

图 11-6 纳米压印技术

二、纳米压印做什么

在半导体行业，图案化，尤其是纳米级的图案化，对于半导体器件和电路的制备来说，是一项关键步骤，也是电子芯片的器件密度继续遵循摩尔定律高速发展下去的一个强心剂。传统的图案化工艺主要依靠复杂的光学光刻技术，光学光刻操作复杂，需要经过模板制作、光刻胶涂敷、曝光、显影、蚀刻、去胶等一系列步骤，而且由于光衍射引起的分辨率极限问题，光学光刻的纳米级图案加工受到了限制，人们亟需新的更高分辨率、工艺更简单的图案化方法❶❷❸。纳米压印技术的问世对国内外半导体产业的发展起到了巨大的推动作用，这一技术突破了传统光学光刻加工纳米级图案的限制，在高效、高分辨率、低成本制造纳米图案结构方面已经显示出了显著优势和潜能，具有广阔市场和应用前景，目前已被广泛应用在电子电路、太阳电池、发光二极管等半导体领域中，成为名副其实的芯片制造的"建筑师"。

自从纳米压印技术被提出以来，一次次地实现新的突破。如图11-7所示，1997年在聚甲基丙烯酸甲酯PMMA上制作出了6nm线宽结构，1999年制作出了金属-半导体-金属结构的光电探测器以及190nm周期的宽带光波导金属偏振器，2000年在6in晶圆上成功实施大面积纳米压印，2006年利用纳米压印技术进行量子点、纳米线等结构加工，2007年利用硅的非对称蚀刻制作小于20nm的结构，2009年实现大面积图形上亚50nm结构的重复压印❹。2013年HGST应用纳米压印技术成功创造了大面积的高密度存储介质❺，2014年欧盟纳米压印光刻技术实现低成本批量生产感应薄膜❻，2017年周郁教授在未来科学大奖颁奖典礼暨未来论坛年会上指出"纳米压印是一个革新性的理论和结果，创造了制造业21世纪新的制造方式，同时也带来了超过1万亿元利润"❼。

由于纳米压印具有高分辨率、高产量、低成本等优异特点，自产生以来就得到了科研人员的重视，得到了较快的发展，与纳米压印工艺有关的专利申请量也在短短的10多年内实现了激增。目前纳米压印的应用已经相当广泛，比如用于纳米电子元件❽、硅

---

❶ Swtkes M, Rothschild M. Immersion Lithography at 157nm [J]. J. Vac. Sci Technol, 2001, B19 (6): 2353-2356.

❷ Torres S. Alternative Lithography [M]. Boston: Kluwer Academic Publishers, 2003: 1-19.

❸ Chou S Y, Keimel C, Gu J. Ultrafast and Direct Imprint of Nanostructures in Silicon [J]. Nature, 2002, 417: 835-837.

❹ 周伟民，等. 纳米压印技术 [M]. 北京：科学出版社，2011：4-5.

❺ Huanghui. HGST创10纳米级晶格数据存储里程碑 [EB/OL]. (2013-03-05) [2018-06-14]. https://www.doit.com.cn/p/131253.html.

❻ 中华人民共和国科学技术部. 欧盟纳米压印光刻技术实现低成本批量生产感应薄膜 [EB/OL]. (2014-11-24) [2018-06-14]. http://www.most.gov.cn/gnwkjdt/201411/t20141120_116673.htm

❼ 新浪科技. 周郁：纳米压印带来新的革命创造了超1万亿元利润 [EB/OL]. (2017-10-29) [2018-06-14]. http://tech.sina.com.cn/d/i/2017-10-29/doc-ifynhhay7747649.shtml.

❽ Guo L, Krauss P R, Chou S. Nanoscale silicon field effect transistors fabricated using imprint lithography [J]. Applied Physics Letters, 1997, 71 (13): 1881-1883.

第十一章 改变世界的新兴技术——纳米压印

1997 在PMMA上制作出了6nm线宽结构

1999 制作出了金属-半导体-金属结构的光电探测器以及190nm周期的宽带光波导金属偏振器

2000 在6in晶圆上成功实施大面积纳米压印

2006 进行量子点、纳米线等结构加工

2007 利用硅的非对称蚀刻制作小于20nm的结构

2009 实现大面积图形上亚50nm结构的重复压印

2013 成功创造了大面积的高密度存储介质

2014 实现低成本批量生产感应薄膜

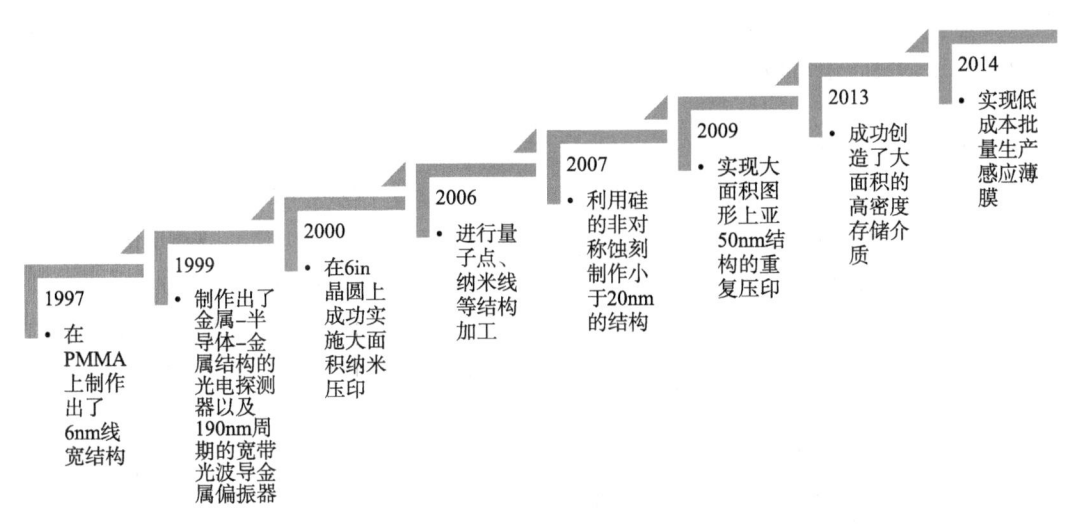

图 11-7 纳米压印应用发展

片实验室[1]、超高存储密度磁盘[2]、微凸镜阵列[3]、图像传感器[4]、薄膜晶体管、导光板[5]、减反射膜、偏光膜等。日本 OMRON 公司利用自组装制作了几十纳米周期的凸起结构，将其作为减反射结构的模具[6]。德国 AMO 研究所采用紫外纳米压印技术制作了场效应晶体管[7]。美国 Sandia 国家实验室采用纳米压印技术和微电子工艺相结合制作出了硅纳米阵列 FET 传感器[8]，此传感器对氮气和硝基苯酚的环己烷溶液有较好的敏感特性，可用于环境监控、新能源及医疗诊断仪器等领域。

为加快推进纳米压印光刻技术的研发，东芝公司与 SK Hynix 公司于 2014 年 12 月达成联合开发的基本意向，切实促进存储器产品的精细化，进一步加强存储器业务，推动相关产品的产业化进程。佳能在该公司的技术展示会"Canon EXPO 2015 Tokyo"上宣布，已证实可利用新一代半导体生产工艺——纳米压印技术生产线宽为 11nm 的半导体器件。

---

[1] Xia Q, Robinett W, Cumbie M W, et al. Memristor – CMOS hybrid integrated circuits for reconfigurable logic [J]. Nano letters, 2009, 9 (10): 3640 – 3645.

[2] Wu W, Cui B, Sun X, et al. Large area high density quantized magnetic disks fabricated using nanoimprint lithography [J]. Journal of Vacuum Science & Technology B, 1998, 16 (6): 3825 – 3829.

[3] Chars E P, Crosby A J. Fabricating microlens arrays by surface wrinkling [J]. Advanced Materials, 2006, 18 (24): 3238 – 3242.

[4] Peng C, Liang X, Fu Z, et al. High fidelity fabrication of microlens arrays by nanoimprint using conformal mold duplication and low – pressure liquid materialcuring [J]. Journal of Vacuum Science & Technology B, 2007, 25 (2): 410 – 414.

[5] Kim J G, Sim Y, Cho Y, et al. Large area pattern replication by nanoimprint lithography for LCD – TFT application [J]. Microelectronic Engineering, 2009, 86 (12): 2427 – 2431.

[6] Yu Z, Gao H, Wu W, et al. Fabrication of large area subwavelength antireflection structures on Si using trilayer resist nanoimprint lithography and liftoff [J]. Journal of Vacuum Science & Technology B, 2003, 21 (6): 2874 – 2877.

[7] Hisamoto D, Lee W C, Kedzierski J, et al. FinFET – a self – aligned double – gate MOSFET scalable to 20 nm [J]. Electron Devices, IEEE Transactions on, 2000, 47 (12): 2320 – 2325.

[8] Zhang S, Choi M, Park N. Modeling yield of carbon – nanotube/silicon – nanowire FET based nanoarray architecture with h – hot addressing scheme [C] //Defect and Fault Tolerance in VLSI Systems, 2004. DFT 2004. Proceedings. 19th IEEE International Symposium on. IEEE, 2004: 356 – 364.

其他应用方面，Nanonex（由纳米压印的创始人 Stephen Chou 教授建立）已开始使用自己的压印设备生产包括 DVD、CD 中改善光信号的波盘。生物技术方面，Waseda 大学和一家日本的医疗器械公司正在研究一个细胞排列装置，使用了压印器件来快速分析液体并确定特殊的目标细胞。

在中国，纳米压印目前的产业化程度还比较低，主要以高校研究为主，国家比较重视对纳米压印技术的研发，组织了数次 973、863 课题研究，助力清华大学、西安交通大学等研究团队研究纳米压印技术，推动产业化步伐。另外，也特别重视海外纳米压印人才和技术的引进，2013 年 8 月 16 日，在北京市科委的积极推动下，美国工程院院士、普林斯顿大学终身教授周郁团队的纳米压印 LED 图形衬底产业化项目与北京纳米科技产业园签订意向入驻协议，推进了中国 LED 纳米压印技术的产业化。由于进口压印设备成本较高，国内研究机构也在致力于生产纳米压印系统。2016 年 4 月份，中科院光电技术研究所自主研制出一种新型紫外纳米压印光刻机，其成本仅为国外同类设备的 1/3，该设备已完成初试和小批生产。另外，江苏非常重视和支持纳米压印技术的研发，该省的苏州光舵微纳科技有限公司（简称苏州光舵）2015 年底在新三板挂牌上市，它是中国国内唯一一家全力致力于微纳米压印设备、压印工艺及耗材的研发及生产，并全力推动纳米压印技术产业化的企业，目前正处在创业初期，尚不具备规模生产的能力。

总之，纳米压印技术应用越来越广泛，但整体上还不算成熟，国际纳米压印的产业化步伐仍显不足。半导体制造业是一个非常保守的行业，纳米压印在半导体制造业中依然存在争论，因为压印需要接触式转移团，这种方式是半导体行业的"禁忌"，半导体公司对该技术仍保持谨慎态度。

三、纳米压印好在哪儿

纳米压印技术从提出开始就很快进入业内人士的视野中，纳米压印工艺只利用物理学的简单机理，便可构造出纳米尺寸图形，且其分辨率只和母版有关，仅需一次压印便可将母版图案转移到衬底上，且母版能够重复使用，工艺成本较低。

目前，半导体行业在努力朝着缩小特征尺寸的方向快速发展，技术的进步随之而来的问题是研究和设备成本的指数增长。在这一发展形势下，纳米压印❶❷❸以其过程中不涉及传统光刻中复杂的光学、化学、光化学反应机理，也避免了特殊曝光束源、高精度聚焦系统、复杂透镜系统的使用，并且不会受到光学衍射和散射的影响，具有高分辨

---

❶ Chou S Y, Krauss P R, Renstrom P J. Nanoimprint Lithography [J]. J. Vac. Sci. Tech., 1996, B14 (6): 4129 – 4133.

❷ Chou S Y, Krauss P R, Renstrom P J. Imprint Lithography with 25 – Nanometer Resolution [J]. Science, 1996, 272: 85 – 87.

❸ Dumond J J, Mahabadi K A, Yee Y S. High resolution UV roll – to – roll nanoimprinting of resin moulds and subsequent replication via thermal nanoimprint lithography [J]. Nanotechnology, 2012, 23 (48): 1 – 10.

率、高产量、低成本等适合工业化生产的独特优势[1][2],使得人们对纳米压印这一低成本图形转移技术的关注越来越多。同时,纳米压印技术能够进行大批量重复性地大面积生产制造,能够同时制作成百上千个电子器件,非常适合产业化生产。这项技术和极紫外光刻、X射线光刻、电子束光刻以及离子束光刻成为半导体行业第二代光刻技术的候选者,并且其他几种新光刻技术都有束源的苛刻要求,纳米压印极具成本优势,参见图11-8。2003年2月麻省理工学院的Technology Review杂志报道了纳米压印技术将是改变世界的十大新兴技术之一[3][4][5],2003年《国际半导体技术蓝图》将纳米压印技术列入32nm节点光刻技术的代表之一[6],2009年《国际半导体技术蓝图》将纳米压印列入16nm和11nm节点光刻技术。

图11-8 纳米压印的优势

第二节 溯源纳米压印

一、纳米压印的起源

1995年,周郁教授将压印技术引入微电子图案化加工领域,首次提出了一种全新的图形复刻技术,采用机械模具复型原理将纳米级的图案转移到聚合物上,该技术原理简单、操作方便,并且实现了亚25nm的精细图案。纳米压印工艺的首个专利申请也是

---

[1] 丁玉成,刘红忠,卢秉恒,等.下一代光刻技术——压印光刻[J].机械工程学报,2007,43(3):1-7.
[2] 张鸿海,胡晓康,范able秋,等.纳米压印光刻技术的研究[J].华中科技大学学报(自然科学版),2004,32(12):57-59.
[3] 王金合,等.纳米压印技术的最新进展[J].微纳电子技术,2010,47(12):722-730.
[4] Piaszenski G, Barth U, Rudzinski A. 3D structures for UV-NIL template fabrication with grayscale ebeam lithography[J]. Microelectronic Engineering, 2007, 84.
[5] Guo L J. Recent progress in nanoimprint technology and its applications[J]. J. Phys. D: Appl. Phys., 2004, 37: R123-R141.
[6] 周伟民,等.纳米压印技术[M].北京:科学出版社,2011:4-5.

周郁教授提出的，申请号是 US19950558809（公开号是 US5772905A）。该专利采用热压印的技术，以较低成本实现了精度为 10nm 的图案大规模生产。如图 11-9 所示，欲将图案形成在基板 18 上，先在基板上涂敷光刻胶 20，准备一个硬模具 10，硬模具 10 具有间隔开的凸起结构 16，将光刻胶 20 加热到玻璃态，通过施加压力将硬模具 10 置于光刻胶 20 上，降低温度后去除硬模具 10，最后通过蚀刻工艺去除残留的光刻胶，完成图形的转移。该方法开启了采用纳米压印技术制作超微细特征的序幕，也为后来纳米压印技术的发展奠定了基础。

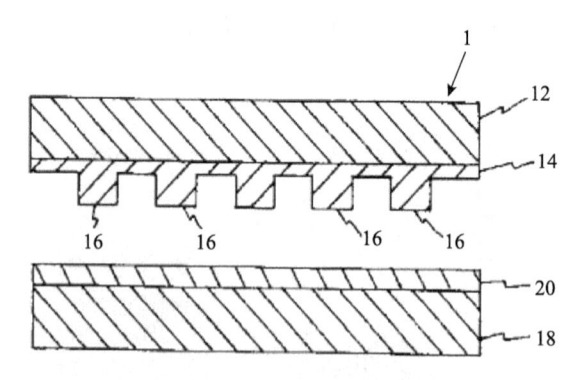

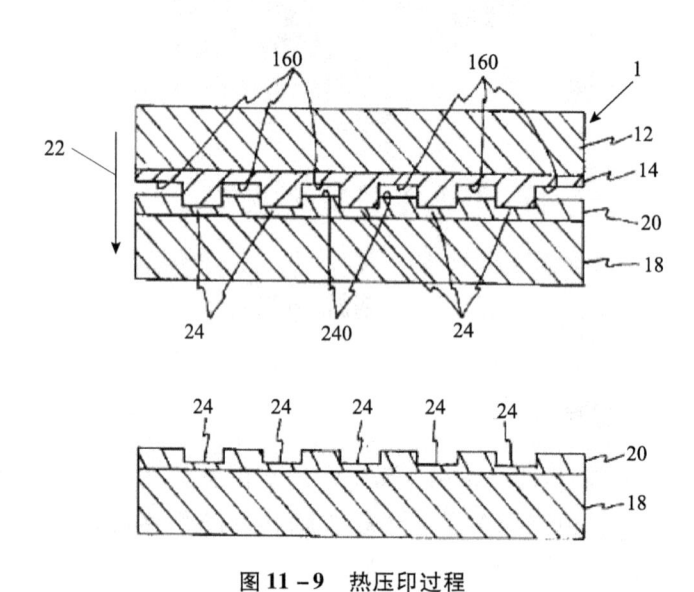

图 11-9　热压印过程

纳米压印技术实际上是一种工艺上的革新，而工艺的成熟得益于设备的完善，因此，早期的纳米压印技术主要是针对纳米压印设备的研究。几家大型设备供应商比如美国的 Molecular Imprints 公司和瑞典的 Obducat 公司[1]，在对准系统、光源系统、温控系统、压力控制系统、模具制作、工作台等方面不断改进和完善，为纳米压印技术的发展提供了源动力。

---

[1] 戴翀. 我国纳米压印光刻技术专利态势分析 [J]. 科技与产业，2013，13（4）：111-115.

二、纳米压印的发展

在有了设备保证的基础之上,研究人员开始对纳米压印的工艺步骤进行优化和改良,并不断开发出新的纳米压印工艺。图 11-10 示出了纳米压印工艺技术的简单发展脉络,自 1995 年纳米压印技术出现之后,很快便出现了三个技术分支,即热压印、紫外固化压印和微接触压印,且每一个技术分支都有其进一步的发展。

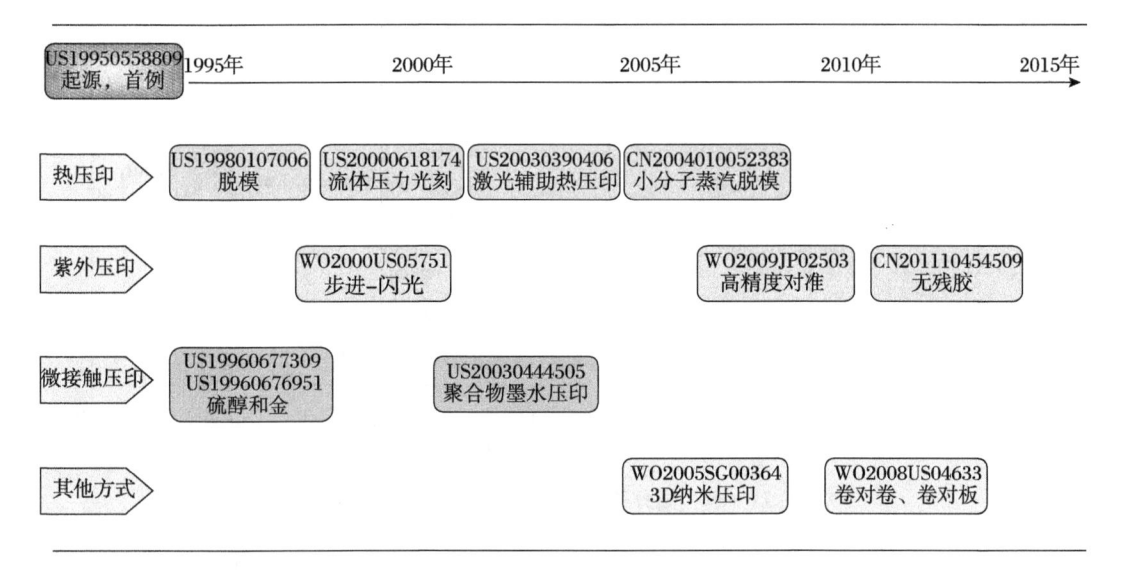

图 11-10 纳米压印工艺发展路线

热压印是最先出现的纳米压印技术,它和塑性加工最为类似。下面介绍热压印技术的主要工艺步骤。首先衬底上需要涂敷一层高分子物质(压印胶),随后系统升温,高分子材料超过了玻璃化转化温度 T_g(对应图 11-11 中的 T_f),变成了一种黏性流体,然后将模板压入黏性流体,黏性流体在模板的图案挤压下发生机械形变,按照模板的形状形成图案,最后冷却基体后移除模板。整个过程虽然看似简单,但热压印存在很多技术挑战。传统的热压印技术存在很多缺点,如图案成型需要高温高压、模板成本高、微结构转印难度大等,因此,在接下来的 20 多年中针对纳米压印技术的改进层出不穷。

在压印过程中,高分子材料在升温和冷却的过程中容易变形,流体填满模板上纳米级的孔洞十分困难,目前研究者主要通过改善压印胶的性能、增大压力以及升高温度来改善这种情况,例如,为提高模板加压的均匀性出现了采用流体加压技术的专利申请 US20000618174;为解决热压印形变误差以及其整体工艺时间较长的问题,出现了激光辅助压印技术的专利申请 US20030390406。另外,在脱模过程中,具有纳米图案的胶体在模具移除的过程中很容易损坏,目前人们采用的解决方案主要是在模板上涂敷一层防黏的单分子层,来降低模板与胶体的黏滞阻力,如为提高脱模质量,出现了有关纳米压印脱模材料的专利申请 US19980107006 和采用小分子物质蒸汽以降低模板与基底之间吸附能的专利申请 CN2004010052383。

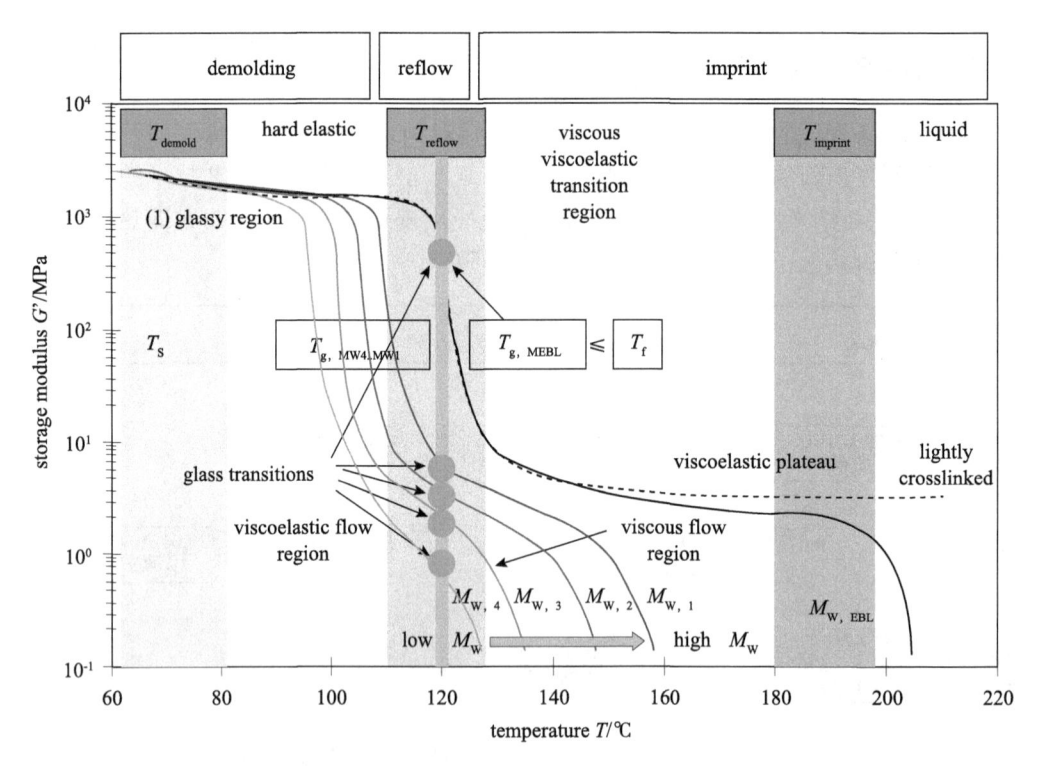

图 11 – 11　高分子材料储能模量 – 温度曲线[1]

由图 11 – 11 可见，热压印技术涉及高温、高压、冷却等工艺，不利于成本的降低，后来研究者提出了一种更加简化的压印工艺——紫外固化压印。紫外固化压印和热压印在压印胶的处理上是一个相反的过程，紫外固化是使得原本流体状态的聚合物通过感光交联固化，在常温、常压下就可以实现图案的转移。1999 年由 Texas 大学的 Willson 教授提出了步进 – 闪烁的紫外固化压印光刻技术 WO2000US05751，公开号为 WO0054107A1。该专利所涉及的方法可制作大面积高分辨率纳米结构图案，主要通过采用小模板分步循环压印的方式，既有效又节省成本。具体包括透明的模板，在基板上涂敷对紫外光敏感的光刻胶，将模板压在光刻胶上，通过紫外光照射使光刻胶固化，然后去除模板，重复循环压印多次，即可得到大面积图案。该专利首次提出了步进 – 闪烁紫外固化纳米压印技术，且能够有效地实现大面积高分辨率纳米结构图案的转移，具有非常重要的意义。但是紫外固化压印并不能完全代替热压印，由于引入了紫外光源，新的问题也随之产生。为提高精度，出现了包含对准的高精度紫外固化纳米压印技术 WO2009JP02503；为解决现有技术中存在光刻胶残余的问题，出现了使压印模板的凸起底部直接与基板接触的专利申请 CN201110454509。紫外固化需要模板透明，这样就对模板提出了新的要求；压印胶需要引入感光的化学基团，这些基团对于压印胶的其他性能可能又会有影响；另外固化时间长会大大影响生产效率。当然，热压印技术也没有停滞不前，研究人员采用一种激光辅助加热的方式，实现了瞬态加热，极大地改善了温变造成的形变偏差。

---

[1] Helmut Schift. Nanoimprint lithography: 2D or not 2D? A review [J]. Applied Physics A, 2015, 121: 415 – 435.

随着对上述两种工艺的深入研究，研究者开始更加关注大面积图案化的实现。一种理想的状态是模板同基板等面积，一步即可完成全基板的图案化转移，但模板的制作需要电子束曝光等复杂的微加工，因此大面积的模板制作相当困难。即使有了这样的一个大模板，另一个致命问题是衬底上的微小起伏都将会影响整个基板的图案转移。基于此问题，研究者提出了一种步进式加工方式，如图11-12（a）所示，这种方式有点像扫描电子显微镜（SEM），通过步进式的压头，实现了大面积的图案转移。这种方式的问题是加工速度不够快，研究者又结合了报纸印刷术，提出了一种卷对卷（roll-to-roll）的加工方式，如图11-12（b）所示，在辊的表面加工出图案，衬底则像印报纸一样和辊相对移动，从而实现了快速的大面积图案转移。

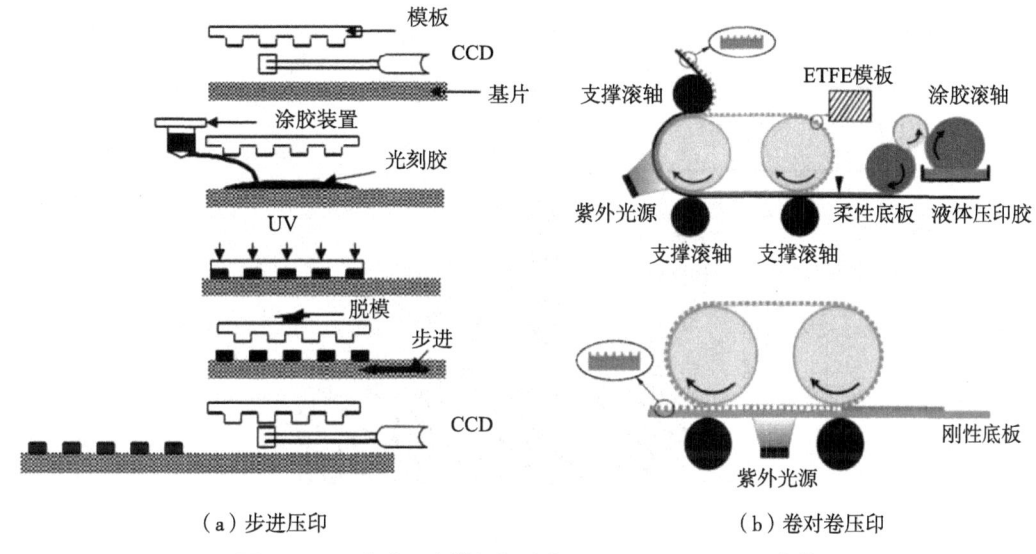

（a）步进压印　　　　　　　　　（b）卷对卷压印

图11-12　步进压印❶和卷对卷（roll-to-roll）压印❷

基于分子自组装的原理，研究者还提出了一种微接触压印，如图11-13所示。微接触压印与前两者都不同，它不需要压印胶，而是将吸附了单分子层的模板压印到衬底上，从而在衬底上形成图案化的单分子膜，由于模板分辨率的限制，微接触压印的图案尺寸难以降低。

微接触压印由哈佛大学的Whitesides等首次提出并申请了专利US19960677309和US19960676951，公开号分别为US5900160A和US6180239B1。这里主要介绍一下公开号为US5900160A的专利申请，其涉及一种用于平面和非平面表面制作超精细图案的微接触压印的方法。如图11-14所示，模板20包括凹部和凸部，模板表面涂敷有形成自组装单层的材料，通过滚动方式将自组装单层压印到基板30的表面上，然后通过蚀刻工艺完成图形的转移。微接触压印的方法为纳米压印工艺在生物领域的应用提供了技术指引。之后出现了采用聚合物墨水的压印技术US20030444505。

---

❶ 李小丽. 纳米压印技术制作光子晶体结构及其应用研究［D］. 上海：上海交通大学，2009：5.
❷ 魏玉平，等. 纳米压印光刻技术综述［J］. 制造技术与机床，2012，8：87-94.

（a）单分子层制备 （b）单分子层图形转移

（c）脱模

图 11-13　微接触压印过程[1]

图 11-14　微接触压印

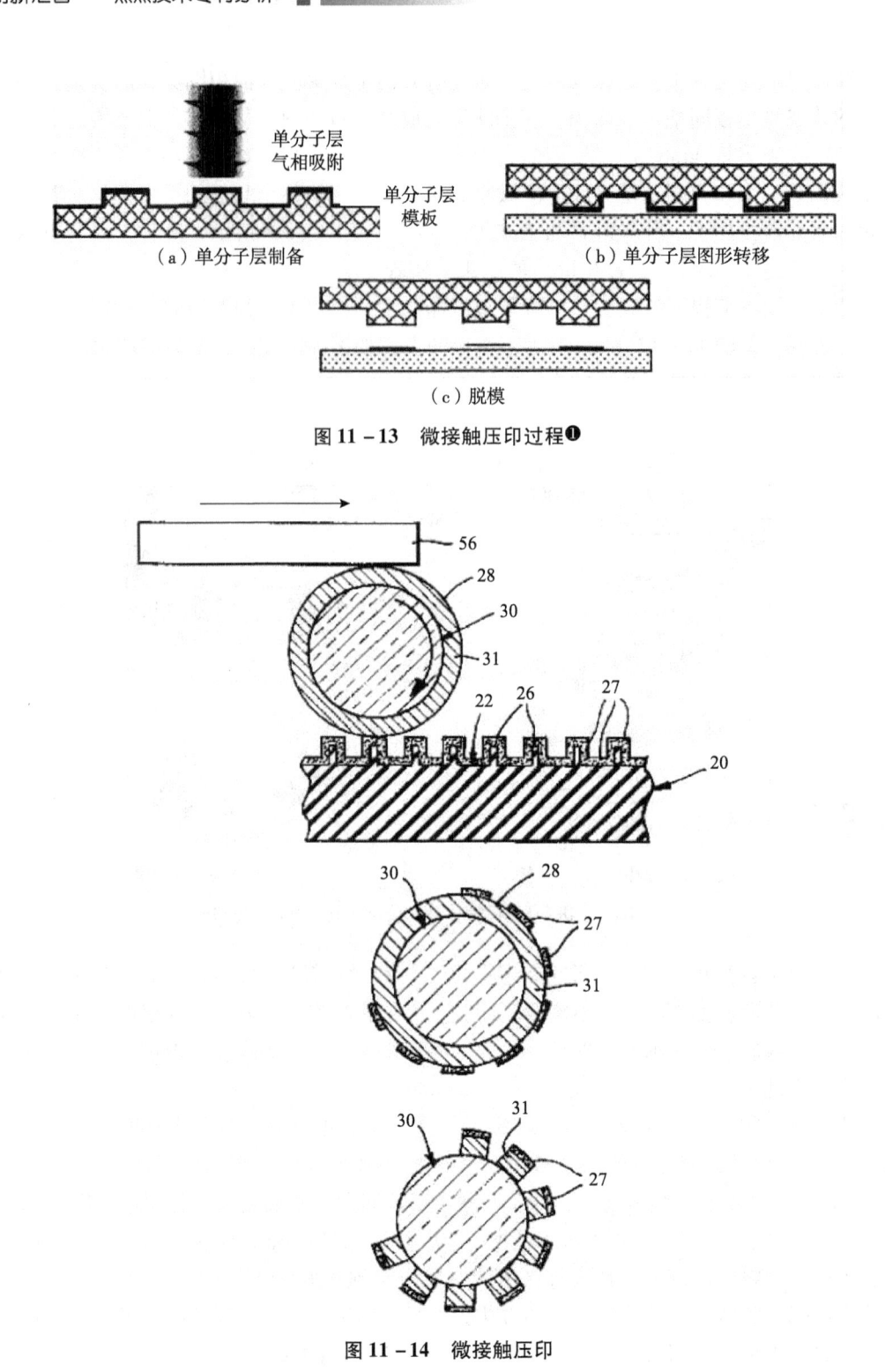

[1] 丁玉成. 纳米压印光刻工艺的研究进展和技术挑战 [J]. 青岛理工大学学报，2010，31 (1)：9-15.

纳米压印作为一种图形化方法，通过模板和基底之间的机械接触实现模板图形的转移，因此模板的材质特性和制造精度直接影响图形的质量。图 11-15 示出了纳米压印模板的发展路线图，纳米压印模板的发展主要集中在模板的对准以及模板的材料上。

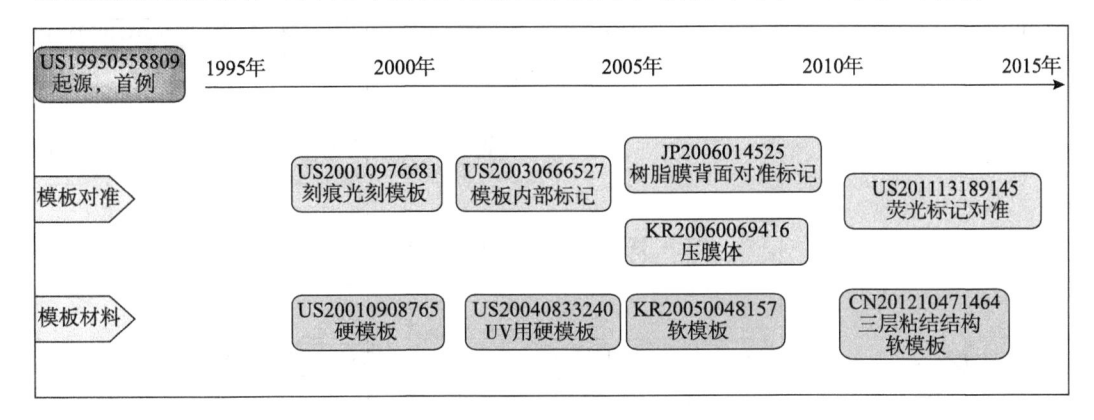

图 11-15 纳米压印模板发展路线

2001 年，美国 Texas 大学申请了关于纳米压印技术压印对准的第一项专利申请 US20010976681，利用刻痕光刻模板，实现模板和衬底之间间隙的精确控制。然而由于这种刻痕光刻模板受模板材料的影响，因此出现了将对准标记刻印在模板内部的专利申请，其中代表专利申请为 US20030666527。另外，日立公司于 2006 年提出一种采用在树脂膜基板背面形成对准标记的模板，通过检测对准标记进行高精度对准，避免由于外力作用产生的位置偏差，代表专利为 JP2006014525。同年，三星公司为了避免由于外部条件导致的变形，申请专利 KR20060069416，对压模体设置有加强部分，从而提高基底与压模的排列精确度。随着纳米压印应用的发展，西安交通大学 2010 年提出了通过菲涅尔界面定理和时域有限差分计算提高莫尔条纹对准图像质量的方法。随着纳米压印对准标记材料的发展，纳米压印对准技术也更为先进，比如 2011 年 ASML 公司提出了一种利用荧光标记对准的模板，进一步提高对准精度。

根据纳米压印模板材料的特性，压印模板材料可以是刚性材料、柔性材料或者两类材料的叠合组成。2001 年 Texas 大学提出专利申请 US20010908765，其中采用硅、石英等材料制作硬模板，得到较高精度的模板；2004 年分子制模提出了一种 UV 刻印用的柔顺性硬质模板，代表专利为 US20040833240，但是这种硬质模板的硬度较大，容易断裂，因此软模板应运而生。2005 年 LG 公司提出了一种软模板，耐用性久，代表专利为 KR20050048157。当然软模板虽然耐用，但也有其劣势，就是复型精度不高。因此 2012 年苏州光舵公司提出了一种采用三层粘接结构的复合模板，代表专利为 CN201210471464，使其既具有软模板的特性，又具有硬模板的高精度。

一项工艺方法，其产生的最终意义是生产出好的产品，就像 3D 打印技术一样，再好的设备和优化的工艺步骤，也比不了好的产品更能让人信服。随着设备和工艺的不断完善，纳米压印开始走向应用，最大的应用领域是半导体器件和微电子电路，例如太阳电池、发光二极管、场效应晶体管、芯片等，图 11-16 示出了纳米压印技术在各个领域应用的发展脉络。

```
US19950558809  1995年      2000年        2005年         2010年         2015年
起源，首例
```

太阳电池 ▶   US20040900624   JP2006342315   CN200810037745   CN201110285740
                   染料电池电极   陷光织构   硅纳米线电池   背电极

发光二极管 ▶   KR20050048836   CN201110087571   CN201210088157
                                    图案化衬底   光子晶体LED   OLED

光栅 ▶   JP2003431801   KR20040046521   CN200910028285
                   光子晶体   偏振片   亚波长彩色滤光片

微电子器件 ▶   US19990430602   GB0229191   CN200910229154
                   CD存储器   晶体管的源漏栅   微流体芯片

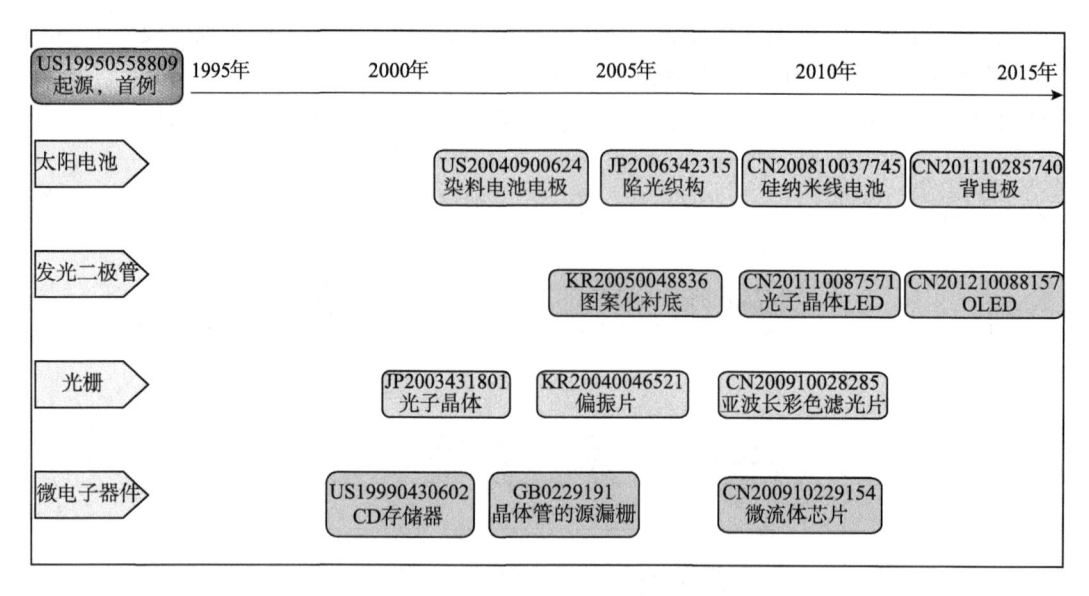

图 11-16　纳米压印应用发展路线

在太阳电池方面，研究者首先想到的是电极的改进，2004 年，专利申请 US20040900624 将纳米压印应用到了染料敏化电池，制备了纳米结构的电极，这样能够储存更多的染料分子，提高电池的吸光性能；2006 年，专利申请 JP2006342315 利用纳米压印技术制备了太阳电池的表面结构，增强了电池的吸光性；2011 年，专利申请 CN201110285740 采用纳米压印制备了背电极，提高了电池吸光效率。除了电极之外，活性层的纳米结构的构筑要困难得多，但是纳米结构可以增加 P 型和 N 型活性层之间的接触面积，同时减少激子的复合，因此这种界面的纳米微结构可能有助于提高太阳电池的效率。2008 年，专利申请 CN200810037745 利用纳米压印制作了硅纳米线结构，得到了硅纳米线太阳电池；2009 年，专利申请 US20090388212 用纳米压印制备的聚合物活性层制备了太阳电池，对于聚合物的图案化是纳米压印的独特优势，在各种图案化技术中对高分子链的活性的破坏性是最小的。在发光二极管方面，可以制备衬底的纳米结构，提高出光效率。2005 年，专利申请 KR20050048836 利用纳米压印制备了具有凹凸纳米结构的衬底；2011 年，专利申请 CN201110087571 利用纳米压印制备了光子晶体结构并结合到了发光二极管器件上；2012 年，专利申请 CN201210088157 将纳米结构应用到了有机发光二极管器件上。在光栅方面，因为纳米压印可以提供各种所需要的纳米微结构，所以可以制备偏振片、光子晶体、滤光片等各种类型的光栅。2003 年，专利申请 JP2003431801 采用纳米压印制备了光子晶体；2004 年，专利申请 KR20040046521 利用纳米压印制备了红、绿、蓝彩色滤光片，可以应用到显示技术当中。除了光学器件和光电器件之外，在传统的微电子器件方面，早在 1999 年，专利申请 US19990430602 利用纳米压印制备了高密度存储 CD；在 2002 年，专利申请 GB0229191 制备图案化的场效应晶体管的源漏电极和栅电极。

不过科学家并不局限于此，他们把纳米压印技术拓宽到了生物和化学领域，例如制备生物仿生结构、生物传感器等，2009 年，在专利申请 CN200910229154 中，生物学上应用广泛的微流体芯片采用了纳米压印制备技术。与设备和工艺的研究比起来，纳米压印的应用还显得非常稚嫩，尚有很多实际问题需要解决，尤其是关于产品的均一性和可靠性需要进一步加强。

目前，纳米压印技术已经可以达到 2.4nm 甚至更高的分辨率，这已经是一个非常可观的数字，因此分辨率不是纳米压印技术中的问题，但是从实验室到工业化还有很长的路要走。纳米压印虽然避开了光学衍射的问题，但是接触式图案转移方式又衍生了许多新的问题。目前纳米压印技术存在的关键技术问题或者说关键的技术环节主要是：高品质模板的制作、压印胶的性能、图形的精确转移、无损脱模、高选择性离子蚀刻等。这些关键技术环节的进步，将促进纳米压印走向应用的产业化。

第三节 纳米压印的未来畅想

一、技术突破的桎梏

纳米压印技术的过程主要包括模板的制作、高精度压印的控制、高分辨率图形的复制以及尺寸效应等系列关键技术，每一步骤的控制都至关重要，面临着很多挑战。纳米压印过程中，任何一个步骤中出现问题都可能会造成压印产品的各种缺陷，参见图 11-17，在纳米压印工艺的模板、压印胶、对准、参数控制和脱模中都存在许多影响图形质量的因素。

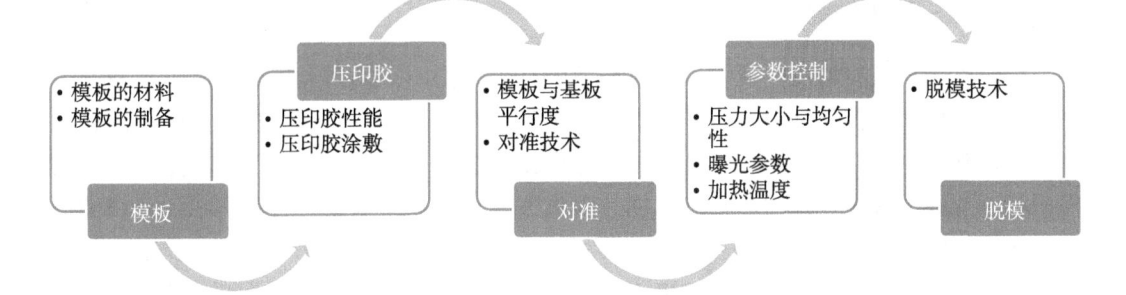

图 11-17 纳米压印的技术难点

热压印最大的缺点就是需要高温和高压，这就对热压印过程中所用到的模板、压印胶等有特殊的要求，比如模板的硬度要大，不能在高压下出现形变现象，模板的热膨胀系数要小，要能够在高温下保持其原有的形态和性质，压印胶的玻璃化转变温度要低，流动性要好，这样才能完全填充模板。因此，热压印不适用于不能经受高温高压的材料、不适用于纵横比较大的图案。压印过程中的高压或压力的不均匀会造成模板的具体结构损坏，由于压印胶、衬底及模板的热膨胀系数不一样，在加热冷却的循环中可能会产生内应力，这也有可能破坏模板上的结构❶。热压印过程采用硬模板，模板与衬底之

---

❶ Hirai Y, Yoshida S, Takagi N. Defect analysis in thermal nanoimprint lithography [J]. Journal of Vacuum Science & Technology B, 2003, 21 (6)：2765-2770.

间的平行度和平面度误差是不可避免的,受力不均匀会导致图形无法完全转移。热压印还有一个大的缺点就是在压印过程中需要大量的时间进行温度和压力的升降,延长了生产周期,降低了生产效率。

相比于热压印,紫外固化压印不需要高温高压,紫外固化光刻胶的胶黏度通常较低,需很小的压力便能实现模板的压入,而且工艺温度要求室温即可。没有了高温高压的工艺条件要求,能够避免模板和衬底的热应力变形,延长了模板的寿命,缩短了工艺周期,节省了成本。同时紫外固化压印的模板要求具有透光性,压印胶要在紫外光照射的条件下进行固化,模板具有透光性最大的好处就是能够比较容易地实现模板与衬底的对准,紫外固化压印的这个优点扩大了纳米压印的应用范围。但是,紫外固化压印的最大缺点就是设备极其昂贵,对工艺和环境的要求也非常高,由于没有加热的热膨胀过程,压印胶中的气泡很难排出,造成压印结构的细微缺陷[1]。

微接触纳米压印技术采用软模板,最大的优点在于可以应用于各种表面上,比如不平整的表面或有些许颗粒的表面或曲面,软模板可以有效解决模板与衬底之间平行度误差和两者间平面度误差的问题,且微接触压印在工艺过程中不需要外加应力,只是简单的印刷过程,能够生产大尺寸的产品,生产效率高。但是,也正是因为微接触纳米压印工艺使用软模板,其具有良好的弹性,模板与压印胶在转移过程中会产生滑动,造成转移图形的缺损或者变形。微接触纳米压印移印物质的溶液必须要有合适的浓度和浸润性,否则容易造成图形的失真[2]。

二、芯片升级关键

集成电路从最早的在一块衬底上只能放置几个元器件,到今天每个衬底上集成千万个甚至是上亿个元器件,技术水平发展相当迅猛,在日常生活中已经有明显的体现,比如电视机从 20 世纪七八十年代的厚重已经发展到现在的轻薄。特征尺寸决定了芯片的面积和芯片的集成度,并对芯片的性能有着重要的影响,缩小特征尺寸是芯片升级的关键。在这样的推动下,微细加工技术不断发展,尤其是光刻技术。21 世纪以来,由半导体微电子技术引发的微型化革命进入到了一个新的时代,即纳米技术的时代[3]。纳米加工技术所用的传统光刻技术受分辨率的影响,在制备100nm以下的精细图案时存在较大的困难,遇到技术上的瓶颈。

在芯片制造中,传统光刻技术的这些局限性限制了特征尺寸的进一步缩小,由于其光刻分辨率已经达到物理极限,要进一步降低分辨率,无论是从技术上还是从经济上都面临着巨大的问题和挑战,于是便出现了新一代的光刻技术,如激光全息光刻、电子束光刻、X射线光刻、极紫外光刻和纳米压印光刻等,但除了纳米压印光刻之外,其他都需要复杂光学系统等,存在较大的产业化局限性。激光全息光刻技术又称干涉光刻技

---

[1] Haisma J, Verheijen M, Van Den Heuvel K, et al. Mold-assisted nanolithography: A process for reliable pattern replication [J]. Journal of Vacuum Science & Technology B, 1996, 14 (6): 4124-4128.

[2] 冯杰,高长有,沈家骢. 微接触印刷技术在表面固化中的应用 [J]. 高分子材料科学与工程, 2004, 20 (6): 1-5.

[3] 崔铮. 微纳加工技术以及应用 [M]. 北京:高等教育出版社, 2009: 1-30.

术，能够快速形成大面积的周期性纳米阵列结构，但焦深小，只能应用于阵列结构的制备，且不适用于20nm以下的结构。电子束光刻技术虽然能够制作具有10~20nm特征尺寸的结构，但采用扫描的方式导致其生产效率比较低，在进行大批量重复性生产时成本过高。然而，作为新一代改变世界新兴技术之一的纳米压印技术，借助于其独特的优势，成为芯片升级的关键技术的主力军。纳米压印是通过转移介质的物理形变来实现图形的转移，不仅分辨率较高，而且压印过程不受光波长、光透镜等因素的影响，非常适用于大面积图形的制作。

目前，纳米压印技术已经显示了非常广泛的应用和巨大的商业化前景。当芯片遇到纳米压印之后，可以预期的是，不仅芯片制作成本上会大幅下降，对于进一步将芯片做小也变得简单。

三、引领"芯"时代

2018年，中美贸易战硝烟纷飞，中兴事件成了国人茶余饭后最常见的讨论话题，各方人士也纷纷对此进行分析。中兴事件将我国半导体芯片产业的痛点赤裸裸地摆放在了国人面前。据统计，我国每年进口芯片的费用有几千亿甚至是上万亿美元，半导体芯片行业的贸易逆差也已经到了一个非常可怕的数字。有人甚至指出"我国的半导体产业就像国足一样，在整个半导体产业链中没有话语权"❶。在这样一个电子化信息快速发展的"芯"时代，各国想要立于不败之地就必须努力发展芯片产业。

芯片制造中最关键的点就是"小"和"精"，要把小到几十纳米甚至是几纳米的电路精准地刻到方圆不过几平方厘米的晶圆上，在这个过程中光刻工艺就占据了决定性的地位。光刻工艺能够到达的精度决定了芯片的质量以及芯片的尺寸，光刻工艺的成本也决定了芯片的成本。一直以来，光刻机都被荷兰的ASML公司所垄断，不仅价格昂贵，而且千金难求。现在国内一些32nm和22nm的光刻机都是采购自其他国家的二手设备，而且还需要向美国提出申请，并且出售给我国的光刻机都带有附加条件，那就是不能用来生产军用级别的芯片和给中国自主芯片代工。

而随着制造结构的尺寸不断变小，达到纳米量级，光刻技术也开始面临技术和成本上的挑战。技术上，随着光波长衍射极限的物理限制，光学光刻的极限分辨率也受到限制，而且继续缩短波长也难以找到制作光学系统的材料；成本上，光刻所需的设备、光学系统和光刻工艺都较为昂贵。针对以上的挑战，美国"明尼苏达大学纳米结构实验室"从1995年开始进行了开创性的研究，并提出了一种叫作"纳米压印"的新技术。自从该技术问世以来，以其高分辨率、高效率、低成本以及工艺简单受到人们的广泛关注。目前纳米压印技术已经能够实现特征尺寸为2.4nm的工艺，而且只需要在模具上制作一个图案，之后能够反复使用模具，快速复制形成精细图案，降低成本。芯片制造中采用纳米压印技术能够在低成本的前提下制作出高分辨率且具有相当好的均匀性和重复性的精细图案，可见，纳米压印技术必将成为引领"芯"时代的关键技术。

---

❶ 贺飞. 中兴之后，国产芯片布局反思与应对，全球半导体产业哪些经验可以借鉴？[EB/OL]. (2018-06-21) [2018-06-22]. http://www.itbear.com.cn/html/2018-06/289700.html.

第四节　本章小结

芯片制造从传统光学光刻到新一代的光刻技术，尤其是纳米压印，是技术革新的重大突破。纳米压印技术原理简单，操作方便，成本低，分辨率高，自从问世便受到业界的广泛关注。

纳米压印工艺从最早出现的热压印，到不需要高温高压的紫外固化压印、适用于不同表面的微接触压印，再到激光辅助纳米压印、气体辅助纳米压印、超声波辅助纳米压印、滚动纳米压印、金属薄膜直接压印技术等，在不断地突破和完善。与此同时，纳米压印设备在不断地升级，应用范围越来越广泛，遍布于芯片制造中电路和器件的生产环节中。

在纳米压印技术继续发展的道路上，工艺中所涉及的模板、压印胶、对准、参数控制和脱模中都存在影响图形质量的因素，因此每一步骤的控制都至关重要，所要面临的挑战依然很多。然而，这些困难并不能阻碍技术进步的脚步，目前纳米压印技术已经可以达到2.4nm甚至更高的分辨率，这已经是一个非常可观的数字，在未来半导体行业的发展中，纳米压印技术的逐步产业化必将带来一个高潮。

第十二章 专利视角下的纳米压印

纳米压印技术自问世便受到各个国家和地区的广泛关注，其高分辨率的优势对于半导体行业的发展意义重大，其工艺简单、低成本的优势对于半导体市场的价值也是相当巨大。人们在不断地尝试将纳米压印技术应用于半导体行业中的各个角落的同时，对纳米压印工艺、设备和应用的创新改进在相关专利申请上也同步体现。本章就从专利视角来探索纳米压印技术在全球以及中国的发展情况。

第一节 纳米压印全球专利状况

一、申请趋势

纳米压印技术专利申请始于1995年。图12-1示出了1995~2017年的申请量按最早申请日/优先权日的年度分布情况。从图中可以看出，2000年以前，纳米压印申请量非常少，尚处于萌芽状态，很多企业和科研机构尚未对这项技术产生足够的关注；2000~2005年，专利申请量快速增长，2005年年申请量超过200项，说明随着纳米压印技术的发展，纳米压印所具有的独特优势开始吸引越来越多业界的目光；2005~2009年，为基本平稳期，年申请量保持在200项左右；2009年以后，申请量又出现了新一轮的增长，并且在2011年达到峰值284项，之后虽然略有下降，但仍然保持较高的申请量；2013年之后可能是技术的发展上遇到了一些瓶颈，申请量有所降低。

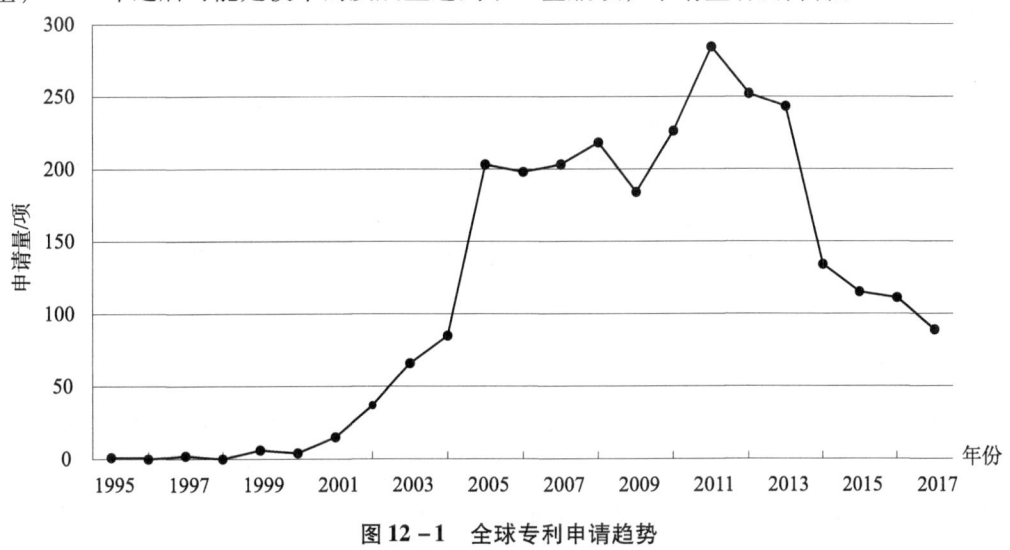

图12-1 全球专利申请趋势

二、申请区域分布

图 12-2 示出了纳米压印技术全球专利申请的区域分布，其中申请区域具体定义为专利首次申请的国家/地区，在首次申请的国家/地区的专利申请通常是在本国家/地区原创的专利申请，反映了各国家/地区的技术研发实力。从图中可知，该领域的专利申请区域主要为日本、中国和美国，共 1992 项，占总申请量的 74%。日本提交的专利申请量最多，为 811 项，占 30%；其次是中国，为 650 项，占 24%；然后是美国，为 531 项，占 20%；之后是荷兰，这些都是世界上经济较为活跃的国家和地区。

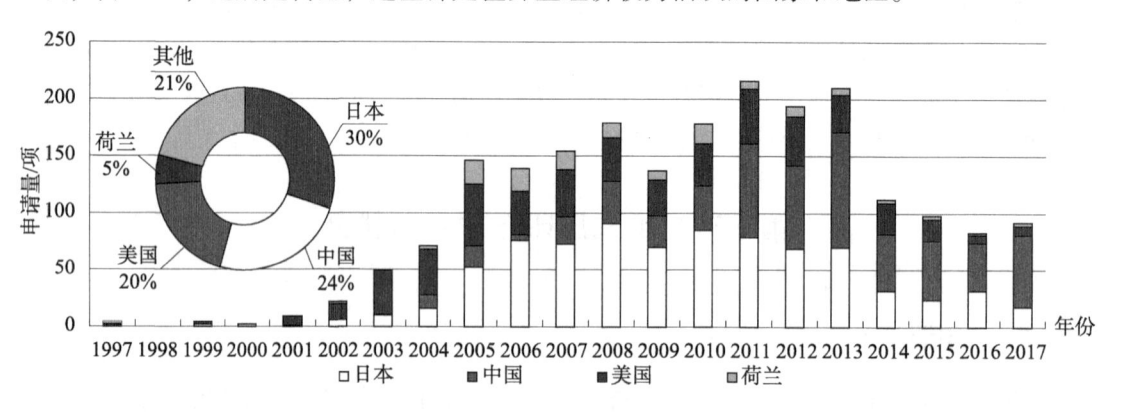

图 12-2 全球专利申请区域分布

美国虽然是纳米压印技术的原创国，但是并没有占据头把交椅，不过这不能说明美国的纳米压印技术发展滞后。美国在前沿领域并不是以量取胜，它们的公司和科研机构掌握着最关键的原创技术和核心专利，以核心专利保证自己的领先地位。日本是纳米压印申请的第一大国，虽然日本起步要晚于美国，但是日本对前沿技术的跟进非常迅速，纳米压印技术吸引了日本企业极大的研究热情，依托诸如大日本印刷、佳能、富士胶片等企业强大的资金实力和研发能力，日本迅速带动了国际纳米压印技术的发展和产业化应用进程。

从全球专利申请区域分布图可以看出，美国属于发源地国家，1995 年提出了第一项申请，日本紧随其后，于 1999 年提出了纳米压印的专利申请。中国、荷兰起步较晚，都是在 2002~2004 年提出了第 1 件纳米压印的申请。从发展趋势来看，在经历过一个上升期之后美国和日本申请量比较稳定，这是由于两国技术发展成熟度较高；中国呈继续增长势头，这与中国近年来对纳米压印技术的持续投入有关；荷兰在经历过发展期之后，近年来申请量下降。

三、申请人分析

图 12-3 列出了全球主要申请人的分布状况。从图中可以看出申请量排名前 12 位的公司有 6 家是日本公司，表明日本公司对纳米压印技术十分重视。申请量最多的是大日本印刷，为 149 项；排名第 2 的是美国的分子制模公司，为 131 项，以生产设备为主；排名第 3 的是荷兰的 ASML 公司，为 115 项；排名第 4 的是日本的富士胶片，为

112项。中国3家申请人分列第10~12名，分别为鸿富锦精密工业有限公司（简称鸿富锦）、无锡英普林纳米科技有限公司（简称无锡英普林）和华中科技大学。整体来看，纳米压印的申请人分布比较分散，第1名也只有149项，占全球申请量的5.57%，表明目前纳米压印并没有形成明显的技术垄断。

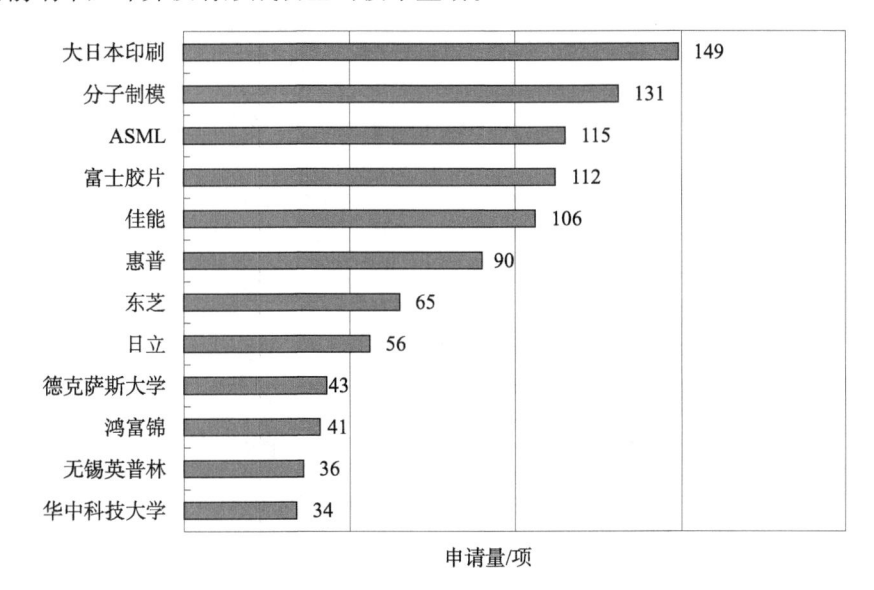

申请人	申请量/项
大日本印刷	149
分子制模	131
ASML	115
富士胶片	112
佳能	106
惠普	90
东芝	65
日立	56
德克萨斯大学	43
鸿富锦	41
无锡英普林	36
华中科技大学	34

图12-3　全球主要申请人分布

图12-4示出了排名前5位的申请人的申请趋势。从图中可以看出，大日本印刷公司在2006年和2012年经历了两次显著的发展，2012年申请量达到32项，之后仍然很活跃；分子制模公司，2012年之前申请量比较高，2012年之后申请量猛跌；富士胶片在波动中保持着比较高的申请量；ASML公司的申请量比较波动，近年来申请量相对较低；佳能在2006年之后申请量比较稳定。

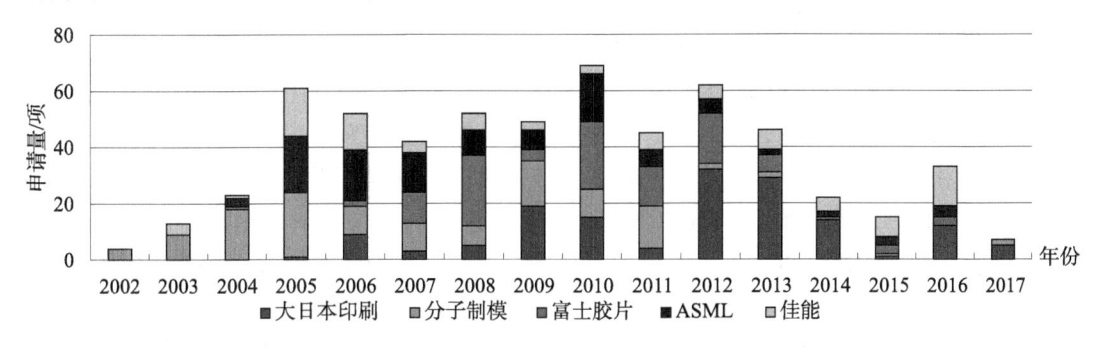

图12-4　主要申请人的申请趋势

图12-5示出了排名前5位的申请人的专利布局。日本、美国、中国、欧洲、韩国仍然是主要布局国家/地区。大部分公司优先布局本土，尤其佳能公司，绝大多数申请在日本，占据五国申请总量的一半以上。对于海外市场，大日本印刷公司专利布局的一个重要市场是欧洲，显示了大日本印刷公司对欧洲市场的重视；分子制模公司在韩国、

欧洲、日本布局较多，在中国布局较少；富士胶片在美国、韩国布局较多，在中国布局较少；然而荷兰 ASML 公司优先布局的是日本、美国，欧洲市场只排到了第 4 位，显示出 ASML 对于日本和美国市场的高度重视。

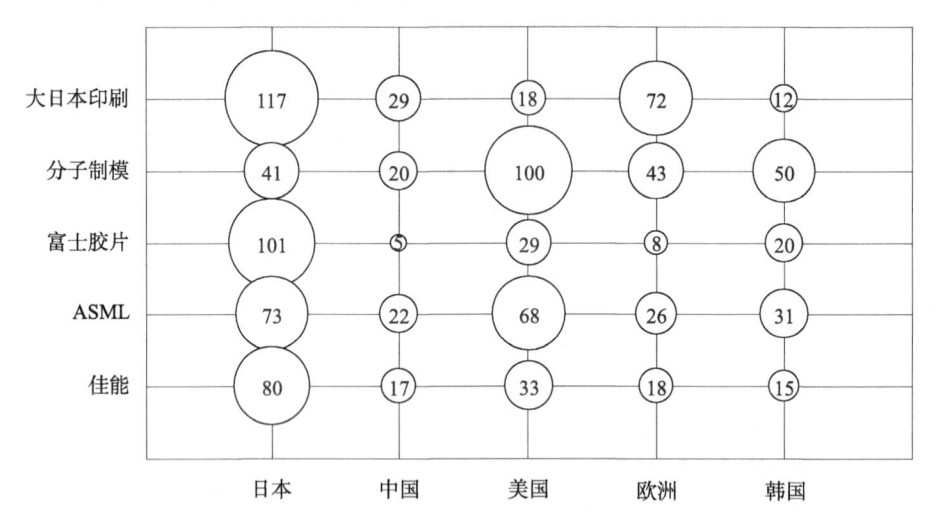

	日本	中国	美国	欧洲	韩国
大日本印刷	117	29	18	72	12
分子制模	41	20	100	43	50
富士胶片	101	5	29	8	20
ASML	73	22	68	26	31
佳能	80	17	33	18	15

图 12-5　主要申请人的专利布局区域

第二节　纳米压印中国专利状况

一、申请趋势

图 12-6 示出了我国纳米压印技术专利申请趋势。从图中可以看出，中国专利和全球专利的趋势大致相同，在 2000 年前处于萌芽状态，申请量很少；2004 年经历了第一次发展，申请量显著提高；2011 年经历了第二次发展，年申请量达到 90 件以上；随后虽然有所波动，但是保持了较高的申请量。国内申请人占比较大，达 67%，说明国内申请人重视纳米压印技术的本国布局，国外申请人占 33%，说明国外申请人对中国市场比较重视。

从图 12-7 可以看出，纳米压印专利申请中，绝大多数为发明申请，国外在华申请中没有实用新型，这是因为纳米压印设备比较昂贵，研发投入资金大，发明人希望寻求更长的保护期。国外在华的申请 PCT 超过一半，说明外国公司对纳米压印的专利布局范围较广，并且中国是重要市场。国内申请的有效案件和失效案件大体相当，而国外在华申请的有效案件是失效案件的两倍多。

另外，国内申请授权率远高于驳回率，说明纳米压印的相关申请授权比例较高，这也是前沿领域的一个普遍的特点，但这些领域产业化程度还不够高。而国外在华的申请相对国内申请，授权率更高，说明国外申请人的专利申请原创性更高一些，技术更加领先，基于美国作为纳米压印原创国，以及日本各大公司竞相展开投入和研发的事实，这些结果也是可以预期的。

图 12-6 中国专利申请趋势

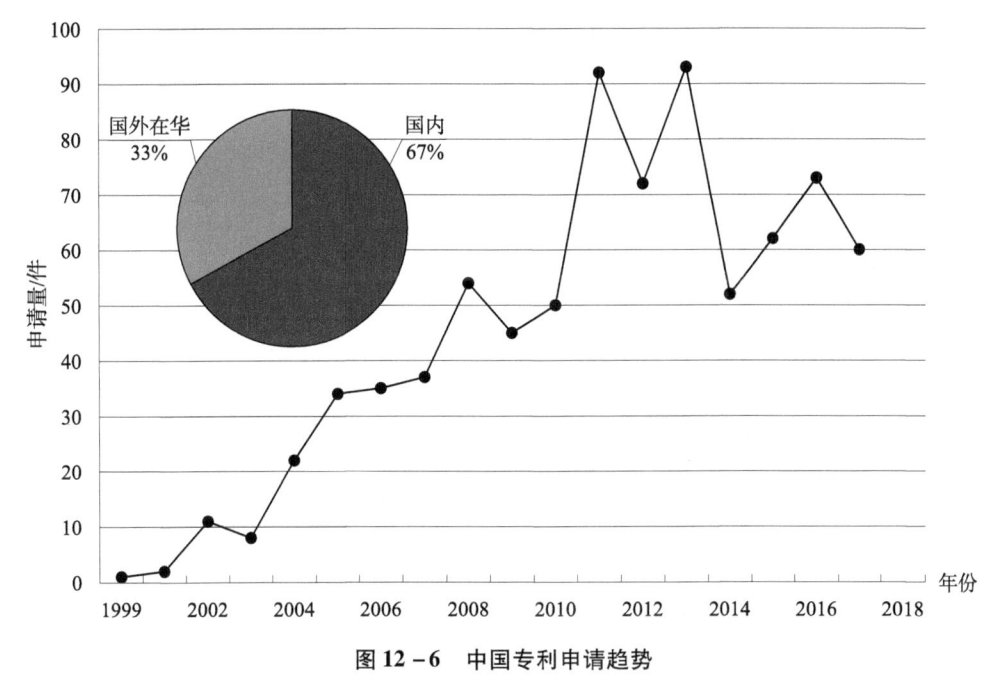

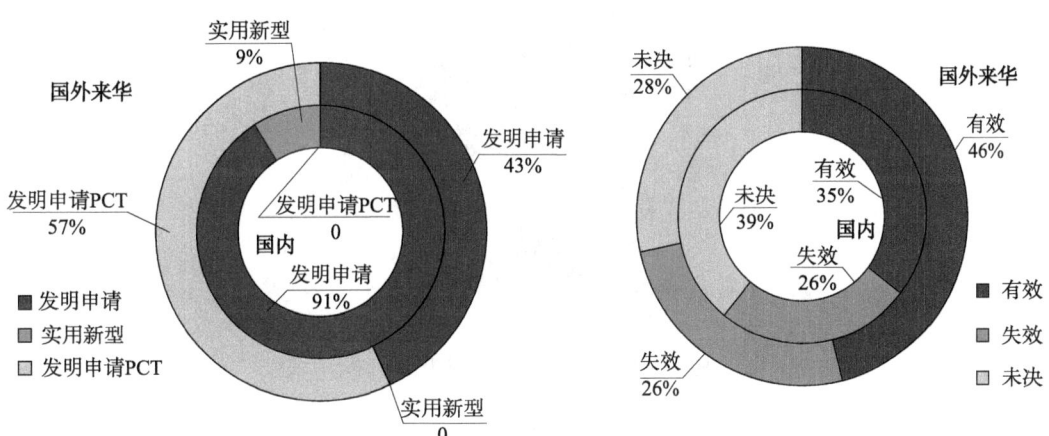

图 12-7 中国专利申请类型以及法律状态分布

二、申请区域分布

图 12-8 示出了纳米压印技术专利申请人的国家/地区分布，中国申请人占据第一位，表明中国申请人优先在本国进行专利布局；日本申请人和美国申请人占据第二、第三位，体现了纳米压印技术的主要产出国和原创国的两个国家对于中国市场的高度重视；韩国排在第四位，说明韩国企业重视在中国的专利布局；欧洲的荷兰和瑞典分别位列第五位和第六位。

图 12-9 示出了国外来华申请人区域分布情况。可以看出申请人分布比较集中，日本申请人最多，占51%，其次是美国，占21%，韩国排在第三位，占9%，然后就是欧洲的一些比较发达的国家，包括荷兰、瑞典，其他国家占据的份额很小，只有6%。

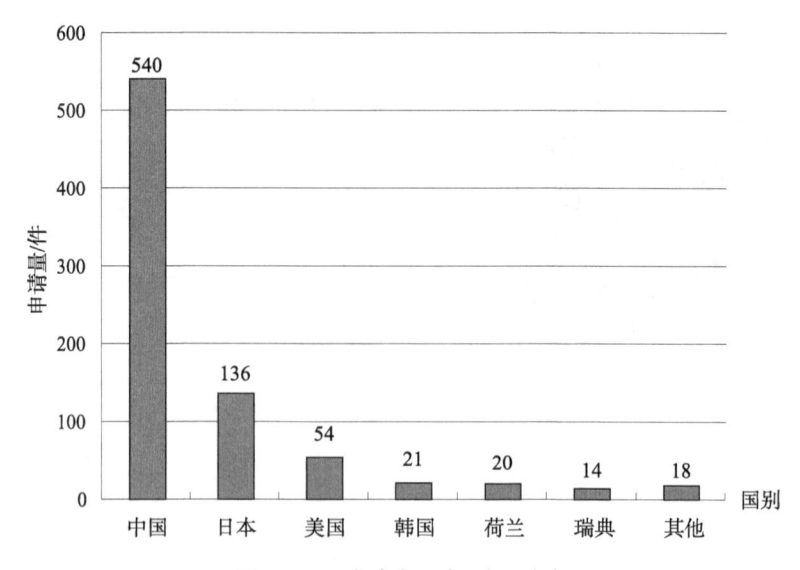

图 12－8　申请人国家/地区分布

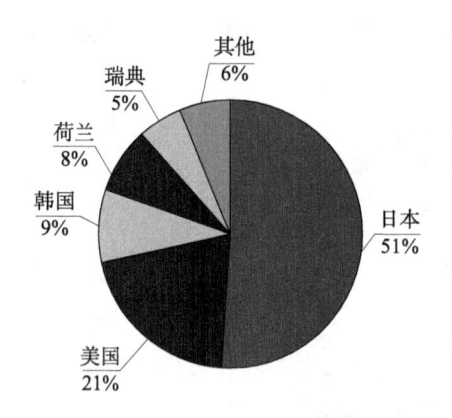

图 12－9　国外来华申请人区域分布

图 12－10 示出了纳米压印技术国外来华主要国家的专利申请趋势。可以看出，日本在华申请量在 2003～2005 年呈缓慢上升趋势，2006～2011 年呈波动上升趋势，并且在 2011 年达到峰值，2012～2013 年呈下降趋势，2015 年又有所回升，总体来看日本申请人比较重视对中国市场的专利布局。美国在华申请量在 2002 年达到峰值（10 件）之后，基本保持在 5 件左右，而韩国在华的申请量自 2008 年下降至低位后，至 2011 年一直保持较低的水平，2012 年至今出现了真空期，表明了韩国申请人对中国市场纳米压印技术布局重视程度有所降低。

图 12－11 示出了国外在华专利申请技术分布情况。日本申请人在华申请中，以纳米压印的工艺和相关设备的研发为主，应用较少，荷兰和瑞典更是如此，几乎没有纳米压印的应用方面的申请。与之形成鲜明对比的是美国和韩国的各技术分布相对均衡。

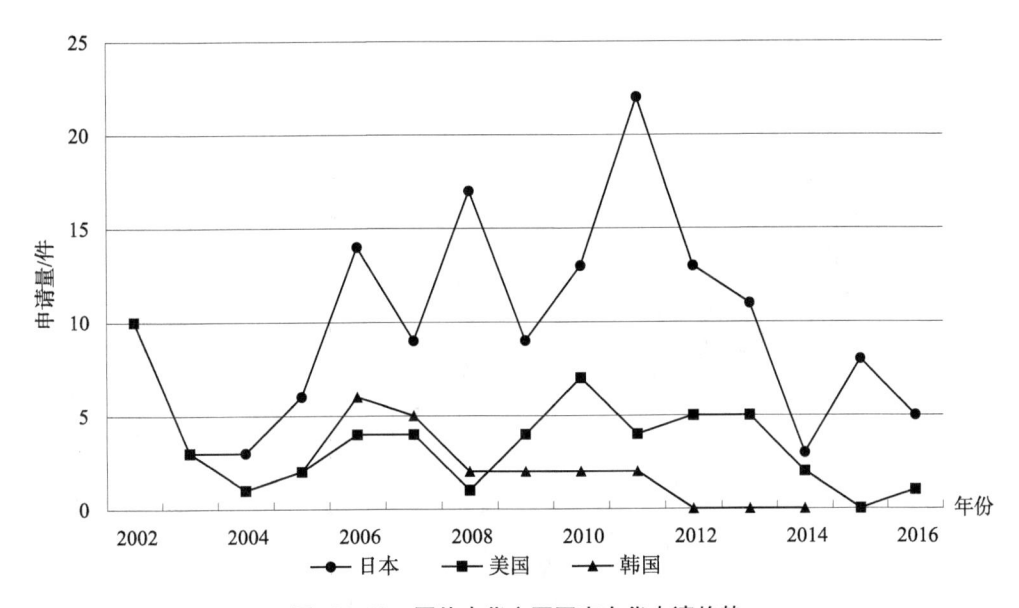

图 12-10 国外来华主要国家在华申请趋势

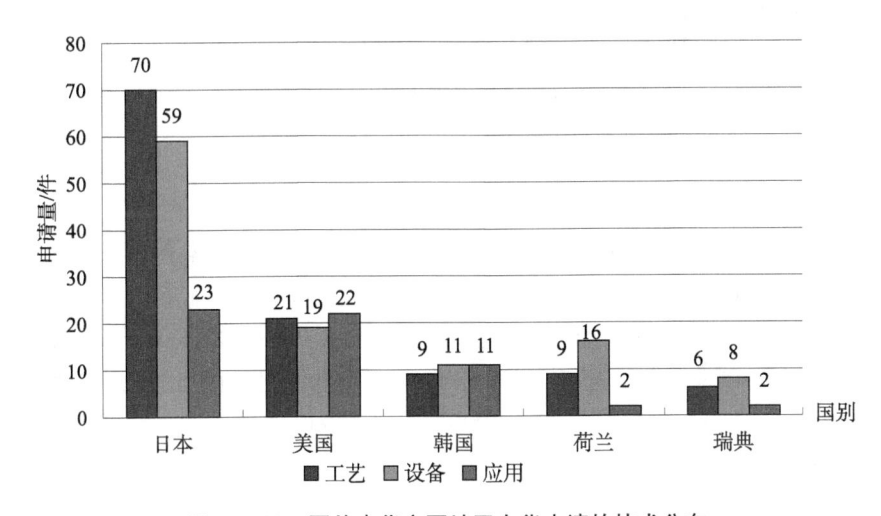

图 12-11 国外来华主要地区在华申请的技术分布

图 12-12 示出了纳米压印技术国内各省市专利申请趋势。申请量最大的是江苏，占 24%，主要是以无锡英普林公司和苏州大学为代表，对于纳米压印技术的投入较大，也体现了江苏非常重视对纳米前沿技术的研发。另外，江苏在 2013 年经历一次飞跃，年申请量超过 37 件，主要是无锡英普林公司年申请量较多，2014 年虽然有所下降，但之后依然保持持续增长态势。排名靠前的省市，大部分都是中国经济较活跃的区块，包括北京、上海、山东，这里是资金、人才、资源的聚集地，利于前沿科技的发展。从图中可以看出排名前 4 位的省市中 2011~2017 年的申请量都比较多，可见，近几年是纳米压印技术的发展期。

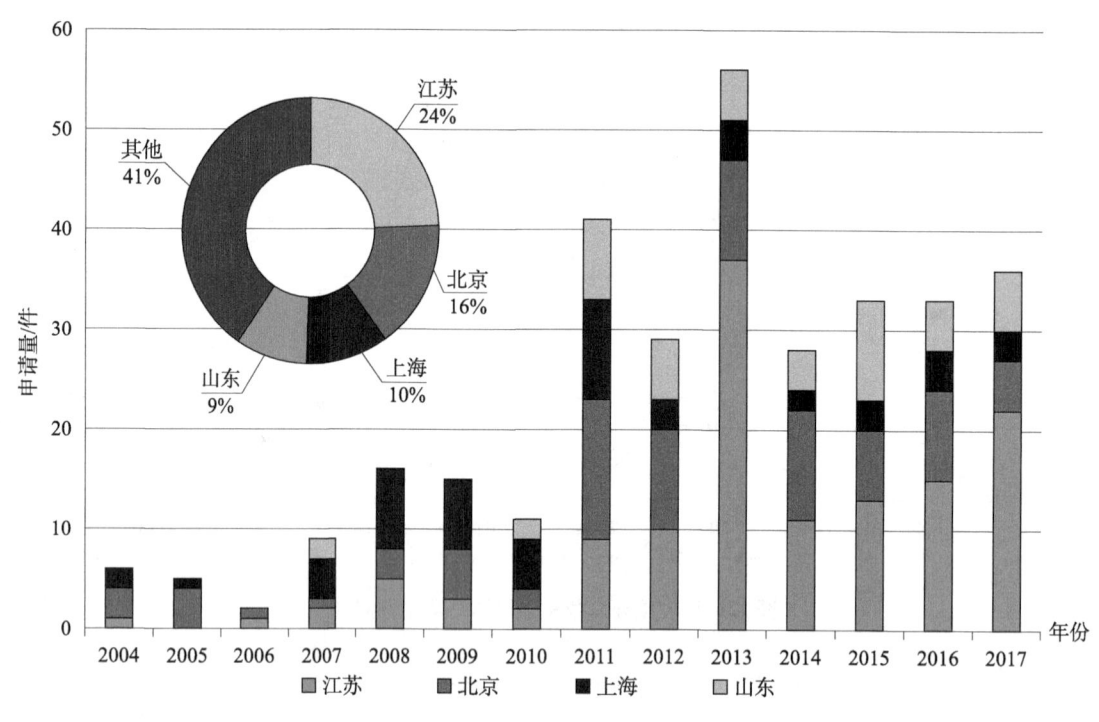

图 12-12 国内各省市专利申请趋势

三、申请人分析

图 12-13 示出了国内外申请人的类型分布情况。国内大学申请占比最多，公司申请占比也不低，但相较国外还存在较大差距，说明我国尚处于基础研发阶段，产业化程度不足。纳米压印技术，个人申请非常之少，这主要是因为纳米压印投入较大，个人也是依托于一些公司和研究机构进行研发。合作申请人也占据了相当的比例，国内和国外都达到9%左右，各公司的技术交流较为活跃，这也说明纳米压印作为前沿技术需要相互合作，取长补短，促进产业化发展。

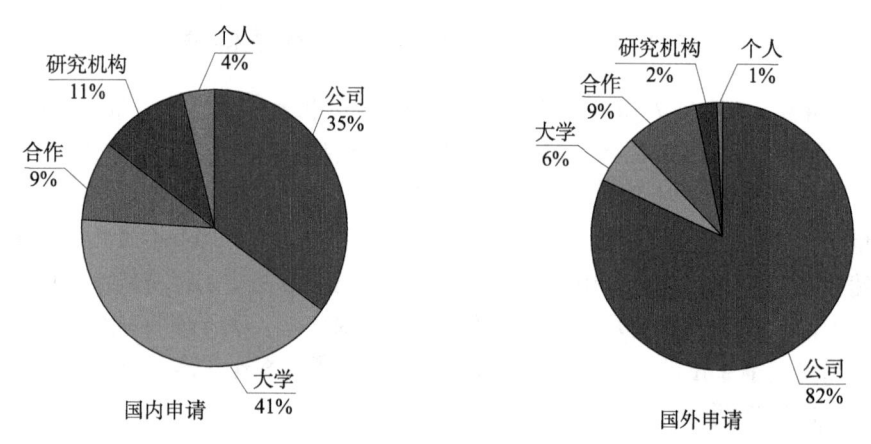

图 12-13 国内外申请人的类型分布

表12-1和表12-2分别列出了中国专利主要申请人和主要权利人的分布情况,其中无锡英普林排名第一位,鸿富锦和清华大学占据第二、第三位,两者的合作申请较多,有20件都是联合申请的。国内申请人以大学和研究机构为主,中国大陆以外的申请人都是公司。韩国三星公司的申请量,虽然未进入前十名,但是授权量却排到了第七名,显示了三星公司在相关方面的专利申请质量较高。

表12-1 主要申请人分布

排名	申请人名称	申请量（件）	占总申请量比例（%）	所属国家/地区
1	无锡英普林	36	4.48	中国
2	鸿富锦	30	3.74	中国台湾
3	清华大学	27	3.36	中国
4	西安交通大学	25	3.11	中国
5	华中科技大学	23	2.86	中国
6	青岛理工大学	19	2.37	中国
7	中科院微电子所	16	1.99	中国
8	日立	15	1.87	日本
9	信越化学	14	1.74	日本
10	复旦大学	12	1.49	中国

表12-2 主要权利人分布

排名	权利人名称	发明专利授权量（件）	占总授权量比例（%）	所属国家/地区
1	鸿富锦	19	6.11	中国台湾
2	清华大学	18	5.79	中国
3	华中科技大学	12	3.86	中国
4	青岛理工大学	11	3.54	中国
4	日立	11	3.54	日本
6	苏州光舵	9	2.89	中国
7	三星	8	2.57	韩国
7	无锡英普林	8	2.57	中国
7	苏州大学	8	2.57	中国
10	西安交通大学	7	2.25	中国

结合申请人的申请量及所处国家/地区的情况,我们选择了比较有代表性的5位申请人作为重要申请人做了进一步的分析,包括清华大学、鸿富锦、华中科技大学、无锡英普林公司和西安交通大学。

图12-14示出了主要申请人在华申请的申请趋势。清华大学和鸿富锦公司起步比

较早，2005～2008 年申请量一直很少，之后两家展开了合作，申请量大幅提高。华中科技大学 2005 年有了第一件申请之后，一直到 2008 年都没有再申请，2009 年之后发展迅速，申请量保持在一个比较高的水平。西安交通大学在 2005 年开始申请纳米压印的相关专利，2007 年开始每年都保持一个相对稳定的状态。值得注意的是，无锡英普林公司的申请呈现出不稳定的状态，在 2012 年无申请，却在 2013 年暴涨到 18 件，其研究内容涵盖较广，在工艺、设备和应用方面均有涉及，之后迅速下降到 2 件以下，在 2017 年又暴涨到 11 件，主要为压印设备的研究，整体研究方向有了侧重，可见无锡英普林是技术研发势头较猛的公司，值得关注。

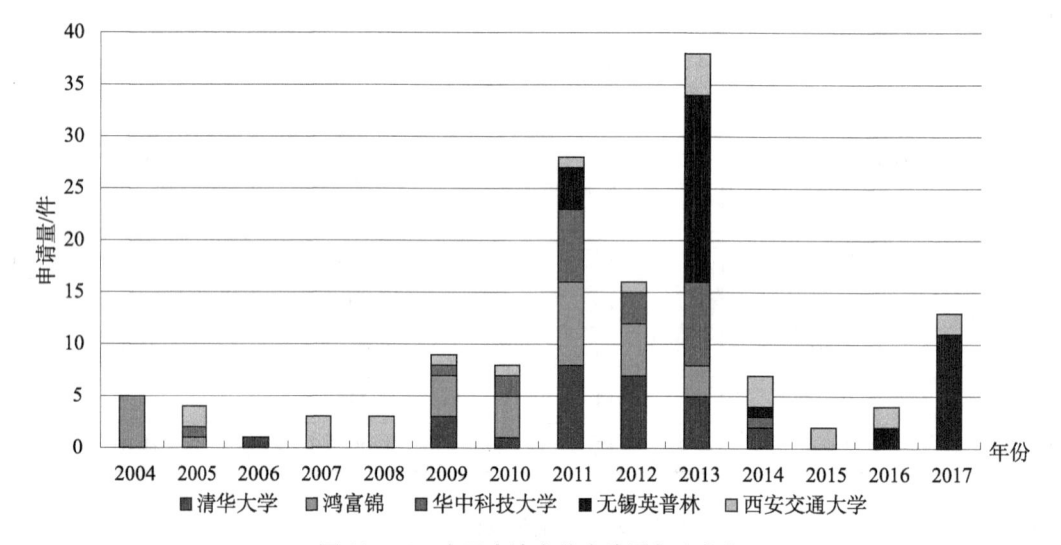

图 12-14 主要申请人的申请量年度变化

图 12-15 示出了主要申请人在华申请的技术分布情况。可以看出除了青岛理工大学和无锡英普林，国内主要申请人的研究方向以工艺和应用为主，设备方面申请量较少。无锡英普林公司工艺所占比重最大，表明其较为重视工艺过程的研究，设备占比其次，主要是由于在 2017 年该公司基本上都是对于设备的研发。青岛理工大学以兰红波为代表的课题组一直致力于纳米压印微纳制造等方面的研究和开发，还开发了国内首台拥有自主知识产权的 4in 整片晶圆纳米压印光刻机和滚形纳米压印光刻机。其他申请人

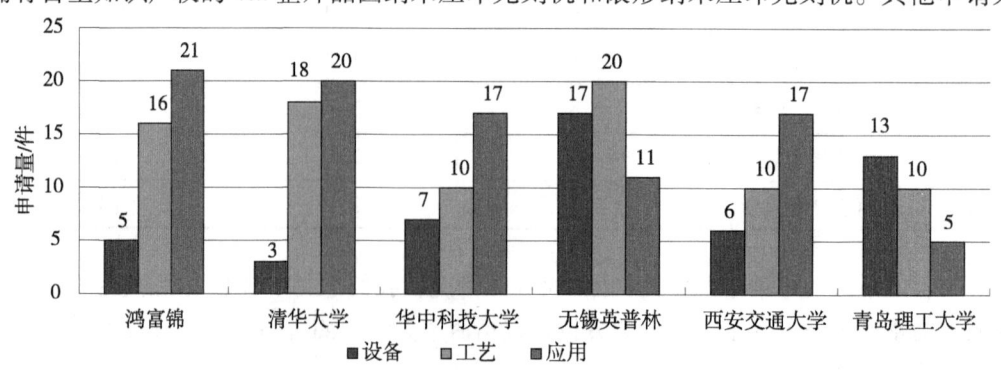

图 12-15 主要申请人的技术分布

的应用占比最大，它们往往不是改进纳米压印设备或工艺步骤本身，而是利用纳米压印做一些电子电路、电子器件等制备过程中的图案化操作。

第三节 纳米压印重点技术

本节对国内纳米压印重要技术分支的专利申请进行具体分析。纳米压印技术主要有三个分支，分别是工艺、设备和应用，其中工艺又可分为热压印、紫外固化压印和微接触压印等；设备包括整机和零部件如模板；应用方面涉及二极管、太阳电池、光栅、图案等。

纳米压印技术主要涉及纳米压印工艺、纳米压印设备以及纳米压印的应用，其中涉及工艺的有342件、涉及设备的有319件、涉及应用的有366件。三者之间均有交叠，且纳米压印的工艺和应用交叠最多，说明应用是纳米压印工艺发展的最终目的。

一、趋势分析

图12-16示出了纳米压印三个技术分支的中国专利申请趋势。从该图中可以看出，三个技术分支的发展趋势与整体趋势相类似，2004年出现了第一次发展，2004~2010年申请量稳步增长，在2011年出现了第二次发展，申请量大幅增长。1999年，国内首个纳米压印专利申请是涉及设备方面的，从图中可以看出，早期纳米压印设备的年申请量多于纳米压印工艺和应用，后期设备的发展较为缓慢，工艺和应用方面的申请相对较多。2013年，工艺和应用技术分支年申请量达到顶峰，分别为57件和51件。2016~2017年申请量的下降，可能是受到申请公开延迟的影响。

图12-17示出了纳米压印技术分支的区域分布。从图中可以看出国内纳米压印工艺分支申请量为216件，设备分支申请量为197件，应用分支申请量为297件，说明中

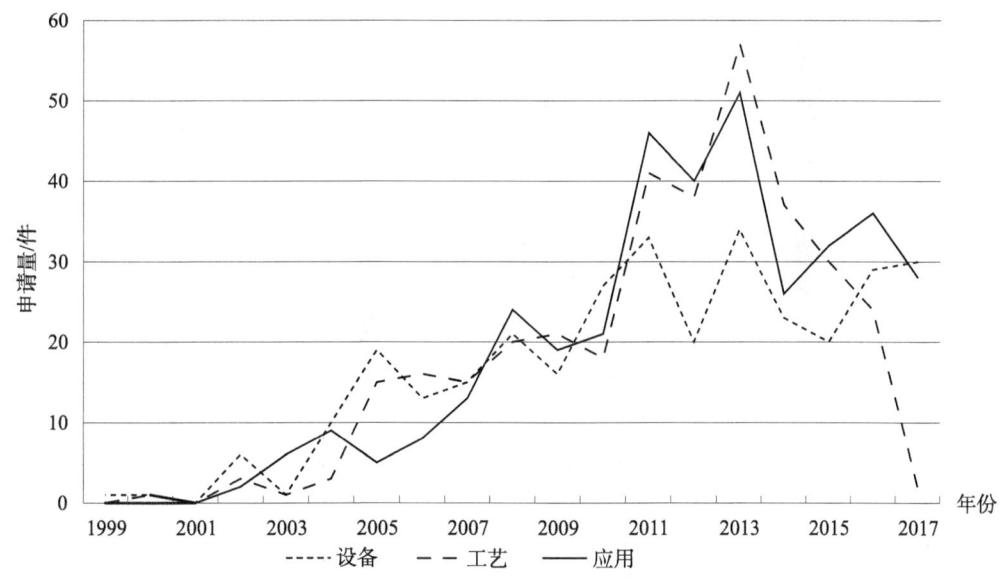

图12-16 各技术分支专利申请趋势

国对纳米压印工艺方面有较强的研发实力和强烈的专利保护意识。国外来华申请中，日本的申请量最多，工艺、设备和应用方面的申请量分别为70件、62件和23件，表明日本非常重视中国市场，在中国进行了一定的专利布局。

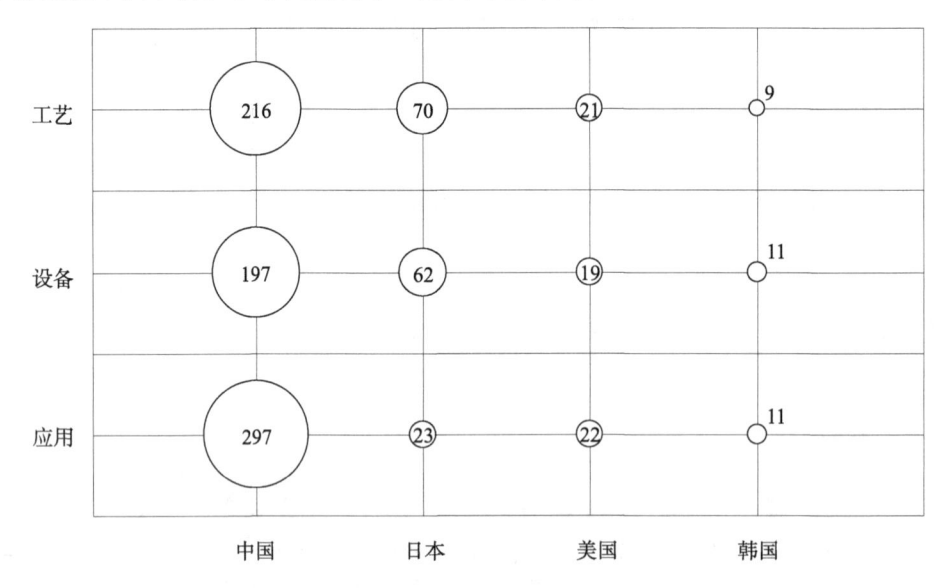

图 12-17　各技术分支申请区域分布

如图 12-18 所示，国内专利申请前几位的省市分别是江苏、北京、上海、山东和广东，其中江苏的纳米压印工艺和设备方面的申请最多，分别为 59 件和 57 件，江苏和北京在纳米压印的应用上排名第一，申请量达 58 件。

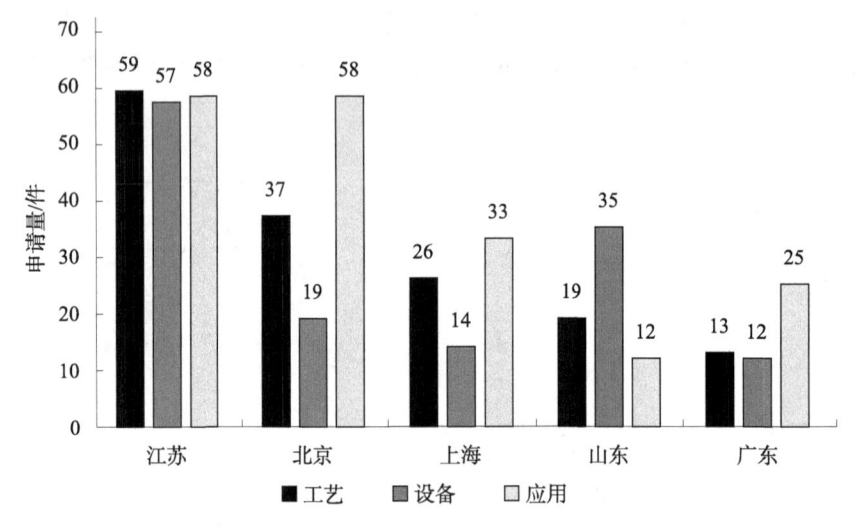

图 12-18　国内主要省市专利申请分布

江苏的申请量最大，主要原因是江苏比较重视高新技术的发展，政府扶持力度比较大，相关产业较其他省市发达。此外，纳米压印技术是较为前沿的技术，在大学及研究机构中研究的较多，江苏有较多国内知名大学及研究所的课题组对此进行研究，如南京大学、苏州大学和中国科学院苏州纳米技术与纳米仿生研究所。

对于北京和上海,其专利申请量也比较大,主要原因是这两地区分布着较多的高校和研究所,如清华大学、上海交通大学以及中科院下属的各个研究所等,其中有相当数量的课题组致力于纳米压印技术的研究,随着高校和研究所对于专利重视程度的加大,提高了所在省市地区的专利申请总量。

二、技术分布

图 12-19 示出了国外来华主要国家的技术分布。从专利申请技术分布数据可以看出,在工艺方面,各国紫外固化压印的专利申请量都大于热压印,尤其是日本,在紫外固化压印方面的申请量约为热压印方面申请量的 3 倍。日本对于紫外光刻胶较为关注,多为针对光刻胶组分改进的专利申请。在设备方面,各国零部件的专利申请量都大于整机,日本在零部件方面的申请量约为整机方面申请量的 3 倍,且专利申请内容主要涉及模板的制造。整体来说,国外在应用方面的专利申请相对较少。

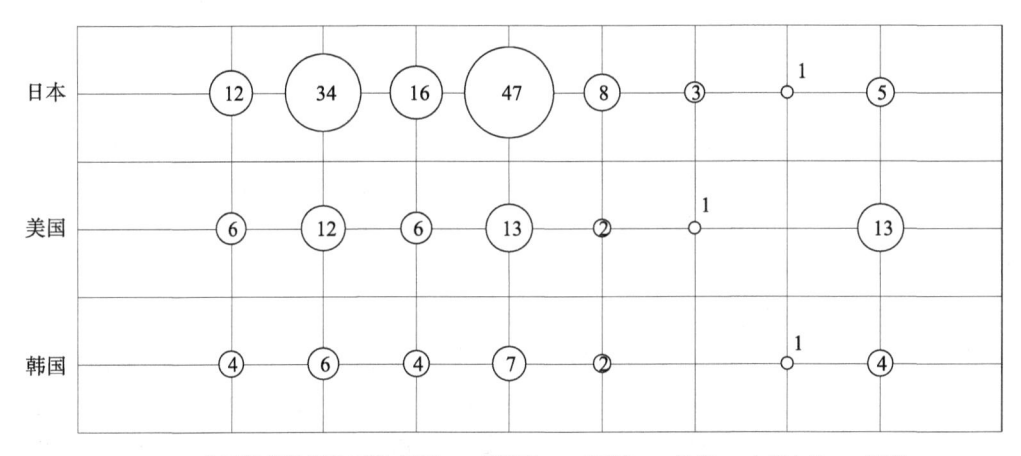

	热压印	紫外固化压印	整机	零部件	二极管	光栅	太阳电池	图案
日本	12	34	16	47	8	3	1	5
美国	6	12	6	13	2		1	13
韩国	4	6	4	7	2		1	4

图 12-19 国外来华主要地区在华申请的技术分布

图 12-20 示出了江苏、北京、上海专利申请的技术分布情况。从专利申请技术分布数据可以看出,各地区在纳米压印工艺方面,紫外固化压印的专利申请量都大于热压印,微接触压印方面的专利申请只存在于北京和上海。这可能是由于微接触压印技术在实际的生产应用中并没有热压印和紫外固化压印应用广泛,只有少数研究团队在从事微接触压印的研发。

另外,江苏在设备方面整机的申请量高于零部件,这主要归因于苏州光舵和无锡英普林致力于纳米压印整机设备的制造。整体来看,江苏在各方面的发展较其他地区更好,一方面是江苏政府比较重视对前沿技术的投入,另一方面江苏地区拥有大量从事纳米压印的公司和研究纳米压印的高校及研究所,具有良好的研发基础和产业基础。

	热压印	紫外固化	微接触	整机	零部件	二极管	光栅	太阳电池	图案
江苏	25	38		38	18	9	5	10	15
北京	7	8	1	7	12	15	11	3	12
上海	12	17	6	7	7	4	3	5	11

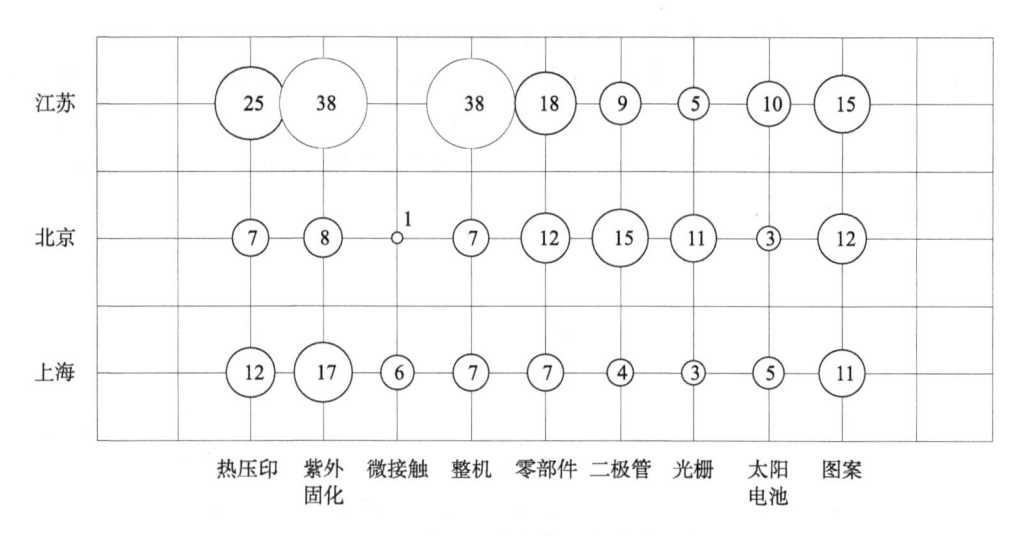

图 12-20　国内主要省市专利申请的技术分布

三、申请人分析

图 12-21 示出了各技术分支中申请量位于前 4 位的公司/大学申请人的申请趋势情况。从图中可以看出，在工艺方面，鸿富锦的申请最早，始于 2004 年，而后是日本的佳能；无锡英普林公司对于纳米压印工艺方面的申请始于 2010 年，并有着迅猛的发展，在 2013 年申请量突破两位数；清华大学和鸿富锦作为合作伙伴，2011 年申请量达到峰值。在设备方面，日本的日立最早在中国申请专利，而且日本在纳米压印设备方面还有很多其他的申请人，可见日本比较重视在中国的专利布局；日立公司的申请量在 2006 年出现了一个峰值，之后相关技术的专利申请越来越少；青岛理工大学于 2010 年也有了这方面的专利申请，并在 2011 年达到了峰值；苏州光舵公司自成立以来每年都保持相对稳定的申请量；作为后起之秀的无锡英普林公司在 2013 年申请量位于国内领先地位，并于 2017 年达到巅峰。在应用方面，鸿富锦的申请最早，但在 2005～2009 年申请量稀少，之后鸿富锦与清华大学合作，在 2010 年申请量达到高峰，2013 年之后又销声匿迹；华中科技大学自 2009 年开始有纳米压印应用方面的专利申请，并在 2010～2012 年比较活跃；西安交通大学的申请相对比较稳定。

通过对国内几家公司和高校的技术分布情况进行分析，可以发现无锡英普林公司与华中科技大学的热压印和紫外固化压印发展较为均衡。清华大学和鸿富锦的发展主要以热压印为主，而且在二极管和太阳电池上的应用有共同的兴趣，合作申请了部分专利。青岛理工大学的研究团队较为关注紫外固化压印技术，而且在纳米压印整机设备方面投入也比较大。西安交通大学除了关注热压印和紫外固化压印技术之外，还对微接触压印技术有一定的研究。

国外申请人中，日本的富士胶片和佳能较为关注紫外固化压印中所采用光刻胶的改进；信越化学对于纳米压印设备方面的研究发展主要集中在模板，其专利申请的内容全部是和模板有关的，如模板的制作方法和模板的材料等。

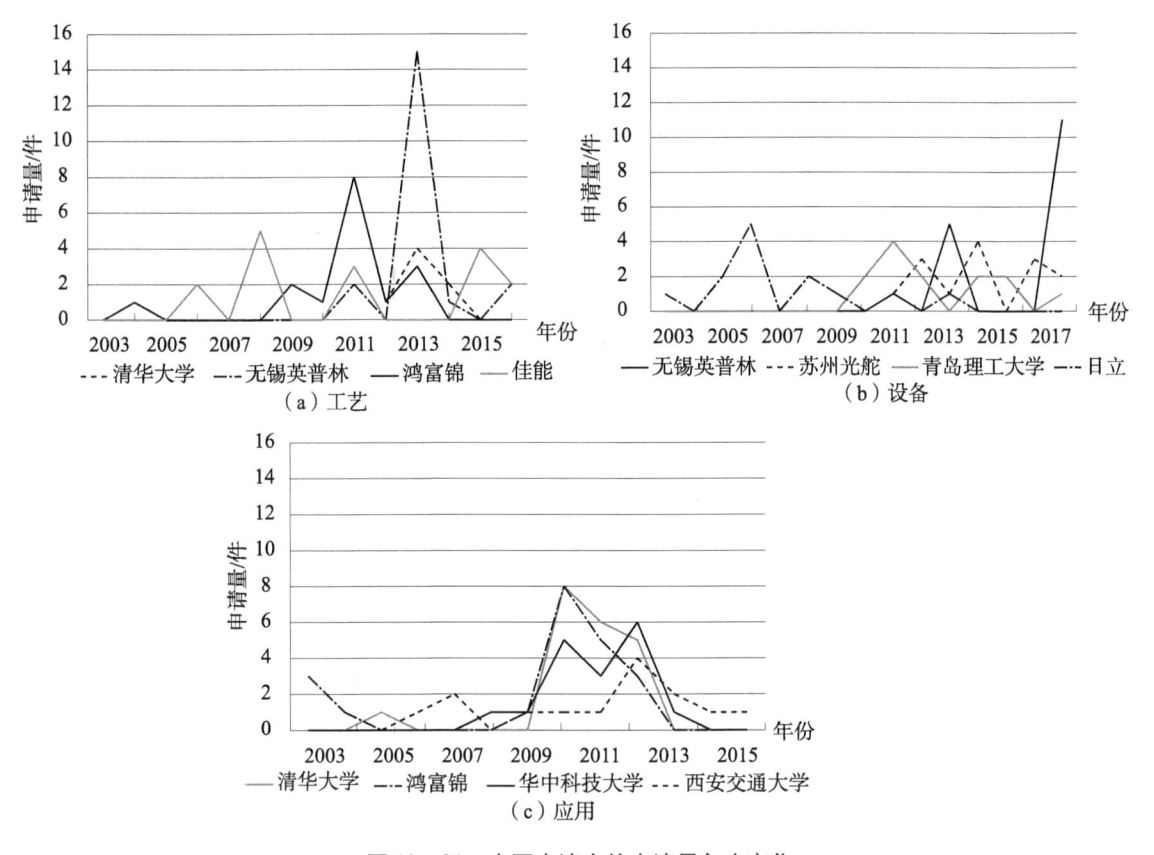

图 12-21 主要申请人的申请量年度变化

第四节 本章小结

纳米压印技术始于1995年，在2000年之后得到了持续性的发展，纳米压印技术以其独特的优势吸引了全球越来越多的研发投入，从而经历了持续的上升期，并在2011年申请量达到峰值。纳米压印技术起源于美国，后来日本、欧洲公司相继展开研究，日本后来成为纳米压印技术专利申请的主力军，大日本印刷公司通过不懈的发展，成为专利申请的领头羊。中国纳米压印技术起步较晚，始于20世纪90年代末，但发展迅速，成为纳米压印的申请大户，这和国内对纳米技术的重视有关。

国内申请人中，江苏的申请量最多，其在纳米压印的各方面都处于全国领先的位置。纳米压印工艺和设备方面，国外发展比国内要成熟，中国主要集中在纳米压印应用方面；且中国的研究力量主要集中在高校和研究院所，企业可以加强这方面的研究，增强在市场的竞争力，促进产业化进程。

第十三章 走入纳米压印专利技术

纳米压印技术前景广阔，国内公司、高校和研究所积极对纳米压印技术进行研究和开发，且各有侧重。本章基于中国纳米压印技术的专利数据，从纳米压印的工艺、设备和应用三方面，对纳米压印技术的申请人及其技术分布侧重点进行了分析。

第一节 纳米压印——工艺

一、专利概况

纳米压印工艺在中国专利申请构成中，国内申请人的申请量占总申请量的63.2%，达216件，国外申请人的申请量占总申请量的36.8%，为126件。从专利申请数据可以看出，国内申请人在中国的申请量上有绝对优势，说明国内对纳米压印工艺在本国的专利布局比较重视。

进一步分析纳米压印工艺在中国专利申请的法律状态，可以看出国内申请人的申请量大于国外申请人，中国的发明专利申请量较多，占国内总申请量的约94%，但没有PCT申请，说明了国内申请人对纳米压印的海外布局重视程度还不够，而国外PCT专利申请占据比例较大，占国外总申请量约70%。PCT申请作为专利全球布局的一个重要手段，在一定侧面上反映了申请人对技术的重要性以及技术布局的关注程度。国外申请人在中国较高的PCT申请比例在一定程度上反映了其对中国市场技术布局的重视程度。国外申请人提交的专利申请中没有实用新型专利，全部都为发明专利，这能够在一定程度上反映出国外申请人在中国提交的专利申请的发明高度较高，技术较先进。另外，国内申请人未决申请远大于国外申请人，且国内申请人的申请都是最近几年申请的，这从一个侧面反映了国内申请人近几年较为关注对纳米压印工艺的改进。从已决专利中来看，国内申请人的失效专利还是占据了很大的数量和比例，且国内申请人的失效专利中大部分都是撤回和驳回，从侧面反映出国内申请人提交的专利申请的技术高度相对较低。

图13-1示出了纳米压印工艺在中国专利申请构成的情况，从中可以看出国内的申请量达216件，国外申请人中，日本申请人的申请量最多，为70件，作为国外申请人的第二申请大户，美国的申请量为21件，韩国、荷兰和德国的申请量分别为9件、9件和5件。从专利申请数据可以看出，中国在纳米压印工艺领域方面有较强的研发实力和强烈的专利保护意识。此外，中国的申请人数量众多也是中国纳米压印工艺专利技术排名第一的原因之一。

第十三章 走入纳米压印专利技术

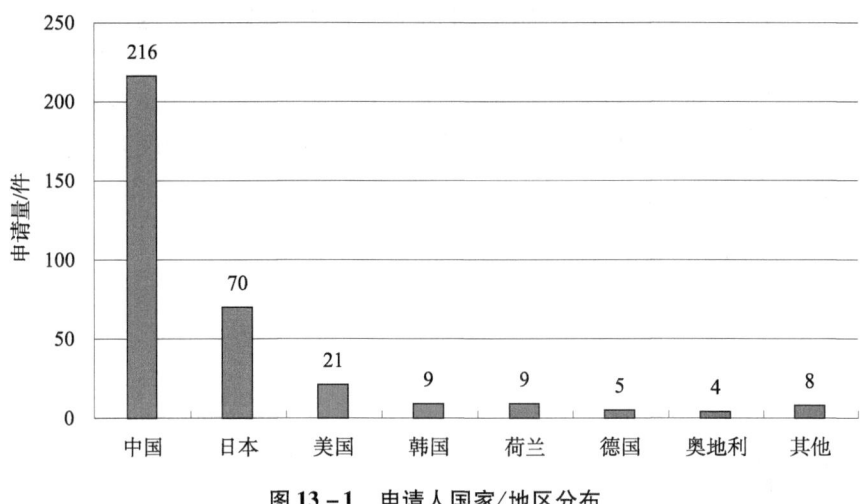

图13-1 申请人国家/地区分布

图13-2示出了国外来华申请人区域分布情况。可以看出国外申请人中，日本申请人的申请量最多，占国外来华申请人总量的56%，作为国外申请人的第二申请大户，美国的申请量占国外来华申请总量的17%，韩国、荷兰和德国的申请量分别占7%、7%和4%。日本素以对产品和工艺的改进并形成包围专利而闻名，因此，源自日本的专利技术数量多是可以理解的。同时，从专利申请数据也可以看出，日本对中国市场也非常重视，在中国进行了一定的专利布局。随着中国纳米压印工艺的发展，美国也逐渐增强了对中国市场的重视。

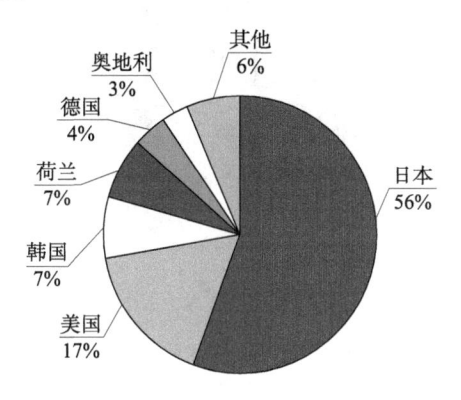

图13-2 国外来华申请人区域分布

纳米压印工艺领域国外来华主要地区中，美国在2002年以前都没有在中国申请相关技术的专利，自2002年以来，美国在华申请量基本处于一个较为平稳的状态；日本在2005年以前都没有在中国申请相关的专利，自2005年开始日本在华申请量逐步增加。纳米压印技术的发展起源于美国，美国来华申请年份早于日本是情理之中的。日本申请量在2009~2010年出现明显回落，这可能与金融危机有一定的关联，金融环境的大变化必然会对制造业造成一定的影响。

图13-3示出了国外各区域在华专利申请技术分布情况。从专利申请技术分布数据

可以看出，各国在紫外固化压印方面的专利申请量都大于热压印，这与紫外固化压印本身的技术优势密切相关，紫外固化压印不需要热压印中的高温高压，在室温下即可完成，且由于模板是透明的，对准精度较高。日本在紫外固化压印方面的专利申请量尤为突出，其申请人对紫外固化压印中所采用的光刻胶的组合物成分的改进较为关注。

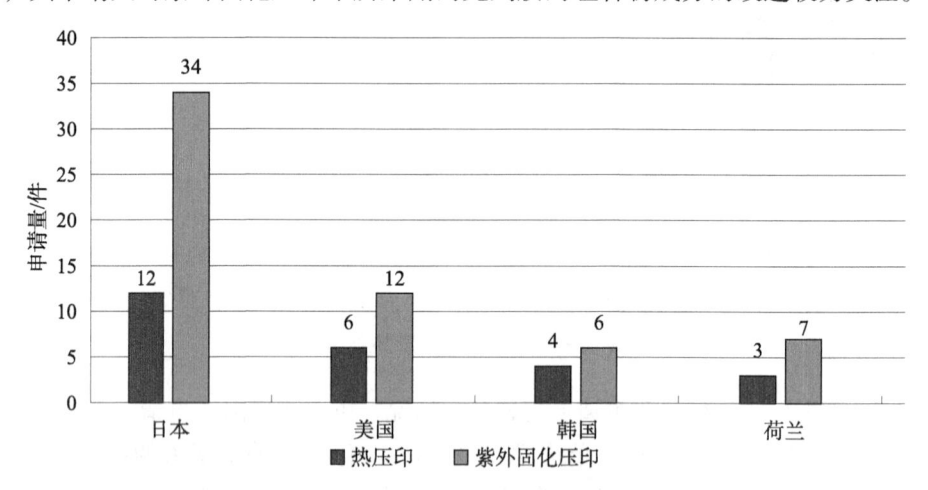

图 13-3　国外来华主要地区在华申请的技术分布

如图 13-4 所示，纳米压印工艺在江苏的申请量占国内申请人总申请量的 27%，其次是北京和上海分别占 17% 和 12%，然后是山东占 9%。

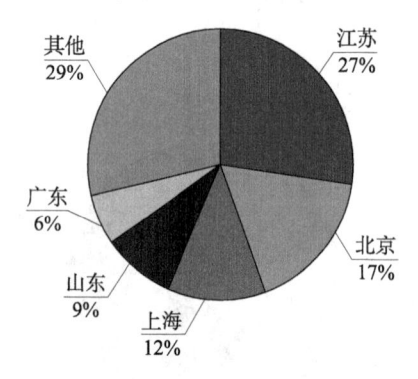

图 13-4　国内各省市专利申请分布

纳米压印相关技术的主要应用领域是半导体领域，江苏省分布着较多的半导体制造厂家，在半导体产业发展的同时有对纳米压印技术的需求，具备研究的优势，这也是江苏省申请量最大的原因之一。此外，纳米压印技术是较为前沿的技术，在大学及研究机构中研究的较多，江苏省有较多国内知名大学及研究所的课题组对此进行研究，且江苏省政府也比较重视高新技术的发展。

北京和上海的申请人情况比较类似，主要是高校和研究所的技术支撑，有较多的研究者和研究团队比较关注纳米压印技术，综合实力较强，且存在产学研相结合的基础，后续发展潜力也比较大。

纳米压印工艺领域申请量位居前 4 位的国内省市在 2005 年之前都没有纳米压印工

艺技术领域的相关专利申请；2005～2010年，四个省市的申请量都维持在5件以内；2011年以来，北京、上海和山东的相关专利申请量略有提高，但整体还是维持在一个稳定的范围内，这与申请人类型有着密切的联系，该三地区的主要申请人都是高校和研究所，申请人的类型决定了地区专利申请数量的稳定；江苏的专利申请在2013年发生了量的飞跃，这与当地企业的申请量突然剧增密切相关。

图13-5示出了江苏、北京、上海和山东专利申请的技术分布情况。从专利申请技术分布数据可以看出，各地区在紫外固化压印方面的专利申请量都大于热压印，微接触压印方面的专利申请只存在于北京、上海和山东，江苏没有，这可能是由于江苏的申请人主要是公司，北京、上海和山东的主要申请人是大学和研究机构，而微接触压印在亚微米尺度复型精度不高，印出的图形会变宽，不适应市场需求。

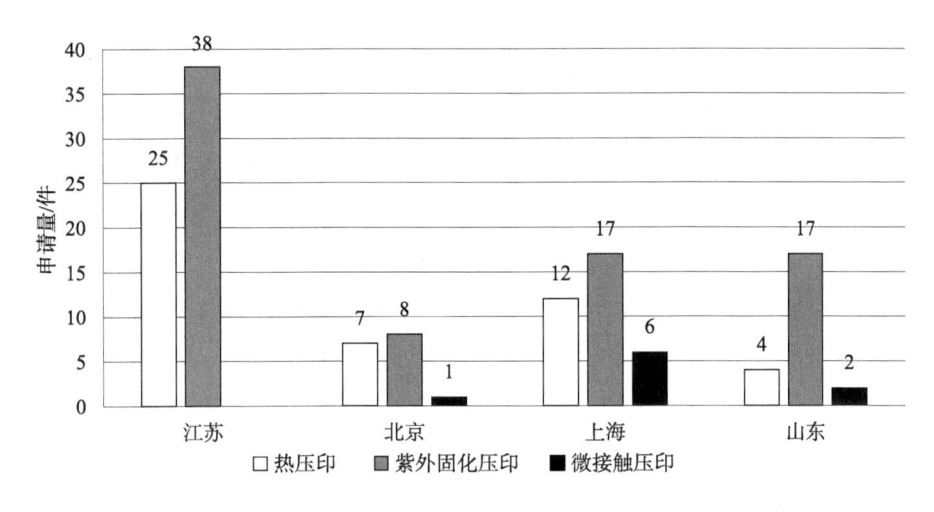

图13-5 国内各省市专利申请的技术分布

图13-6示出了国内外申请人的类型分析情况，从图中可以看出，国内申请人类型分布与国外来华申请人类型分布具有明显差异。

（a）国内申请人类型分布

（b）国外来华申请人类型分布

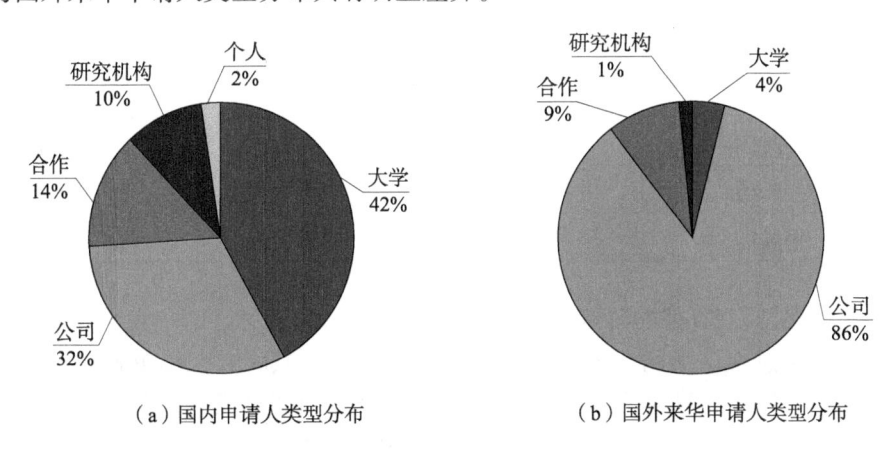

图13-6 国内外申请人的类型分布

国内申请人主要以大学为主，占国内申请人申请总量的42%，其次是公司申请、合作申请和研究机构申请，分别占32%、14%和10%，此外国内还有2%的个人申请。可见，在国内，纳米压印技术还属于较为前沿的技术，其研究与发展主要集中在大学，该技术还处于研发期，并没有步入大规模的应用时代，我国纳米压印技术还需要进一步的大力发展。

国外来华申请人主要以公司为主，占国外申请人总量的86%，其次是合作申请、大学申请和研究机构申请，分别占9%、4%和1%，且国外来华申请无个人申请。可见，国外纳米压印技术的发展相对成熟，已经步入大规模的应用时期，专利申请中公司的申请量占据了绝大部分。

表13-1列出了中国专利主要申请人的分布情况，排名前列的这12位申请人的申请量占全部申请量的38.86%。从表中可以看出，在排名前12位的申请人当中，中国申请人占据了一多半，有无锡英普林、清华大学、鸿富锦、华中科技大学、青岛理工大学、西安交通大学和苏州大学。国内申请人中除了排名第一的无锡英普林和排名第三的鸿富锦之外，其余均为高校，可见纳米压印工艺技术在国内还属于尖端技术，还处于科研阶段。国外申请人中，日本申请人优势明显，占据了4个席位，有佳能、富士胶片、大赛璐和昭和电工，此外韩国的三星也是纳米压印工艺方面在中国的主要专利申请人。

表13-1 主要申请人分布

排名	申请人名称	申请量（件）	占总申请量比例（%）	所属国家/地区
1	无锡英普林	20	5.85	中国
2	清华大学	18	5.26	中国
3	鸿富锦	16	4.68	中国台湾
4	佳能	14	4.09	日本
5	富士胶片	10	2.92	日本
5	华中科技大学	10	2.92	中国
5	青岛理工大学	10	2.92	中国
5	西安交通大学	10	2.92	中国
9	苏州大学	7	2.05	中国
10	大赛璐	6	1.75	日本
10	三星	6	1.75	韩国
10	昭和电工	6	1.75	日本

申请量排名前三位的均是国内申请人，分别是无锡英普林、清华大学和鸿富锦，其申请量各占据了总申请量的5.85%、5.26%和4.68%。其中，无锡英普林在纳米压印工艺方面致力于压印胶材料等产品的研究，并有纳米压印技术服务，加之政府的扶持与其所依托的南京微结构国家实验室和南京大学材料科学与工程系这一科研平台，其在国内的纳米压印工艺方面发展较为迅速。清华大学的大部分专利申请都是与鸿富锦合作，主要集中在对纳米压印技术的应用方面，如制作光栅和二极管，在应用的同时也使得纳

米压印技术朝着更有利于这些应用的方向发展。

申请量排名第四位的是日本的佳能，排名第五位的是日本的富士胶片和我国的华中科技大学、青岛理工大学和西安交通大学，申请量均占据了总申请量的 2.92%。富士胶片在纳米压印工艺领域的专利申请主要集中在对光刻胶的改进。

图 13-7 示出了排名前八位的几家公司和高校的技术分布情况。可以看出无锡英普林与华中科技大学的热压印工艺和紫外固化压印工艺发展较为均衡。清华大学和鸿富锦的发展主要以热压印为主，在制作光栅和二极管方面应用较多。青岛理工大学的研究团队较为关注紫外固化压印技术。日本的富士胶片和佳能较为关注紫外固化压印中所采用光刻胶的改进。西安交通大学除了关注热压印和紫外固化压印技术之外，还对微接触压印技术有一定的研究。

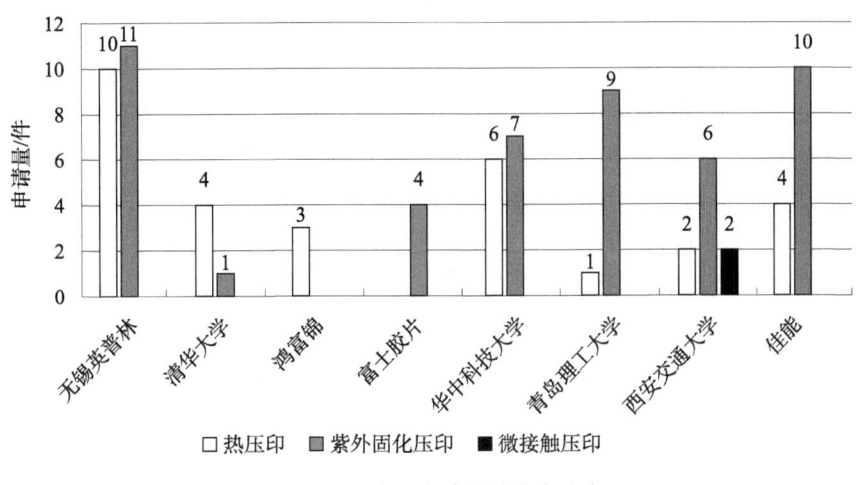

图 13-7 主要申请人的技术分布

二、热压印

热压印工艺的专利申请开始于 2004 年，在 2010 年之前申请量比较少，在 2004~2010 年，申请量都维持在 10 件以内的水平，从 2011 年开始，专利申请量有了大幅度的增加，申请人也开始重视热压印工艺方面的专利保护，积极进行专利布局，到 2013 年达到了 30 件。

热纳米压印工艺在中国专利申请构成中，国内申请人的申请量占热压印总申请量的约 3/4，国外申请人中，依然是日本申请人的申请量最多。从专利申请数据可以看出，中国在热压印工艺领域方面有较强的研发实力和强烈的专利保护意识。

如图 13-8 所示，国内申请量最大的省份是江苏，主要是由于无锡英普林、苏州大学、南京大学和中国科学院苏州纳米技术与纳米仿生研究所等企业和高校的研究促使江苏的申请量遥遥领先。对于上海，其专利申请量也比较大，主要原因是该地区同样有应用热压印技术的相关产业以及较多的高校。北京和湖北的申请人主要是高校和研究所，如清华大学和华中科技大学等。广东的申请人主要是相关产业的公司。

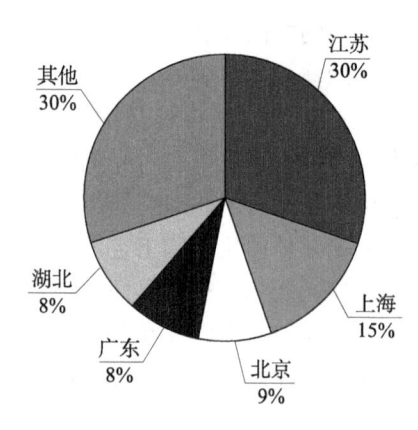

图13-8 热压印工艺国内各省市专利申请分布

表13-2列出了热纳米压印工艺领域中国专利主要申请人的分布情况，排名前列的这9位申请人的申请量占全部申请量的38.6%。从表中可以看出，在排名前几位的申请人当中，中国申请人占据了绝大部分，有无锡英普林、华中科技大学、苏州大学、清华大学、吉林大学、上海交通大学和鸿富锦。国内申请人中除了无锡英普林和鸿富锦之外，其余均为高校。国外申请人中，日本的佳能和荷兰的ASML公司也是热纳米压印工艺方面在中国的主要专利申请人。

表13-2 主要申请人分布

排名	申请人名称	申请量（件）	占总申请量比例（%）	所属国家/地区
1	无锡英普林	10	8.9	中国
2	华中科技大学	6	5.4	中国
2	苏州大学	6	5.4	中国
4	清华大学	4	3.6	中国
4	吉林大学	4	3.6	中国
4	佳能	4	3.6	日本
7	上海交通大学	3	2.7	中国
7	ASML	3	2.7	荷兰
7	鸿富锦	3	2.7	中国台湾

申请量排名第一位的是无锡英普林，其申请量各占据了热压印技术总申请量的8.9%。其次是华中科技大学和苏州大学，各占据总申请量的5.4%。清华大学、吉林大学和日本的佳能公司的申请量各占据3.6%，上海交通大学、荷兰的ASML公司和鸿富锦各占据总申请量的2.7%。

三、紫外固化压印

紫外固化压印工艺的专利申请开始于2002年，在2007年之前申请量比较少，在

2002~2007年,申请量都维持在十件以内的水平,在2008年以后有了一定的增加,在2008~2010年,申请量较之前有了提高,每年维持在十几到二十件的水平,从2011年开始,专利申请量有了大幅度的增加,申请人也开始重视紫外固化压印工艺方面的专利保护,积极进行专利布局,到2013年达到了36件。

紫外固化纳米压印工艺在中国的专利申请构成与热压印类似,国内申请人占比过半,国外申请人日本的申请较多。

如图13-9所示,江苏、山东、上海分别为申请量最高的前三位,其中江苏的申请数量最多,占据了31%,这与江苏的经济发展尤其是电子科技类公司的数量及发展程度存在一定的关系;山东和上海各占据14%,山东和上海的申请量主要由高校贡献,比较突出的是青岛理工大学、上海交通大学和复旦大学。

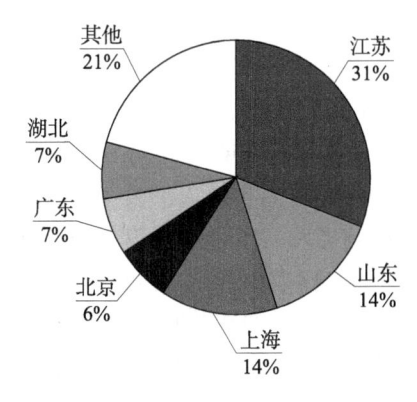

图13-9 紫外固化压印工艺国内各省市专利申请分布

表13-3列出了紫外固化纳米压印工艺领域中国专利主要申请人的分布情况,排名前列的这七位申请人的申请量占全部申请量的28%。从表中可以看出,在排名前几位的申请人当中,中国申请人占据了绝大部分,有无锡英普林、青岛理工大学、华中科技大学和西安交通大学,分别占据紫外固化压印领域总申请量的6%、4.9%、3.8%和2.7%。可见,国内申请人类型主要为高校。国外申请人中,日本申请人占据了2个席位,有佳能和昭和电工,分别占据总申请量的5.5%和2.7%,此外荷兰的ASML公司也是紫外固化纳米压印工艺方面在中国的主要专利申请人,其申请量占据2.7%。

表13-3 主要申请人分布

排名	申请人名称	申请量(件)	占总申请量比例(%)	所属国家/地区
1	无锡英普林	11	6	中国
2	佳能	10	5.5	日本
3	青岛理工大学	9	4.9	中国
4	华中科技大学	7	3.8	中国
5	西安交通大学	5	2.7	中国
5	昭和电工	5	2.7	日本
5	ASML	5	2.7	荷兰

四、微接触压印

微接触纳米压印工艺技术在中国的申请量较少，无论是国内还是国外申请人在微接触压印方面的专利布局都较为欠缺。我国微接触压印工艺的专利申请开始于 2005 年，且每年的申请量都比较少，维持在十件以内的水平，且大多是利用微接触压印来制备微纳结构，单纯对微接触压印工艺的改善的申请较少。这也从一个侧面反映了中国微接触纳米压印技术发展较为缓慢。

第二节　纳米压印——设备

一、专利概况

纳米压印设备在中国专利申请构成中，国内申请人的申请量占总申请量的 61.8%，达 197 件，国外申请人的申请量占总申请量的 38.2%，为 122 件。虽然国内申请人的申请量大于国外申请人，但申请类别上存在较大的差异。国外申请人的发明 PCT 专利申请占据了较大的比例，而国内申请人的申请中没有 PCT 申请。国内申请人申请的纳米压印设备领域有效专利中发明的占比较国外少，且已决专利中国内申请人的无效专利还占据了一定的比例，这说明国内申请人的相关专利申请质量有待进一步提高。

图 13-10 示出了纳米压印设备在中国专利申请构成的情况。可以看出，纳米压印设备专利申请中占比最大的是国内申请人，在中国进行专利布局的国外申请人中，日本的申请量最多，有 62 件，其次是美国、荷兰、韩国和瑞典。国内企业有必要对这些国家的专利布局进行分析，合理确定自己的专利布局策略。

图 13-10　申请人国家/地区分布

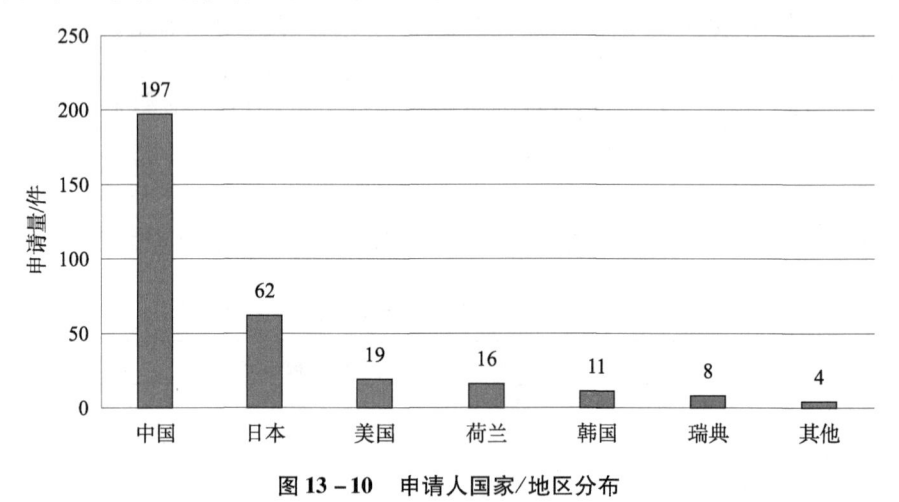

图 13-11 示出了国外来华申请人区域分布情况。可以看出国外申请人中，日本申请人的申请量最多，占国外来华申请人总量的 52%，美国、荷兰、韩国和瑞典的申请量分别占 16%、13%、9% 和 7%。从专利申请数据也可以看出，日本对中国市场也非

常重视，在中国进行了一定的专利布局。

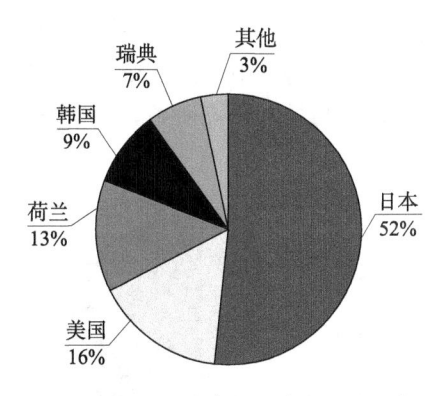

图 13-11　国外来华申请人区域分布

纳米压印设备领域国外来华主要地区中，美国在 2002 年向中国提出了第一件纳米压印设备方面的专利申请，早于日本和荷兰。美国从 2007 年开始，在华申请量基本处于一个较为平稳的状态，保持每年一到两件的申请量。日本在 2003 年向中国提出了第一件纳米压印设备方面的专利申请，在 2003~2009 年，日本在华专利申请保持稳步增长，年申请量维持在十件以内，2010 年开始日本申请量突破十件。荷兰在华的相关申请仅存在于 2005~2009 年，2005 年之前和 2009 年之后都没有在中国申请纳米压印设备领域的专利。

图 13-12 示出了国外各区域在华专利申请技术分布情况。从专利申请技术分布数据可以看出，各国在纳米压印设备的零部件方面的专利申请量都大于整机方面的申请量，主要在于模板是纳米压印中非常重要的一环，包括模板的制作方法、模板的材料以及制作模板的设备等，从各个国家的专利申请内容来看，多数企业和研究团队都比较重视对模板的改进。

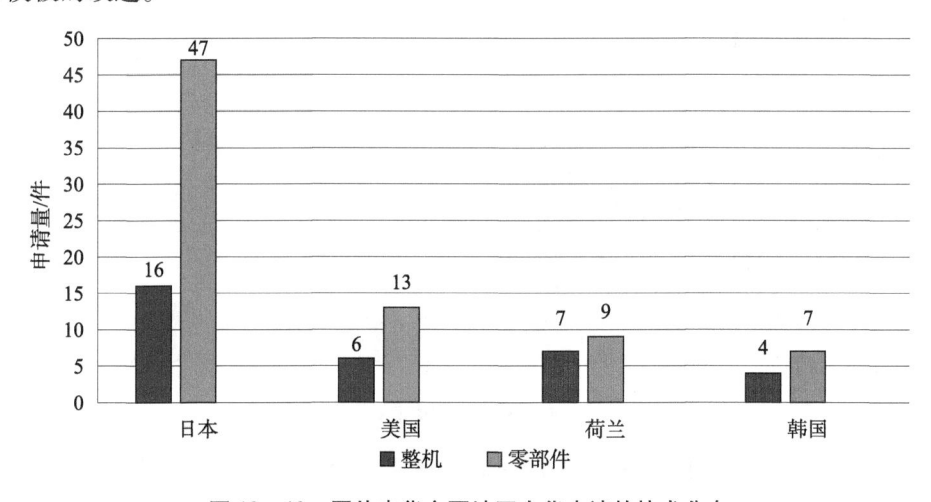

图 13-12　国外来华主要地区在华申请的技术分布

如图 13-13 所示，在全国各个省市中，江苏的专利申请量占据第一位，所占比重

197

为 29%，山东的申请量仅次于江苏，二者主要都是公司申请和高校申请。对于北京、上海和天津，其专利申请量也占据了一定的比例，主要原因是这三地区分布着较多的高校和研究所，如北京有清华大学和中科院下属的各个研究所，上海有上海交通大学和一些研究所，天津有天津大学，这些高校和研究所中有相当数量的课题组致力于纳米压印技术的相关研究。

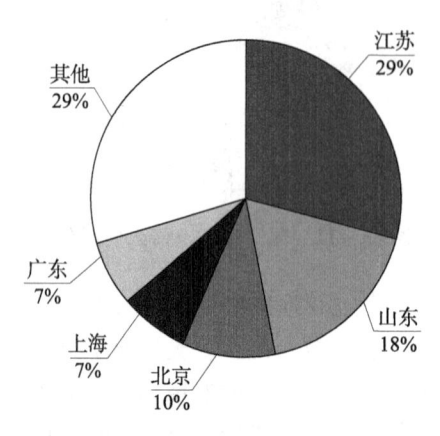

图 13-13　国内各省市专利申请分布

图 13-14 示出了江苏、山东、北京和上海专利申请的技术分布情况。江苏和山东在纳米压印设备整机上的申请量大于零部件的申请量，而北京和上海在纳米压印设备整机上的申请量小于零部件的申请量，江苏的申请量大主要是由于苏州光舵致力于纳米压印设备的研究，并在全国范围内处于领先地位。从其专利申请的情况不难看出，相比较而言，公司申请人更多关注纳米压印设备整机方面的专利申请，而高校和研究所申请人的关注重点是在于对纳米压印设备零部件的改进，尤其是模板。

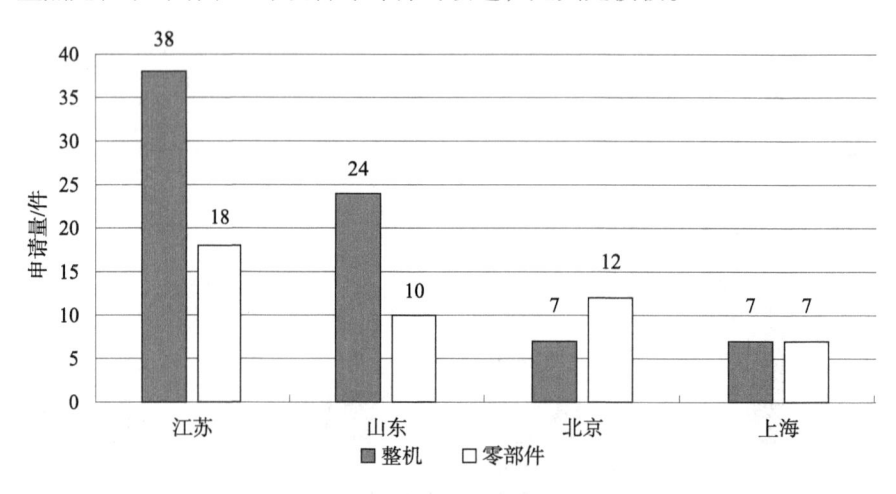

图 13-14　国内各省市专利申请的技术分布

图 13-15 示出了国内外申请人的类型分析情况，从图中可以看出，国内申请人类型分布与国外来华申请人类型分布具有明显差异。国内申请人中公司和大学申请量较大，分别占 41% 和 38%，其中公司申请主要是苏州光舵和无锡英普林，申请量排名前

三的高校分别是青岛理工大学、华中科技大学和天津大学。国内个人申请占比6%，其中兰红波和史晓华在该方面的研究比较突出。相比之下，国外申请人中86%都是公司，个人申请占比仅有2%。同时，国内外申请中合作占比都相对较低。对纳米压印设备方面的研究，需要投入大量的人力物力，国外开始较早且有良好的基础，而国内才刚刚起步，还需要加强与国外的交流，促进研发。

（a）国内申请人类型分布　　（b）国外来华申请人类型分布

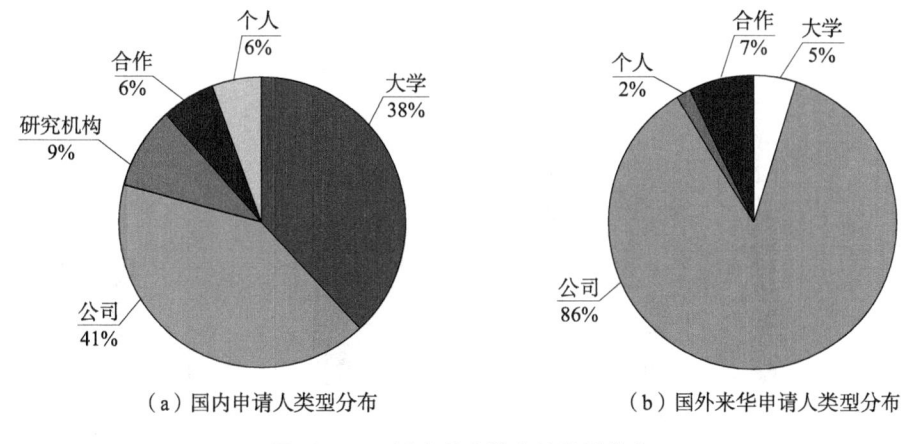

图 13-15　国内外申请人的类型分布

表13-4列出了中国专利主要申请人的分布情况，排名前列的这10位申请人的申请量占全部申请量的36.0%。从表中可以看出，在排名前10位的申请人当中，中国申请人占据了5个席位，有无锡英普林、苏州光舵、青岛理工大学、华中科技大学和天津大学，其中无锡英普林的17件申请中有11件是在2017年提出的，可见无锡英普林这两年对纳米压印技术的研究重心转移到了设备方面。国外申请人中，日本申请人优势明显，有日立、信越化学和佳能，此外荷兰的ASML公司和韩国的三星也是纳米压印设备方面在中国的主要专利申请人。

表 13-4　主要申请人分布

排名	申请人名称	申请量（件）	占总申请量比例（%）	所属国家/地区
1	无锡英普林	17	5.33	中国
2	苏州光舵	15	4.70	中国
3	青岛理工大学	13	4.08	中国
3	日立	13	4.08	日本
3	佳能	13	4.08	日本
6	信越化学	12	3.76	日本
7	华中科技大学	9	2.82	中国
8	天津大学	8	2.51	中国
8	ASML	8	2.51	荷兰
10	三星	7	2.19	韩国

图 13-16 示出了排名前 7 位的几家公司和高校的技术分布情况。可以看出大部分公司和高校的技术发展都有一定的侧重。无锡英普林侧重整机设备的研发；日本的信越化学相关专利申请只包括零部件方面的技术改进，从信越化学所申请的专利内容来看，其对纳米压印设备领域的研究主要集中在模板；青岛理工大学的专利申请主要在于纳米压印整机设备，如用于晶圆级纳米压印光刻机；苏州光舵是一家全力致力于微纳米压印设备研究的公司。

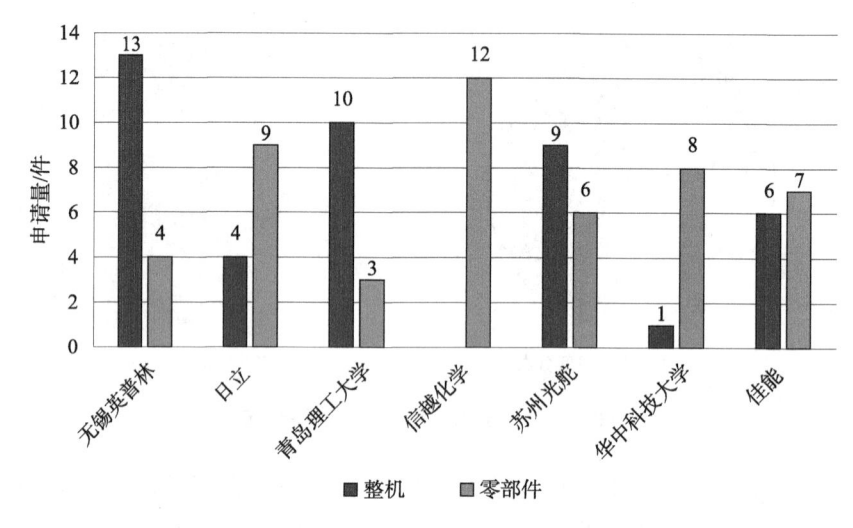

图 13-16 主要申请人的技术分布

二、整机

关于纳米压印整机设备领域的专利申请开始于 1999 年，在 2003 年之前申请量比较少，在 2004～2010 年，申请量有了一些提高，从 2011 年开始，专利申请量突破每年十件以上，且呈持续增长态势。纳米压印整机设备在中国专利申请构成中，国内的申请量占相关领域总申请量的 69%，国外申请人中，日本申请人的申请量最多，占国外申请人总量的 13%，其次是荷兰、美国、韩国和瑞典。

如图 13-17 所示，纳米压印整机设备国内专利申请主要集中在江苏和山东，江苏的主要申请人是无锡英普林、苏州光舵、南京大学和苏州大学，山东是青岛理工大学和山东科技大学。上海和北京的申请量均占 7%，上海有上海交通大学和复旦大学，北京有清华大学和中科院下属的一些研究所。

表 13-5 列出了纳米压印设备的整机领域中国专利主要申请人的分布情况，排名前列的这九位申请人的申请量占全部申请量的 40.4%。从表中可以看出，在排名前几位的申请人当中，中国申请人占据了绝大部分，有无锡英普林、青岛理

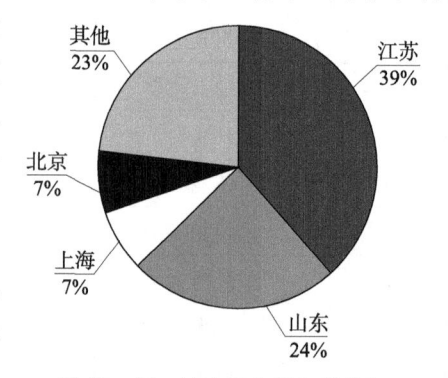

图 13-17 纳米压印设备的整机国内各省市专利申请分布

工大学、苏州光舵、上海交通大学以及两个个人申请人兰红波和史晓华。国外申请人中荷兰、日本和韩国申请人各占据了一个席位。

表13-5 主要申请人分布

排名	申请人名称	申请量（件）	占总申请量比例（%）	所属国家/地区
1	无锡英普林	13	9.22	中国
2	青岛理工大学	10	7.09	中国
3	苏州光舵	8	5.67	中国
4	兰红波	5	3.55	中国
4	ASML	5	3.55	荷兰
6	上海交通大学	4	2.84	中国
6	史晓华	4	2.84	中国
6	日立	4	2.84	日本
6	三星	4	2.84	韩国

申请量排名第一的是无锡英普林，其申请量占据了纳米压印整机设备技术总申请量的9.22%。其次是青岛理工大学占7.09%，苏州光舵占5.67%，兰红波和荷兰的ASML公司均占据总申请量的3.55%，上海交通大学、史晓华、日本的日立和韩国的三星的申请量各占据2.84%。

值得关注的是，在纳米压印整机设备方面的专利申请中，国内有两位个人申请人为相关技术的主要申请人，其中这两位个人申请的申请量占据了总申请量的6.39%，分别是青岛理工大学的兰红波5件和苏州光舵创始人史晓华4件。其中，兰红波的专利申请主要是从应用上改进的设备，如适用于LED图形化的纳米压印装置和大尺寸晶圆级纳米图形化蓝宝石衬底压印装置等，5件申请中有1件已失效的实用新型，4件发明申请的法律状态为1件有效、1件失效和2件未决。史晓华的专利申请是针对纳米压印设备本身的各种改进，如软膜压印装置和具有快速对准功能的压印装置，4件申请中有2件有效的实用新型，2件未决的发明专利申请。

三、零部件

在有关纳米压印设备的零部件方面的176篇专利文献中，几乎都涉及模板。在2000年中国有了第一件关于纳米压印模板的专利申请，2004~2009年，申请量有了一定的增加，从2010年开始，专利申请量有了大幅度的增加。纳米压印设备的零部件在中国专利申请构成中，国内的申请量与国外申请量基本持平。从专利申请数据可以看出，国内和国外在纳米压印设备的零部件领域方面的整体发展情况较为一致。

如图13-18所示，国内专利申请前几位的省市分别是江苏、北京、山东、湖北、天津、上海、广东，其中江苏占国内申请人总申请量的18%，其次是北京12%。

图 13-18 纳米压印设备的零部件国内各省市专利申请分布

表 13-6 列出了纳米压印设备的零部件领域中国专利主要申请人的分布情况，排名前列的这七位申请人的申请量占全部申请量的 31.3%。从表中可以看出，在排名前七位的申请人当中，虽然中国申请人占据了绝大部分，有华中科技大学、天津大学、西安交通大学和苏州光舵，但排名在前两位的均为日本申请人，可见，日本在纳米压印设备的零部件领域的发展处于相对较高的水平。

表 13-6 主要申请人分布

排名	申请人名称	申请量（件）	占总申请量比例（%）	所属国家/地区
1	信越化学	12	6.82	日本
2	日立	9	5.11	日本
3	华中科技大学	8	4.55	中国
4	天津大学	7	3.98	中国
4	佳能	7	3.98	日本
6	西安交通大学	6	3.41	中国
6	苏州光舵	6	3.41	中国

第三节 纳米压印——应用

一、专利概况

纳米压印应用在中国专利申请构成中，国内的申请量占总申请量的 80%，国外申请人中，日本和美国的申请量居多。国内申请人在中国的申请量上有绝对优势，说明国内对纳米压印应用在本国的专利布局比较重视。日本对中国市场也非常重视，在中国进行了一定的专利布局。

国内申请人的申请量大于国外申请人，国内申请人申请的纳米压印应用领域有效专利几乎都为发明申请,能在一定程度上反映出国内申请人在纳米压印应用方面的专利申请技术高度相对较高。在未决专利申请国内申请人的申请量也远大于国外的申请量,说明国内申请人近几年较为关注纳米压印技术的应用。

纳米压印应用在中国专利申请量达 366 件,从图 13 - 19 可以看出,国外申请人中,日本申请量最多,占国外来华申请人总量的 37%,美国作为第二申请大户,占 35%,如图 13 - 19 所示。

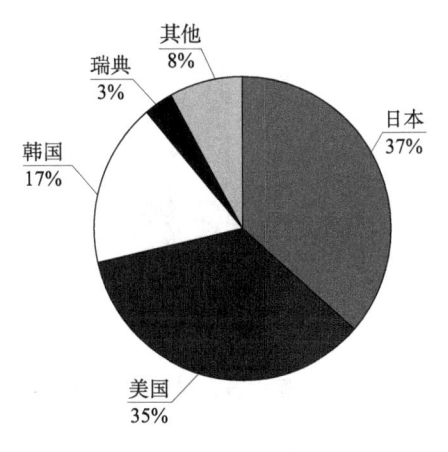

图 13 - 19 国外来华申请人区域分布

日本在 2002 年以前并没有重视在中国申请相关技术的专利,在 2002~2007 年间也处于不断波动之中,2007 年以后有所改变,但申请量仍然不多。美国来华申请年份早于日本,在 2002 年已有来华申请,这是由于纳米压印技术的发展起源于美国,美国在华申请量基本处于一个平稳上升的状态。

图 13 - 20 示出了国外各区域在华专利申请技术分布情况。从专利申请技术分布数据可以看出,各国在图案方面,尤其是衬底图形的专利申请量居多,主要以美国为代表。另外,日本对于二极管中纳米压印的应用较为关注。

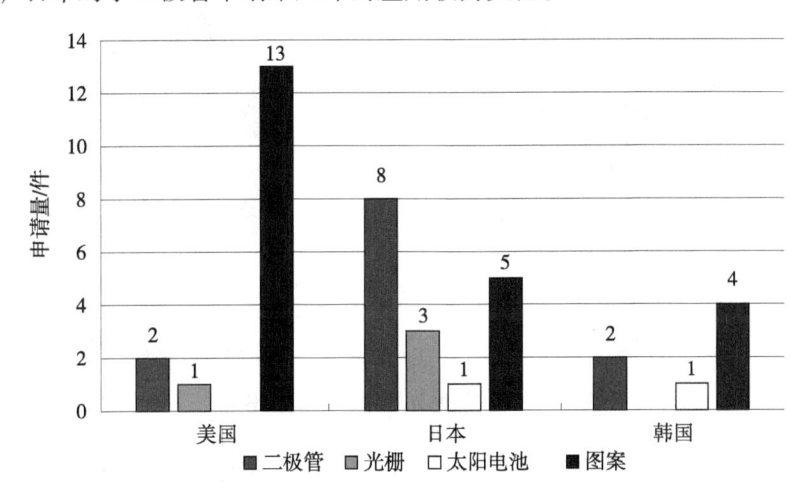

图 13 - 20 国外来华主要地区在华申请的技术分布

国内在纳米压印应用方面的专利申请，江苏和北京并列第一，各占20%，如图13-21所示。其次是上海、广东和湖北。这说明上述省市地区是纳米压印技术应用中国内申请人的主要根据地，这与其主要申请人的单位所在地有着密切的联系。同时也说明江苏、北京、上海和广东相对于其他省市地区来说在纳米压印技术应用的扩展以及专利申请方面具有一定的优势。

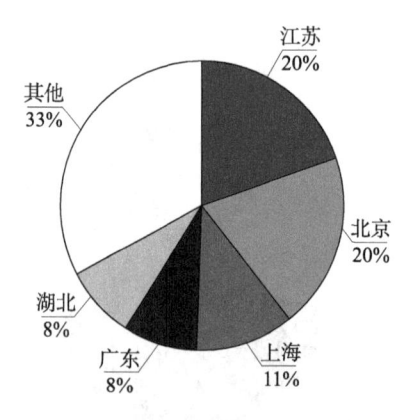

图13-21 国内各省市专利申请分布

国内申请人主要是大学，国外来华申请人主要以公司为主，参见图13-22，说明在我国纳米压印技术的应用推广还不够，亟需加强企业与高校的合作以促进纳米压印的产业化发展。申请人类型中，国内外申请人的合作申请占比都较高，分别为10%和15%，可见对于纳米压印的应用，国内外申请人都很重视合作交流与技术融合，也从另一个侧面反映了半导体领域的申请人不断积极探索在各种元器件制作工艺中加入纳米压印技术。

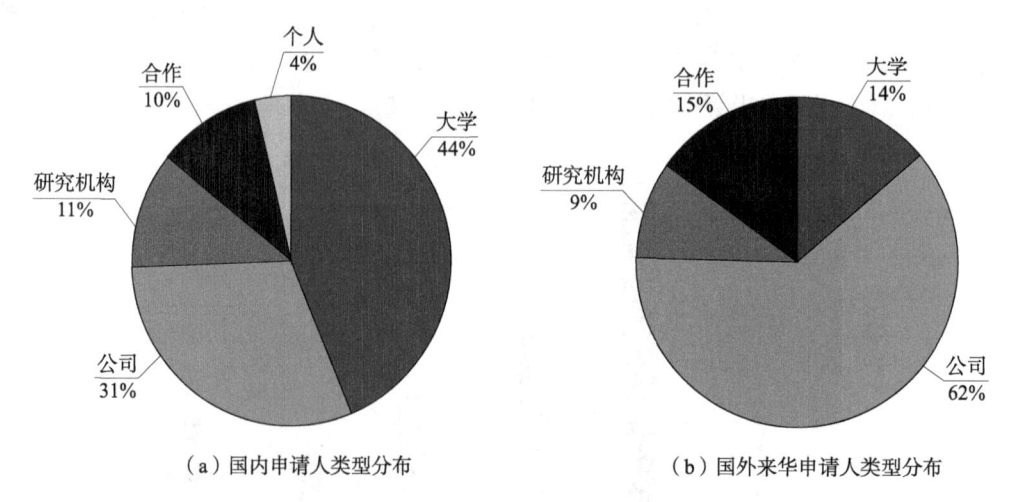

（a）国内申请人类型分布　　（b）国外来华申请人类型分布

图13-22 国内外申请人的类型分布

表13-7列出了中国专利主要申请人的分布情况。整体上排名前12位的申请人均为中国申请人，其中鸿富锦的申请量居第一位，排名第二位的是清华大学，鸿富锦和清

华大学有较多的联合申请。前12位排名中大学和研究机构共占了8位，公司占了4位，说明纳米压印技术应用在国内的市场投入不多。

表13-7 主要申请人分布

排名	申请人名称	申请量（件）	占总申请量比例（%）	所属国家/地区
1	鸿富锦	21	5.74	中国台湾
2	清华大学	20	5.46	中国
3	华中科技大学	17	4.64	中国
3	西安交通大学	17	4.64	中国
5	苏州大学	15	4.10	中国
6	无锡英普林	11	3.01	中国
6	复旦大学	11	3.01	中国
6	中科院微电子研究所	11	3.01	中国
6	南京大学	11	3.01	中国
10	京东方	10	2.73	中国
11	苏州苏大维格	8	2.19	中国
12	吉林大学	7	1.91	中国

表13-8为主要权利人的分布。与申请人的排名类似，主要权利人也主要分布在这些主要申请人中，鸿富锦在纳米压印技术应用领域共授权专利15项，授权率为11.8%，其中12件是与清华大学共同申请的，说明与大学合作开发是鸿富锦的一个特点。华中科技大学和西安交通大学的专利授权率分别为7.1%和5.5%，说明高校对纳米压印技术的关注程度也比较高。

表13-8 主要权利人分布

排名	权利人名称	发明专利授权量（件）	占总授权量比例（%）	所属国家/地区
1	鸿富锦	15（共同授权12件）	11.8	中国台湾
2	清华大学	14（共同授权12件）	11.0	中国
3	华中科技大学	9	7.1	中国
4	西安交通大学	7	5.5	中国
5	无锡英普林	5	3.9	中国
5	苏州大学	5	3.9	中国

图13-23示出了排名前6位的公司和高校在纳米压印技术应用领域的分布情况。整体来说，除无锡英普林外，其他申请人对纳米压印技术在二极管上的应用研究都比较多，无锡英普林专注于图案衬底方面的研发，另外，清华大学和鸿富锦对纳米压印技术

在二极管和太阳电池上的应用有共同的兴趣，共同合作申请了部分专利。

图 13-23 主要申请人的技术分布

二、纳米压印在二极管中的应用

纳米压印在二极管方面的应用始于 2005 年，从 2011 年开始专利申请量大幅度增加，申请人也开始重视纳米压印在二极管方面的专利保护，积极进行专利布局。

如图 13-24 所示，北京的专利申请占总申请量的 26%，这主要是由于北京的高校和研究机构比较多，其次申请量比较多的省市还有江苏，主要是无锡英普林和苏州大学，然后是湖北、陕西和山东。

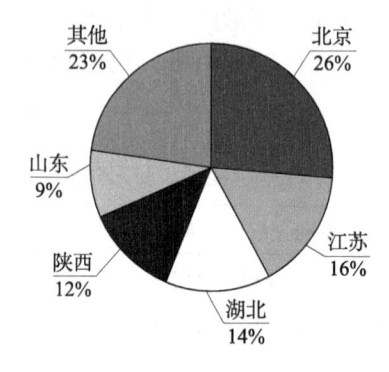

图 13-24 纳米压印在二极管中应用的国内各省市专利申请分布

表 13-9 列出了纳米压印应用于二极管领域的中国专利主要申请人的分布情况。从表中可以看出，排名前五的申请人中大学占据了主导地位，有清华大学、华中科技大学、西安交通大学和苏州大学，公司只有鸿富锦。可见，国内申请人类型主要为高校，纳米压印技术的应用还处于研发阶段，说明我国高校研发实力雄厚，有坚实的后盾基础。

表 13-9 主要申请人分布

排名	申请人名称	申请量（件）	占总申请量比例（%）	所属国家/地区
1	清华大学	9	12.3	中国
1	鸿富锦	9	12.3	中国台湾
3	西安交通大学	7	9.59	中国
4	华中科技大学	6	8.22	中国
5	苏州大学	4	5.48	中国

三、纳米压印在图案中的应用

纳米压印技术在图案衬底方面的应用始于2002年，在2002~2006年平稳发展，自2007年逐步平稳上升，在2013年专利申请量开始大幅度增加。

如图13-25所示，国内专利申请中江苏占国内申请人总申请量的27%，无锡英普林、南京大学和苏州大学贡献的申请量比较多，其次是上海和北京，分别占总申请量的20%和18%，上海的主要申请人是上海交通大学和复旦大学，北京有清华大学和北方微电子基地设备工艺研究中心，其他省市的申请量分布比较均匀。

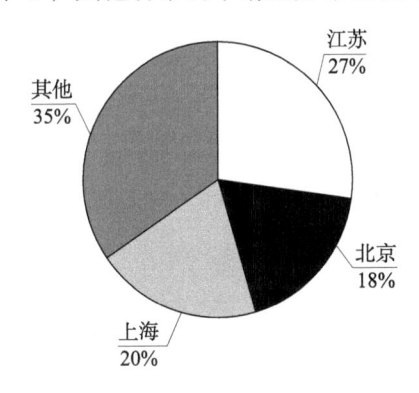

图 13-25 国内各省市专利申请分布

四、纳米压印在光栅和太阳电池中的应用

纳米压印在光栅应用领域的专利申请主要涉及光栅的制备方法，申请人以大学为主，包括清华大学、大连理工大学、华中科技大学等，其中清华大学与富士康合作主要致力于中空金属光栅的制备以及制备过程中的刻蚀气体的改进。纳米压印在太阳电池应用领域的专利申请主要涉及电极和陷光结构的制备，申请人以公司为主，包括台湾积体电路、江苏欧达丰新能源和无锡英普林等，其中江苏的公司和大学占据较高比例，使得江苏的申请量稳居首位。纳米压印在光栅和太阳电池应用领域的专利申请都比较晚而且每年的申请量都比较少，维持在八件以内的水平。这也从一个侧面反映了中国对于纳米压印技术在太阳电池和光栅方面的发展较为缓慢。

第四节　本章小结

中国纳米压印技术在工艺、设备和应用方面各有侧重。在纳米压印工艺领域侧重紫外固化压印的研究方向；在纳米压印设备领域，侧重模板的制作、材料等方向的研究；在纳米压印应用领域，侧重二极管和图案衬底方向的研究。

国内申请类型中，大学占比较高，并且大学的专利申请在纳米压印工艺、设备和应用各方面的研发比较均衡；另外，合作申请也占据了一定比例，说明国内申请人很重视合作交流与技术的融合，建议促进大学、科研机构与企业合作，提高共同研发能力，促进产学研一体化发展，提高我国纳米压印技术核心竞争力。

国内申请中江苏省在纳米压印工艺、设备和应用各方面的申请均排在前列，这归因于政府的支持以及以无锡英普林和苏州大学为代表的大量江苏的公司和高校，对纳米压印技术投入了大量人力、物力。

第十四章 纳米压印的创新主体

创新是科技发展的源泉，科技创新的主体在于人才，因此不仅要注重创新人才的培育，还要注重人才的引进，才能推进产学研合作和产业关键技术的攻关。本章从纳米压印技术的创始、发展和推广出发，针对纳米压印技术的重要人才和重点企业进行分析。

第一节 纳米压印创始人——周郁

一、其人其事

周郁❶（见图14-1），Stephen Y. Chou，工程学华裔教授，普林斯顿大学"纳米结构实验室"负责人，是世界纳米技术的发明者和领军人。周郁1978年从中国科技大学物理系毕业，于1986年获得麻省理工学院博士学位。他曾任斯坦福大学研究助理和助理教授（1986~1989），也曾任教于明尼苏达大学（1989~1991年为助理教授，1991~1994年为副教授，1994~1997年为教授），并于1998年加入普林斯顿大学。作为企业家，周郁教授创立了Nanonex（1999）和NanoOpto（2000）公司。

周郁教授在纳米技术和纳米器件领域的开拓性研究和发明为纳米加工、纳米电子学、光电子学、磁学和材料领域开辟并形成了新的道路。其在研究生阶段的工作使用X射线光刻技术将MOSFET扩展到60nm范围，自1985年以来，他研究了各种超小型MOSFET、量子器件和单电子晶体管。在20世纪90年代初，他开始探索亚波长光学元件（SOE）和将纳米加工纳入磁性数据存储介质的工作。他于1993年创立了量子磁盘（QMD），这是一种磁数据存储的新范例。1995年，他率先开创了他最著名的工作——纳米压印光刻（NIL），这是一种革命性的纳米级图案化方法，高效率且低成本。他还提出了光刻诱导自组装（LISA）和激光辅助直接印记（LADI）技术，以及将NIL、LISA和LADI应用到电子学、光学、磁学、生物技术和材料等多个学科。

图14-1 周郁

周郁教授的发明和先驱工作给工业带来了重大影响。纳米压印光刻技术被认为是"将改变世界的10大新兴技术之一"；被选为半导体IC的下一代光刻技术；并正在成为半导体集成电路、磁性数据存储、显示器、光学器件、生物技术的有利制造平台。

---

❶ 周郁. 普林斯顿大学周郁个人主页［EB/OL］.［2018-06-14］. http://www.princeton.edu/~chouweb/choubio.html.

周郁教授于2007年当选为美国国家工程院院士，被称为改革开放后中国大陆高校毕业生获取美国国家工程院院士的第一人，且因其发明和开发纳米压印光刻技术获得了多项奖项，例如纳米压印和纳米印刷技术先锋奖等。周郁教授发表了280多篇论文，在会议和研讨会上发表了100多次邀请演讲，并拥有15项授权专利和40多项专利申请❶。

2017未来科学大奖颁奖典礼暨未来论坛年会上，周郁教授在材料学研讨会上发表演讲。周郁表示❷，"纳米压印是一个革新性的理论和结果，创造了制造业21世纪新的制造方式，同时也带来了超过1万亿元的利润。它会影响很多的学科，影响非常深远。可是我们现在还是在一个开始的阶段，我们会继续努力"。

二、其专利

1995年，周郁教授提出了纳米压印的首件专利申请，申请号是US19950558809，提出了一种承载在基板表面上的薄膜中产生具有超细特征的图案的方法，该方法与现有的微蚀刻法不同，该方法放弃了使用高能光或粒子束，消除了许多限制常规平版印刷分辨率的因素，例如由于有限波长引起的衍射极限，由于抗蚀剂和基底中的粒子散射引起的界限，以及干扰。取而代之的是基于将模具压制成衬底上的薄膜以形成浮雕，并且随后移除薄膜的压缩区域以暴露下面的衬底并且在衬底上形成复制正面的抗蚀剂图案的模具的突出图案。该方法能够在整个衬底上提供更精细的光刻分辨率和更均匀的光刻，可以达到亚25nm的分辨率，被称为纳米压印光刻，对于集成电路制造以及需要纳米光刻的其他科学和工程领域至关重要。

传统的热纳米压印技术存在很多缺点，如图案成型需要高温高压、模板成本高、微结构转印难度大等，因此，周郁教授在后来的工作中又针对纳米压印技术的改进提出了一系列的专利申请。

为提高模板加压的均匀性出现了采用流体加压技术的专利申请US20000618174。该专利申请提供了光刻技术的一种改善的方法，包括使用直接流体压力把模板压入衬底支撑的薄膜，其中模板和/或衬底是弹性的，可以在液压下接触面积更大。流体加压可以通过使模板经受加压流体的喷射而实现。流体加压的结果是在大面积上增加了分辨率和提高了均匀性。具体地说，提供了一种处理衬底表面的方法，包括在衬底的表面提供可塑层，提供表面具有多个突出特征的模板，用流体压力直接把模板和可塑层压在一起，从而将图形转移到可塑层上，最后将模板从可塑层上移除。

为解决热压印形变误差以及其整体工艺时间较长的问题，出现了激光辅助压印技术的专利申请US20030390406。激光辅助压印工艺技术，具体是通过以下步骤实现基板上图形的制作：提供模板，将模板设置为邻近或靠着待印刷的硅基板表面，用高能准分子激光辐射照射基板表面以将基板表面软化或液化，使基板表面形成代替压印胶的熔融层，然后将模板压入软化或液化的基板表面中以直接压印基材，在该过程中熔融硅的低

---

❶ 周郁. 普林斯顿大学周郁个人主页［EB/OL］.［2018-06-14］. http：//www.princeton.edu/~chouweb/choubio.html.

❷ 新浪科技. 周郁：纳米压印带来新的革命 创造了超1万亿元利润［EB/OL］.（2017-10-29）［2018-06-14］. http：//tech.sina.com.cn/d/i/2017-10-29/doc-ifynhhay7747649.shtml.

黏度使熔融硅迅速流入模板的所有缝隙，完全填充并与模板相符，固化后脱模即可将图案直接转移到基板上。使用这种方法，可在亚 250ns 的处理时间内直接印刷出具有亚 10nm 分辨率的硅大面积图案。

脱模步骤也是纳米压印工艺的重要组成部分，为提高脱模质量，出现了有关纳米压印脱模材料的专利申请 US19980107006。

一般来说，纳米级结构图案可以采用电子束光刻来实现，但随着特征尺寸低于 30nm，并非所有电子束光刻的工具和工艺都可以使用，并且制造可靠性和尺寸的控制变得非常差，而且纳米级电子束光刻图案限于远小于 $1mm^2$ 的面积，造成生产效率显著降低。因此，为了能够应用于大面积图案化，周郁提出了一种用于制造大面积纳米压印模板的专利申请 US20090473115。该专利提供了一种具有复杂图案的大面积纳米压印模板的制造，该模板的制作可以不使用直接写入光刻技术，例如电子束光刻、离子、激光束或机械光束光刻，然后使用纳米压印光刻快速复制复杂特征的图案，制作大面积纳米压印模板。

为了在不使用电子束等光刻技术的情况下在大面积上产生更加复杂的纳米结构，周郁团队探索了一种新的创新路径改变方法，称为"多组纳米图案"技术，为纳米制造（包括纳米压印）的核心挑战提供可行的解决方案，此方法记载在专利申请 US201414217052 中。该专利提出的多组纳米图案技术包括三种创新的非传统技术或其组合。这三种技术是（i）傅里叶纳米压印图案化，（ii）边缘引导纳米图案化和（iii）纳米结构自我完善。每个技术都可以在大面积上创建新的复杂纳米结构；当它们组合在一起时，可以在大面积上产生更复杂的纳米图案。

第二节　纳米压印发展者

一、Willson

Grant Willson 在加州大学伯克利分校有机化学专业获得了学士和博士学位，在圣地亚哥州立大学获得有机化学硕士学位。毕业之后加入了 IBM Almaden 研究中心，之后来到 Texas 大学。Willson 教授的研究侧重于功能有机材料的设计和合成，重点是微电子材料，主要包括单体和聚合物液晶材料、聚合物非线性光学材料、新型光刻胶材料等。Willson 教授是美国国家工程院的成员，而且拥有超过 25 项已授权专利，著有多本书籍。

Willson 教授被美国总统授予国家技术和创新奖章，并且在光刻胶研究方面的工作取得了非常多的成就，包括材料化学奖和美国化学学会 Carothers 奖等奖项❶。

针对热压印受热产生形变的问题和加热降温需要耗费大量时间的问题，产生了无需加热在室温下即可进行的紫外固化压印技术。1999 年由 Texas 大学的 Willson 教授提出

---

❶ The University of Texas at Austin. Willson Research Group [EB/OL]. [2018 – 06 – 14]. http://willson.cm.utexas.edu/Willson/bio.php.

了步进-闪烁的紫外固化压印光刻技术 WO2000US05751。Willson 教授指出周郁教授提出的纳米压印光刻技术中使用（聚）甲基丙烯酸甲酯作为抗蚀剂浇注料，然而使用这种材料可能是不利的，因为它可能难以以不同的图案密度形成一些结构。Willson 教授提供了一种在基板上的转印层中形成浮雕图像的方法，该方法适用于形成具有纳米级图案的结构，该方法包括用可聚合流体组合物覆盖转印层；使可聚合流体组合物与形成有浮雕结构的模板接触，填充模板中的浮雕结构；使可聚合流体组合物在合适条件下聚合并由此在转印层上形成固化聚合物材料；将模板与固化的聚合物材料分离，使得模板中的浮雕结构的复制品形成在固化的聚合物材料中；最后在转印层中形成浮雕图像。

二、Whitesides

George M. Whitesides 于 1960 年获得哈佛大学学士学位，1964 年获得加州理工学院博士学位。1963~1982 年，就职于麻省理工学院，1982 年加入哈佛大学化学系，并于 1986~1989 年担任系主任，现在是 Woodford L. 和 Ann A. Flowers 大学的教授，主要研究方向为化学、材料科学、微纳米技术等[1]。

Whitesides 等首次提出了微接触压印，并申请了专利 US19960677309 和 US19960676951。该方法包括使抗蚀剂与压模接触，在压模上用抗蚀剂形成自组装单层，然后将压模与基板接触，从而将压模上的自组装单层转移到基板上，至此便完成了图形的转移，然后通过蚀刻剂移除未被自组装单层覆盖的基板，得到图案。

第三节 纳米压印推广者

重要申请人代表了本领域的重要技术力量，对比中国和外国申请人的申请趋势和申请人类型的构成，可以了解不同技术力量的相对位置和变化情况，我国企业和相关科研机构可以从中寻找差距与学习借鉴。从全球申请人排名可以看出，日本公司对纳米压印技术十分重视，可以说日本公司是纳米压印领域绝对的主力。美国作为技术发源地，分子制模公司和 Texas 大学进入了前 12 名，说明美国纳米压印技术分布比较集中。中国有两家公司和一所高校上榜，分别是鸿富锦、无锡英普林和华中科技大学。整体来看，纳米压印的申请人比较分散，还未形成明显技术垄断。

一、大日本印刷公司

大日本印刷公司成立于 1876 年，发展至今历经了 100 多年。1957 年设立特殊印刷专业的子工厂，开创了软包装印刷的全新世界；1965 年，根据凹版印刷相片方式进行布料印刷的技术开发成功；1978 年开发全息图及曲面印刷技术；1984 年开发出全息图的临摹技术；2002~2003 年分别建立了光掩膜方面的海外制造公司和热临摹传真用色

---

[1] Harvard University Department of Chemistry and Chemical Biology. Whitesides Research Group [EB/OL]. [2018-06-14]. http://gmwgroup.harvard.edu/content.php?page=gwhitesides.

带制造公司等❶。大日本印刷在纳米压印技术方面,一直致力于开发用于在底板上形成电路图形的石英玻璃制模板。2005 年,大日本印刷出资从事纳米压印技术开发的 Molecular,建立了 Molecular 系统用模板的开发销售体制,并于 2007 年成功开发了支持 18nm 级半导体工艺的模板。纳米压印技术与 EUV 曝光等光刻技术相比,可削弱设备成本,但因其是用模板压模后转印电路图形,所以量产时需要定期更换模板,因此大日本印刷与美国分子制模就在推进 22nm 级以后纳米压印技术实用化进程中建立了战略性合作关系。此次合作,两公司共同开发在硅晶圆上转印图形用纳米压印模板复制技术,应用现有的光掩膜制造技术,确立可高效复制及制造模板的技术❷。

大日本印刷公司自 1999 年开始研发纳米压印技术,2003 年走出国门,积极参与国际竞争,美国、中国、欧洲、韩国为大日本印刷公司申请目标国家/地区的前四位,参见图 14-2,2003~2006 年专利申请量比较少,2007 年市场逐渐转向美国和韩国,2008 年完全转向欧洲市场,2009~2010 年又在其本土申请了大量专利,约占总申请量的 66%,稳定了本国的市场份额,2010 年以后,大日本印刷公司对纳米压印领域的重视程度减弱,同时市场也发生了变化,自 2011 年开始,中国成了大日本印刷公司的主要市场,但是申请量并不多,尽管如此,这也刺激了我国在纳米压印技术领域的发展,使得纳米压印技术在中国迅速发展。

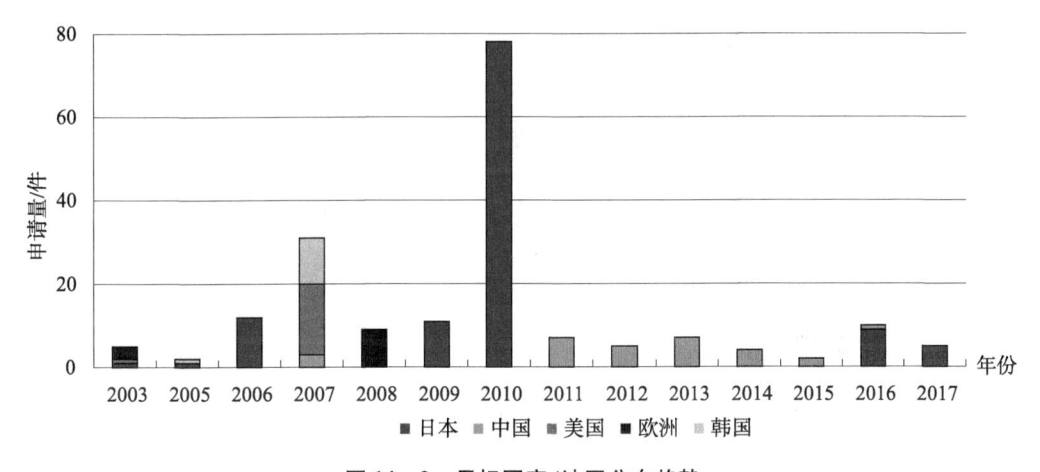

图 14-2 目标国家/地区分布趋势

二、分子制模公司

分子制模公司(Molecular Imprints,MII)公司成立于 2001 年,原隶属于得克萨斯大学。Molecular Imprints 公司是硬盘驱动器领域和半导体领域的纳米压印光刻系统的技术领先者,拥有较大的市场,其产品具备高分辨率、低制造成本等众多优势。美国普林斯顿大学教授周郁是纳米蚀刻法思想的最初倡导者,Molecular Imprints 对周郁的方案进

---

❶ 百度百科. 大日本印刷公司 [EB/OL]. [2018-06-14]. https://baike.baidu.com/item/大日本印刷公司/9498523?fr=aladdin.

❷ 章从福. 大日本印刷与 Molecular 共同开发低成本纳米压印技术 [J]. 半导体信息,2009 (4): 25-26.

行了修订,并将之命名为"步进-闪烁纳米压印技术",受到广泛关注,并得到惠普、摩托罗拉以及数家研究实验室的大力支持。Molecular Imprints 系统凭借独特的功能和创新的 Jet and Flash™ 和 Imprint Lithography 技术,帮助客户实现业界最先进的存储磁盘驱动器和存储设备所需的精细的功能[1]。

如图 14-3 所示,美国 Molecular Imprints 公司于 2002 年开始研发纳米压印技术,并且积极参与国际竞争,进行海外布局,海外市场主要包括日本、中国、欧洲、韩国,2003~2006 年专利申请量较多,在各国的布局也比较平均,2007~2008 年本国布局的申请量较少,但市场布局并没有减弱,仍然紧紧控制海外市场。2009~2010 年又申请了大量专利,且主要在本国布局,稳定了国内的市场份额,2013 年以后,申请量急剧下降。2014 年,世界上第三大芯片光刻机制造商佳能收购了 Molecular Imprints 公司。佳能在完成收购后,将把自身的镜头技术和 Molecular Imprints 公司的曝光技术结合在一起,并使能够量产半导体芯片的新型曝光装备实现商品化。

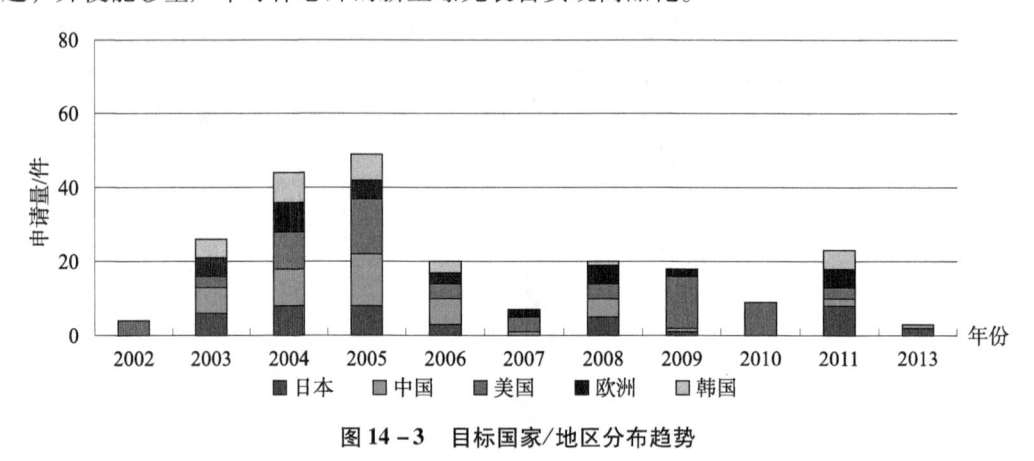

图 14-3 目标国家/地区分布趋势

三、鸿富锦精密工业有限公司

鸿富锦自 2004 年开始研发纳米压印技术,其研究方向主要涉及纳米压印工艺、设备及应用三个方面,其中在纳米压印应用方面的相关专利 21 件,工艺方面的相关专利 16 件,设备方面的相关专利 5 件(见图 14-4)。

鸿富锦高度重视自主创新和知识产权的保护,在国内企业申请量中名列前茅。就纳米压印技术而言,鸿富锦共申请相关专利 30 件,其中授权 19 件、驳回 1 件、视撤 3 件,权利终止 3 件以及未结案 4 件,授权率 64%,参见图 14-5。在 30 件专利申请中,鸿富锦自主研发的专利申请有 10 件,与清华大学合作研发的专利申请有 20 件,这体现了鸿富锦能够充分利用资源,开展相互合作有利于取长补短,共同攻关。可见,选择与具有前沿技术研发优势的高校合作成为鸿富锦专利申请的一个重要特点。

---

[1] 王蔚斯. MII 带来纳米压印技术的革新 [J]. 电脑与电信,2011 (12):1-3.

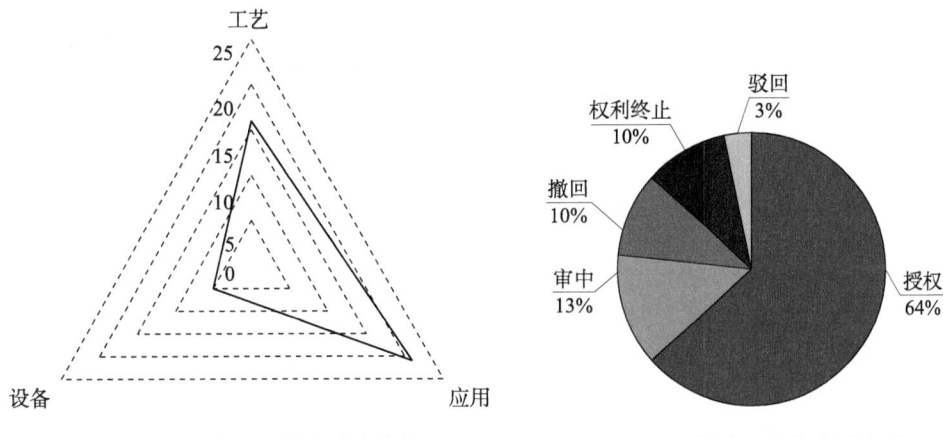

图 14-4　纳米压印技术鸿富锦的重点研究方向

图 14-5　纳米压印技术鸿富锦国内申请的法律状态

图 14-6 为鸿富锦公司的重要发明人，通过对重要发明人的分析，可以获知纳米压印技术影响度较大的发明人，如李群庆、朱振东、范守善等，发现上述重要发明人主要以合作形式参与创新，并作为团队的核心，指导团队的研发工作。事实证明，每一项纳米压印技术的突破都离不开一个强大团队的支持。

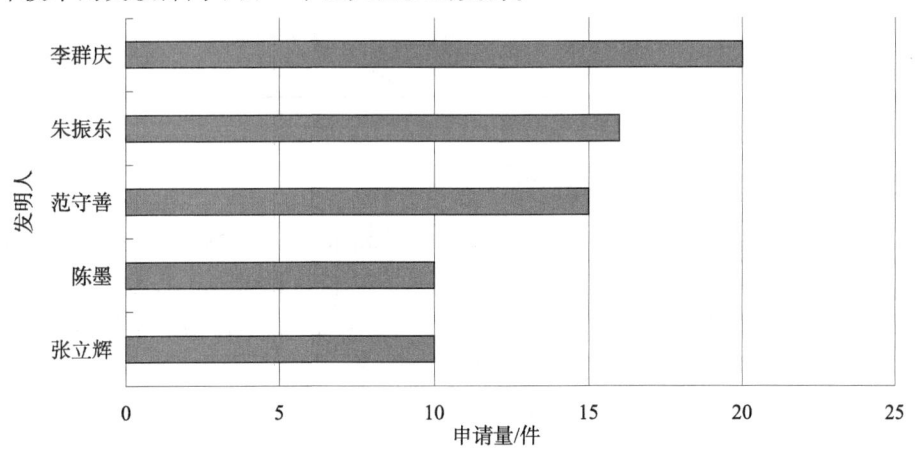

图 14-6　纳米压印技术鸿富锦国内发明人

表 14-1 列出了鸿富锦在国内纳米压印技术方面的代表性专利，从中可以看出鸿富锦的研究涉猎面比较广，主要有压印工艺、模具和应用等方面，应用多用于二极管和光栅的制造，且其专利申请中在应用方面的质量较高，目前大多都处于有效状态。

表 14-1　鸿富锦在国内纳米压印领域的代表性专利

申请号	发明名称	发明概要	法律状态
CN200410052383.3	热压印方法	本发明涉及一种热压印方法，尤其是在高分子材料上形成微纳米图案结构的热压印方法	权利终止

续表

申请号	发明名称	发明概要	法律状态
CN200910302647.9	压印模具及其制作方法	本发明涉及一种压印模具。压印模具包括图案层，图案层具有多个间隔分布的成型面，压印模具进一步包括设于多个成型面的硬质膜层	失效
CN200410051348.X	热管及其制备方法	本发明涉及一种热管及其制备方法。该热管包括管壳及密封于管壳内的工作流体，其中该管壳内壁形成有沟槽，沟槽深度及其开口宽度均为 10nm～1μm	有效
CN201210571020.5	光栅的制备方法	本发明提供一种光栅的制备方法，包括以下步骤：提供基底；在所述基底的表面形成掩膜层；纳米压印掩膜层，使掩膜层表面形成并排延伸的多个条形凸起结构；刻蚀掩膜层，使凸起结构的顶端两两靠在一起而闭合；刻蚀基底，使基底的表面图案化，形成多个三维纳米结构预制体；以及去除掩膜层，形成多个三维纳米结构	有效

四、无锡英普林纳米科技有限公司

无锡英普林公司致力于纳米压印的压印胶产品和压印设备的研究，并有纳米压印技术服务，其依托于南京微结构国家实验室和南京大学材料科学与工程系这一科研平台，在国内的纳米压印领域发展迅速。无锡英普林公司从 2011 年开始研究纳米压印技术，2013 年申请量迅速增加，且在工艺方面的申请量达到 15 件，在应用领域的申请量达到 9 件，但 2014 年申请量急剧下降，2017 年又增长到 11 件，且这 11 件都是纳米压印设备方面的专利申请，无锡英普林公司的申请趋势参见图 14-7。

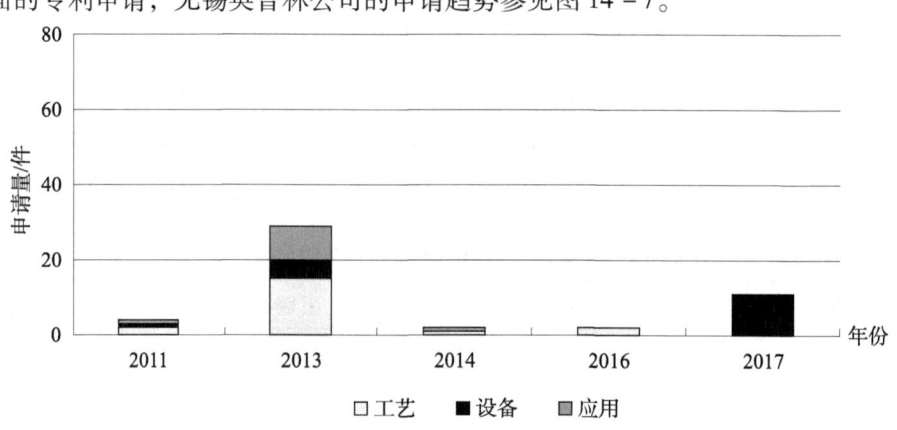

图 14-7 纳米压印技术无锡英普林重点研究方向

无锡英普林公司共申请相关专利36件，其中授权8件、驳回1件、视撤7件以及未结案20件，如图14-8所示。授权案件中主要包括压印胶的合成，以及在纳米图案和光栅中的应用。目前未结案件中，主要涉及对纳米压印整机设备和对压印胶的改进。

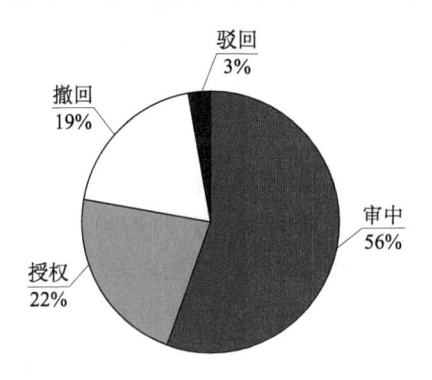

图14-8　纳米压印技术无锡英普林的国内申请的法律状态

第四节　本章小结

本章主要对纳米压印技术的创始人、发展者以及重点申请企业进行了专利分析，追踪纳米压印重点专利以及未来关注的重要申请人，综合上述分析可以总结如下：

纳米压印是一个革新性的理论和结果。1995年，周郁教授首次提出纳米压印，之后纳米压印历经了热压印—紫外固化压印—微接触压印的发展过程，不断丰富工艺、设备、应用方面，重视技术研发和专利布局的运用。

纳米压印技术中，国外公司进入市场较早，专利布局较为全面。虽然中国在纳米压印领域起步较晚，但发展迅速，并且重视技术的研发以及高校和公司的合作，鼓励创新主体，推动纳米压印技术的进一步发展。

第十五章　发展建议

纳米压印凭借着其工艺过程中不涉及传统光刻中的复杂反应机制，也避免了特殊光学系统的使用，并且不会受到光学衍射和散射的影响，具有高分辨率、高产量、高效率、低成本等适合工业化生产的独特优势，受到众多国家的广泛关注。作为引领"芯"时代的新兴关键技术，其发展和应用前景是不可限量的。

第一节　发展现状及趋势预测

通过从专利视角对纳米压印技术现状及其全球专利和中国专利的分析，对于当前纳米压印的发展态势有了宏观认识，并对其发展脉络进行了梳理。

一、专利布局角度

1）纳米压印技术全球专利申请前景广阔，美国起步较早，日本紧跟美国步伐，中国申请量呈增长势头。

1995年全球第一项纳米压印技术专利申请（US19950558809）出现于美国。自2000年起，纳米压印技术以其所具有的独特优势开始吸引越来越多业界的目光，全球申请量持续增长，2005年的年申请量超过200项，在经历四年左右的调整期后，2009年又进入新一轮增长周期。美国作为纳米压印技术的发源地经过多年的积累，总申请量排名全球第二，美国主要是以核心专利保证其在该领域的领先地位；日本起步晚于美国，但由于对纳米压印技术的研发高度重视，投入较大，因此总申请量略高于美国，排名全球第一，日本在纳米压印方面的快速发展也带动了整个世界纳米压印技术的发展和产业化应用进程；中国申请量排名全球第三，但与前两名的差距并不十分明显，这是由于中国对纳米压印技术的投入持续增长，特别是在2004年和2011年经历了两次较大发展。

2）纳米压印技术全球专利布局特点鲜明。

美国在纳米压印技术方面的研究起步最早，且研究水平一直处于国际领先地位，美国的公司和科研机构掌握着最关键的原创技术和核心专利，且美国申请人比较注重在海外进行专利布局，这也是美国的纳米压印技术处于全球领先地位的重要原因；日本紧随美国，对纳米压印前沿技术的跟进非常迅速，成为纳米压印技术专利申请的主力军，日本前期主要在本土进行专利布局，自2011年开始日本将专利布局重点转向中国；中国的纳米压印技术研究开始较晚，虽然专利申请量在逐年增加，但专利布局主要在本土进行，并未积极进行海外布局。

3）纳米压印技术全球产业化程度差异较大，整体上呈现多方竞争的态势。

全球专利申请量排名前12位的申请人中，6位来自日本，其他来自美国、荷兰和中国，除中国外，申请主体主要为公司，并且已逐步实现产业化。反观中国专利申请，排名前10位的申请人中8个来自中国，其中包括2家公司、5所高校和1家研究所，高校和研究所是中国纳米压印技术的主力军；中国申请人中公司较少，产业化程度较低，应促进高校研究所和公司的联合，加快纳米压印技术在中国的进一步发展。值得注意的是，全球主要申请人的研发方向呈多元化态势，均处于技术探索阶段，尚未形成技术垄断局面，有利于中国申请人参与国际竞争。

二、专利技术角度

1. 国内外科研实力差距明显

作为纳米压印发源地的美国，其在纳米压印技术中的科研实力相当雄厚，以得克萨斯大学和分子制模公司为代表，其主要关注点在于纳米压印的工艺和设备，这也是纳米压印技术发展的核心；虽然中国近些年在纳米压印领域发展迅速，但核心专利较少，并且主要集中在纳米压印应用方面，处于核心技术外围，极少涉及工艺和设备的核心技术，体现出中国的研发水平与先进技术国家还有一定的差距。

2. 国内研发模式类型多样化，企业与高校合作方式值得推荐

国内研发模式大多属于独立研发，但是鸿富锦除采用独立研发模式外，更多地与清华大学进行合作研究，取得了良好的实践效果，实现了共赢，值得借鉴。国内企业应当学习鸿富锦为代表的优秀创新主体的创新经验，摸索适合自己企业的发展模式，通过企业技术研发和学术研究的合作，整合所需资源，强强联合，促进创新，将智力资产转化为产品和利润。

3. 纳米压印国内分布区域集中

纳米压印中国专利申请主要分布在江苏、北京、上海三地。整体来说，纳米压印在江苏发展全面，这与江苏重视高新技术的发展且拥有较多的公司及大学密不可分，代表公司和大学有无锡英普林、苏州光舵、苏州大学和南京大学等。北京和上海在纳米压印工艺和应用方面申请较多，主要集中在高校和研究所。高校和研究所作为研发主体，要在不断创新的基础上，注重与产业的融合，促进产学研一体化发展。

4. 中国纳米压印工艺不断优化，聚焦关键技术

由于热压印技术涉及高温、高压、冷却等工艺，不利于成本的降低，紫外固化压印应运而生。从中国专利申请量中也可以看出，各国紫外固化压印的专利申请量都大于热压印，尤其是日本申请人，针对光刻胶组分的改进占了大部分。专利申请中也涉及了大量模板制造方面的申请，模板作为影响分辨率的纳米压印的关键部件，自然受到广泛的关注。

第二节　对我国纳米压印研发和产业化的建议

目前我国涉及纳米压印研究的单位主要有鸿富锦、清华大学、华中科技大学、无锡英普林公司、苏州光舵公司、西安交通大学等公司和高校，研究方向涉及纳米压印设

备、工艺和应用。在设备方面，模板制备相对较多，对于整机华中科技大学设计了一套热塑纳米压印系统，上海交通大学设计建立了真空负压紫外固化纳米压印系统；工艺方面，热压印和紫外固化压印占比较大，而微接触压印研究很少；应用方面，纳米压印在二极管、太阳电池、光栅以及衬底图案方面均有涉及，可以说是芯片制造中必不可少的工艺技术。虽然相对国外的差距仍然很大，但是纳米压印技术作为下一代光刻技术的主要候选者之一，其发展受到政府和研究者的高度重视。中科院光电技术研究所和苏州光舵公司以及很多高校开始在设备和工艺等方面取得一些初步发展。根据中国的发展现状，对纳米压印技术提出以下建议：

1）我国知识产权相关部门应及时发布纳米压印行业专利预警信息，为我国集成电路制造行业提供决策信息辅助。

作为集成电路制造工艺之一的纳米压印技术，在我国正处于研究性阶段，专利申请量快速增长，及时掌握国内外纳米压印技术相关专利的发展动向，掌握纳米压印技术的发展趋势，对重点技术进行跟踪和预警，有利于指导我国纳米压印行业调整研发思路，提高研发效率。

2）加强企业与高校科研院所之间的交流和合作，优势互补，提高研发效率。

我国纳米压印技术方面的研发力量主要集中在高校和科研机构，他们在理论研究和技术前沿跟踪方面具有明显优势，而企业立足于产品和市场，拥有产业化的平台和经验，更多关注技术的产业化可行性，应促进大学、科研机构与企业合作，提高共同研发能力，整合形成产、学、研支持的合力，提高我国纳米压印技术核心竞争力。加强交流，充分发挥各自优势，推动纳米压印技术由实验室走向产业化。

3）以应用为导向，促进自主创新，突破核心技术的制约。

纳米压印工艺方法以及模板的制造是目前纳米压印行业最核心的技术，主要掌握在美国和日本手中，中国在纳米压印应用方面的外围专利申请比较多，因此以应用为导向，促进自主创新，掌握具有自主知识产权的专利技术，将这些专利作为储备，通过适当的专利布局手段，形成外围屏障，努力获得专利许可或者争取更大的权益。同时利用应用方面的发展带动纳米压印工艺的完善，将纳米压印技术和集成电路技术结合，实现纳米压印技术替代光刻技术的目标。

4）提高专利保护意识，对重点专利及时进行海外布局。

目前，我国纳米压印技术的专利布局主要在国内，对国外的市场重视程度不够。因此，我国申请人应该提高专利保护意识，学习和借鉴国外优秀企业的专利申请和保护策略，合理利用优先权、PCT申请制度，同时注意自身专利的挖掘和优化组合，形成一定量的专利组合，提前对国外潜在市场进行专利布局。

5）推动人才队伍建设，打造我国龙头企业。

为进一步促进纳米压印技术在我国的快速发展，政府和企业都应积极制定人才引进政策，通过优秀人才来推动技术的进一步创新发展，比如纳米压印创始人周郁教授、我国纳米压印技术中比较突出的个人申请人兰红波等。打造我国纳米压印领域的龙头企业将带动纳米压印技术的快速发展，进一步促进整个芯片制造业的发展，比如无锡英普林和苏州光舵都是技术研发势头较猛的公司，值得关注。

参考文献

[1] Chou S Y, Krauss P R, Renstrom P J. Imprint of sub–25nm vias and trences in polymers [J]. Applied Physics Letters, 1995, 67 (21).

[2] Chou S Y, Krauss P R, Renstrom P J. Nanoimprint Lithography [J]. J. Vac. Sci. Tech., 1996, B14 (6).

[3] Chou S Y, Krauss P R, Renstrom P J. Imprint Lithography with 25–Nanometer Resolution [J]. Science, 1996.

[4] Haisma J, Verheijen M, Van Den Heuvel K, et al. Mold–assisted nanolithography: A process for reliable pattern replication [J]. Journal of Vacuum Science & Technology B, 1996, 14 (6).

[5] Chou S Y, Krauss P R, Zhang W, et al. Sub–10nm imprint lithography and applications [J]. Journal of Vacuum Science & Technology B, 1997, 15 (6).

[6] Guo L, Krauss P R, Chou S. Nanoscale silicon field effect transistors fabricated using imprint lithography [J]. Applied Physics Letters, 1997, 71 (13).

[7] Wu W, Cui B, Sun X, et al. Large area high density quantized magnetic disks fabricated using nanoimprint lithography [J]. Journal of Vacuum Science & Technology B, 1998, 16 (6).

[8] Hisamoto D, Lee W C, Kedzierski J, et al. FinFET–a self–aligned double–gate MOSFET scalable to 20 nm [J]. Electron Devices, IEEE Transactions on, 2000, 47 (12).

[9] Swtkes M, Rothschild M. Immersion Lithography at 157nm [J]. J. Vac. Sci Tech., 2001, B19 (6).

[10] Chou S Y, Keimel C, Gu J. Ultrafast and Direct Imprint of Nanostructures in Silicon [J]. Nature, 2002.

[11] Torres S. Alternative Lithography [M]. Boston: Kluwer Academic Publishers, 2003.

[12] Yu Z, Gao H, Wu W, et al. Fabrication of large area subwavelength antireflection structures on Si using trilayer resist nanoimprint lithography and liftoff [J]. Journal of Vacuum Science & Technology B, 2003, 21 (6).

[13] Hirai Y, Yoshida S, Takagi N. Defect analysis in thermal nanoimprint lithography [J]. Journal of Vacuum Science & Technology B, 2003, 21 (6).

[14] Zhang S, Choi M, Park N. Modeling yield of carbon–nanotube/silicon–nanowire FET based nanoarrayarchitecture with h-hot addressing scheme [C] //Defect and Fault Tolerance in VLSI Systems, 2004. DFT 2004. Proceedings. 19th IEEE International Symposium on. IEEE, 2004.

[15] Guo L J. Recent progress in nanoimprint technology and its applications [J]. J. Phys. D: Appl. Phys., 2004.

[16] 张鸿海, 胡晓峰, 范细秋, 等. 纳米压印光刻技术的研究 [J]. 华中科技大学学报（自然科学版）, 2004, 32 (12).

[17] 冯杰, 高长有, 沈家骢. 微接触印刷技术在表面团化中的应用 [J]. 高分子材料科学与工程, 2004, 20 (6).

[18] Suki. 光刻技术新进展 [J]. 半导体技术, 2005, 30 (6).

[19] 刘彦伯. 纳米压印复型精度控制研究 [D]. 同济大学, 2006.

[20] Chars E P, Crosby A J. Fabricating microlens arrays by surface wrinkling [J]. Advanced Materials, 2006, 18 (24).

[21] Peng C, Liang X, Fu Z, et al. High fidelity fabrication of microlens arrays by nanoimprint using conformal mold duplication and low – pressure liquid materialcuring [J]. Journal of Vacuum Science &Technology B, 2007, 25 (2).

[22] Piaszenski G, Barth U, Rudzinski A. 3D structures for UV – NIL template fabrication with grayscale ebeam lithography [J]. Microelectronic Engineering, 2007.

[23] 丁玉成, 刘红忠, 卢秉恒, 等. 下一代光刻技术——压印光刻 [J]. 机械工程学报, 2007, 43 (3).

[24] Nugen S R, Asiello P J, Baeumner A J. Design and fabrication of a microfluidic device for near – single ell mRNA isolation using a copper hot embossing master [J]. Microsystem Technologies, 2009, 15 (3).

[25] Xia Q, Robinett W, Cumbie M W, et al. Memristor – CMOS hybrid integrated circuits for reconfigurable logic [J]. Nano letters, 2009, 9 (10).

[26] Kim J G, Sim Y, Cho Y, et al. Large area pattern replication by nanoimprint lithography for LCD – TFT application [J]. Microelectronic Engineering, 2009, 86 (12).

[27] 李小丽. 纳米压印技术制作光子晶体结构及其应用研究 [D]. 上海：上海交通大学, 2009.

[28] 崔铮. 微纳加工技术以及应用 [M]. 北京：高等教育出版社, 2009.

[29] 章从福. 大日本印刷与Molecular共同开发低成本纳米压印技术 [J]. 半导体信息, 2009 (4).

[30] 王金合, 等. 纳米压印技术的最新进展 [J]. 微纳电子技术, 2010, 47 (12).

[31] 丁玉成. 纳米压印光刻工艺的研究进展和技术挑战 [J]. 青岛理工大学学报, 2010, 31 (1).

[32] 周伟民, 等. 纳米压印技术 [M]. 北京：科学出版社, 2011.

[33] 王蔚斯. MII 带来纳米压印技术的革新 [J]. 电脑与电信, 2011 (12).

[34] Dumond J J, Mahabadi K A, Yee Y S. High resolution UV roll – to – roll nanoimprinting of resin moulds and subsequent replication via thermal nanoimprint lithography [J]. Nanotechnology, 2012, 23 (48).

[35] 魏玉平, 等. 纳米压印光刻技术综述 [J]. 制造技术与机床, 2012 (8).

[36] 陈建刚, 等. 纳米压印光刻技术的研究与发展 [J]. 陕西理工学院学报（自然科学版）, 2013, 29 (5).

[37] 戴翀. 我国纳米压印光刻技术专利态势分析 [J]. 科技与产业, 2013, 13 (4).

[38] Huanghu. HGST 创 10 纳米级晶格数据存储里程碑 [EB/OL]. (2013 – 03 – 05) [2018 – 06 – 14]. https：//www.doit.com.cn/p/131253.html.

[39] 陆晓东. 光子晶体材料在集成光学和光伏中的应用 [M]. 北京：冶金工业出版社, 2014.

[40] 中国人民共和国科学技术部. 欧盟纳米压印光刻技术实现低成本批量生产感应薄膜 [EB/OL]. (2014 – 11 – 24) [2018 – 06 – 14]. http：//www.most.gov.cn/gnwkjdt/201411/t20141120_116673.htm.

[41] Helmut Schift. Nanoimprint lithography：2D or not 2D? A review [J]. Applied Physics A, 2015, 121.

[42] 新浪科技. 周郁：纳米压印带来新的革命 创造了超 1 万亿元利润 [EB/OL]. (2017 – 10 – 29) [2018 – 06 – 14]. http：//tech.sina.com.cn/d/i/2017 – 10 – 29/doc – ifynhhay7747649.shtml.

[43] 贺飞. 中兴之后, 国产芯片布局反思与应对, 全球半导体产业哪些经验可以借鉴？[EB/OL]. (2018 – 06 – 21) [2018 – 06 – 22]. http：//www.itbear.com.cn/html/2018 – 06/289700.html.

[44] 周郁. 普林斯顿大学周郁个人主页 [EB/OL]. [2018 – 06 – 14]. http：//www.princeton.edu/~chouweb/choubio.html.

[45] The University of Texas at Austin. Willson Research Group [EB/OL]. [2018-06-14]. http://willson.cm.utexas.edu/Willson/bio.php.

[46] Harvard University Department of Chemistry and Chemical Biology. Whitesides Research Group [EB/OL]. [2018-06-14]. http://gmwgroup.harvard.edu/content.php?page=gwhitesides.

[47] 百度百科. 大日本印刷公司 [EB/OL]. [2018-06-14]. https://baike.baidu.com/item/大日本印刷公司/9498523?fr=aladdin.

第四部分

高档数控机床

第十六章　国之重器——数控机床进化史

《史记·秦始皇本纪》中记载，国之重器是指国玺，自秦朝起，历代帝王相传的玉玺即可谓国玺。随着时代的发展，国之重器也在慢慢地发生演变，很多高端技术都已成为新时代的国之重器。在人类的发展过程中，工具的使用和制造使得人类的能力得到了无限的延伸，其中，具有强大制造能力的数控机床作为一种重要的工具，在国之重器中占有不可或缺的一席之地。

第一节　兵家必争之地

纵观历史长河，无论是被刘备、曹操、孙权三方瓜分的荆州，还是号称"南船北马、七省通衢"的襄阳，不管是位于川蜀咽喉的汉中，还是素有"双峰高耸太河旁，自古函谷一战场"之说的函谷关，这些都是千百年来烽烟际会的要塞之地。在过去的战争年代，这些关键城池的得失，可定局势。在如今的和平年代，虽然硝烟不再，但随着全球经济的快速增长，各国高端技术的迅猛发展，重点领域的竞争变得尤为激烈，关键技术的研发变得尤为迫切。高档数控机床，作为《中国制造2025》中明确提出要大力推动的高端装备的主角之一，其高精度、高速度、高效率、高适应性的加工技术也成为重点技术领域中烽火四起的"兵家必争之地"。

一、"东芝事件"[1][2]

事情要追溯到冷战时期，苏联处于勃列日涅夫统治后期，农业和消费品的生产越发不景气，加上1978年受寒流影响导致当地粮食产量锐减，粮食的进口相对其他进口项目显得更为重要，工业机械设备的进口也几乎全部停止。对此，作为苏联工业设备主要提供者的数十家日本公司，正如热锅上的蚂蚁，为获得出口合同焦急地四处奔走，这其中也包括东芝机械公司。

东芝机械公司为了设法获得订单，1980年在莫斯科召开一次酒会，参加酒会的有公司的几名高级职员以及苏联的政府官员。酒会上，东芝职员获悉苏联正需要一种制造大型船舶推进器的数控机床，未等到酒会结束，一份加急电传就被立刻发回东京的公司总部："火速寻找加工螺旋桨推进器的数控机床！"几天后，东芝公司产品部的高级职

---

[1] 百度百科：东芝事件 [EB/OL]. (2017-12-31) [2018-7-15]. https://baike.baidu.com/item/东芝事件/10803685?fr=aladdin.

[2] 搜狐：东芝事件始末 [EB/OL]. (2017-7-13) [2018-7-15]. http://www.sohu.com/a/156653945_604477.

员就携带着拥有最新技术的"五轴联动数控机床"的各种数据及结构蓝图抵达莫斯科。很快,双方就达成了合作意向。

然而,他们面对的最大问题就是,在当时对中国、苏联等社会主义国家的出口,要受到"巴黎统筹委员会"(简称"巴统")的限制,"巴统"由除冰岛以外的北约国家和日本等国组成,"巴统"规定凡是属于两轴以上、加工能力大于直径10ft的数控机床一律禁止向苏联出口。苏、日双方都非常清楚这个限制,对此,他们精心策划了一场"阴谋"逃避了"巴统"的监督。1982~1983年,随着数十箱"五轴联动数控机床"的部件陆续抵达苏联北部军港列宁格勒,这场天衣无缝的秘密交易也顺利完成,苏联的潜艇技术进入到了新纪元。

原本事情已经告一段落,然而,从20世纪80年代中期开始,北约各国的海军纷纷报告,苏联潜艇和军舰螺旋桨的噪声明显下降,跟踪难度加大;1986年还发生了美军潜艇与苏联潜艇相撞的事件。终于1987年,随着日本当事人的揭发和美国情报人员的调查,这场秘密交易也终于被披露于世。

这就是曾在国际上引起一时轰动的"东芝事件",根据日本当事人举报信副本的内容❶,交易的数控机床包括4台潜水艇螺旋推进器铣床型号MBP-110s,如图16-1所示,可用于喷射式大型螺旋桨的表面处理,1个人操纵即可加工直径40ft、重达130t、11个螺旋桨叶片的潜水艇推进器,还包括4台潜水艇螺旋推进器铣床型号MF-4522,可用于核潜艇螺旋推进器的表面处理,减少螺旋桨的噪声和振动。尽管事后,美国严厉制裁了东芝,其国防部部长在访日时也提议说:"现在我们要做的主要事情是在潜水艇制造技术上重新占领领先地位"以及希望"由日本出资金,日美两国开始实行一项广泛的研究和发展计划,掌握更好的潜水艇探测技术和制造出比苏联潜水艇噪声更小的潜水艇",但是苏联潜艇制造技术的巨大提升已经成为既定的事实,其新研制的核潜艇噪声只有原来的10%甚至1%,美国海军对苏联海军潜艇的探测也从原先的上百海里变成了20nmi(海里)之内,彻底失去了对苏联海军潜艇的探测优势。

图16-1 MBP-110s型号水艇螺旋推进器铣床

---

❶ 个人图书馆:"东芝机床事件"始末!美国封杀中兴使用过的套路[EB/OL].(2018-5-2)[2018-7-15]. http://www.360doc.com/content/18/0502/15/6748870_750500581.shtml.

一场"东芝事件"终于落下了帷幕,但它的影响却一直持续着,它不仅仅说明了潜艇技术对军事实力的影响,也说明了高档数控机床,特别是五轴联动数控机床对于潜艇技术和一个国家军事实力的重要性。

二、军事实力的象征

通过前面的"东芝事件",可以看出降低潜艇噪声对于苏联军事实力提升的重要性,也可以看出五轴联动数控机床对于潜艇降低螺旋桨噪声的重要性,究其原因,如图16-2所示,潜艇螺旋桨的形状比较复杂,其产生噪声主要是因为桨叶片的形状和表面加工不良,但凡有一片桨叶略小或略大,略重或略轻,都会造成整个桨运转不平衡,发出噪声,而这些问题都可以通过高档多轴数控机床迎刃而解,如图16-3所示。

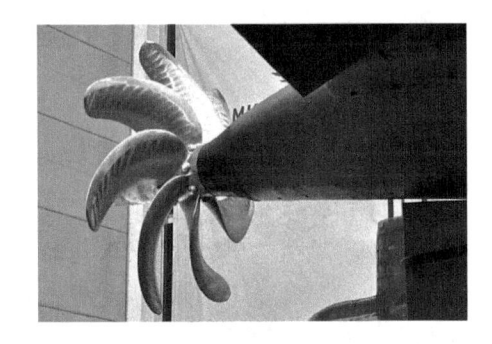

图16-2 潜艇螺旋桨　　　　图16-3 五轴联动数控机床制造高精度螺旋桨

不仅如此,几乎所有的军事武器装备都离不开它。如图16-4所示,在2018年热映的《红海行动》影片中,呈现给大家的诸如美国悍马、054A型护卫舰、M-60A3坦克、"美洲豹"直升机等这些军事装备的制造都少不了高档数控机床的身影,高档数控机床在军事武器装备领域一直都占有不可或缺的地位。

(a)美国悍马　　　　(b)054A型护卫舰

(c)M-60A3坦克　　　　(d)"美洲豹"直升机

图16-4 数控机床的军事应用

三、制造业发展的推手

早期,高档数控机床多被军方用来加工军事装备,后来,各国大力发展经济,各国之间的竞争变成了实体经济的竞争,制造业作为实体经济的根基,也成为各个大国的博弈之处。高档数控机床在多个制造行业中也大放异彩,诸如 F1 赛车液压部件的加工、医疗器械中膝关节的加工、航空航天钛合金阀体的加工等❶,如图 16-5 所示。

(a)液压部件　　　　　　(b)膝关节　　　　　　(c)钛合金阀体

图 16-5　数控机床应用于制造业

除此之外,数控机床在日常用品制造领域也有所建树,人们佩戴的隐形眼镜也有数控机床的一份功劳,根据需求处理镜片成型的数据,数控车床根据计算机提供的数据对镜片的内侧弧度进行加工,后续再对内侧表面进行抛光、测试等。不光如此,数控机床还跨界到影视界,有些电影中大量庞大的魔幻景观都是由先进的大型 3D 打印机和五轴联动机床加工完成的❷。高档数控机床以高精度、高速度、高效率的加工特点以及可加工复杂零件的加工优势在各制造业中起着关键的作用,推动着制造业的快速发展。

四、高端装备制造的基石

随着科技的发展,高端装备的制造技术已经成为一个国家实力的象征,而高档数控机床就是高端装备制造的重要基石。在纪录片《大国重器》中,一个大型铣床摆角头的故障就会导致一家造船厂局部停产;作为百万吨乙烯压缩机核心部件的叶片,如果加工不合格发生停转,一天则要造成 2 亿多元的损失。不光如此,如图 16-6 所示,2MW 风力发电机的电动机、被称为三颗"明珠"之一的 LNG 船、4500t 超级起重机、CRH3 动车组、900t 大马力推土机,这些矿业、风电、车辆工程、船舶、工程机械领域的高端装备均离不开高档数控机床,高档数控机床可称为国之重器身后的国之重器,工作母机中的工作母机。

---

❶ 德马吉森精机产品简介 [EB/OL]. [2018-7-15]. https://cn.dmgmori.com/产品.
❷ 脉电科技:数控机床也来好莱坞拍电影《阿修罗》[EB/OL]. (2016-11-17) [2018-7-15]. http://www.huttecer.com/html/news/waysnews/2016_1117_2222.html.

(a) 风力发电机 　　　　　　　　　　(b) LNG船

(c) 4500t超级起重机 　　　　　　　(d) CRH3动车组

图16-6　数控机床应用于高端装备制造

第二节　数控机床知多少

什么是数控机床呢，什么又是五轴数控机床呢？简单地说，数控机床是数字控制的机床，是一种装有程序控制系统的自动化机床，能够逻辑地处理具有控制编码或其他符号指令规定的程序，控制机床的动作，按图纸要求的形状和尺寸，自动地将零件加工出来。数控机床是典型的机电一体化产品，它集微电子技术、计算机技术、测量技术、传感器技术、自动控制技术及人工智能技术等多种先进技术于一体，并与机械加工工艺紧密结合，是一种柔性的、高效能的自动化机床[1]。五轴数控机床是指可以实现五个自由度运动进行加工的数控机床，也就是说，它既可以实现X、Y、Z轴三个直角坐标轴的直线运动，也可以实现绕X、Y、Z轴三个直角坐标轴的其中两个轴的回转运动。

虽然五轴数控机床都可以实现三个移动自由度和两个转动自由度，但其结构方式却有很大差别。根据五轴数控机床中两个转动自由度的配置形式，可以将其划分为三大类[2]：两个回转轴都在工件侧的工作台回转型（图16-7 (a)），两个回转轴都在主轴头的刀具侧的主轴回转型（图16-7 (b)），一个回转轴在主轴头的刀具侧，另一个回转轴在工件侧的主轴/工作台回转型（图16-7 (c)）。

按照各个部分在五轴数控机床中起到的不同作用，我们可以将整个五轴数控机床分

---

[1] 百度百科. 数控机床. [EB/OL]. (2017-7-11) [2018-7-15]. https：//baike. baidu. com/item/数控机床/6197.

[2] 刘伟军，等. 逆向工程——原理方法及应用 [M]. 北京：机械工业出版社，2009：252.

为大脑——数控系统、躯干——机床构型以及感官和四肢——附属系统三大部分。

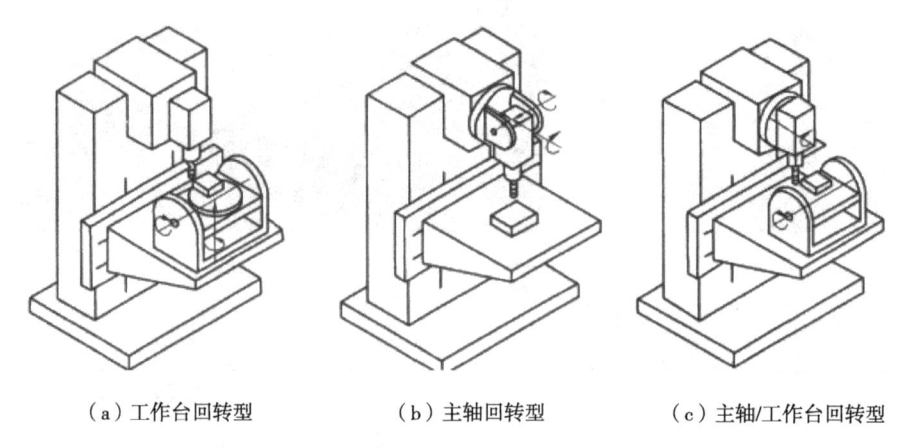

（a）工作台回转型　　　（b）主轴回转型　　　（c）主轴/工作台回转型

图 16-7　五轴数控机床的结构形式

一、最强大脑

数控系统是机床的大脑，是五轴数控机床的核心，其主要用于将加工信息数据经过计算机处理之后控制机床的动作，能够大大提升零件的加工精度和效率。如图 16-8 所示，FANUC 的 16i/18i 系列数控系统，通过 FS16i-MB 的插补、位置检测和伺服控制，能实现加工误差补偿、监测和控制以纳米为单位，从而提高加工的整体精度。在数控系统中涉及不同的模块技术，按照其实现的功能主要可分为误差补偿技术、轨迹技术、监视校准、数据处理和硬件装置五个方面。

图 16-8　FANUC16i/18i 系统

1. 误差补偿技术

机床的几何误差、热误差及切削力误差是影响加工精度的关键因素，这三项误差可占总加工误差的 80% 左右，其中，机床的几何误差是由机床本身制造、装配缺陷造成的误差；热误差是由机床温度变化而引起热变形造成的误差；切削力误差是由机床切削力引起力变形造成的误差。而误差补偿技术作为提高加工精度的一种重要手段，对减小误差造成的影响有着重要的作用。

2. 轨迹技术

加工的刀具轨迹生成是实现数控加工的关键环节。它是通过零件几何模型，根据所选用的加工机床、刀具、走刀方式以及加工余量等工艺方法进行刀位计算并生成加工运动轨迹。其可分为定位轮廓、内插和速度控制几个方面，其中定位轮廓主要涉及加工轨迹的精确性，内插主要涉及刀具路径的优化，速度控制主要涉及刀具的进给控制，旨在提高加工效率。

3. 监视校准

监视校准可细分为监视和校准两方面，其中，监视主要涉及加工过程中数据的控制，用于保证加工过程的准确性；而校准主要涉及工件、刀具、机床的偏差，并通过调整偏差值，提高加工的准确性。

4. 数据处理

数据处理主要涉及生成加工数据以用于形成加工轨迹，包括三种方式，通过读取数据或手动输入模型数据，通过 CAD/CAM 生成加工模型数据，通过几何信息与机器或材料等信息生成加工模型数据。

5. 硬件装置

硬件装置，构成了数控机床的整体控制结构，用于将数控系统的指令传送到执行部件，并将执行数据反馈到数控系统，实现整体加工过程中的数据传送。

二、矫健身躯

如同躯干是躯体的主要组成部分，机床构型作为机床的躯干是五轴数控机床的机械主体，实现了加工工件和加工刀具的运动，是加工的主要执行机构。

根据在加工过程中的不同作用，机床构型主要可分为工作台、摆头、框架。工作台用于实现加工工件的运动，主要结构形式分为普通工作台、并联式工作台和枢转桥式工作台；摆头用于实现加工刀具的运动，主要结构形式分为单摆结构、双摆结构和并联结构；框架最主要的设置形式为龙门结构，同时依据加工主轴的设置形式的不同，机床框架相应的布局形式还包括立式结构和卧式结构。

1. 工作台

工作台主要用于机床加工工作平面使用，工作平面上有孔和 T 形槽，用来固定工件，并带动工件运动。工作台最常见的形式为普通工作台和枢转桥式工作台，如图 16-9 所示，普通工作台就是机床中通用的工作台形式，实现移动或移动和转动，枢转桥式工作台则是采用桥式摆动结构驱动工作台运动，常见的有 AC 轴双摆和 BC 轴双摆两种形式。此外，还有一种通过采用并联结构实现工作台运动的称为并联式工作台。

2. 摆头

摆头是数控机床的专用动力头，可以将固定设置的加工轴转换为任意角度的加工轴，完成各种孔及平面的加工，极大地扩展了机床的加工范围，提高了加工效率，同时又可以提高零件的加工精度。如图 16-10 所示，按照其实现的自由度，主要可以将其分为单摆和双摆。此外，还有一种通过采用并联结构实现刀具运动的并联式摆头。

（a）普通工作台　　　　（b）AC轴双摆工作台　　　（c）BC轴双摆工作台

图 16-9　五轴数控机床工作台常见形式

（a）单摆摆头　　　　　　　　（b）双摆摆头

图 16-10　五轴数控机床摆头常见形式

3. 框架

框架，是数控机床的整体结构形式，如图 16-11 所示，按照其通用形式分类，可以分为立式结构和卧式结构，其中立式结构数控机床的加工主轴是垂直设置的，卧式结构数控机床的加工主轴是水平设置的。除此之外，还有一种龙门式的框架，其采用双支撑结构，具有承受负载大、结构稳定的优点，在数控机床中也得到了广泛的应用。

（a）立式结构　　　　　　（b）卧式结构　　　　　　（c）龙门结构

图 16-11　五轴数控机床框架结构形式

三、眼明手快

附属系统则相当于机床的感官和四肢，是保证充分发挥机床性能所必需的配套装置，常用的附属系统包括测量指示系统、安全防护系统、冷却排屑系统等。

1. 测量指示系统

测量指示系统用于反馈五轴数控机床的各项性能指数，包括工件形状姿态、执行部件姿态，便于操作人员了解机床工作情况。针对工件和执行部件的测量，由于测量对象的不同，其具有一定的差别，但其具有相同的发展过程，均是从接触式测量形式发展到非接触式测量形式。

2. 安全防护系统

由于机床的操作安全性直接关乎操作人员人身安全和生产企业的财产安全，因此安全防护系统显得尤为重要，其主要包括防护罩和驱动轴防护，分别对加工区域和驱动轴进行防护，保证机床工作的安全性。

3. 冷却排屑系统

冷却与排屑是保证机床性能稳定、加工精度等的关键部件，是机床必不可少的组成部分。如图 16-12 所示，通过冷却系统，对工件和刀具进行冷却，同时冲去加工过程产生的切屑；而排屑系统，则是在冷却液中分离切屑，以完成冷却液的循环使用。

（a）冷却系统 　　　　　　（b）排屑系统

图 16-12　数控机床冷却和排屑系统

第三节　数控机床之前世今生

在机械制造领域使用最广的一类机床就是车床，如图 16-13 所示，古代的车床是靠手拉或脚踏，通过绳索绕在工件上使工件旋转，并手持刀具进行切削[1]。

可以看到古代车床已经有了现代车床的影子，经过这么多年的改进，车床的组件都已经换为更加高效、可靠的金属制品，但其原理与古代车床别无二致。

随着科技的发展，丝杠传动、齿轮传动等形式逐渐用于车床。在 20 世纪 40 年代，尤其是"二战"结束后，车床已经进化成由单独电机驱动的带有齿轮变速箱的车床，也是我们目前能够看到的比较早期的传统机床形式[2]，如图 16-14 所示。

---

[1] 搜狐：机床发展史，原来这么有意思！[EB/OL]. (2018-05-17) [2018-07-15]. http://www.sohu.com/a/231898461_100061604.

[2] 个人图书馆：迎接智造，你不知道的机床发展史 [EB/OL]. (2016-06-16) [2018-07-15]. http://www.360doc.com/content/16/0616/11/29952372_568210274.shtml.

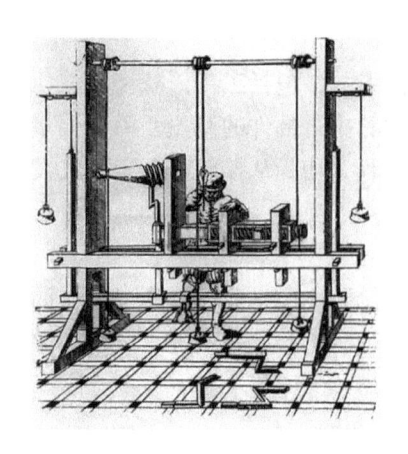

图 16-13　古代车床　　　　　图 16-14　"二战"后出现的机床形式

但是，此时的机床还是以人工因素为主导因素，而数控机床的出现则打破了这一规则，将人的因素降到最低。

数控机床，简单来说就是传统机床与数控操作系统的结合。由于操作系统能够逻辑地处理编译程序，因此能够实现加工过程的自动进行。其在提高生产率以及加工精度的前提下，可以极大节约人力成本。在以人为主导的传统机床领域，经验是最宝贵的。然而在数控机床领域，只要学会编写、执行程序，即使一个刚入工厂的学徒也能够进行非常精确的产品加工。可以说，数控机床相对于普通机床产生了质的飞跃，其产生以及发展早已成为人类制造业的里程碑。

数控机床的核心在于数控系统，而数控系统的根本就是数字控制。

1946 年，世界上第一台电子数字式计算机诞生❶，6 年以后，美国人首次将计算机技术运用到传统机床上，成功研制出第一台试验性机床，由于操作系统大量采用电子管元件，因此其控制装置比机床的本体还要大，如图 16-15 所示。

图 16-15　世界上第一台数控机床

---

❶ 搜狐：无机床不革命，你不知道的机床发展史［EB/OL］.（2017-04-17）［2018-07-15］. https：//www. sohu. com/a/134639350_750064.

第十六章 国之重器——数控机床进化史

在随后半个世纪的发展历程中，数控机床经历了2个阶段：

数控机床的第一个发展阶段是硬件数控的发展阶段，其硬件发展紧密跟随着电子计算机的升级换代步伐。这个阶段经历了3个时代，即1952年的电子管时代、1959年的晶体管时代、1965年的中小规模集成电路时代。这个阶段都是采用电子电路实现的硬件数控系统，因此也称为硬件式数控机床，也称为NC系统机床。

在数控机床的发展历史中，值得一提的是加工中心❶。简单来说，加工中心就是一种带有刀库系统的数控机床。由于刀库的存在，它能实现工件一次性装卡而进行多工序加工。这种产品最早是在1959年，由美国卡耐&特雷克公司开发出来的。这种机床在刀库中装有丝锥、钻头、铣刀等刀具，加工过程中的换刀通过机械手实现。经过长期发展，加工中心现在已经成为数控机床中一种非常重要的品种，不仅有立式、卧式等用于箱体零件加工的镗铣类加工中心，还有用于回转整体零件加工的车削中心、磨削中心等。1967年，英国首次把几台数控机床连接成具有柔性的加工系统❷，这就是所谓的柔性制造系统，在此之后，美、欧、日等国也相继进行开发及应用。经过几十年的研究和应用，目前柔性制造系统也已经得到长足的发展，朝着模块化、计算机集成等方向快速前进。

数控机床的第二个发展阶段是计算机数控的发展阶段。1970年，小型计算机已经出现并成批生产，而小型计算机作为数控系统的核心部件则标志着数控机床进入了计算机数控阶段；到1974年，随着微电子技术的迅速发展，微处理器直接用于数控机床，使数控的软件功能加强，发展成计算机数字控制机床，进一步推动了数控机床的普及应用和大力发展；到了1990年，PC性能已发展到很高的阶段，可以满足作为数控系统核心部件的要求，数控机床从此进入了基于PC的阶段，在此之后，数控机床开始采用通用的CNC系统。

这一阶段的数控系统是软件式系统，其具有很强的程序存储能力和控制功能，也称为CNC系统。由于其只需改变软件即可适应不同类型机床的控制功能，因此其极大方便了制造过程，目前CNC系统几乎完全取代了NC系统。

近年来，随着微电子和计算机技术的高速发展，加工制造技术也跨入一个新的里程，数控机床的发展也朝着网络化、开放化、智能化、集成化的方向大步迈进，如图16-16所示的高速加工中心等高档数控机床进入人们的视野，其精度、速度、效率以及适应性都有了大幅度的提高。

图16-16 高速加工中心

---

❶ 慧聪机械网：扒一扒 数控机床的前世今生［EB/OL］.（2017-01-11）［2018-07-05］. https：//baijiahao. baidu. com/s？ id = 1556148391142230&wfr = spider&for = pc.

❷ 百度文库：数控机床的产生和发展情况［EB/OL］.（2012-12-16）［2018-07-05］. https：// wenku. baidu. com/view/7596ea46852458fb770b564f. html？ from = search.

第四节　高档数控机床之未来畅想

一、"爱变身"的数控机床

变身，指机床结构的变化，从具体的机床出发，分为大型化和微型化两个方面。

1. 大型化

随着我国航空航天、船舶与海洋工程等产业的高速发展，制造业市场对大型复杂零部件的加工需求日益增加，技术性能要求也不断提高。在传统的加工工艺中，需要使用立式车床、大型龙门镗铣床的组合加工来完成该类型零件的加工。这不仅增加了加工工装的配置，而且由于需要进行多次装夹，产品的加工效率、加工精度均难以保障。要实现这些高精度大型复杂零件的高效加工，最佳的方法是采用大型数控铣车复合加工机床，在一次装夹的情况下进行镗、钻、铣、车的整体加工[1]。

2. 微型化

随着精密微小零件在高新技术产品中的广泛应用，其加工技术就成了制造领域研究的重点内容。许多微小机械零件只能用切削加工方法来实现，而微细切削加工一般是利用传统的超精密机械加工设备完成，但传统的机械加工设备体积大、能耗高、效率低、成本高。为了解决用传统超精密机械加工设备加工复杂三维微小零件的问题，有必要研究微细切削加工技术及其微小化机床，这种微小化机床应具有体积小、能耗低、成本低、高精度和高效率等特点。因此，微细切削加工技术及其微小化机床的研究已成为现代制造领域研究的热点和前沿[2]。

二、"爱干净"的数控机床

数控机床的发展让机械制造加工的效率大大提高，然而如果不能及时排除切屑，这些切屑就会覆盖或缠绕在工件和刀具上，妨碍数控机床的加工。同时，切屑的热量也会使工件或者刀具产生变形，致使加工精度降低。排屑机则是数控机床解决切屑困扰的最有力的武器，它是主要用于收集数控机床产生的各种金属和非金属废屑，并将废屑传输到收集车上的机器，同时可以与过滤水箱配合，将各种冷却液回收利用。

随着加工形式越来越多样，数控机床的"爱干净"程度越来越高，自然对排屑机这一利器的要求也是越来越高。一是从单一排屑机到复合型排屑机的一个转变，实现处理复合式加工所产生的各种形态的切屑，不论是长短屑还是金属粉屑都能完全处理，同时具有大量处理切屑液的过滤系统，过滤精度也不断提高；二是排屑机要容易维修，由于一般排屑装置属于辅助性生产设备，不易维修，保养维护机会较少，经常是出现小毛病时无人注意，出大毛病无法运转时才去修理，而此时已影响了整条数控机床的正常工

---

[1] 刘世豪，赵伟良. 大型复合数控机床的研发现状与前景展望[J]. 制造技术与机床，2017（06）：69-73.

[2] 周志雄，肖航，李伟，黄向明. 微细切削用微机床的研究现状及发展趋势[J]. 机械工程学报，2014，50（09）：153-160.

作；三是在环保、节能方面，排屑机作为数控机床的附属部件，其装机功率应尽量减小，从而减少工作中的能量损失，同时，提高密封质量，减少油垢、切削液等对环境的污染，减少噪声污染，对大的噪声源要进行隔离和封闭。

除此之外，在21世纪绿色制造的大趋势下，随着日趋严格的环境与资源约束，制造加工的绿色化越来越重要，不用或少用冷却液、实现干切削、半干切削节能环保的机床也在加速发展，在不久的将来也必将在世界市场占领一席之地[1]。

三、"爱沟通"的数控机床

高档数控机床也是"爱沟通"的。它的"爱沟通"一方面体现在与用户的交流界面上更加的友好——人性化的人机界面；另一方面，数控机床的控制系统趋向开放化。

数控机床的人机界面的发展正朝着多功能、一致性发展，这样能够使操作人员更快地适应新的机床操作。此外，其能够提供工件加工中各种信息的反馈便于控制加工过程。

数控机床的开放化要基于开放式数控系统，简单来说，开放式数控系统类似当下流行的Android手机操作系统，通过用户手机系统的标准一致性，开发商能够基于同一标准进行手机App的开发，还能够基于同一标准进行系统的优化。开放式数控系统与手机操作系统类似，数控系统的研发者通过这一标准构建工艺流程中的各个标准模块以及自建模块。用户也能够根据所需加工的具体零件，在这一系统上进行增减、编辑模块来完成自身所需具体工艺。这种数控标准的建立既方便用户操作，也有利于模块化系统的研发，这无疑能够增强系统与用户的可交互性、可互换性，从而适应当今制造业市场变化与竞争，其优势明显大于目前的封闭式系统。

随着网络信息技术的发展，开放式数控系统也必定会逐步发展为通过物联网和互联网进行人与人、人与机、机与机的协同和交互模式。这也对数控系统提出了新的要求——智能化。其要求在响应用户命令等基本功能实现的基础上，进一步地主动为用户考虑，给用户提供解决方案。而随着人工智能技术的发展，数控系统也必然与人工智能接轨，使人类与机床实现"面对面"沟通。

四、"爱思考"的数控机床

智能化是当前数控机床发展的主要趋势，在加快国产数控机床核心技术研究的同时，抓住机床智能化发展方向对提升数控机床整体性能和促进制造业向高端发展具有重要意义。

具备加工能力智能化水平的数控机床，是已经发展进化到可针对具体加工任务选择加工方式和加工工具辅具，并自行进行工艺规划和决策，进行柔性、高效和绿色加工的智能化制造系统。它能够对所加工工件的材料特性、结构特征、工艺参数、加工程序、加工过程及相关各类物理量进行记录，建立各型各类加工对象参数库，积累相应的加工

---

[1] 搜狐：数控机床未来12大发展趋势 [EB/OL]．（2017-2-6）[2018-7-15]．http：//www.sohu.com/a/125535651_554561.

经验,通过数据挖掘、机器学习和人工智能技术使机床具备学习能力,并且随着使用时间的不断累积为各类工件加工提供高效、经济和绿色的加工解决方案。同时,智能机床具备对机床本体、刀具、控制系统等的智能故障诊断与自修复能力❶。

由于企业大数据具有巨大的隐形价值,其中包括诸多有益的工艺信息与知识,可通过生产线与大数据、互联网、云计算等现代化技术的有机结合,积极提升机床制造企业和用户的智能制造水平,实现真正的"中国智造"❷。

五、"爱展示"的数控机床

多媒体技术集计算机、声像和通信技术于一体,使计算机具有综合处理声音、文字、图像和视频信息的能力,因此也对用户界面提出了图形化的要求。合理的人性化的用户界面极大地方便了非专业用户的使用,人们可以通过窗口和菜单进行操作,便于蓝图编程和快速编程、三维彩色立体动态图形显示、图形模拟、图形动态跟踪和仿真、不同方向的视图和局部显示比例缩放功能的实现。在数控技术领域应用多媒体技术,用于实时监控系统和生产现场设备的故障诊断、生产过程参数监测等,数控机床能更好地进行"展示",实现信息处理综合化、智能化❸。

第五节 本章小结

本章介绍了作为国之重器的数控机床的进化史;通过史上著名的"东芝事件"以及高档数控机床广泛的应用领域,体现了高档数控机床的重要性,它是一个国家军事实力和综合实力的象征,是重塑制造业的推手,是高端装备制造的重要基石;阐释了数控机床和五轴数控机床的概念,并按照各个部分在五轴数控机床中起到的不同作用,将整个五轴数控机床分为躯干——机床构型、大脑——数控系统以及感官和四肢——附属系统三大部分;介绍了机床构型中的工作台、摆头和框架,数控系统中的误差补偿技术、轨迹技术、监视校准、数据处理和硬件装置,附属系统中的测量指示系统、安全防护系统和冷却排屑系统;回顾了从古代车床到数控机床、从数控机床再到高档数控机床的发展过程,完整地展现了数控机床的发展历程。而对于高档数控机床的未来,根据时代的进步和技术的发展,其会朝着大型化、微型化、绿色环保、智能化这几个方向进一步发展,其加工的精度、速度、效率以及适应性也会进一步提高。

---

❶ 方辉,许斌. 数控机床的智能化及其在航空领域的应用 [J]. 航空制造技术,2016 (09):50-54+61.

❷ 赵万华,张星,吕盾,张俊. 国产数控机床的技术现状与对策 [J]. 航空制造技术,2016 (09):16-22.

❸ 搜狐:数控机床未来12大发展趋势 [EB/OL]. (2017-2-6) [2018-7-15]. http://www.sohu.com/a/125535651_554561.

第十七章 御刀有术——高档数控机床的专利世界

本章主要对全球范围内五轴数控机床技术领域的专利申请状况进行分析,主要通过对全球历年专利申请趋势、国外来华专利申请趋势、国内申请人专利申请趋势、全球各国家/地区/组织专利申请量、专利申请技术流向、中国专利申请地域分布、全球及国内主要申请人、各技术分支的专利申请趋势、技术分布、技术功效等方面的分析,大体掌握本领域的技术发展状况,从而获知五轴数控机床技术领域专利申请较为活跃的时间段、地域、申请人等信息,为后续的研究提供参考。

第一节 全球专利申请量状况

一、全球历年专利申请趋势

图17-1给出了五轴数控机床的全球及国内外专利申请趋势,从图中可以看出,1968~2017年,五轴数控机床技术的全球专利申请量的变化经历了三个阶段:

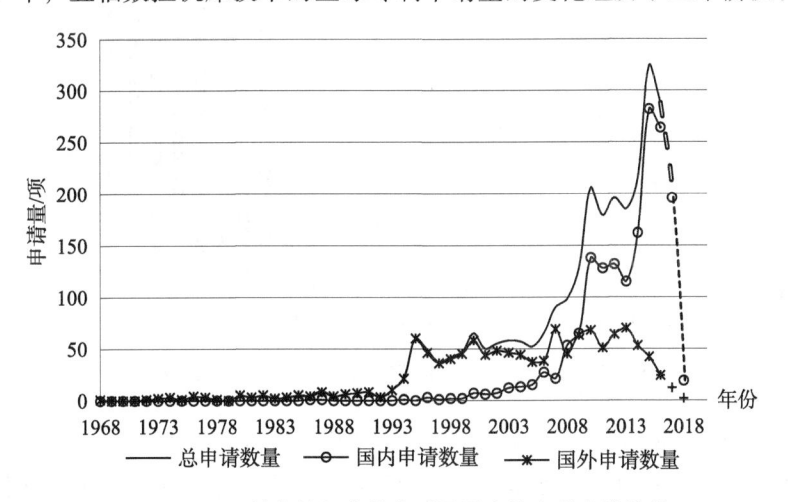

图17-1 五轴数控机床的全球及国内外专利申请趋势

萌芽阶段(1968~1991年):由于当时制造业还不发达,对产品的质量与精度要求不高,因此对五轴数控机床的需求也较少,针对五轴数控机床技术的专利申请量也相对较少,该技术还处于技术萌芽期。

稳步发展阶段(1992~2006年):五轴数控机床技术的专利申请量稳步增加。随着全球航空航天、高技术船舶、轨道交通等重点制造业的发展,五轴数控机床的需求量大幅增加,各机床制造企业将视线转移到五轴数控机床的研发与改进上,反映到专利申请方面，专利申请量也呈稳步增加的趋势。

急速增长阶段（2007年至今）：在全世界范围内，先进制造业成为各国激烈争取的市场，尤其中国创新主体对五轴数控机床的重要性的认识已十分充分，同时也越来越重视对其研发成果的保护，反映到全球总体申请量上，这个时期五轴数控机床的专利申请量处于一个快速的发展期。

国内总体申请趋势与全球的申请趋势基本保持一致，呈现出萌芽—稳步发展—快速增长的态势。我国五轴数控机床技术的研究起步较晚，但从2008年开始，由于我国大力发展制造业，相关专利申请量激增，而在2012年，由于受到2008年全球经济危机的影响，专利申请量稍有下降，随后由于《中国制造2025》计划的实施又出现了爆发式增长。而国外的专利申请从1992年至今，一直是平稳发展的态势，这是由于国外的制造业起步早，到本世纪初技术发展已进入相对成熟期。

二、国外来华专利申请趋势

关于五轴数控机床技术的国外来华专利申请趋势，从图17-2中可以看出，1985~2017年，五轴数控机床技术领域国外来华专利申请量的变化经历了两个阶段：

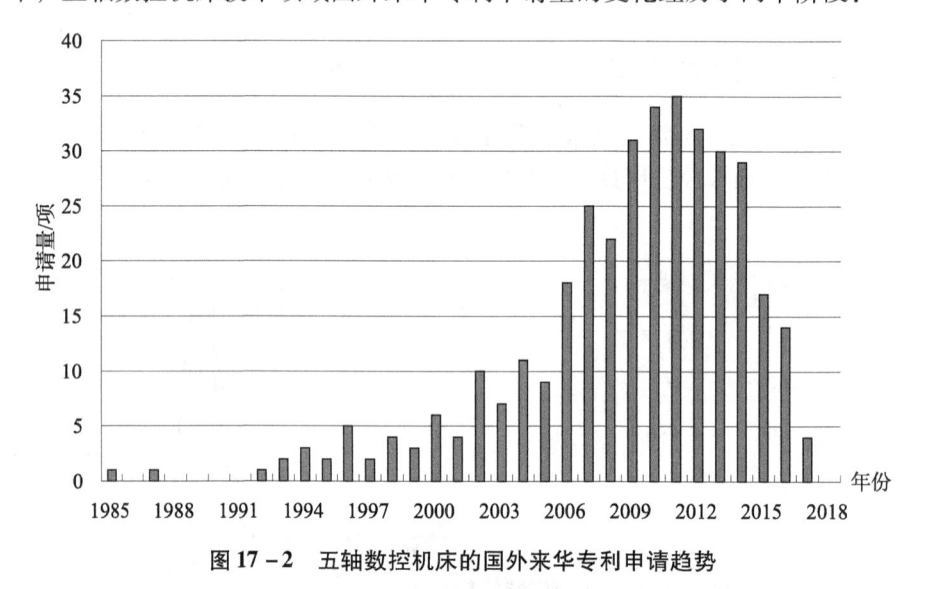

图17-2 五轴数控机床的国外来华专利申请趋势

技术封锁期（1985~2005年）：一方面由于国外对华进行技术封锁，国外机床企业很少对中国进行技术输出，自然也不会在中国进行专利申请，另一方面由于国内制造业不发达，对五轴数控机床的需求量不大，还没有引起国外申请人的重视，导致这一时期专利申请量较少，每年申请量基本不超过10件。

快速增长阶段（2006年至今）：随着中国航空航天、高技术船舶、轨道交通等重点制造业的发展，国内对于五轴数控机床的需求量大幅度增加，同时中国对五轴数控机床的重要性的认识已十分充分，我国在五轴数控机床技术领域也有了一定的基础。此时，由于中国巨大的市场吸引力，国外申请人为了抢占在中国的市场份额，必然需要在中国进行专利申请以对其产品进行保护，中国逐渐成为世界机床巨头的必争之地。

三、国内申请人专利申请趋势

图 17-3 示出了五轴数控机床技术领域的国内申请人专利申请趋势状况。从图中可以看出，1996~2017 年，申请量的变化同样经历了萌芽、稳步发展和急速增长三个阶段。1996~2002 年，国内制造业不发达，人们对于产品的质量、精度等方面的要求不高，五轴数控机床技术在国内还处于萌芽阶段，针对五轴数控机床技术的专利申请相对较少。2003 年以后随着我国经济迅速发展，人们生活水平有了大幅提升，对制造业产品的质量也越来越重视，各机床厂商也开始积极在五轴数控机床领域投入大量的精力进行研发以迎合人们对质量的需求。另外我国积极发展航空航天、高技术船舶、轨道交通等重点制造业，也使得五轴数控机床的需求大幅增加，国内申请人更加重视五轴数控机床技术的研发，反映到专利申请方面，专利申请量也呈稳步增加的趋势。尤其是 2008 年至今，由于我国相继提出"高档数控机床与基础制造装备"国家科技重大专项和《中国制造 2025》，大力发展制造业，相关专利申请量激增。

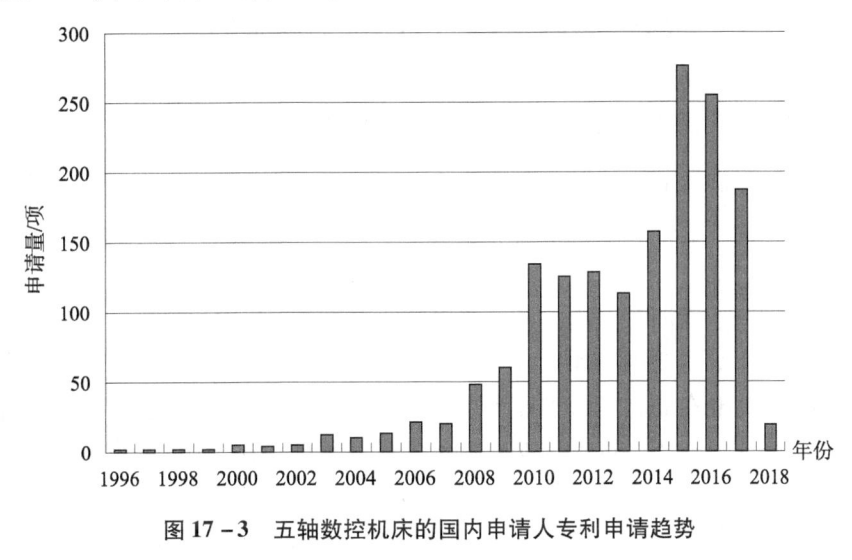

图 17-3　五轴数控机床的国内申请人专利申请趋势

第二节　全球专利申请地域分析

一、全球各国家/地区/组织专利申请量

五轴数控机床技术目标国家/地区/组织申请量情况如图 17-4 所示。由图中可以看出，五轴数控机床技术领域专利申请量居于前五位的国家/地区/组织分别为中国、日本、美国、德国和欧洲专利局。其中在中国的申请量最多，占比为 38%，领先于其他国家，究其原因，一方面国内申请人数量众多，且积极在五轴数控机床领域进行研发并注重进行技术保护，且绝大部分的国内申请人只在中国申请专利，而很少进行向外申请，另一方面，中国市场空间巨大，对五轴数控机床的需求也越来越多，国外申请人的研发成果也都注重在中国寻求保护以为其市场开拓保驾护航，两方面的原因导致了五轴

数控机床技术领域在中国的专利申请量遥遥领先于其他国家。第二梯度为在日本、美国、德国和欧洲专利局的专利申请，以上国家/地区的制造业十分发达，在五轴数控机床技术领域的研发处于世界领先地位，也是各申请人市场份额争夺的主要战场，尤其是日本，汇聚着多个世界知名的机床企业和科研机构，掌握着最关键的原创技术和核心专利。

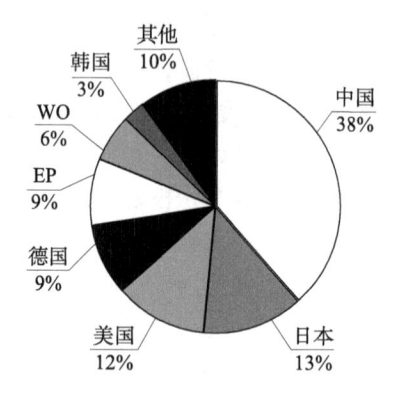

图 17-4　全球各国家/地区/组织专利申请量分布

（饼图数据：中国 38%，日本 13%，美国 12%，德国 9%，EP 9%，WO 6%，韩国 3%，其他 10%）

二、全球主要国家/地区/组织专利申请技术流向

输出国能够反映不同国家的技术实力，而输入国则反映了不同国家的市场发展程度，图 17-5 给出了五轴数控机床技术领域全球主要国家/地区/组织的专利申请技术流向。由图 17-5 可知，日本作为五轴数控机床技术领域全球第一大输出国，其申请人在中国、美国、德国、欧洲等地均具有一定规模的申请量，反映出日本的数控机床销售基本遍布全球，在世界主要国家和地区均有专利布局。德国与美国的申请人也在积极进行技术输出和全球专利布局，但由于日本本身的技术发展程度较高，德国与美国在日本的专利申请并没有明显优势，进入日本市场还具有一定的困难。中国的申请人对外申请的热情不高，在其他国家的申请量很少，这是因为中国创新主体本身研发实力不占优势，进入其他国家，尤其是数控机床技术发达的国家还面临很大的挑战。对于中国市场而言，巨大的市场吸引了五轴数控机床技术领域的各大创新主体纷纷前来进行专利申请，而其中又以日本申请人的申请量最多，可见其对中国市场的重视。

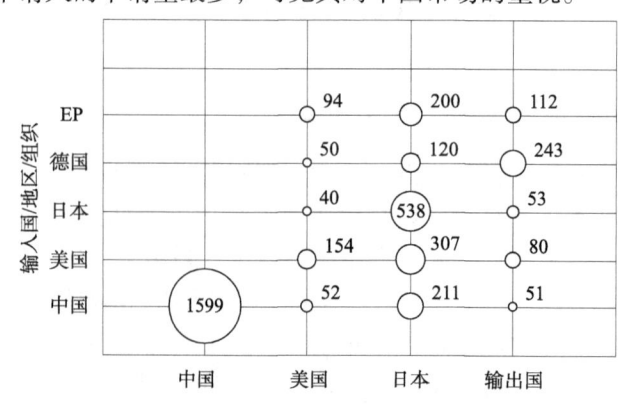

（气泡图数据：
输入国 EP：美国 94，日本 200，输出国 112
输入国 德国：美国 50，日本 120，输出国 243
输入国 日本：美国 40，日本 538，输出国 53
输入国 美国：美国 154，日本 307，输出国 80
输入国 中国：中国 1599，美国 52，日本 211，输出国 51）

图 17-5　全球主要国家/地区/组织专利申请技术流向

三、中国专利申请地域分布

五轴数控机床技术专利申请量的中国地域分布如图 17-6 所示。其中，江苏以 285 项的专利申请量排名第一，广东以 231 项的专利申请量排名第二，辽宁以 163 项的专利申请量排名第三，山东以 142 项的专利申请量排名第四，浙江以 116 项的专利申请量排名第五。从上述省份的排名情况不难看出，申请量集中的省份都处在我国的珠三角、长三角和环渤海三大经济圈中。其中华东地区作为五轴数控机床技术专利申请量最大的地区，聚集着我国多家实力雄厚的机床企业，如江苏亚威机床、南通科技、济南二机床厂、济南一机床厂、威海华东等，这些企业占据着我国五轴数控机床产业的大部分市场份额，也必然要对五轴数控机床的技术进行专利申请，以保证其产品销售。在东北地区，最引人瞩目的五轴数控机床企业是沈阳机床，也是我国申请量排在首位的企业。另外，东北作为老牌的工业基地，还有诸如大连机床、齐一机床等重要机床企业，其也具有很强的研发实力。

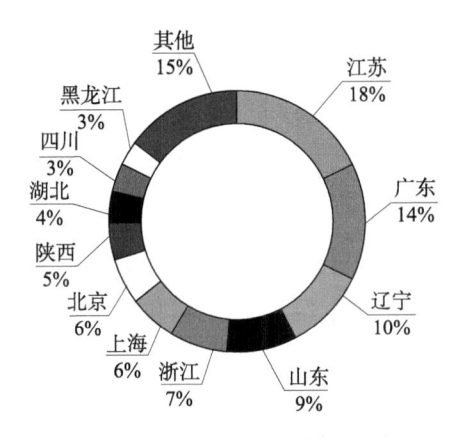

图 17-6 中国专利申请地域分布

第三节　申请人分析

一、全球主要申请人

图 17-7 显示了五轴数控机床技术领域全球专利申请量排名前 10 位的申请人。从数据来看，主要申请人集中在日本、美国、中国和德国。排在首位的是日本的发那科，发那科是当今世界上数控系统科研、设计、制造、销售实力最强的企业，十分重视在世界各国的专利布局，积极抢占全球市场。紧随其后的是日本牧野，牧野是专业从事制造数控金属加工机床及提供在汽车、航空及模具加工行业柔性加工革新方案的知名企业，在五轴数控机床技术领域积累有大量的经验。接着是日本森精机和德国德马吉，日本森精机主营数控车床和数控加工中心，技术实力雄厚；德国德马吉是全球领先的切削机床制造商，生产销售有德马吉五轴联动立式加工中心，其也十分注重对研发成果的专利保

护。其后的日本企业还有山崎马扎克和三菱重工，美国的马格集团和格里森分别排在第八位和第九位，国内申请人中，专利申请量排在世界前列的为沈阳机床和华中科技大学，沈阳机床是国内实力最强的机床制造企业，主导产品为金属切削机床，涵盖加工中心、激光切割机等数控机床，而华中科技大学则更注重于数控系统的研发，其旗下华中数控股份有限公司在数控系统方面具有很强的研发实力。

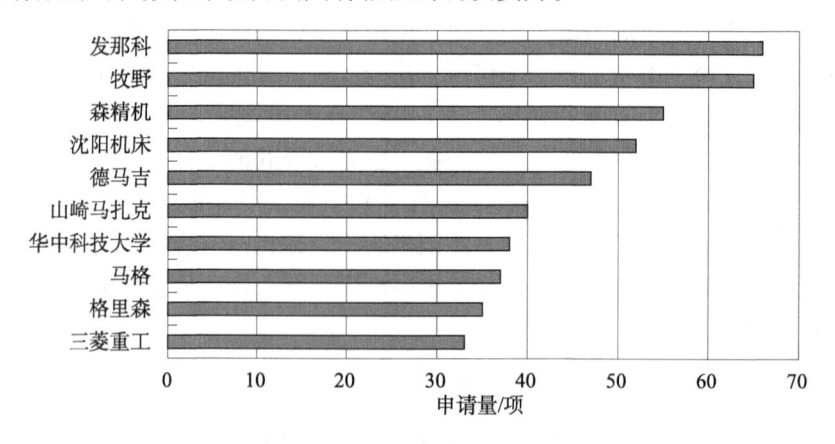

图 17-7 全球主要申请人申请量排名

二、国外来华主要申请人

关于国外主要申请人在华专利申请量，从图 17-8 中可以看出，在五轴数控机床技术领域全球申请量分别排在第一位与第二位的发那科和牧野同样是在华申请量居于前列的国外创新主体，其在华申请量分别达到 58 项和 42 项。在华申请量排在第三位和第四位的分别为德国德马吉和日本山崎马扎克，也都是在全球申请量排名中比较靠前的企业。此外，美国格里森、日本森精机、美国马格也对中国市场比较重视，纷纷来华进行专利申请。

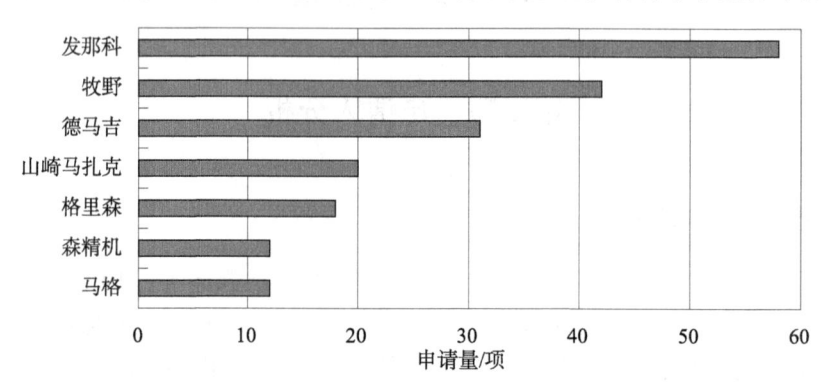

图 17-8 国外主要申请人在华专利申请量

三、国内主要申请人

1. 申请量

图 17-9 所示为国内主要申请人在五轴数控机床技术领域的专利申请情况，沈阳机

床和华中科技大学是中国五轴数控机床技术领域最大的创新主体，分别位居第一位、第二位。紧随其后的有上海交通大学、浙江大学、哈尔滨工业大学、湖南中大创远和济南二机床厂。从分布来看，国内主要专利申请人集中在高校和大型机床公司，这与国家基础制造业重大专项实施有着密切的关系，上述申请人都参与了该专项的建设。此外，在国内排名前列的七位申请人当中，高校申请人占据了四个名额，且其申请量仅次于沈阳机床，说明我国的创新主体虽然热衷于五轴数控机床技术的研发，但其研究还有相当的比例处于理论研究阶段，未进入实际工业化量产，而机床企业由于比较分散，各自的研发投入不足，研发实力比较薄弱，制约了其技术的发展。

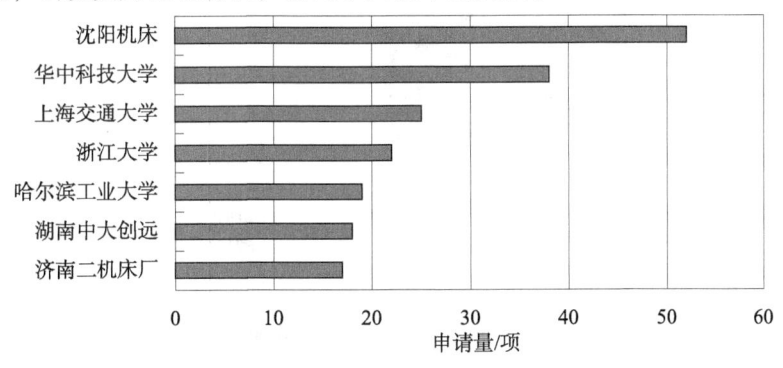

图 17-9 国内主要申请人申请量

2. 申请类型分布

图 17-10 示出了国内申请人的类型分布以及专利申请类型分布和发明专利的授权情况。从图 17-10（a）中可以看出，国内申请人以企业为主，占比达到 59%，我国的高校及科研院所对五轴数控机床的专利申请量也非常多，占比达到 34%，而个人申请相对较少，这是因为五轴数控机床涉及的技术点较多，个体在这方面的研发较少且很难取得突破。参考图 17-10（b），国内申请人虽然申请量较大，但其中实用新型占比较高，而国外企业基本上都是以发明专利为主，相比较而言，实用新型专利保护年限短且权利稳定性方面也相对较低。而在发明专利占比的 58% 中，获得授权的比例只有 25%，授权率较低，因此国内企业的专利申请含金量与国外相比还是具有一定的差距，国内企业在五轴数控机床技术方面并无明显技术优势。

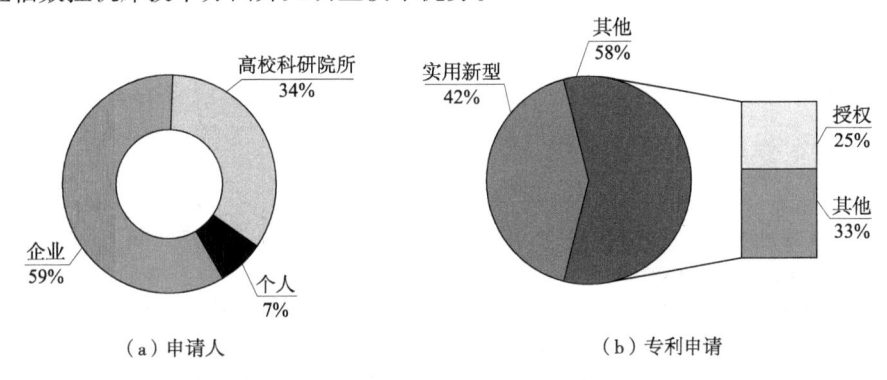

（a）申请人　　　（b）专利申请

图 17-10 国内申请人的类型以及专利申请类型

3. 技术分布

从图17-11中可以看出国内申请人在五轴数控机床技术领域专利申请的技术分布情况。在五轴数控机床的三个技术分支中，其中涉及构型技术的专利申请量最多，占比为67%，接下来是数控系统和附属系统，其申请量分别占总申请量的21%、12%，说明国内申请人在五轴数控机床技术领域的专利申请主要集中在构型技术方面，这是因为相比于数控系统和附属系统，构型技术方面的改进点较多且相对容易，所需的研发成本相对较低，因此申请人更倾向于在构型技术方面进行研究并申请专利。

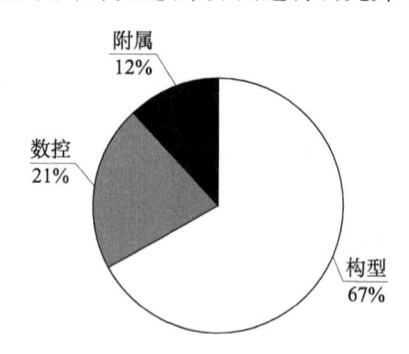

图17-11 国内申请技术分布

第四节 重点技术分析

本节对全球五轴数控机床的重要技术分支——机床数控系统、构型技术和附属系统的专利申请趋势、专利技术分布、技术功效、重要申请人等进行具体分析。

一、发展趋势

图17-12显示了五轴数控机床技术领域三个技术分支的全球专利申请趋势。从该图中可以看出，三个技术分支的发展趋势与整体趋势相类似，均表现为总体上扬、伴有

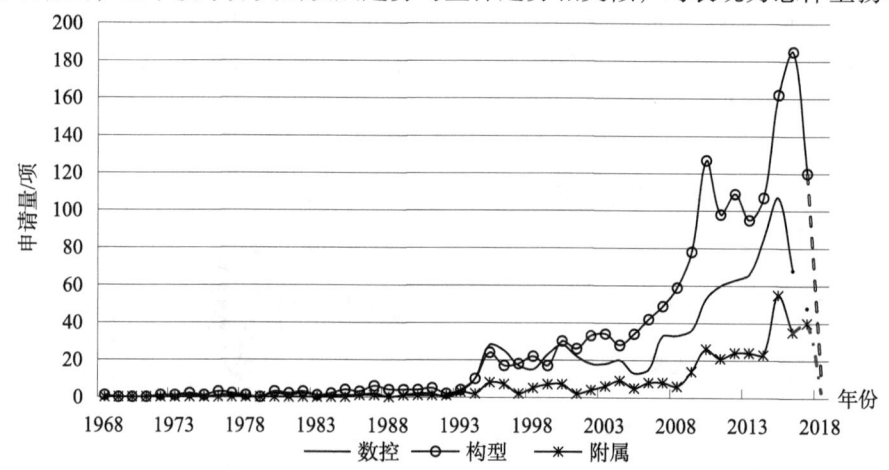

图17-12 五轴数控机床各技术分支全球专利申请趋势

阶段性回落的态势。且在进入 2000 年，特别是 2010 年以后，由于我国着力发展高档数控机床产业的政策，我国申请量大幅增加，促使三个技术分支的申请量出现了逐步增长甚至迅猛增长的状态。其中同样是由于构型技术领域研发改进难度与数控系统、附属系统分支相比相对较低，技术改进点小但涉及面较多且分散，因此各国在机床构型技术的专利申请量较大。

二、技术分布

1. 主要国家申请态势分析

如图 17 - 13 所示，五轴数控机床技术领域三个技术分支的全球专利申请的目标国/地区及各技术创新主体还是集中在机床领域的主要生产国，例如中国的沈阳机床、日本的发那科、美国的格里森、德国的德马吉，均是全球重要的机床生产企业。中国作为五轴数控机床领域的第一大申请国，其申请量超过全球申请总量的 1/3，这主要源于中国的专利申请企业数量众多，对五轴数控机床技术越来越关注且都较重视对创新成果的保护。日本、美国、德国作为现代化工业强国，其在五轴数控机床各技术分支也具有较大的申请量。其中，在中国的申请中构型技术占了接近 2/3，而数控系统所占比例较小，说明中国在数控系统方面的研发还有待进一步加强。

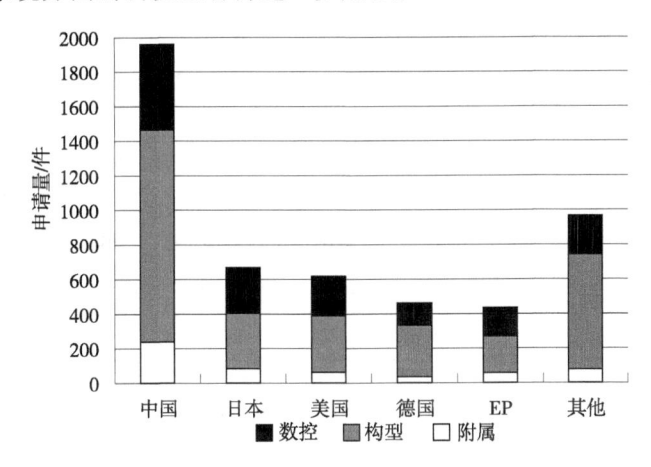

图 17 - 13 五轴数控机床各技术分支的国家/地区/组织专利申请量分布

2. 技术流向分析

五轴数控机床技术领域三个技术分支的技术流向与五轴数控机床技术整体技术流向基本一致。由图 17 - 14（a）至图 17 - 14（c）可以看出，日本申请人除在本国大量申请专利外，在中国、美国、德国、欧洲专利局等也申请了大量专利，反映出日本的数控机床在全球多地都有一定的市场份额和专利布局。德国、欧洲和美国的专利申请以本地区进行布局为主，并以一定比例流向其他三个地区，说明以上地区不仅注重本地区的专利保护，也在积极地进行其他地区的专利布局。国内申请人对外申请的热情不高，仅在五轴数控机床构型技术领域在美国申请过一项专利，而在数控系统和附属系统方面没有过向外申请，这也反映了我国技术研发力量和专利布局战略还比较薄弱。对于中国市场而言，同样是以日本申请人的在华申请量最多。

(a) 五轴数控机床数控系统

(b) 五轴数控机床构型技术

(c) 五轴数控机床附属系统

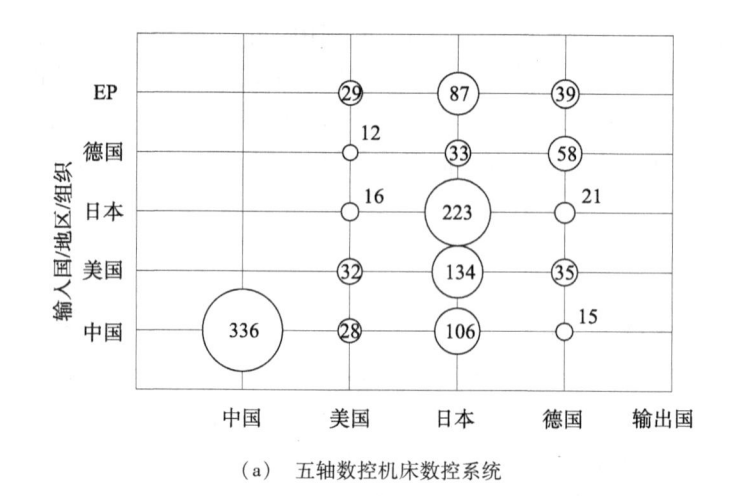

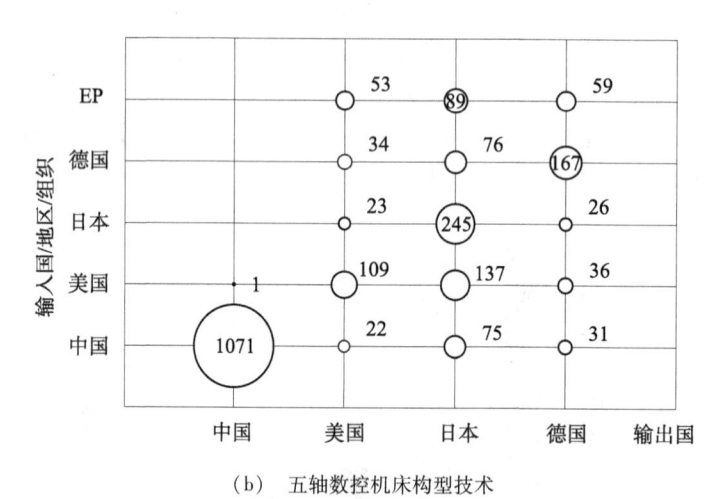

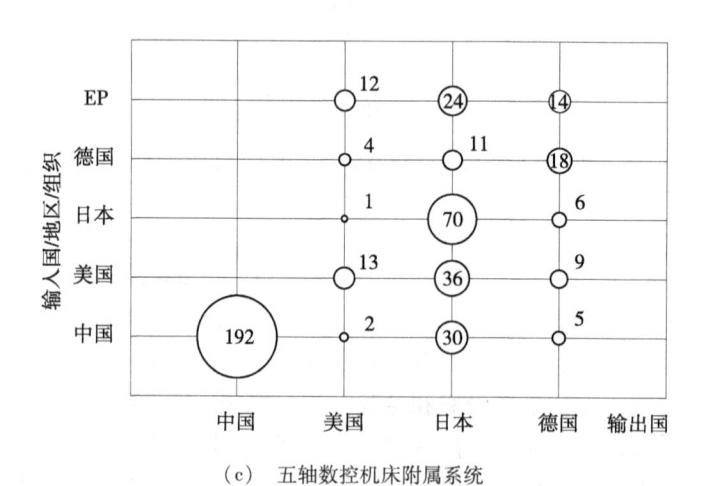

图 17-14 五轴数控机床三个技术分支主要国家/地区/组织专利技术流向

三、技术功效

针对五轴数控机床，申请人主要关注精度、效率、成本、可靠性、适用性五个方面的功效，结合五轴数控机床的技术分支，做出分支技术功效图如图17-15所示。精度和效率这两个方面的功效均位居三个分支的前列，这说明这两大功效最为人们所关注，尤其是关乎加工质量的精度为各创新主体追求的第一目标。除此之外，申请人对可靠性、适应性和成本也具有一定的关注度。其中关于构型的专利申请主要集中在提高作业精度方面，其次为提高工作效率和适应性，而关于降低成本方面的研究相对较少。而在数控系统方面，精度和效率也最为人们所关注。关于五轴数控机床附属系统的专利申请主要集中在提高作业精度方面，其次为提高可靠性和工作效率，而关于提高适应性方面的研究相对较少。

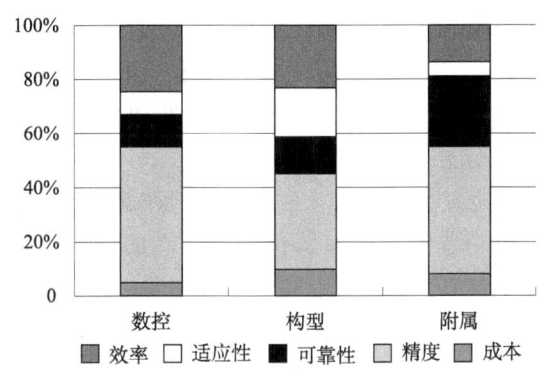

图 17-15 五轴数控机床技术分支专利技术功效

四、申请人

在五轴数控机床专利申请量全球排名前10位的申请人中，其在各个分支中的申请重点各不相同，如图17-16所示。排在首位的日本发那科是全球数控系统研发巨头，

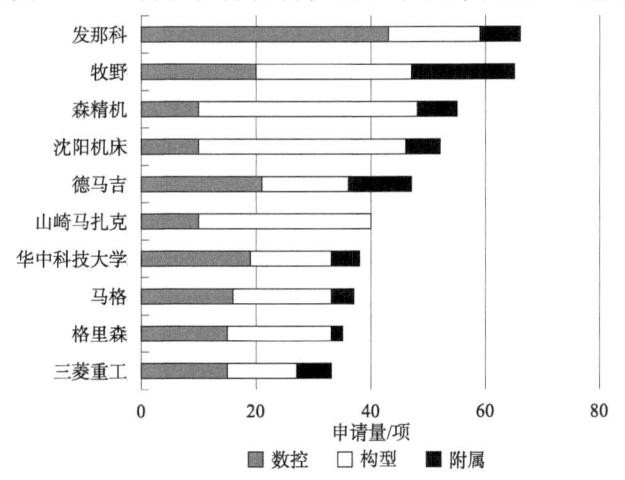

图 17-16 全球主要申请人的专利申请技术分布情况

在其相关的申请量中，关于数控系统的申请量占了近2/3，遥遥领先于其他申请人，德国德马吉、华中科技大学、日本三菱在数控系统的申请量也占有较大的比例，其中华中科技大学依托华中数控股份有限公司研发有华中数控系统。以森精机、沈阳机床、山崎马扎克为代表的创新主体的申请量则主要集中在对机床构型的改进上，在数控系统和附属系统方面的申请量占比较低。日本牧野、马格、格里森等则在构型技术和数控系统方面的投入相对均衡，没有明显的侧重。

第五节 本章小结

通过上述对五轴数控机床技术领域专利申请趋势、地域分布、主要申请人和重点技术等方面的分析可知，五轴数控机床技术在全球范围内仍处于技术发展期，五轴数控机床领域自2006年以后申请量及申请人数量基本呈上升趋势，2006年之后全球专利年均申请数量相较之前产生了4~6倍的增长，与此同时，由于我国相继提出"高档数控机床与基础制造装备"国家科技重大专项和《中国制造2025》的相关政策，我国数控机床行业在2010年之后进入了快速增长阶段。

在技术来源地和布局地方面，中国、日本、美国和德国是主要的技术来源国，占据全球总申请量的72%，且目前上述国家仍保持着较高的技术活跃度，日本申请人在中国、美国、德国、欧洲等地申请了大量专利，全球主要机床行业地区均有相当数量的专利布局，德国与美国的申请人也在积极进行全球布局，而由于日本本身的技术发展程度较高，德国与美国在日本的专利申请并没有明显优势，中国申请量虽然大，但是绝大部分在国内进行申请，还没有走出国门。

在主要申请人方面，全球创新主体相对分散。全球申请量占主要地位的申请人中，日本申请人数量占据一半，占有绝对的优势，中、美、德也有相应申请人的申请量位居前列。全球范围内申请量最大的申请人发那科申请数量为67件，结合全球专利总体数量来看，行业内全球申请主体分散、数量众多。

在五轴数控机床的3个技术分支中，涉及机床构型技术的专利申请数量最为突出，特别是中国申请人关于构型的申请较为持续且数量大，技术上有一定积累，而国外申请人近年来涉及构型技术的申请数量呈减少趋势。而数控系统作为五轴数控机床的核心部件，成为近年的主要研究方向，中国近年来在数控系统方面研究也已展开，但申请主体多集中于高校。

第十八章　高档数控机床的"命门"——重点专利

五轴数控机床的技术可分为数控系统、机床构型和附属系统三大部分，数控系统可看作机床的大脑，是五轴数控机床的技术核心；机床构型作为五轴数控机床的机械主体，实现了加工工件和加工刀具的运动，是加工的主要执行机构；附属系统，是保证充分发挥机床性能所必需的配套装置。本章从以上三个技术层面入手，对五轴数控机床的重点专利技术进行整理和分析。

第一节　数控系统

一、数控系统专利概况

数控系统是机床的大脑，是五轴数控机床的核心，其主要功能是将加工信息数据经过计算机处理之后控制机床的动作，能够大大提升零件的加工精度和效率。其主要包括误差补偿、轨迹、监视校准、数据处理和硬件装置五个方面。各部分专利申请在构型专利申请的占比如图 18-1 所示，在数控系统中，专利申请集中于轨迹、数据处理和误差补偿，分别占据了总量的 36%、22% 和 19%。

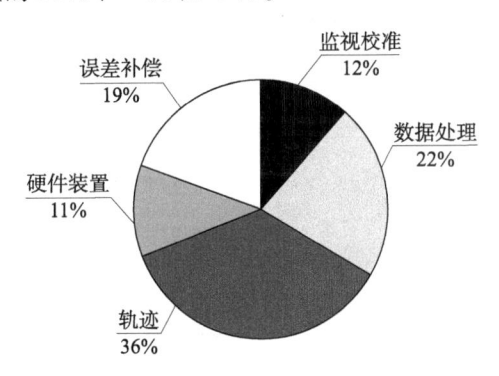

图 18-1　数控系统技术分布

针对数控系统，申请人主要关注精度、效率、成本、可靠性、适应性，结合数控系统的分支，做出分支技术功效图如图 18-2 所示。精度和效率这两个功效位居前列，这说明这两大功效最为人们所关注，尤其是关乎加工质量的精度为追求的第一目标。除了前两名功效外，其他功效的排名依次为可靠性、适应性和成本，且各功效的专利申请数量相差不大。精度和效率这两大功效的发展主要体现在轨迹和误差补偿的改进，这是由于加工数据与轨迹均是加工中的重要组成，且均与加工质量密切相关。

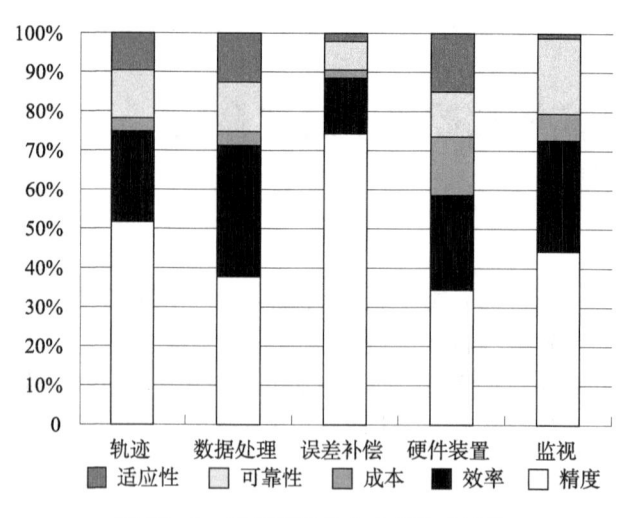

图 18-2　数控系统分支专利技术功效

二、轨迹技术分析

作为数控加工设备的核心组成部分，数控系统的主要任务是将零件的加工数据经过一定的处理后控制伺服驱动轴运动，完成所需要轮廓轨迹。因此轨迹技术是数控系统的核心技术。而从上文分析过程也可看出，轨迹技术作为数控系统技术中申请量最大的一个分支，其重要程度也可见一斑。

1. 技术演进路线

我们首先对轨迹技术的专利信息进行以时间为轴的技术发展路线分析，获取了数控系统中关于轨迹技术的发展概况，从专利申请的角度了解技术发展脉络，如图 18-3 所示。

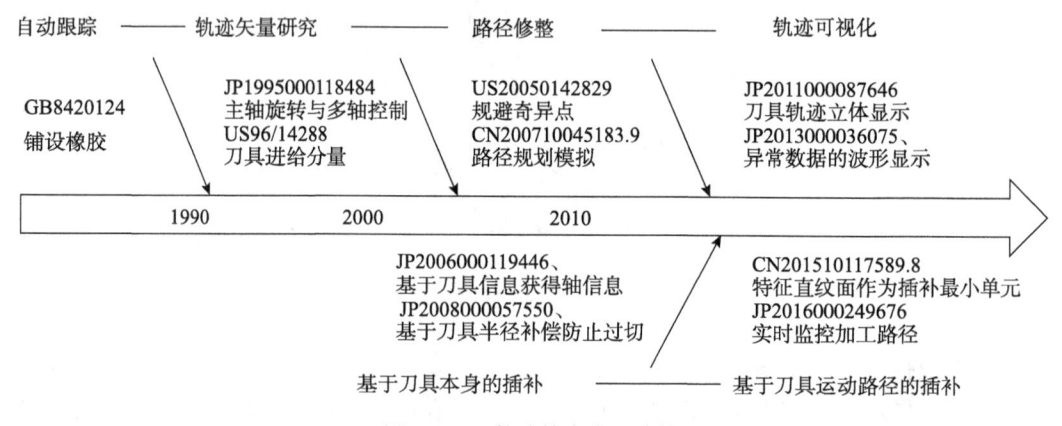

图 18-3　轨迹技术发展脉络

从图中可以看出，轨迹技术的发展大致可分为四个阶段：自动跟踪、轨迹矢量、刀具轨迹路径修整和轨迹可视化。轨迹技术的发展也伴随着插补技术的改进，从基于刀具本身的插补向基于刀具运动路径的插补逐步发展。

轨迹技术的研究萌芽于20世纪80年代。1981年，英国沃特公司提交了申请号为GB8420124的专利，其控制程序用于在工件的轮廓上进行自动跟踪来铺设胶带，其为轮廓技术提供了最原始的雏形。

90年代以后，国外开始了研究热潮。1995年，东芝公司提交了申请号为JP1995000118484的专利申请，其是一种根据工具在运动轨迹上的轮廓来对目标工件进行切割以及修整的方法，由于主轴上安装有可换刀具的刀架，因此得以实现去毛刺过程的自动化进行，上述方法获得了与传统毛刺去除工作相比显著的毛刺去除效率；1996年美国的格里森提交了申请号为US96/14288的专利申请，其申请了一种将刀具进给的轨迹系由一个至少包括第一矢量分量和第二矢量分量的进给矢量限定，较早地实现了轨迹的矢量化研究；美国波音公司于2005年申请了US20050142829的专利，实现了一种用于处理软件补偿数控加工系统中的奇点的方法，为刀具路径中如何处理奇点问题提供了新的思路，轨迹路径修整技术也进入路径奇点的问题领域；2006年，日本发那科公司申请了申请号为JP2006000119446专利，其申请了使用基于刀具信息获得轴信息的方法，其可以控制机床进行任何圆锥体表面的加工，为提高数控机床加工圆锥体的适应性做出了贡献；2007年上海交通大学提交了申请号为CN200710045183.9的专利，其申请了一种能自动输出优化的刀具路径的五轴数控加工光滑无干涉刀具路径的规划方法，该方法计算效率高、编程实现简单，适用于多边形网格、自由曲面等任意能够渲染的几何模型，且可同时考虑夹和刀杆的干涉问题；发那科公司于2008年申请了JP2008000057550专利，其记载了一种基于刀具半径补偿来防止过切的加工方法，此方法通过补偿方法优化轨迹，为加工环境的进一步安全化提供了保障。此阶段的专利技术，大多基于插补方法对刀具运行的轨迹进行优化、修整，使得加工效率、精度更高。

近几年，关于轨迹技术中，直观观察刀具运行轨迹成为研究的热点技术，2011年，日本发那科公司申请了JP2011000087646，其提供了一种可以立体显示刀具轨迹的方法，为轨迹的可视化研究提供了新的思路；2013年，日本发那科提交了申请号为JP2013000036075的专利申请，其能够通过数据检索部检索出的物理量数据或与物理量数据对应的其他物理量数据的预定范围内的时序的物理量数据进行波形显示，更加利于数据分析；2015年，西安工业大学申请了CN201510117589.8的专利，其提供了一种特征直纹面作为插补最小单元的方法来优化插补技术，刀具路径缩短，提高了加工效率，其技术可用于数控铣削精加工、光整加工、数控车铣加工、数控电解加工和数控电火花加工等多个精加工技术领域；发那科公司于2016年申请了JP2016000249676，其提供了一种实时监控加工路径的方案，其同样基于视觉研究，实现判断在加工过程中刀具实际距离与预先设定的距离是否是预先设定的容许量，以此保证加工过程的安全、高效。

可见，轨迹技术从最开始的非加工目的的五轴联动技术运用到对齿轮等复杂轮廓表面等工件的精确加工、从单纯的研究刀具轨迹的分解合成到加入误差分析后的自动修整轨迹、从基于插补技术对刀具轨迹优化到后来的基于视觉技术对轨迹路径的可显示操作，其发展愈发成熟。

2. 重点专利

在刀具轨迹的运动分析中，刀具走过的每一个进给量都可以分解为不同的矢量。由于各个矢量可以人为定义，因此可以将刀具的轨迹进行矢量化研究，这样有利于轨迹研究的标准化、简约化。其技术的提出对于数控系统轨迹方面的研究有着较为深远的意义。另一方面，对于数控系统的轨迹技术来说，可视化研究由最初的模拟轨迹显示到目前的加工过程中刀具轨迹实时显示，发展迅速。未来发展中，可视化技术也为技术人员在实际加工路径进一步优化轨迹技术提供了技术基础。

从以上两方面，各选出一篇有代表性的专利，分析如下：

a. 专利申请号：US96/14288，发明名称：工具进给方法，申请人：格里森。

此专利涉及轨迹分解研究，具体来说，本发明是一种用于在工件上产生至少一个轮齿表面的加工过程中将工具在工件中进给到预定深度的方法。该工件可绕工件轴线旋转，该工具可绕工具轴线旋转并包括至少一个余量去除表面，如图18-4所示。

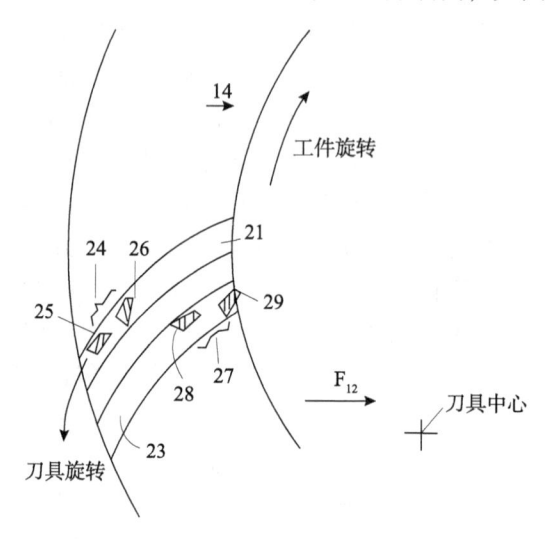

图18-4 工具进给方法（US96/14288）

该方法包括使工具绕其轴线旋转并使旋转着的工具与工件接触。该工具沿一进给轨迹相对于工件进给到预定深度，其中，一部分进给轨迹系由一包括至少第一矢量分量和第二矢量分量的进给矢量限定。第一矢量分量和第二矢量分量位于由工件轴线和工具轴线方向限定的平面中，第一进给矢量分量基本上在工具轴线方向，而第二进给矢量分量则基本上在工件端面宽度方向。

在计算机控制多轴线机床上实施本发明方法时，初始轴线调整位置系相应于输入到机床的调整参数加以计算的。然后将计算机控制的轴线移动到初始调整位置，用于使工具和工件齿轮彼此相对初始定位。工具相对于工件齿轮的轨迹系相应于输入到机床的进给参数加以计算的。然后使工具绕工具轴线旋转，并移动计算机控制轴线以沿进给轨迹将旋转工具相对于工件齿轮在工件齿轮中进给到预定深度。至少一部分进给轨迹系由一包括如上定义的至少第一进给矢量分量和第二进给矢量分量的进给矢量加以限定。

此方法较早地提出了将轨迹的矢量分解为第一矢量、第二矢量进行研究的技术方案，通过上述方案，使得在刀具加工工件时，能够减少刀具负载、降低刀具磨损，从而提高了刀具寿命。

b. 专利申请号：JP2011000087646，发明名称：机床的刀具轨迹显示装置，申请人：发那科株式会社。

本篇专利针对如何立体显示刀具轨迹提出了一种新的思路。在数控机床的控制系统领域中，通过由数值控制装置控制的多个驱动轴控制刀具前端点的位置。通过在某个平面上投影该刀具前端点的三维轨迹，可以作为二维图像在显示装置的画面上显示。

图18-5示出本发明中机床的刀具轨迹显示装置用于显示机床的可动部的三维轨迹，该机床使用数值控制装置通过多个驱动轴控制刀具以及工件的位置、姿势。该机床的刀具轨迹显示装置具有：数据取得部，其同时取得并存储关于上述多个驱动轴中的各个驱动轴的在各个时刻的实际位置信息，来作为时间序列数据；可动部轨迹运算部，其使用在上述数据取得部中存储的实际位置信息和上述机床的机械结构的信息，计算从固定在上述工件上的坐标系看的可动部的三维坐标值，求出该可动部的三维轨迹；立体图像生成部，其根据上述可动部轨迹运算部求出的上述可动部的三维轨迹，求出左眼立体图像数据和右眼立体图像数据；以及立体图像显示部，以对应的左右各眼能够看到的形式，显示上述立体图像生成部求出的左眼立体图像数据和右眼立体图像数据。

因此通过本专利的技术，操作人员能够直观地识别在现有的平面显示中难以显示的可动部的三维形状的机床刀具轨迹。

三、误差补偿技术分析

数控机床作为工业母机[1]，承担着制造装备及工业产品的加工制造任务，其自身精度直接影响到最终产品的加工精度，加工精度是数控机床最重要的指标。通常用机床误差来表征机床加工精度的高低。因此对误差进行补偿的误差补偿技术成为数控系统重要的控制技术。

1. 技术演进路线

数控机床的加工误差中，几何误差、热误差及切削力误差是影响加工精度的关键因素，这3项误差可占总加工误差的80%左右。

几何误差是指由组成机床各部件工件表面的几何形状、表面质量、相互之间的位置误差等所产生的机床运动误差，因此机床几何误差有时也被称为运动误差。数控机床的几何误差可按照误差的特点和性质，分为系统误差和随机误差。系统误差是机床本身固有的误差，如机床设计原理误差，制造和装配误差，具有可重复性，是机床几何误差的主要组成部分。而由于振动、测量系统和反向误差引起的定位不重复性则可视为随机误差。

热误差是由于机床内部和外部的热源对机床的热干扰导致机床各部件间产生不均匀热变形从而产生的。由于机床上零部件的材料、形状、结构各不相同，各自的热容量和热惯性也不相同，再加上连接件间结合面存在的热阻等，导致机床热误差的变化情况和机床温度场有着复杂的非线性关系。

切削力误差则包括机床刀具受力变形产生的误差、夹具引力、切削力产生的误差以及工件受力自身变形产生的误差等。

---

[1] 张琨. CK6430数控车床几何与热误差实时补偿研究［D］. 上海：上海交通大学，2012.

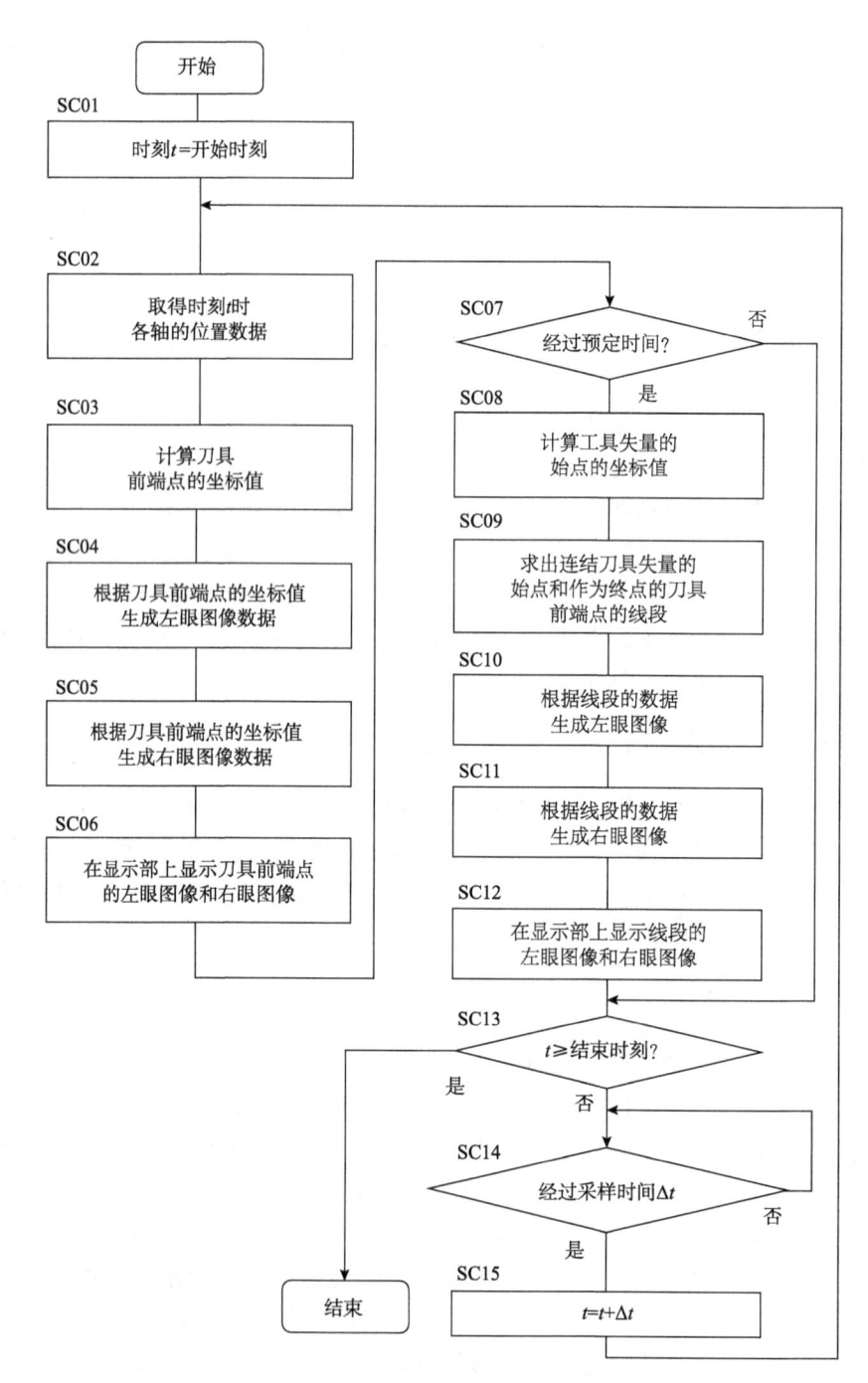

图 18-5　机床的刀具轨迹显示装置示意（JP2011000087646）

通过对数控系统误差补偿的专利信息进行技术发展路线的分析，从而获取误差补偿的技术发展状况，下面从专利申请的角度对技术发展脉络做出说明，如图 18-6 所示。

第十八章　高档数控机床的"命门"——重点专利

```
1980                 1995                 2007                 2014                 2015
JP15157980          JP6733095           JP2007260972        US14225628          WO2015JP78588
脉冲驱动误差补偿    齿轮间隙误差补偿    预先误差量补偿      参数表补偿          倍率热位移补偿

     JP60007390          KR1019990037163    CN201210122422.7    JP2015138397        CN201711075362.7
     热变形误差补偿      参考值补偿误差      智能复合补偿        关联指令补偿        热变形模型补偿
     1985                1999                2012                2015                2017
```

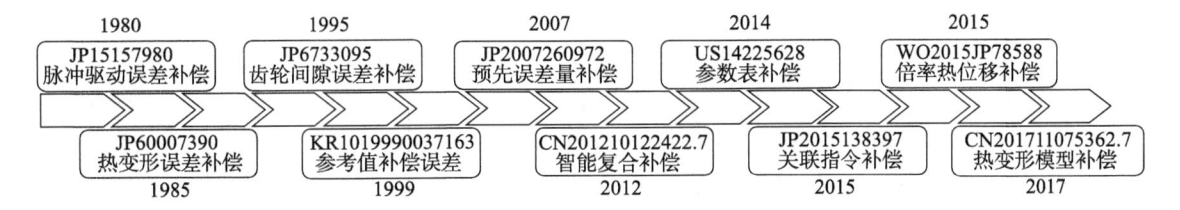

图 18-6　误差补偿技术发展脉络

为了对加工刀具的位置误差进行补偿，发那科于 1980 年在专利申请 JP15157980 中提出在分布脉冲的同时施加一个补偿器，用于计算补偿脉冲 xhp、yhp 和 zhp，从而提高脉冲驱动伺服电机的精度。三菱于 1985 年的专利申请 JP60007390 中提出了一种数控补偿系统，通过检测一个对象的长度，以及加工温度和计算补偿量，以补偿热变形误差。东芝于 1995 年在专利申请 JP6733095 中提出通过设置反冲校正装置补偿齿轮间隙引起的误差。为了提高补偿的精确度，大隅于 1999 年的专利申请 KR1019990037163 中提出了一个用于补偿方法的热变形机中的主轴工具，其通过设定主轴温度校正值与参考速度的对应方式实现补偿；发那科于 2007 年的专利申请 JP2007260972 中提出了一种具有工件设置误差补偿单元的数值控制装置，根据预先设定的误差量来进行针对直线轴 3 轴以及旋转轴 2 轴的误差补偿，以确保计算出的刀具在指令坐标系上的位置以及方向。在该误差补偿中的三角函数的计算中存在多个解时，从这些多个解中选择接近所述计算的刀具在指令坐标系上的方向的解，并将其作为通过上述误差补偿来补偿的旋转轴 2 轴的位置。而针对机床中存在的多种误差，上海交通大学于 2012 年在专利申请 CN201210122422.7 中提出了一种数控机床几何与热复合位置误差的智能补偿系统，实时监测外界环境温度和加工工况的变化，并据此实时更新补偿模型，进而对数控机床运动轴的几何与热复合位置误差进行双向补偿。为了更准确地控制误差补偿量，申请人采取了多种方式进行误差补偿量的计算。发那科于 2014 年在专利申请 US14225628 中提出了一种数控机床主轴误差的补偿方法，通过测量主轴中心孔和主轴位置测量角度偏差的测量端面，从而进行主轴误差的计算。在计算结果的基础上，进行角度偏差和主轴误差修正量获取，使用它们作为相对移动量的补偿参数表，以校正主轴和主轴误差。发那科于 2015 年在专利申请 JP2015138397 中公开了一种可进行考虑轴移动方向的误差修正的数值控制装置，取得与指令直线轴的位置和指令移动方向的组合关联了的直线轴起因修正量、与指令旋转轴的位置和指令移动方向的组合关联了的旋转轴起因修正量，并根据所取得的直线轴起因修正量以及上述旋转轴起因修正量来计算平移旋转修正量，将该计算出的平移旋转修正量加到上述指令直线轴位置上。山崎马扎克于 2015 年在专利申请 WO2015JP78588 中提出一种热位移修正补偿的方法，将补偿环境温度系统热位移量的计算的热位移修正量乘以修正倍率而求出环境温度系统热位移修正量。大连理工大学在 2017 年专利申请 CN201711075362.7 中提出了一种卧式数控车床的主轴径向热漂移误差建模及补偿方法，将主轴热变形情况进行分类并建立各种热变形姿态下的热漂移误差模型。然后分析机床结构尺寸对模型预测结果的影响。在实时补偿时，根据关键点的温度自动判断主轴的热变形姿态，并自动选择相应的热漂移误差模型对主轴进行补偿。

2. 重点专利

重点专利的评判指标一般包括在全球各国的布局情况、被引频次。专利申请 JP2007260972 和 WO2015JP78588 的申请人分别为发那科株式会社和山崎马扎克公司，其均为全球知名的数控机床生产商，且上述专利申请均在 CN、US、JP、EP 进行了布局，且均具有较高的被引频次，因此选择上述专利申请作为误差补偿技术的重点专利，其中专利申请 JP2007260972 针对几何误差进行补偿，专利申请 WO2015JP78588 针对热误差进行补偿。

a. 专利申请号：JP2007260972，发明名称：具有工件设置误差补偿单元的数值控制装置，申请人：发那科株式会社。

专利申请的技术功效为提供一种数值控制装置，该数值控制装置具有对设置了工件时的设置误差进行补偿的工件设置误差补偿单元，能够将通过该工件设置误差补偿单元进行了误差补偿的旋转轴 2 轴的位置移动到限制范围内的更理想的位置。现有技术缺陷为：为了补偿夹具的安装误差，通过计算得到五轴各轴的补偿坐标值，但反求计算中存在多个解，不能唯一确定位置，且在数值控制装置侧求出的补偿位置通常与指令位置不同，因而存在即使想移动到求得的补偿位置，由于结构上的限制等不能移动到该补偿位置的情况。专利申请的发明点在于：数值控制装置，其在误差补偿的三角函数的计算中存在多个解时，利用解选择单元从多个解中选择接近计算的刀具在指令坐标系上的方向的解，并将其作为旋转轴 2 轴的位置。技术方案概要为：用于控制 5 轴加工机的数值控制装置包括工件设置误差补偿单元；工件设置误差补偿单元包括刀具位置方向计算单元、误差补偿单元、解选择单元；误差补偿单元根据预先设定的误差量进行针对直线轴 3 轴及旋转轴 2 轴的误差补偿，以确保通过刀具位置方向计算单元计算出的刀具位置及方向；在误差补偿的三角函数的计算中存在多个解时，解选择单元从多个解中选择接近计算的刀具在指令坐标系上的方向的解，并将其作为旋转轴 2 轴的位置，如图 18-7 所示。

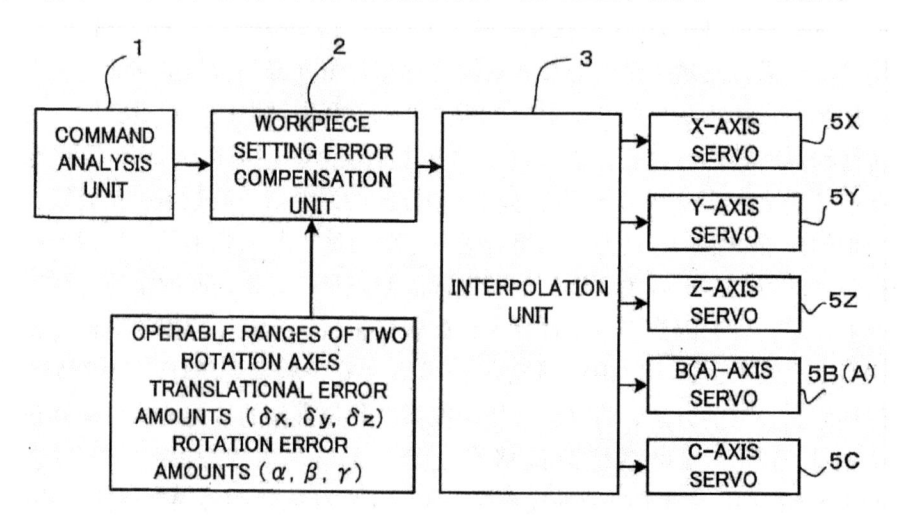

图 18-7 具有工件设置误差补偿单元的数值控制装置

b. 专利申请号：WO2015JP78588，发明名称：具备热位移修正量设定变更装置的机床，申请人：山崎马扎克公司。

专利申请的技术功效是提供一种机床，其可以容易地判断温度传感器的故障和局部的预想外的温度状态，从而使热位移修正功能正常工作。现有技术缺陷为：成为热位移的要因的发热源多种多样，此外，对于受到热量影响的全部部件，需要考虑其热膨胀的程度和方向。此外，准确分析全部原因以进行高精度热位移修正极为困难。特别是，机床的外部因素导致的温度变化不可能进行原理性分析，从而不能准确修正热位移。专利申请的发明点在于：机床，其环境温度系热位移量推断部根据多个温度传感器测定的温度值，计算环境温度系热位移量，根据补偿环境温度系热位移量的计算的热位移修正量乘以修正倍率而得到的环境温度系热位移修正量，执行环境温度系热位移修正控制。技术方案概要为：机床，具备夹持工件的工件夹持部和夹持刀具的刀具夹持部，通过驱动工件夹持部和刀具夹持部的至少任意一方旋转，并且驱动工件夹持部和刀具夹持部的至少任意一方朝向规定的方向移动，从而利用刀具加工工件，机床设有多个温度传感器，安装于构成机床的部件；以及环境温度系热位移量推断部，根据多个温度传感器测定的温度值，计算环境温度系热位移量，根据补偿环境温度系热位移量计算的热位移修正量乘以修正倍率而得到的环境温度系热位移修正量，执行环境温度系热位移修正控制，如图18-8所示。

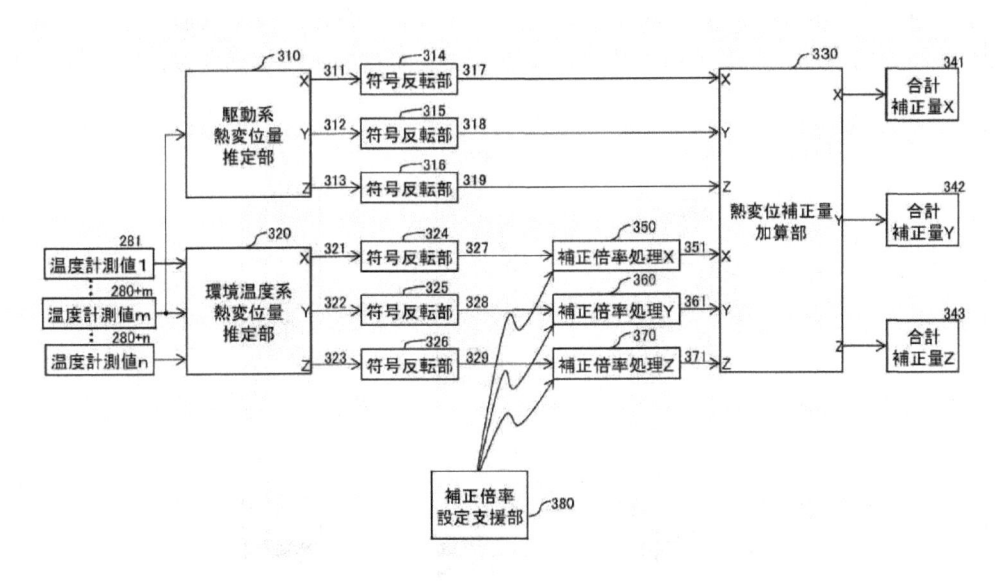

图18-8 具备热位移修正量设定变更装置的机床

第二节 机床构型

一、机床构型专利概况

机床构型作为五轴数控机床的机械主体，实现了加工工件和加工刀具的运动，是加工的主要执行机构。根据在加工过程中的不同作用，构型主要分为工作台、摆头、框架,各部分专利申请在构型专利申请的占比如图18-9所示,在构型中,专利申请集中于工作台和摆头,分别占据了总量的45%和41%。

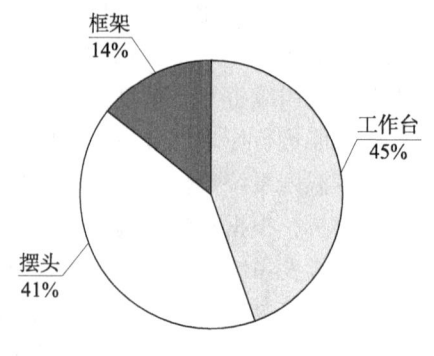

图 18-9 构型技术分布

构型技术分支专利技术功效如图18-10所示,从精度、效率、成本、可靠性、适应性五个方面来看,关于工作台的专利申请主要集中在提高作业精度方面,其次为提高工作效率和适应性,而关于降低成本方面的研究相对较少。关于摆头的专利申请中,申请人最为关注的功效同样为提高作业精度,其次为效率和适应性。在框架相关的专利申请中,申请人同样最注重设备精度的提升。由此可见,在构型技术的研究中,申请人主要的关注方向为加工精度、加工效率以及适应性,而对可靠性和成本方面的关注度相对少一些。

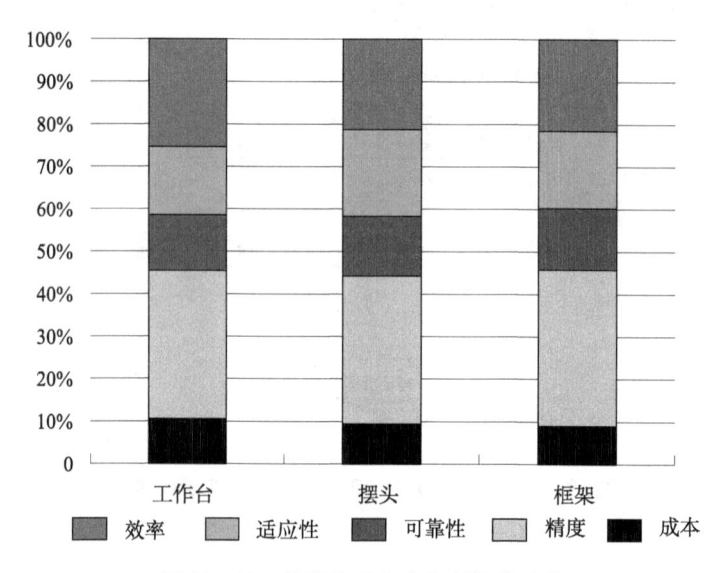

图 18-10 构型技术分支专利技术功效

二、工作台技术分析

数控机床工作台作为承载工件的载体,带动工件进行一系列的运动,与摆头配合完成加工过程。由上述分析可知,关于工作台的专利申请在机床构型技术分支中所占比重最大,其运动精度和可靠性也直接影响着工件的加工质量,下面主要从技术演进路线以及相关重点专利两方面对工作台技术进行介绍。

1. 技术演进路线

图 18-11 所示为工作台技术路线图,较早出现的工作台形式主要是电机驱动齿轮传动机构配合滑动导轨或者采用滚珠丝杠实现工作台的移动和转动,如 FISCHER BRODBECK 公司在 US274062 中提出一种采用齿轮传动机构驱动的回转工作台,并具有齿轮齿条配合的锁定机构;山崎马扎克于 1978 年在专利申请 JP10929178 中提出一种工作台结构,采用滚珠丝杠实现工作台的线性移动;而齿轮齿条副可以实现长行程的直线进给,适用于所需直线行程较长的工作台,如松下电送株式会社在 1987 年的专利申请 JP13532087 中提出了一种电机带动齿轮旋转,齿轮与齿条啮合,从而带动工作台直线运动的机床工作台。

1972	1979	1987	1990	2002	2008	2013
US274062 齿轮传动	DE3014666 蜗轮蜗杆	JP24902387 蜗轮蜗杆	JP2789590 直驱分度	JP2002293453 带旋转编码器蜗轮传动	CN20082023173.5 力矩电机直驱旋转	JP2013190068 防过载的电机直驱

JP10929178 滚珠丝杠	JP343582 静压滑台	JP13532087 齿轮齿条副	JP2000325631 凸轮滚柱	JP2004293295 凸轮滚柱驱动桥式	CN200910043149.7 消隙传动蜗轮副	KR20150015268 螺距可调凸轮滚柱	CN201710522583.8 降低输出扭矩
1978	1982	1987	2000	2003	2009	2015	2017

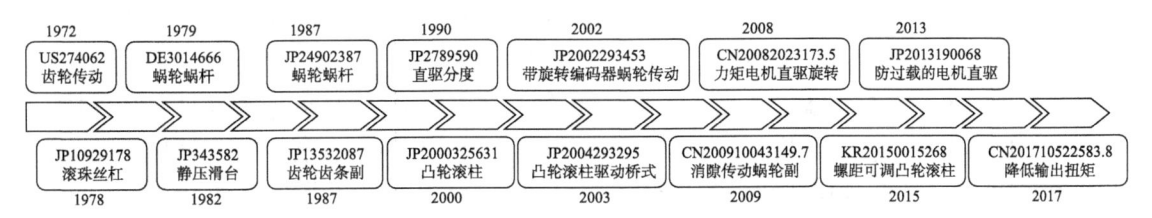

图 18-11 工作台技术发展脉络

随着静压技术的不断发展,工作台领域也应用该技术以减少构件之间的摩擦,从而提高了工作台的进给精度,其中以静压导轨以及静压丝杠螺母副最为常见,利用液体或气体将做相对运动的两个构件的摩擦表面隔开,从而使液体或气体的静压力支撑构件减小摩擦,如株式会社不二越在 1982 年的 JP343582 中提出一种静压滑台,其通过静压滑动导向平面与底座滑动连接,并且在螺母的上下表面也设置了静压引导面,有效减小了摩擦力并可提高进给精度。

19 世纪 80 年代以来,由于相比于普通的齿轮传动,蜗轮蜗杆副传动比更大、传动平稳、噪声小、具有更高的承载能力并具有自锁性,因此在工作台驱动中的应用越来越多,如 IDROMA SPA 公司在申请号为 DE3014666 的专利申请中提出了一种蜗轮蜗杆驱动回转工作台,显著提高了工作台的承载能力;株式会社日研工作所在 1987 年的 JP24902387 中提出了一种蜗轮蜗杆驱动回转工作台,并设置了控制器的校正程序对驱动电机进行微小控制,当在连接机构上产生啮合偏转时,在啮合偏转反方向上使蜗轮微量旋转来减小啮合偏转量,提高了传动精度;此后,各机床企业一直致力于减小蜗轮蜗杆传动的间隙以及提高其回转精度,如森精机在 2002 年的专利申请 JP2002293453 中提出一种带有旋转编码器的蜗轮传动工作台,使旋转编码器相对于旋转台精确定位,从而能够精确地分析旋转精度和旋转操作精度;2009 年,湖南中大创远数控设备有限公司申请了专利 CN200910043149.7,工作台回转驱动装置为消隙传动蜗轮副,通过两根蜗杆与蜗轮啮合,即在主蜗杆轴上套设可轴向移动的从蜗杆,借助二者之间的调整片控制从蜗杆的轴向位置,消除了反向背隙。

进入 21 世纪,人们在不断改进齿轮传动与蜗轮蜗杆传动的同时,又出现了一种新型无间隙机械传动机构——弧面凸轮滚柱驱动，其是将工作台与转轮固定在一起，输入轴上的凸轮槽表面与转轮上的从动滚柱元件外表面呈线接触啮合，从而驱动工作台转动，例如：2000年，株式会社三共制作所在JP2000325631中提出了一种采用凸轮滚柱驱动的工作台形式，实现了更高精度的运动；随后三共制作所与山崎马扎克合作于2003年在JP2004293295中将凸轮滚柱驱动应用于枢转桥式工作台；2015年，株式会社三千里机械在专利申请KR20150015268中将凸轮从动件的滚柱齿轮及齿轮传动式凸轮的剖面设置为梯形，可以在不改变滚柱齿轮结构的情况下，通过仅替换螺距调节部件来改变滚柱齿轮及齿轮传动式凸轮的连接位置，从而可以对回转工作台的螺距进行调节。

以上几种工作台驱动形式均为机械驱动，其体积较大，电机与工作台之间的干涉位置较多，工件装夹和机床操作不便，为了解决这种问题，电机直驱工作台应运而生。电机直驱运用于工作台的直线位移驱动，也有将电动机的转子与工作台主轴直接连接在一起驱动工作台旋转，中间没有任何机械传动机构，这种工作台形式结构紧凑、动态性能好、惯性小，转速高，且由于没有机械传动的背隙和磨损问题，使用寿命远长于机械传动，维修方便，如日本精工株式会社在1990年专利申请JP2789590中涉及了一种直接驱动型回转分度工作台，其由电机直接驱动工作台旋转而未使用减速装置；沈阳机床集团在2008年专利申请CN20082023173.5中公开了一种基于内转子力矩电机的直驱式双轴转台，摆动轴对称分布的两台内转子力矩电机，克服了内转子力矩电机扭矩小的缺点，受力更为均匀、合理，运行平稳；德马吉森精机于2013年在专利申请JP2013190068中提出了一种工作台，其电动机具有固定到壳体的定子以及同轴地布置在定子内部并且固定到支撑旋转台的旋转轴的转子，还包括布置在转子和旋转轴之间的压力室用于制动以防止过载；2017年，宁波海天精工股份有限公司在专利申请CN201710522583.8中公开了一种摇篮转台，包括工作台、转台轴承、固定座、动力盘和力矩电机，定子与固定座的下端固定连接，转子与动力盘的下端固定连接，工作台通过止口固定在动力盘的上端，该摇篮转台C轴的结构紧凑，整体高度尺寸小，可使C轴整体结构绕A轴旋转的转动惯量减小，在提升摇篮转台整体性能和加工精度的同时，可降低A轴力矩电机的输出扭矩，降低摇篮转台的制造成本。

2. 重点专利

重点专利的评判指标一般包括在全球各国的布局情况、被引频次。专利申请JP2004293295和JP2789590分别针对工作台的热点技术，申请人分别为株式会社三共制作所、山崎马扎克株式会社和日本精工株式会社，其均为全球知名的机床工作台生产商，其中JP2004293295在CN、US、JP、EP、DE进行了布局，JP2789590在JP、US进行了布局，且均具有较高的被引频次，因此选择上述专利申请作为工作台的重点专利，其中专利申请JP2004293295针对凸轮滚柱传动技术，专利申请JP2789590针对直驱技术。

a. 专利申请号：JP2004293295，发明名称：倾斜回转工作台装置，申请人：株式会社三共制作所、山崎马扎克株式会社。

图18-12示出了包括回转工作台装置10、被驱动转动轴和夹紧装置；回转工作台装置10具有由第一驱动源驱动而旋转的被驱动旋转轴44和由被驱动旋转轴44驱动而

旋转的回转工作台；被驱动转动轴，其用于通过使回转工作台装置转动，而使回转工作台装置 10 的工作台表面倾斜，被驱动转动轴由第二驱动源驱动而转动；夹紧装置，用于夹紧被驱动旋转轴和被驱动转动轴其中之一。被驱动旋转轴 44 和被驱动转动轴可以各自具有一个凸轮 48；回转工作台和回转工作台装置可以各自具有凸轮从动件 8；利用凸轮 48 和凸轮从动件 8，回转工作台可以由被驱动旋转轴 44 驱动旋转，回转工作台装置 10 可以由被驱动转动轴驱动转动。被驱动旋转轴 44，其利用凸轮 48 和凸轮从动件 8 驱动回转工作台并使其旋转；被驱动转动轴，其利用凸轮 48 和凸轮从动件 8 驱动回转工作台装置并使其转动；利用滚子齿凸轮 48 和凸轮从动件 8，回转工作台可以由被驱动旋转轴 44 驱动使其以不产生游隙的状态旋转。

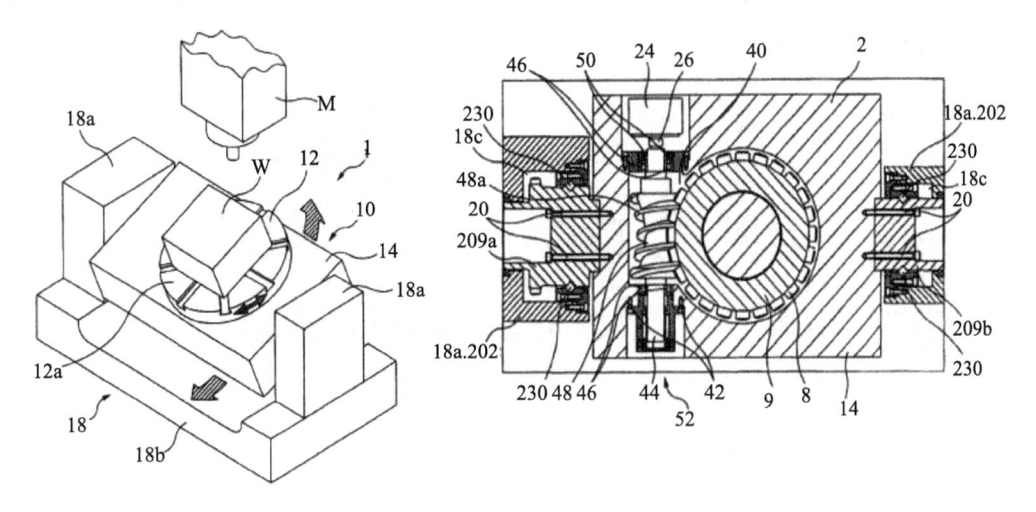

图 18-12 倾斜回转工作台装置

b. 专利申请号：JP2789590，发明名称：一种直接驱动型回转分度工作台，申请人：日本精工株式会社。

图 18-13 示出了一种直接驱动型旋转分割台，包括壳体 1，在壳体 1 内容纳有电动机转子 3 与电动机定子 2，电动机转子 3 和电动机定子 2 同轴设置，还包括沿电动机转子轴向延伸并可旋转的输出轴。电动机电流通过驱动单元提供给电动机内定子 2A 和电动机外定子 2B 的线圈 CA 和 CB。电动机定子 2 的齿线或槽以预定顺序被激励，使得电动机转子 3 旋转。当电动机转子 3 旋转时，旋转变压器 11 的转子 14 也旋转，结果，改变了相对于旋转变压器 11 的定子 12 的齿线或槽的磁阻。该变化由驱动单元的旋转变压器控制电路数字化，并且数字化信号用作位置信号，使得转子 14 的旋转角度，即输出轴 4 的旋转角度受到限制。在这种情况下，由于电动机定子 2 存在于电动机转子 3 的内部和外部，因此获得了高转矩。通过直接驱动方法将工作台分开而不使用减速装置，即使当对工作台施加大的载荷时，也可以通过在分隔台定位时增加夹紧力来固定工作台。

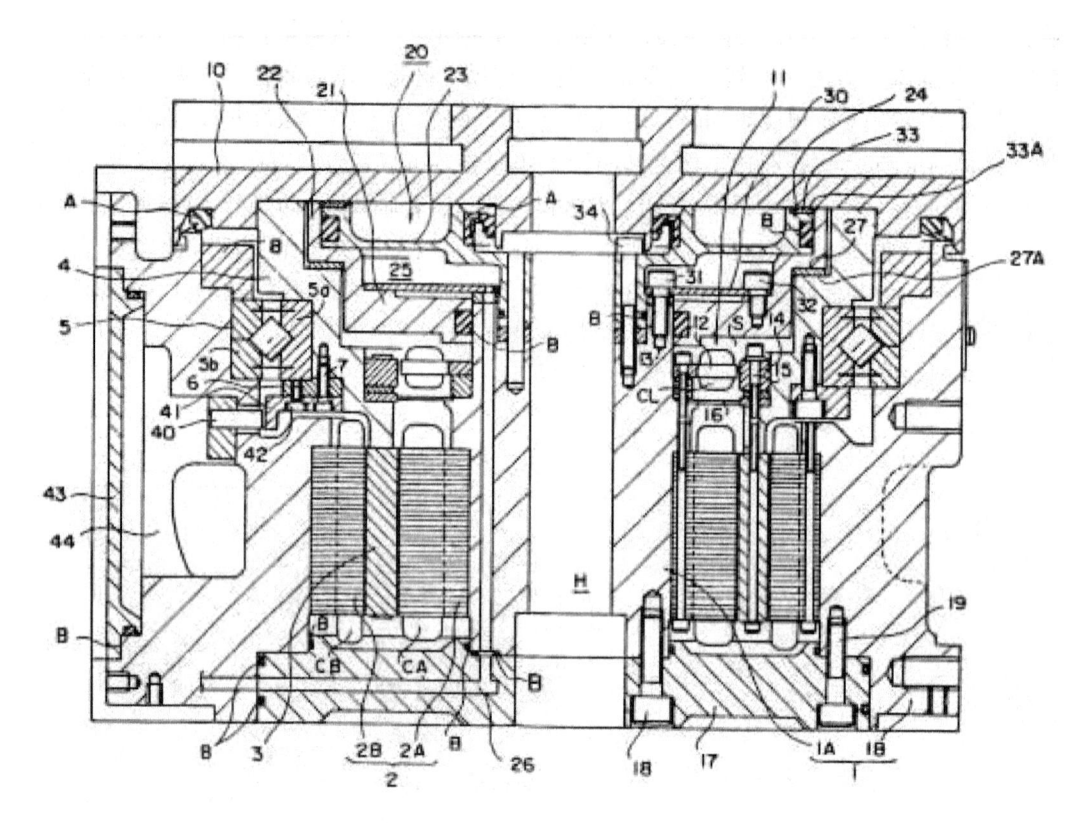

图18-13　一种直接驱动型回转分度工作台

三、摆头技术分析

摆头作为数控机床的加工执行部件，是完成各种复杂加工过程的关键部件，其技术难度较大。摆头可以将固定设置的加工轴转换为任意角度的加工轴，完成各种孔及平面的加工，极大地扩展了机床的加工范围，提高了加工效率，同时又可以提高零件的加工精度。

1. 技术演进路线

通过对机床构型的摆头的专利信息进行技术发展路线分析，从而获取了摆头的技术发展状况，有利于从专利申请的角度了解技术发展脉络，如图18-14所示。

1985	2007	2008	2013
DE3511790 高自由度集成加工头	JP2007019639 多主轴单元加工头	US20080204507 低热误差对称加工头	JP2015536418 高刚性引导件加工头

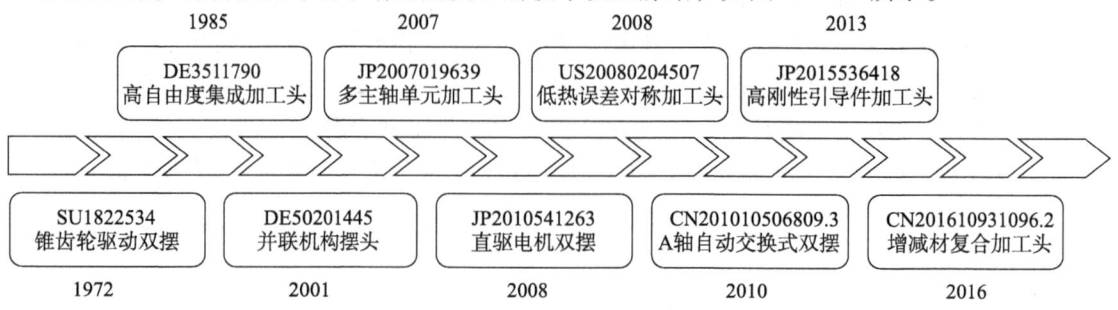

SU1822534 锥齿轮驱动双摆	DE50201445 并联机构摆头	JP2010541263 直驱电机双摆	CN201010506809.3 A轴自动交换式双摆	CN201610931096.2 增减材复合加工头
1972	2001	2008	2010	2016

图18-14　摆头技术发展脉络

随着机床相关技术的发展，五轴数控机床的摆头技术也在不断地演进中，1972年，马赫工具研究所为了改善复杂空间曲面加工的精度和效率及表面效果，在专利文献SU1822534中提出的带有旋转刀具（摆头）的五轴数控机床，通过锥齿轮驱动机构，主轴（α轴）旋转带动刀具旋转，主轴箱可围绕平行于工作台的轴线（β轴）旋转，工具头固定在旋转器的下端，与其轴线成一定角度。1985年，为提高加工头的自由度以进行多种加工操作，德国希斯公司（现隶属于沈阳机床）在专利文献DE3511790中提出了一种五轴数控机床，其具有可在横梁上沿水平X轴、垂直Z轴方向运动的工作头，工作头可以沿A轴进行左右摆动，并配有可沿C轴转动的工作台。2001年，德克尔·马霍普夫龙滕有限责任公司为提高现有加工头的刚性、精度，其在专利文献DE50201445中提出一种采用并联机构的通用组合钻铣床，具有至少一个主轴头，其包括形状稳定的中央管道、安装在其下部末端的主轴头支架、三个以120°的空间角间距布置的伸缩杆，这些杆用万向轴承铰接在主轴头支架上，具有结构紧凑、误差小、精度高的特点。2007年，为了提高复合加工效果，山崎马扎克公司在专利文献JP2007019639中提出一种五轴加工中心，除了第一主轴以外，还具备突出量长的第二主轴用以对工件的内径部等实施车削及铣削加工，是将环绕B轴旋转的第一主轴单元和具有滑枕轴的第二主轴单元配置在共用的滑鞍上，滑枕轴能够突出量最短地进行加工，提高加工效果，通过将滑枕轴配置在B轴驱动机构和滑鞍之间，能够有效地利用空间。2008年，山崎马扎克公司为解决现有大尺寸工件必须采用大立式车床或牺牲加工精度的技术问题，其在专利文献JP2010541263中提出一种五轴加工双外壳机床，具有电机驱动的可绕C轴回转的转轴单元，可绕B轴回转的转轴头，滑动环容纳在冲头中，能够对大工件进行加工，不牺牲加工精度，也不必转变加工方式。2008年，为解决热位移引起的加工误差、弹性变形产生的运动误差，株式会社森精机制作所在专利文献US20080204507中提出一种五轴控制的超精密机床，采用主要结构部分相对于加工点完全对称的结构，主轴头支承梁在X轴方向的两端分别轴支承在Z轴滑块上，且能以与X轴平行的A轴为中心旋转分度，全部五个轴，在质心进行驱动，因而能够使振动、定位误差最小。2010年，为解决传统的A/C轴双摆角数控万能铣头的A轴单元更换不便、效率低的技术问题，沈阳机床（集团）设计研究院有限公司于专利文献CN201010506809.3中公开了一种A轴自动交换式A/C轴双摆角数控万能铣头，铣头A轴单元的U形叉体后端面圆周方向设置与C轴单元对应的液压快换接头和拉钉缸，U形叉体上端内圆周的A轴电气支架上设置与C轴单元对应的电气快换接头，实现了A轴单元与C轴单元气、液、电的快速交换，使五轴加工过程在一次装夹的条件下，即可完成所有的加工工序，提高了加工生产效率和扩大了五轴加工中心的加工范围。2013年，株式会社牧野铣床制作所为避免主轴前端因移动体变形产生的误差，在专利文献JP2015536418中提出一种五轴数控机床，使安装于主轴的工具和安装于工作台的工件相对移动和摆动（A轴）来加工工件，机床具备立柱及移动体，立柱具有引导作为重力方向的上下方向上的移动的至少三个引导件，移动体在前方支撑主轴头，在引导件上移动，能够减少变形尤其是扭转变形。2016年，华中科技大学为解决现有增材制造技术加工的零件尺寸精度和表面质量差，以及大幅面复杂零部件的精加工难以进行的问题，其在专利文献CN201610931096.2中提出一种大幅面零部件的增减材复合制造设备，床身上安装有多个用于增材制造的六自由度倒挂机器人和五轴联动龙门铣床，六自由度增材加工头和五轴联动摆头二者进行协同运动，满足超大幅面的复杂零部件尺寸和复杂度的制造要求。

2. 重点专利

摆头作为数控机床加工的最终执行部件，其对工件的加工精度、加工效率等有着最直接的影响。各大机床公司以及研究机构均致力于提高摆头的精度、减少误差，力求开发出更加紧凑轻量化、更加灵活、适应更多加工需求的摆头。通过引用频次、同族数目、法律状态以及技术的重要性等方面，筛选出一些五轴数控机床摆头领域的重点专利。以下列出的两篇重点专利，分别涉及对灵活性多自由度加工头的精度、刚性改进，以及对具备多种复合功能的加工头的空间结构改进，上述两种类型的加工头作为摆头技术的研究热点之一，有着较大的发展潜力。

a. 专利申请号：DE50201445，发明名称：通用组合钻铣床，申请人：德克尔·马霍普夫龙滕有限责任公司。

德克尔·马霍普夫龙滕有限责任公司为提高现有加工头的刚性、精度，其在专利文献 DE50201445 中提出一种采用并联机构的通用组合钻铣床。图 18-15 示出了该专利申请的数控通用组合钻铣床的示意图，它包括水平底部结构 3，作为工作台 2 的支架；机床框架 1；和支持系统 23，用于至少一个主轴头，主轴头由并联机构组成，它包括形状稳定的中央管道；主轴头支架，安装在其下部末端；三个三脚架杆，以 120°的空间角间距布置，并且用万向轴承与主轴头支架连接；和顶部支持部件 22，对于中央管道并且对于三脚架杆具有万向轴承。机床框架 1 与底部结构 3 一起设计为整体的形状稳定支持结构，支持系统 23 的支持部件 22 在后壁 6 与横梁 8 之间倾斜。它具有紧凑的设计，通过部件非常高的刚性保证高的加工精度，并且具有高的工具定位精度，提高球轴承的扭转刚性，可减小误差。

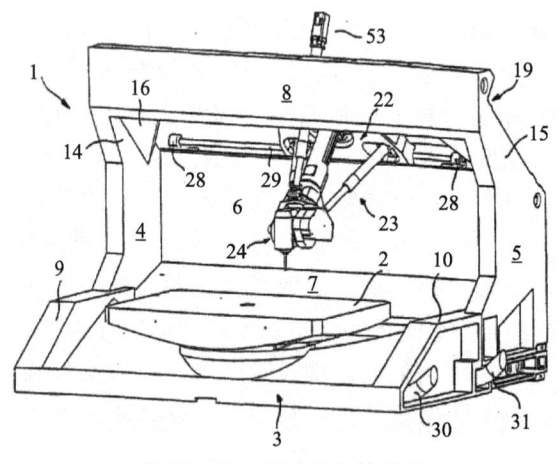

图 18-15 通用组合钻铣床

b. 专利申请号：JP2007019639，发明名称：加工中心，申请人：山崎马扎克公司。

为了提高复合加工效果，山崎马扎克公司在如图 18-16 所示的专利申请 JP2007019639 中提出了一种五轴加工中心，该加工中心为立式加工中心，其第一主轴单元上装配具有滑枕轴的第二主轴单元。加工中心1具有在底座10上沿着X轴方向移动的旋转工作台20，具备由立柱30支承沿Z轴方向移动的横梁40。在由横梁支承沿着Y轴方向移动的滑鞍50上，安装有第一主轴单元60。第一主轴单元60具备环绕B轴旋转的第一主轴70。配置在第一主轴单元60和滑鞍50之间的第二主轴单元100具备沿着W轴方向移动的滑枕轴110，并具备更换自如地安装在滑枕轴前端的车削加工头和铣削加工头。当对工件的深部位实施内径加工时，能够使滑鞍沿着Z轴下降到工件的正上方，使滑枕轴的突出量最短地进行加工，因此提高加工效率。能够将滑枕轴配置在B轴驱动机构和滑鞍之间，能够充分有效地利用空间。

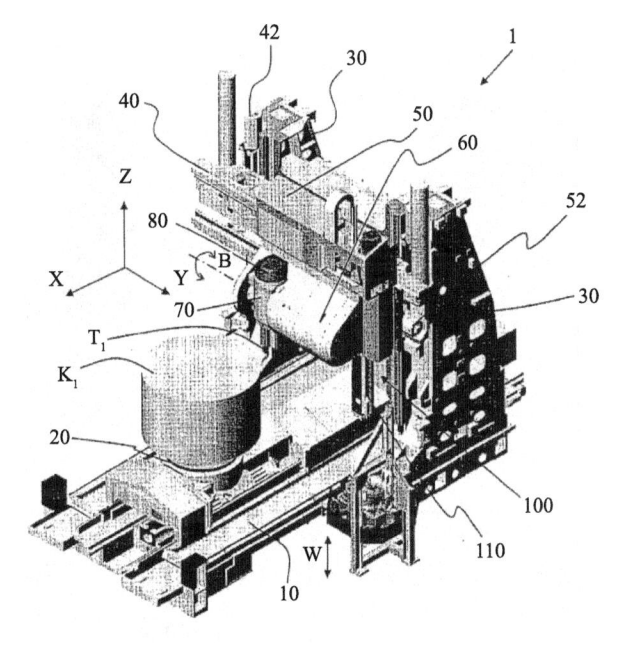

图18-16 加工中心

第三节 附属系统

一、附属系统专利概况

附属系统是保证充分发挥机床性能所必需的配套装置，常用的附属系统包括测量指示系统、安全防护系统、冷却排屑系统，各部分专利申请在构型专利申请的占比如图18-17所示，在数控系统中，专利申请集中测量指示，占据了总量的63%。

附属系统主要技术分支专利技术功效如图18-18所示，关于附属系统中测量指示的专利申请主要集中在提高作业精度方面，其次为提高工作效率和可靠性，而关于提高适应性方面的研究相对较少。在安全防护方面的专利申请中，申请人最为关注的功效为可靠性，其次为提高精度和效率。在冷却排屑相关的专利申请中，申请人同样最注重可靠性的提高。

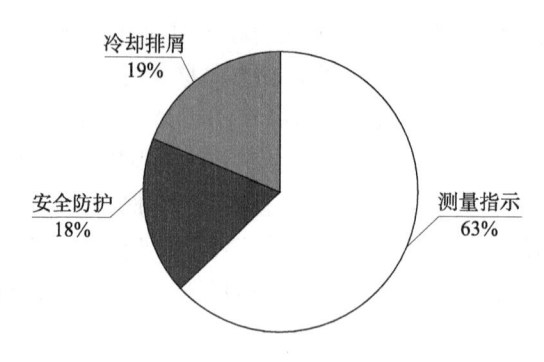

图 18-17　附属系统技术分布

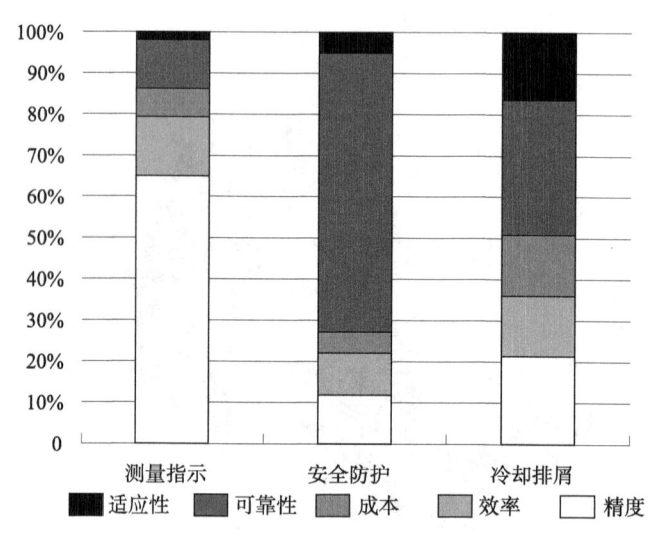

图 18-18　附属系统分支专利技术功效

二、测量指示技术分析

测量指示系统是数控机床中不可缺少的部分，用于反馈数控机床的各项性能指数，便于操作人员了解机床工作情况，同时测量指示系统也为数控系统提供相应的数据，来完成工件的数控加工。同时，通过上文分析可知，测量指示系统是保证数控机床加工精度的重要部分，其也是附属系统中申请量最大的一个分支，可见其重要性。

1. 技术演进路线

常规观察的性能指标主要有工件形状姿态、执行部件姿态，通过对测量指示技术的专利信息进行以时间为轴的技术发展路线分析，获取了测量指示技术的发展概况，从专利申请的角度了解技术发展脉络，其技术发展路线如图 18-19 所示。

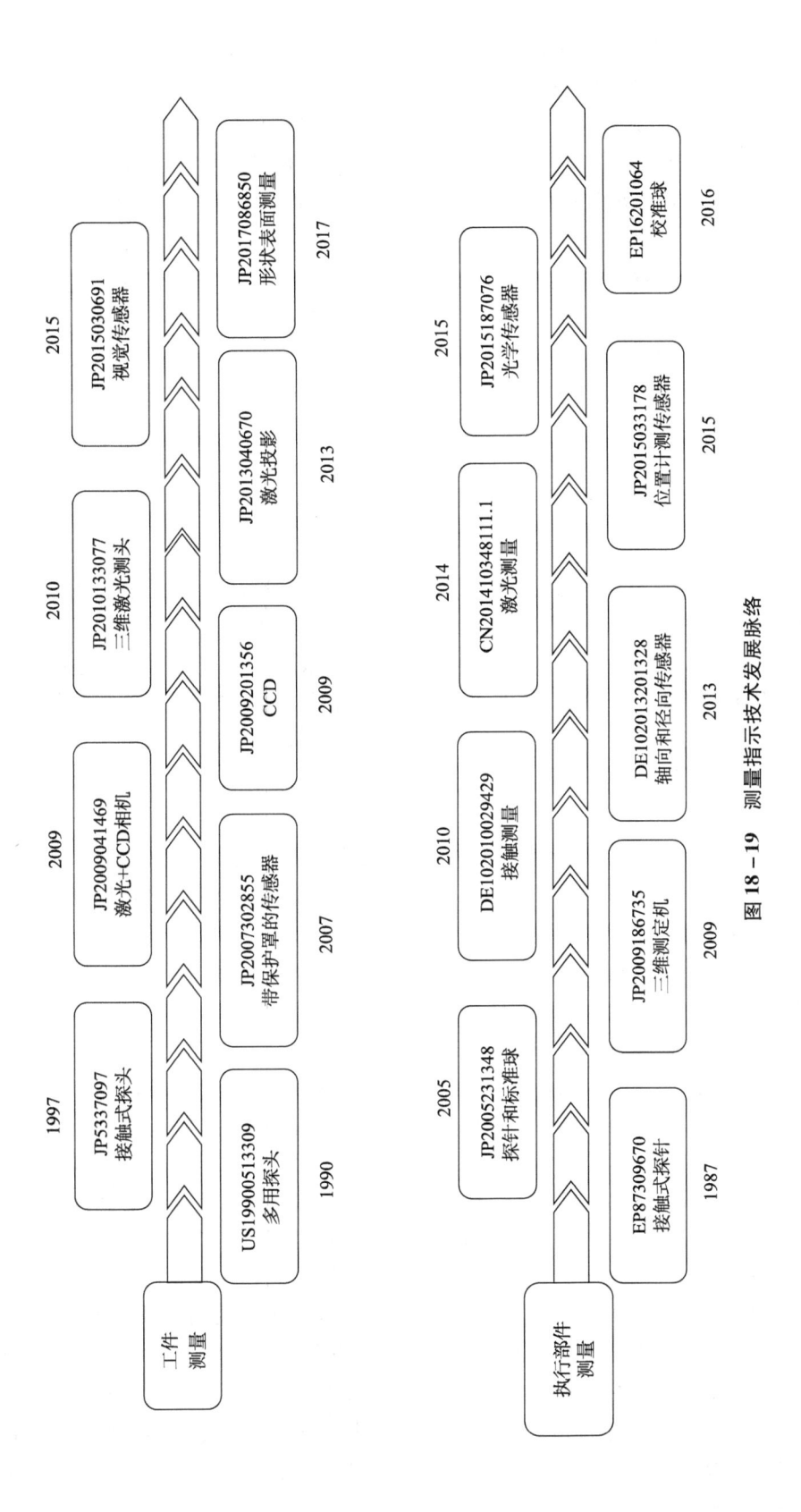

第十八章 高档数控机床的"命门"——重点专利

工件测量

- 1990 US19900513309 多用探头
- 1997 JP5337097 接触式探头
- 2007 JP2007302855 带保护罩的传感器
- 2009 JP2009041469 激光+CCD相机
- 2009 JP2009201356 CCD
- 2010 JP2010133077 三维激光测头
- 2013 JP2013040670 激光投影
- 2015 JP2015030691 视觉传感器
- 2017 JP2017086850 形状表面测量

执行部件测量

- 1987 EP87309670 接触式探针
- 2005 JP2005231348 探针和标准球
- 2009 JP2009186735 三维测定机
- 2010 DE102010029429 接触测量
- 2013 DE102013201328 轴向和径向传感器
- 2014 CN201410348111.1 激光测量
- 2015 JP2015187076 光学传感器
- 2015 JP2015033178 位置计测传感器
- 2016 EP16201064 校准球

图 18-19 测量指示技术发展脉络

目前，国内外针对物体空间姿态角的测量已发展了多种方法，主要包括非接触式和接触式方法。较早出现的工件测量技术手段是接触式的，如格里森公司1990年在专利申请US19900513309中提出了用多用探头测量加工齿形工件尺寸来控制齿轮的加工精度，其在探头的表面添加了涂层材料，能够一定程度地保护探头；1997年丰田公司在专利申请JP5337097中提出使用接触式探头测定不规则的非球面工件的尺寸，可见接触式测量也能满足复杂工件的测量；而为了提高探头的使用寿命，村田机械2007年在专利申请JP2007302855中提出为探测传感器设置保护罩的方案。其后，随着传感技术及计算机辅助制造技术的发展，在多轴数控机床的工件测量方面，逐渐地引入非接触式测量技术，例如激光、CCD等，并与计算机辅助制造技术相结合，大幅提升了测量精度及加工效率。其中森精机于2009年在专利申请JP2009041469中提出使用激光结合CCD照相机以非接触方式对工件进行测定的方法，测定头能够高速安全地扫描，能够在短时间内进行大范围的测定；在专利申请JP2009201356中提出使用多个实际的CCD摄像机来成像，并根据图像结合辅助制造系统进行加工的控制，提高了生产效率；德马吉森精机2010年在专利申请JP2010133077中通过使用激光测量头的三维偏置由测量头对工件测量，根据从相对角度方向测量的测量结果的改变来计算测量头的三维偏置；为提升加工效率，2013年日立在专利申请JP2013040670中采用激光光束向工件投影设计信息，简易地进行设计信息和工件上的加工结果的比较判断并根据结果进行后续操作；2015年发那科在专利申请JP2015030691中通过视觉传感器拍摄工件取得工件的形状信息，与预存的形状信息进行比较，计算出需要的加工数据并根据加工数据完成加工；捷太格特2017年在专利申请JP2017086850中使用测量头检测工件形状，并根据结果计算出工件的表面粗糙度。

与工件测量技术发展类似，执行部件测量技术最早也是采用接触式测量，1987年雷尼绍公司在专利申请EP87309670中首先提出了使用接触式探针检测刀具位置状态，提升了刀具位置的检测精度；为提升检测效率，2005年大隈株式会社在专利申请JP2005231348中提出使用探针和标准球测量转轴中心；紧接着在2009年大隈又在专利申请JP2009186735中提出使用三维测定机提升探测精度，其能够同时辨别与旋转轴相关的几何误差及与平移轴相关的几何误差，有助于进行高精度的加工；2010年，约翰尼斯海登海恩博士股份有限公司在DE102010029429中提出一种测量运动轴空间位移的测量装置，其具有较高的测量精度和使用灵活度并且可容易制造。随着对执行部件精度要求的不断提升，多传感器技术及非接触式测量技术相继引入。其中，在2013年，德马吉在专利申请DE102013201328中提出用多个轴向传感器和多个径向传感器用于监测刀轴在刀架内的位置和状态，其允许以铣刀头的形式单独测定圆周方向上的变化，并能测定刀轴相对于主轴轴线的偏离，还可简化测量和监控装置在工作主轴上的安装和拆卸；华中科技大学于2014年在专利申请CN201410348111.1中采用至少两个激光测量头进行在线测量，信号采集频率高，测量精度高，可同时测机床的X轴和Y轴方向上的偏离量，可进行误差补偿，外部干扰影响小，可实时检查测量结果，及时发现干扰；2015年大隈株式会社在专利申请JP2015033178中提出使用位置计测传感器来检测机床的异常状况，对五轴数控机床的几何误差中的旋转轴的中心位置误差、旋转轴的倾斜误差以及平移轴的直角度误差均能够进行确认,同年在 JP2015187076 中提出一种用于执行五轴控制加工中心的几何误差识别的方法,通过光学位置测量传感器主轴的分度位置并防止超出平移轴的可移动范围;2016 年,麦克隆·阿杰·查米莱斯股份公司在专利申请 EP16201064 中提出采用测量序列来测量校准球的位置进而对机床的运动学状态进行校准。

2. 重点专利

经过上面对高档数控机床的测量指示系统的分析,测量指示系统的发展趋势从接触式测量向非接触式测量发展,单一传感器向多传感器发展,独立测量指示向测量与计算机辅助制造系统融合发展。综合考虑技术发展趋势、申请人活跃度、被引证频次、同族专利情况,给出部分重点专利,并进行相应的解读。

a. 申请号:JP2009186735,发明名称:设备的误差辨识方法,申请人:大隈株式会社。

如图 18-20 所示,大隈株式会社在该专利申请中提出一种设备的误差辨识方法,其能够同时辨别与旋转轴相关的几何误差以及与平移轴相关的几何误差,有助于进行高精度的加工。其通过位置检测传感器检测被测定件在三维空间上的位置;将多个位置检测值进行圆弧近似;根据在圆弧近似步骤中近似得到的圆弧计算旋转轴的中心位置误差和/或旋转轴的倾斜误差以及平移轴的倾斜误差。具体来说,通过控制装置对具有两根以上的平移轴和一根以上的旋转轴的设备进行控制,同时辨识与旋转轴相关的几何误差以及与平移轴相关的几何误差。将作为旋转轴的 C 轴等分为多个角度并将目标球 12 定位于多个部位,通过位置检测传感器检测目标球 12 在三维空间上的中心位置,并对所检测到的多个中心位置检测值进行圆弧近似,根据近似得到的圆弧的一次分量或二次分量计算 C 轴的中心位置误差和倾斜误差以及作为平移轴的 X 轴、Y 轴的倾斜误差。

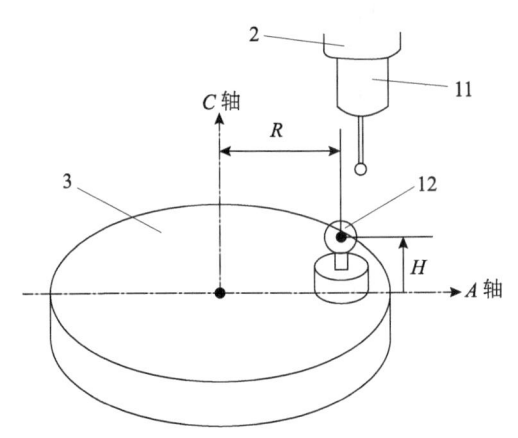

图18-20 设备的误差辨识方法和误差辨识程序

b. 申请号:JP2009041469,发明名称:机床中的工件测定装置,申请人:株式会社森精机制作所。

该专利申请中的工件测定装置,其以非接触的状态进行测定;当测定头用定时脉冲的指令输出时,测定头测定其到达工件的距离;当位置数据用定时脉冲的指令输出时,NC 装置取得测定头相对于工件上的被测定点的位置,并与测定头用定时脉冲相比,通过延迟电路将位置数据用脉冲以时间差主动延迟输出。如图18-21所示，在该工件测定装置20中，当测定头用脉冲的指令输出时，测定头8测定在该时刻到达工件9的距离 D。当位置数据用脉冲的指令输出时，NC装置13取得测定头相对于工件上的被测定点的位置，与测定头用脉冲相比，通过延迟电路15将位置数据用脉冲以时间差主动延迟输出。使测定头通过测定头用脉冲的指令测定距离的第1时间，与第2时间一致。第2时间是NC装置通过位置数据用脉冲的指令取得测定头的位置的时间。因此，能够用最小限度的测定数据进行高精度的三维测定，测定头能够高速安全地进行扫描，并且能够在短时间内进行较宽范围的测定。

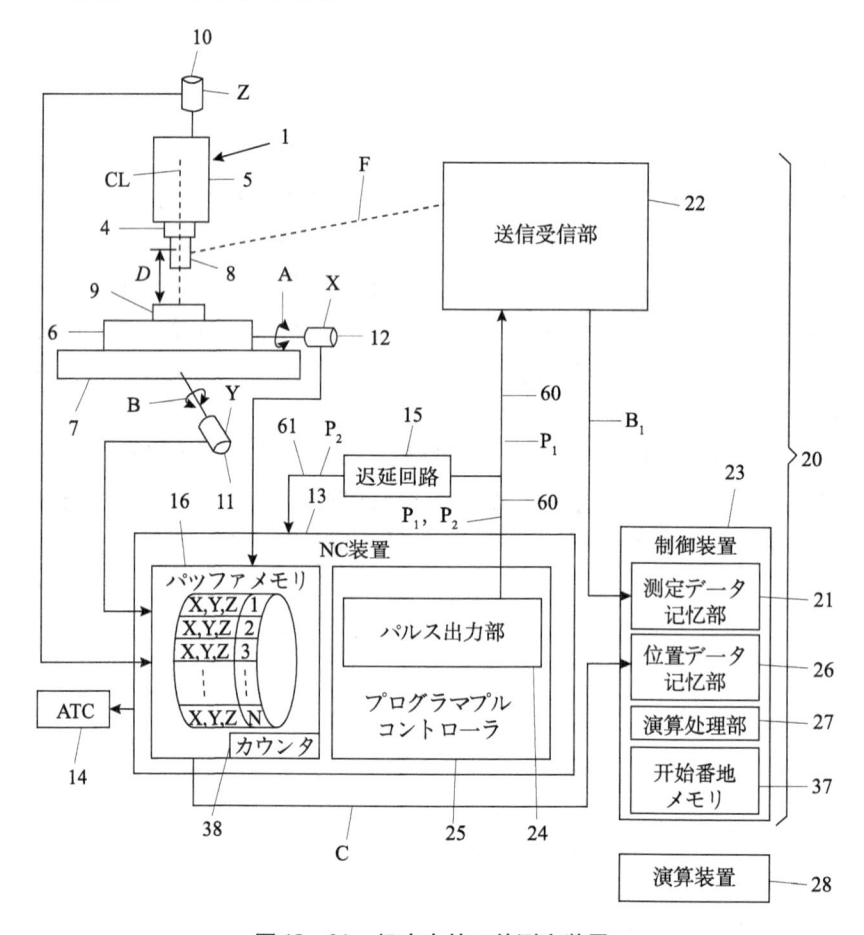

图18-21　机床中的工件测定装置

c. 申请号：JP2009201356，发明名称：加工状态监测方法和装置，申请人：株式会社森精机制作所。

如图18-22所示，该专利申请提供一种机床上的加工状态监测装置，通过多个实际的CCD摄像机用于从不同观看点成像工具和工件，产生实际的两维图像数据；虚拟图像生成部分具有多个虚拟CCD摄像机对应到所述实际CCD摄像机，其中所述工具和工件中通过所述虚拟三维模型被成像的CCD摄像机从其每个点和虚拟两维图像数据产生，显示控制部分用于选择一个对应的虚拟CCD摄像机到所述虚拟两维图像数据

（该图像数据是不被遮挡隐藏的数据），通过对应的所述实际CCD摄像机到所选择的虚拟CCD摄像机显示实际产生的二维图像数据。通过上述方案，能够将工具在加工状态下进行充分的显示。

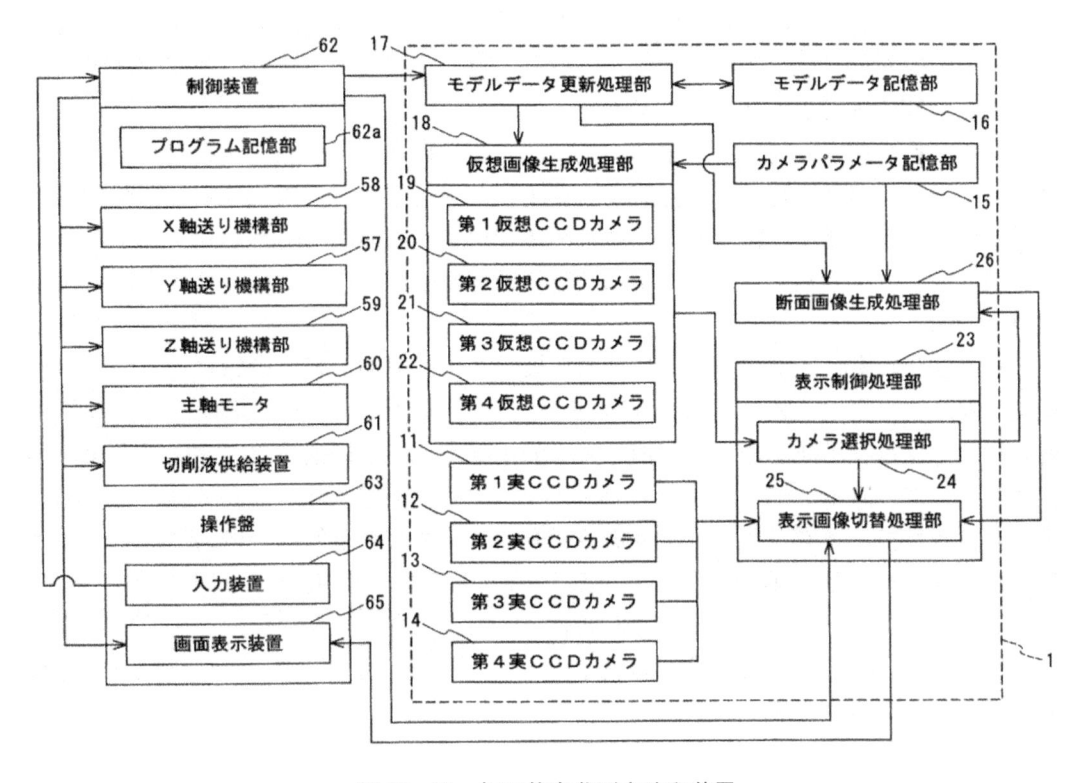

图18-22 加工状态监测方法和装置

第四节 本章小结

本章从专利的角度对数控机床进行了研究和分析。

1）数控机床分为数控系统、机床构型和附属系统三大部分。在数控系统中，专利申请集中于轨迹、数据处理和误差补偿，而其功效主要涉及精度和效率两方面；在机床构型中，专利申请集中于工作台和摆头，精度是其最受关注的功效；在附属系统中，专利申请集中于测量指示系统，精度和可靠性是其最先考虑的功效。

2）针对数控系统中的轨迹技术和误差补偿技术、机床构型中的工作台技术和摆头技术、附属系统中的测量指示技术进行了专利申请角度的技术分析，得到了各自的技术发展脉络，并进行了详细的介绍。在各个技术分支中对重点专利进行了详细分析，给出了其要解决的技术问题和发明的关键技术手段，为本领域的技术人员提供参考。

对于轨迹技术，从最开始的非加工目的的五轴联动技术运用到对齿轮等复杂轮廓表面等工件的精确加工、从单纯的研究刀具轨迹的分解合成到加入误差分析后的自动修整轨迹、从基于插补技术对刀具轨迹优化到后来的基于视觉技术对轨迹路径的可显示操作，针对轨迹的可视化研究由最初的模拟轨迹显示到目前的加工过程中刀具轨迹实时显示。

对于误差补偿技术，由于三种误差产生的原因不同，针对不同的误差，其补偿技术也各有不同，而为了提高误差补偿的整体补偿效率，误差补偿技术从单一误差补偿发展到多误差同时补偿，且由于控制智能化的发展，逐步出现了采用经验值计算、模型计算等智能控制算法进行误差补偿的技术。

对于工作台技术，经历了从早期纯机械式的齿轮传动配合滑动导轨或者采用滚珠丝杠实现工作台的移动和转动、到静压技术在工作台上的应用、采用蜗轮蜗杆副传动增加传动平稳性、再到使用高精度的无间隙机械传动机构实施驱动的过程。此外，除了纯机械驱动方式，电机直驱工作台形式结构紧凑、动态性能好，也是工作台技术发展中的重点研究方向。

对于摆头技术，随着机床相关技术的发展，摆头的驱动形式由齿轮机构、蜗轮蜗杆机构等发展为直驱电机机构。从固定加工头到 A/C 双摆以及并联机构摆头，摆头机构的运动灵活性也在不断增加。随着加工需求的不断变化，结构模块化、功能复合化的摆头在持续地发展之中。

对于测量指示技术，技术方向上仍然保有涉及接触式测量的部分申请，而由于接触式测量需要停机检测，影响加工效率，逐渐引入非接触式测量技术，例如激光、CCD等。同时测量指示系统与传感技术的发展有一定的协同性，且在测量指示系统中逐步由过去单一传感技术的应用向多种传感技术融合发展，并与计算机辅助制造技术相结合，大幅提升了测量精度及加工效率。

第十九章 细数风流人物——创新主体

高档数控机床作为世界先进机床设备的代表,是国家工业化的重要标志之一。而掌握着高档数控机床的机床界的创新主体,对世界工业化进程起到了重要的推动作用。其中,掌握高档数控机床"大脑"相关技术的发那科(FANUC),在高档数控机床的专利申请排行中占据首位,发那科公司自身的发展和高档数控机床的数控系统的发展息息相关;在全球化的浪潮中,许多创新主体也喜欢选择合作共赢的道路,最具代表性的是德马吉和森精机这两家企业,他们在全球申请人的排名中都位列前五名,跨国联姻后打造出全球知名机床品牌 DMG MORI,在世界机床领域拥有了重要话语权;作为国内的创新主体代表,沈阳机床是唯一进入全球申请量前十位的中国企业,从沈阳机床的发展历程以及 2018 年的改革上,从沈阳机床的身上能够看到国内制造业企业近年来的转变:从传统制造向智能制造、从做大到做强、从引进来到走出去的转变。

本章选择发那科、德马吉森精机和沈阳机床三个重点申请人进行深入分析,分析并总结这三个公司在高档数控机床领域的专利状况和技术动向。

第一节 数控系统巨头——FANUC

一、"大独裁者"和他的"独裁帝国"

说起发那科(FANUC),我们不得不说下它的创始人——稻叶清右卫门[1]。1946 年,18 岁的稻叶清右卫门从东京大学第二工学部精密工学科正式毕业,加入当时才刚刚拥有几间比较像样厂房的富士通株式会社。一个刚走出校园的小伙子,如何能管住一群暴躁的工人呢?独断专权或许是最好的解决办法,掌握百分之百的控制权是最重要的环节。虽然独裁会给人压迫感,但是同样也会产生安全感和信任感。

在收回同等级别员工权利的过程中,有一个小插曲:当时工人里有一个工人的职位跟他同级,主管安全问题。稻叶问他为何主管安全,工人回答他:"安全主管必须有焊接师执照,您没有这个证不能当。"稻叶听了勃然大怒,立即发奋考下了执照,当上了安全主管。通过这件小事可以看出稻叶的强势与魄力。

1952 年,美国麻省理工成功研制出世界上第一台数控铣床,这也是世界上第一台数控机床。这台机床让全世界都看到了数字化信号对机床运动和加工过程控制的作用。富士通不仅看到了这些,他们还非常清楚数控技术代表着未来机床控制技术的发展方

---

[1] 机械 ant. 日本发那科创始人稻叶清右卫门传:大独裁者和他的"独裁帝国" [EB/OL]. (2018-01-31) [2018-07-31]. http://www.cmiw.cn/article-315223-1.html.

向。富士通紧急召回稻叶清右卫门，任命这位年轻的工程师研制新兴的电气控制机械技术。稻叶带着他的团队开始了没日没夜的研究。当时的"稻叶军团"简直是"地狱军团"，他们工作起来不分昼夜、全心投入。仅仅用了一年，稻叶和他的团队就研制出了日本第一套公开发布的数控机床，并于1956年成功开发出发那科数控系统。三年后，他将数控机床卖给了牧野铣床有限公司。

虽然已经领导了五百人的团队，但是稻叶还是寄人篱下，这绝对不是一个合格的"独裁者"所希望的。1972年，富士通决定将稻叶小组分离出公司，成立一个新的子公司，新公司作为独立实体，全部由稻叶负责。至此，稻叶脱离了别人的管制，建立了属于自己的王国。图19-1为稻叶清右卫门与FANUC数控机床的合影。

图19-1 稻叶清右卫门与FANUC数控机床

之后，在稻叶的带领下，FANUC在全球数控系统领域不断积极开拓发展，1986年通过与美国通用电气公司的联合投资成立GE Fanuc Automation Corporation，并继而成立GE Fanuc Automation America，Inc和GE Fanuc Automation Europe SA。1991年在德国成立子公司FANUC EUROPE GmbH。1992年，在印度成立合资企业FANUC INDIA PRIVATE LIMITED，同年在中国与北京机床研究所组建合资公司北京发那科机电有限公司。2010年成立FANUC FA Europe SA合并了FANUC EUROPE GmbH。

二、席卷全球的"黄色风暴"

1. 黄色军团

"如果富士山喷发，整个世界都会停止运转。"这句话生动形象地描绘了FANUC在工业世界的重要地位。在FANUC公司，机器人是黄色的、厂房是黄色的、卡车是黄色的、工作服也是黄色的，其生产的各种产品也带有标志性的黄色，可以称之为工业世界的黄色军团。

FANUC有三大业务模块：FA、ROBOT和ROBOMACHINE❶。其中，CNC数控系统

---

❶ 发那科公司主页公司简介 [EB/OL]．[2018-07-30]．https://www.fanuc.co.jp/ja/profile/index.html．

是其最重要的业务，也是其起家的法宝。在数控系统领域 FANUC 公司是当今世界上科研、设计、制造、销售实力最强大的企业，其生产研发的数控系统全球市场占有率最高时超过 75%[1]。掌握数控机床发展核心技术的 FANUC 公司，不仅加快了日本本国数控机床的快速发展，而且推动了全世界数控机床技术水平的提高。

FANUC 数控系统有多种型号的产品在使用，在设计中大量采用模块化结构，这种结构易于拆装、各个控制板高度集成，产品可靠性高，而且便于维修、更换；FANUC 数控系统设计了比较健全的自我保护电路，系统性能稳定，操作界面友好，系统各系列总体结构非常类似，具有基本统一的操作界面；FANUC 数控系统可以在较为宽泛的环境中使用，对于电压、温度等外界条件的要求不是特别高，具有很强的适应性。而且，FANUC 的 ROBONACHINE 业务同样出色，主要是开展小型数控机床的研发，面对世界主要的 3C 厂商。FANUC 数控系统及数控机床相关产品如图 19-2 所示。

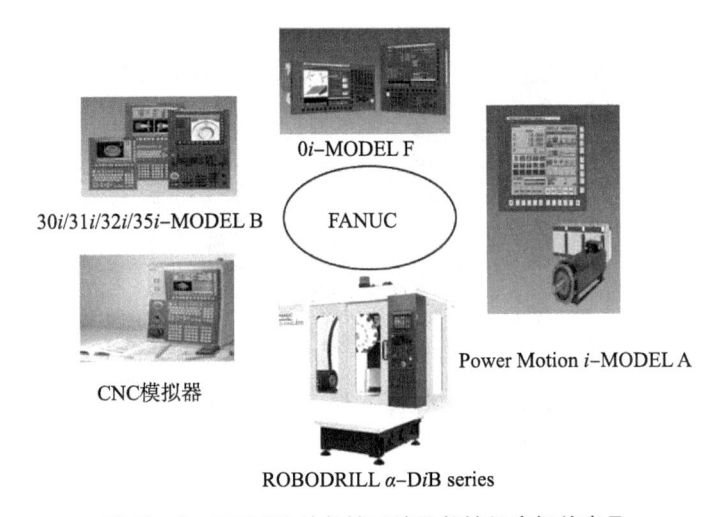

图 19-2 FANUC 的数控系统及数控机床相关产品

2. 专利布局

更加值得关注的是，FANUC 公司特别注重对自有创新技术的保护，在数控机床领域的申请量占据着绝对优势。在应用五轴数控机床的相关专利中，其申请量更是高居世界第一，在数控系统领域布局非常全面，其申请趋势如图 19-3 所示，从中我们可以看出，其在五轴数控机床领域的专利申请量从 2005 年开始逐年上升，到 2011 年达到最高峰的 9 项。

我们进一步针对其技术输出目标国进行分析，如图 19-4 所示，可以看出其主要的技术输出目标国为日本、中国和美国，通过此图我们可以知道其产品的国际市场布局。

---

[1] 长石资本. 日本机器人系列调研：富士山下的数控王国——发那科 [EB/OL]. (2017-12-14) [2018-07-30]. http://www.sohu.com/a/210371074_465472.

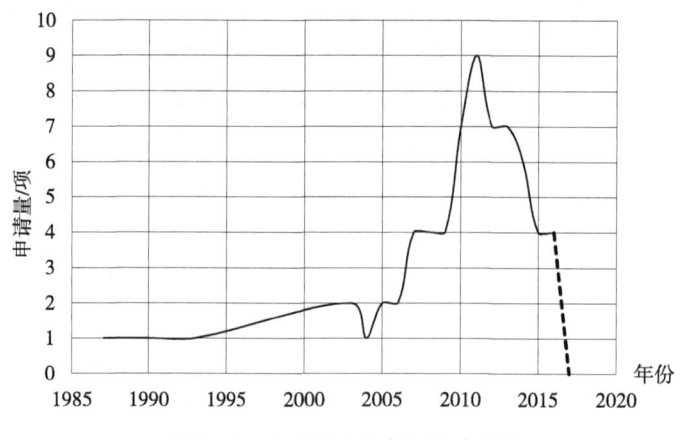

图 19-3 FANUC 的专利申请趋势

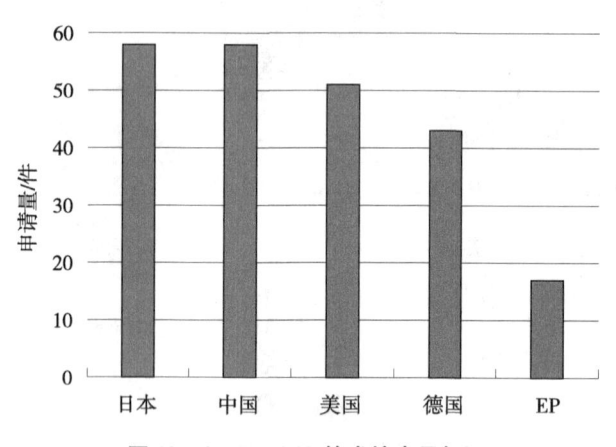

图 19-4 FANUC 技术输出目标国

考虑到其研发重点集中于数控系统领域，接下来，针对 FANUC 公司在数控系统领域中的专利申请做具体分析，从图 19-5 中我们可以看出，其在数控系统方面的专利申请主要集中于补偿和轨迹两个方面。

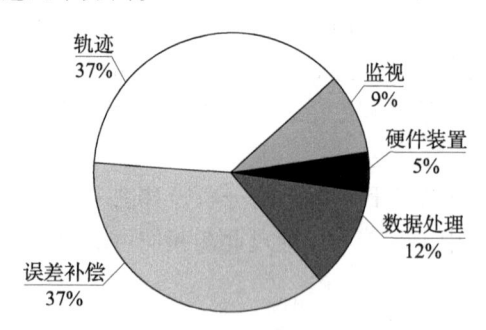

图 19-5 在数控领域各技术分支的分布情况

综合考虑被引证频次、同族专利情况，给出部分重点专利，具体参见表 19-1，并进行相应的解读。FANUC 公司的重要专利也是分布在数控系统的轨迹和误差补偿 2 个技术分支，主要的功效是提高精度和效率。

表 19-1 FANUC 重要专利列表

申请号	发明概要	技术分支	功效
JP2005134029	通过曲线内插方法分割量纲不同的直线轴与转动轴分别求出修正指令从而进行适当的曲线插补	轨迹	精度
JP2011087646	计算从固定在工件上的坐标系看的可动部的三维坐标值，求出该可动部的三维轨迹，根据求出的可动部的三维轨迹求出左眼立体图像数据和右眼立体图像数据	轨迹	精度
JP2012225003	刀具轨迹显示装置，通过位置信息取得部、速度信息取得部、刀具坐标计算部、反转位置计算部、显示部的配合操作，在刀具前端点的轨迹上显示伺服轴的反转位置	误差补偿	精度
JP2012160473	根据由多个程序块构成的加工程序来对加工工件的机床进行控制的数值控制装置具有拐角多曲线插入部	轨迹	效率
JP2011242764	根据指令路径容许加速度和指令路径容许加加速度进行速度控制，根据刀具基准点路径容许速度、刀具基准点路径容许加速度、刀具基准点路径容许加加速度进行速度控制	轨迹	精度
JP2011195234	用三个直线轴与三个旋转轴进行加工的多轴加工机的数值控制装置具有修正工件设置时的设置误差的功能	误差补偿	效率

第二节 全球化的超级玩家——德马吉森精机

一、跨国联姻

德马吉森精机（DMG MORI），是全球最大的金属切削设备生产厂家，主要产品有数控车床、车削中心、立式加工中心，除这些产品外，还包含服务及软件解决方案。其市场覆盖相当广泛，特别是航空航天行业、模具行业等领域，都可看到其高端产品的身影。今天的 DMG MORI 是由德马吉公司（DMG）与株式会社森精机制作所（Mori Seiki）重组而成的❶。

纵观 DMG MORI 的合并的过程，堪称全球化的超级玩家，其历程如图 19-6 所示。

---

❶ 德马吉森精机中国官网 [EB/OL]. [2018-07-31]. http://www.cn.dmgmori.com.

其中的德马吉公司是由成立于 1870 年的德国工业巨头吉特迈（GILDEMEISTER）于 1994 年收购德尔克（DECKEL）和马豪（MAHO）后组成的，拥有吉特迈（GILDEMEISTER）、德尔克（DECKEL）和马豪（MAHO）三个品牌。

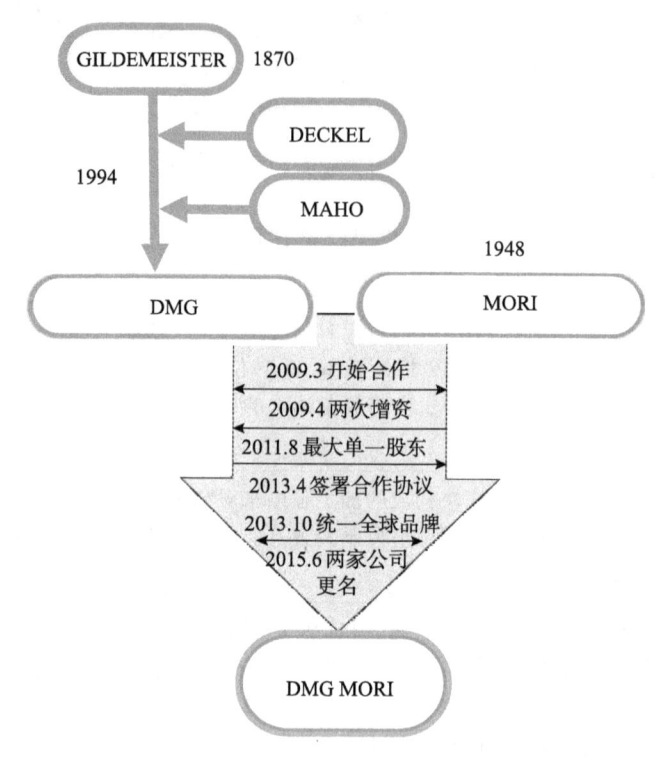

图 19 – 6　德马吉和森精机的合并之路

株式会社森精机制作所成立于 1948 年，主营 MC 机床和 CNC 旋盘，尤其是在 MC 机床领域拥有独自的技术，在日本机床界与山崎马扎克株式会社、大隈株式会社并列为最大规模的公司之一。

2009 年 3 月 23 日，吉特迈（GILDEMEISTER）和森精机（Mori Seiki）展开合作，随后两家企业相继合并了其在亚洲、美洲以及欧洲的业务活动。2010 年 4 月 19 日经过两次成功的增资，Mori Seiki 持有 GILDEMEISTER 20.1% 投票权。2011 年 8 月 2 日 GILDEMEISTER 成为 Mori Seiki 最大的单一股东，并持有股份 5.1%。2011 年 9 月 19 日 DMG MORI 在汉诺威举办的 EMO 展上首次联合参展，展示了联合开发的 MILLTAP700。2013 年 3 月 20 日为了进一步强化合作，两家企业签署了合作协议。2013 年 10 月 1 日，GILDEMEISTER AKTIENGESELLSCHAFT 变更为 DMG MORI SEIKI AKTIENGESELLSCHAFT，MORI SEIKI CO., Ltd 变更为 DMG MORI SEIKI COMPANY LIMITED，进行全球品牌的统一，所有销售与服务组织统一使用 DMG MORI 品牌。2015 年 6 月 8 日两家企业进行更名，进一步确认两公司的合并。

二、笑傲江湖

1. 全球化之路

在联姻之后，DMG MORI 开始在全球快速扩张。其与机床领域的很多国际大公司都建立了良好的合作关系，合作关系及业务范围如图 19－7 所示。2015 年 10 月全球领先的工业产品供应商 SCHAEFFLER 与 DMG MORI 签署合作协议[1]，成为其轴承和直线引导系统的全球市场合作伙伴；2016 年 11 月，双方签署新的合作协议[2]，市场合作关系得到进一步发展。2017 年 1 月 1 日作为"全球一家"的公司，DMG MORI 专注于机床和服务核心业务，并对全球销售和服务架构进行了调整。2017 年 1 月，DMG MORI 与德国著名机床制造商 HAIMER 公司加强合作关系并签订合作协议[3]，作为新的高级合作伙伴，HAIMER 收购了 DMG MORI Microset GmbH（原德马吉森精机对刀仪股份有限公司）。2017 年 2 月 DMG MORI 收购德国金属 3D 打印公司 Realizer，正式进入 SLM 金属 3D 打印领域[4]。

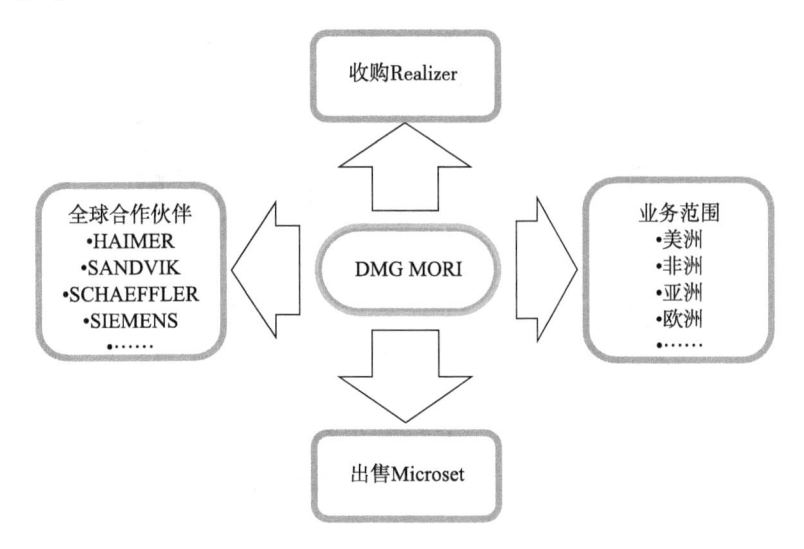

图 19－7　DMG MORI 的全球化布局

同时，DMG MORI 非常重视中国市场，秉持"全球性思维、本地化运作"的宗旨，在中国上海设有销售公司，在北京、天津等城市设有技术中心。2012 年 5 月 Mori Seiki 在天津经济技术开发区设立了首个中国工厂——森精机（天津）机床有限公司，占地

---

[1] 中国汽车报网. 舍弗勒与德马吉森精机签署全球营销协议［EB/OL］.（2015－10－13）［2018－08－03］. http：//auto. gasgoo. com/News/2015/10/12034045404560346755147. shtml.

[2] 舍弗勒官网新闻中心. 舍弗勒与德马吉森精机签署新合作协议［EB/OL］.（2016－11－28）［2018－08－03］. https：//www. schaeffler. cn/content. schaeffler. cn/zh/press/press－releases/press－details. jsp？id＝76121856.

[3] 翰默公司官网新闻发布［EB/OL］.［2018－07－31］. https：//www. haimer. cn/aktuelles/presse/meldung/item/haimer－schliesst－kooperationsvertrag－mit－dmg－mori－wird－premium－partner－und－uebernimmt－die－microset－3. html.

[4] 3D 科学谷. 一张图看懂世界范围内金属 3D 打印［EB/OL］.（2017－02－24）［2018－08－03］. http：//www. sohu. com/a/127149665_274912.

面积为9万平方米，投资总额7500万美元，注册资本2500万美元。

"工业4.0"是未来最重要的主题，作为金属切削机床的全球领先制造商，DMG MORI支持用户的数字化转型，为用户提供基于应用程序的CELOS系统❶及其他智能软件解决方案，CELOS系统是在西门子和三菱数控系统的基础上推出新一代数控系统的人机界面和操作系统，它打破了传统数控系统人机界面的模式，采用多点触控显示屏幕和类似智能手机的图形化操作界面，拉近了机床操作和生活习惯的距离。CELOS系统能够简化和加速从理念到成品的过程，同时还奠定了无纸加工的基础。CELOS应用程序（CELOS APPS）可使用户实现对订单、工艺流程数据和机床数据的一体化数字管理、记录存档和可视化处理。此外，CELOS还与生产排程系统（PPS）和企业资源计划系统（ERP）兼容，可与计算机辅助设计（CAD）/计算机数控系统（CAM）的应用联网，并有可能扩展成面向未来的CELOS应用程序。

直观上CELOS最明显的特点是带多点触控功能的统一用户界面。但CELOS远不仅如此，它提供更强功能，16款应用程序帮助操作人员无差错地准备、优化及处理生产任务。图19-8为搭载了CELOS系统的数控机床产品示意图。

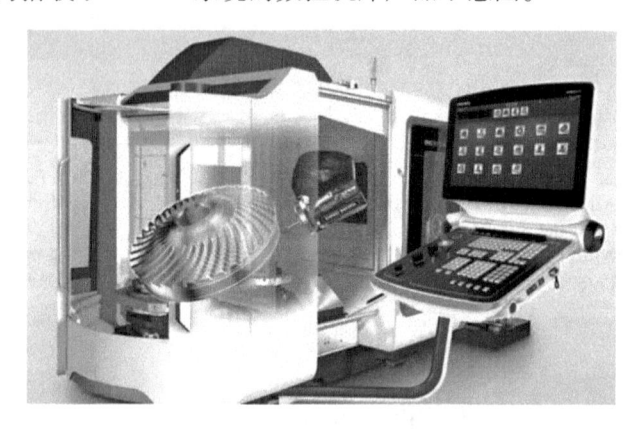

图19-8 搭载了CELOS系统的数控机床产品示意

2. 专利布局

DMG MORI一直注重产品研发，并积极寻求专利保护。在正式合并之前，两家公司在五轴数控机床领域中积极布局，其中，以德马吉为申请人在五轴数控机床领域的专利申请有47项，以森精机为申请人在五轴数控机床领域的专利申请有55项。针对其专利的全球布局进行分析，具体参见图19-9，可以看出，这两家主体在全球区域的技术布局有所区别，其中德马吉的技术布局集中于欧洲，而森精机的技术布局集中于日本和美国，这也说明了两家企业进行合并统一品牌具有明显的资源整合优势。

---

❶ 国际金属加工网 DMG MORI CELOS系统技术与应用专区［EB/OL］．［2018-08-03］．http：//www.mmsonline.com.cn/dmg-mori/celos.shtml．

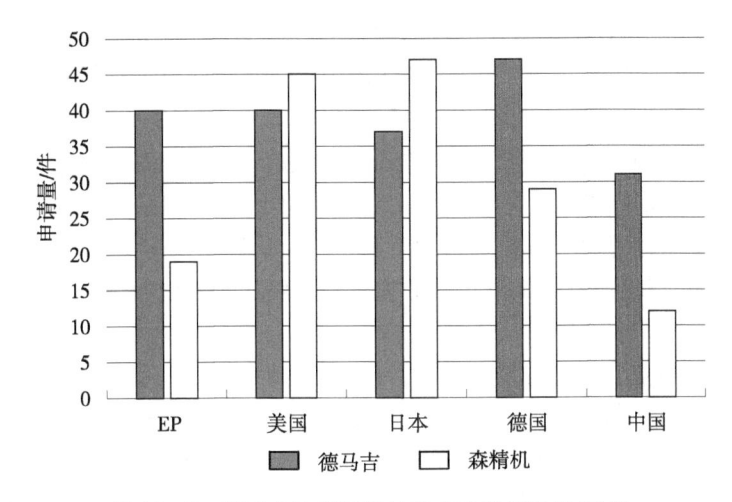

图 19-9 德马吉和森精机的技术输出目标国/地区

企业合并后，以 DMG MORI 为申请人在五轴数控机床领域也进行了一系列的申请，例如 2010 年提出的专利申请 DE102010043667，提供了一种机床，其具有车削功能和铣削功能，其能够获得足以承受车削加工过程中所施加的负载的夹持力，允许在短时间内换刀；2011 年提出的专利申请 JP2011016818，提供了一种数控机床的数控装置，控制五轴机床完成喷气式飞机的涡轮叶片和风扇叶片等工件的加工，该数控装置在刀具通过每个等分刀具路径点时，连续改变刀具和工件对应于预设数量的等时划分的相对角度使得刀具方向的变化是均匀的，刀具的倾斜角速率在等时刀具路径点之间保持不变，因此可以减少加工时间，提高工件成品的表面加工质量及切削进给速度。

同时，DMG MORI 针对公司的重要数控产品 CELOS 系统进行了有针对性的专利布局，专利申请的分布情况参见图 19-10。

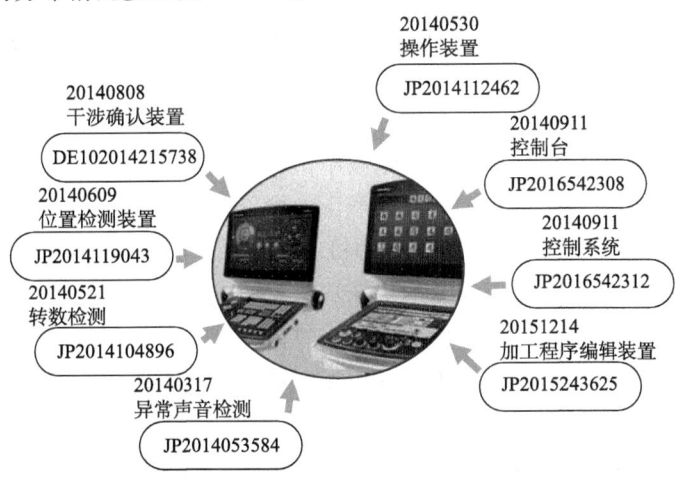

图 19-10 围绕 CELOS 系统的专利申请情况

具体来说，上述布局的专利申请主要涉及操作终端和检测终端两个方面。在操作终端方面，DMG MORI 于 2014 年 5 月 30 日提出专利申请 JP2014112462，该申请公开了一种操作装置，该操作装置中的触摸面板的输入部在电气方面变得不稳定时，能够检测到该情况。2014年9月11日提出专利申请JP2016542308，该申请涉及用于和机床配合使用的装置，其包括操作面板，使用者通过所述操作面板控制所述机床；还包括固定所述操作面板的支撑臂，操作面板以这样的方式通过铰链安装在所述机床上。同日提出的专利申请JP2016542312则涉及一种用于由用户控制数控机床的系统，其包括用户可操作的操作员控制台和移动数据载体。2015年12月14日提出的专利申请JP2015243625提供一种能够短时间正确地编辑加工程序的加工程序编辑装置以及具备该加工程序编辑装置的工作机器。

而关于检测终端方面的布局，DMG MORI于2014年3月17日提出了专利申请JP2014053584，该发明提供了一种机床以及用于控制机床的方法，能够检测并输出异常声音。2014年6月9日提出的专利申请JP2014104896，提供了一种无须进行繁杂的准备工作便可算出能够抑制再生颤振的主轴稳定转速的装置。2014年6月9日提出的专利申请JP2014119043，其提供了一种位置检测装置，使用如TMR元件那样的磁阻效应元件进行精度高的位置检测。2014年8月8日提出专利申请DE102014215738，其提供了一种干涉确认装置，其根据操作所设定的间隔使模型移动来进行干涉确认，可以提高干涉确认的效率。

第三节　突破壁垒的先锋——沈阳机床

一、"桃园结义"

沈阳机床（集团）有限公司是目前国内最大的机床企业之一，是1995年通过对原沈阳第一机床厂、中捷友谊厂（沈阳第二机床厂）和沈阳第三机床厂资产重组后成立的[1]。公司组建之前，原沈阳第一机床厂、中捷友谊厂、沈阳第三机床厂等三大机床厂都是国家级机床行业十八罗汉厂的一员，其中，沈阳第一机床厂成功研制出中国第一台普通车床和中国第一台数控车床，中捷友谊厂成功研制出中国第一台摇臂钻床和中国第一台卧式镗床，沈阳第三机床厂成功研制出中国第一台自动机床，这三家机床厂都为国内的装备制造业做出了巨大的贡献，其发展历史参见图19-11。

公司组建后，1996年7月18日，沈阳机床在深圳证券交易所挂牌上市。2004年以来，通过并购德国希斯公司、重组云南机床厂、控股昆明机床厂，形成跨地区、跨国经营的布局。特别是借助并购德国希斯公司这一举措，标志着沈阳机床由本土经营向国际经营的重大战略转变，进一步开拓了国际市场。如今，沈阳机床的产品已广泛进入到航空航天、汽车、船舶、能源等重点行业核心领域和消费电子等新兴产业，向欧洲、美洲、亚太范围80多个国家和地区中10万个以上的用户提供机床产品和相关服务。其主导产品为金属切削机床，涵盖加工中心、激光切割机等数控机床以及普通车床、卧式镗床等普通机床，其中数控产品的产值占年总产值的60%以上。

---

[1] 沈阳机床官网 [EB/OL]. [2018-07-30]. http://www.symg.cn.

第十九章 细数风流人物——创新主体

图 19 – 11 沈阳机床的发展历史

二、中国智慧

1. 并购之路

沈阳机床为走入世界舞台，不断提升企业实力。参见图 19 – 12，在 2004—2005 年，沈阳机床大举施展并购，我们来看它对并购对象的选择：德国希斯——拥有 140 年历史、全球驰名的重型机床制造商，云南 CY 集团——中国机床行业金牌出口基地，昆明机床——号称"镗铣世家"的细分市场龙头。从这些收购对象可以看出，这些收购并不是为了简单的规模扩张，而是为了对自身进行产品结构调整和市场结构调整。

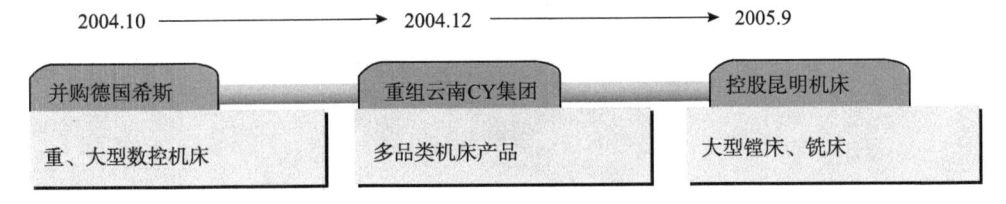

图 19 – 12 沈阳机床的并购之路

通过一系列的并购，沈阳集团丰富了机床产品线，开拓了更大的市场。不仅如此，沈阳机床还对国内市场进行了调整，将其产品覆盖范围扩展到了我国的华南和西南等区域。通过上述布局，借助旗下公司开展相关业务，形成三大产业集群：沈阳集群、昆明集群和德国集群，具体见图 19 – 13。

287

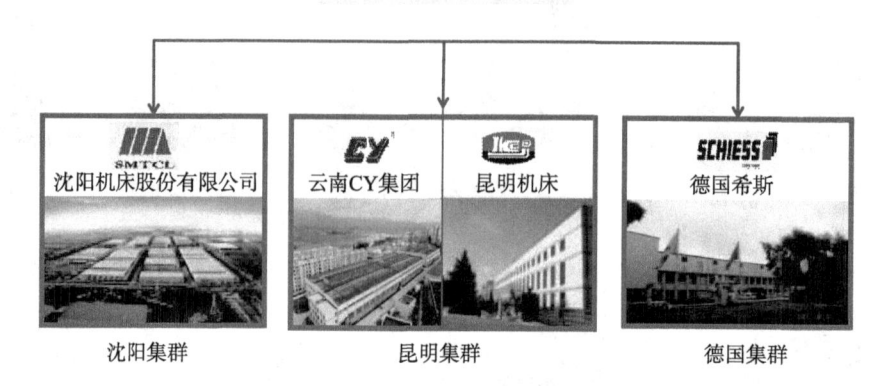

图 19-13 沈阳机床产业集群分布

同时,沈阳机床还不断地提升自身研发实力,打造高端数控产品。早在 2007 年,沈阳机床集团就在上海成立了专门的数控系统核心技术研发团队,致力于 i5 运动控制核心技术的研发。团队经过科研调查,提出了 i5 概念,与国际上占有垄断地位的日本发那科和德国西门子不同的是,i5 是一种新一代智能化数控系统❶。i5 智能系统着眼于未来,此系统的误差补偿算法、五轴控制技术以及虚拟与显示系统都达到了世界领先水平。2012 年 i5 智能系统研发成功。2014 年,第一台 i5 智能机床全球首发,赋予了国产机床"中国智慧",凭借自主数控系统的尖端突破,沈阳机床终于站在了行业的高点上。图 19-14 为搭载了 i5 智能系统的五轴加工中心。

图 19-14 搭载 i5 智能系统的五轴加工中心

有了撒手锏级别的 i5 智能系统,沈阳机床相继推出了 i5 智能机床、智能工厂,并于 2017 年推出基于 i5 智能机床、智能工厂的全新理念"产品"——"5D 智造谷"❷。

---

❶ i5 智能系统官网 [EB/OL]. [2018-07-30]. http://www.i5cnc.com/pages/about.html.
❷ 国际金属加工网. 沈阳机床大力推进"5D 智造谷""共享机床"体系尚待完善 [EB/OL]. (2018-03-28) [2018-08-06]. http://www.mmsonline.com.cn/info/313486.shtml.

5D智造谷是以i5智能机床为核心，联合地方政府，打造i5智能机床+工业互联网+金融+大数据+再制造的智能制造共享平台。所谓5D指的是Dnc（数字系统）、Data（工业数据）、Digital（数字化）、OnDemand（即需即住）和Diconomy（数字经济），"5D智造谷"主要建设若干个智能工厂和"六大中心"，即行业研究中心、实训培训中心、智能检测中心、产业数据云中心、智能体验中心和再制造中心，整合上下游企业聚集联动，为区域客户提供订单结算、机床联网、在线设计、工艺支持等一整套服务和解决方案，进而实现智能生态共享。

沈阳机床以"零首付"的形式把机床租赁给客户，按小时或者按加工量收费。目前，沈阳机床正在探索如何用"流量"结算，利用机床运转传输回的数据，制定出世界工业行业公认的结算标准，让中国制造掌握话语权，打造全新的工业发展新业态。

2. 专利布局

沈阳机床（集团）有限公司非常重视企业的研发工作，在多轴数控机床领域其专利申请量为50余件，如图19-15所示，从2005年开始在五轴数控机床领域申请专利，2008～2010年其专利申请量总体上呈快速增长的趋势，并于2010年达到最高点27件，但从2010年开始专利申请量处于下降趋势，此时五轴数控机床技术已经基本成熟，因此技术研发相对较少，专利申请量也随之下降。从图19-15还可以看出其发明专利与实用新型专利的占比情况，发明专利申请量达到了总申请量的48%，分布也是较为合理的。

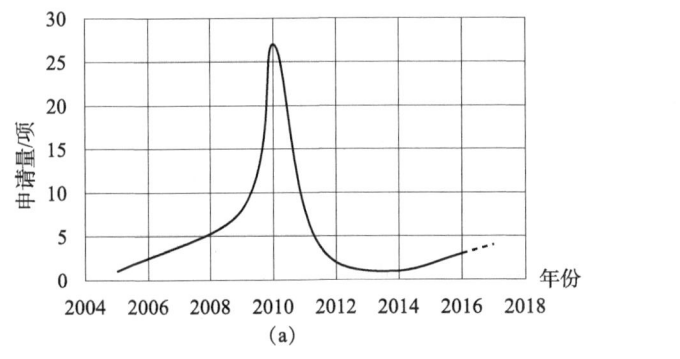

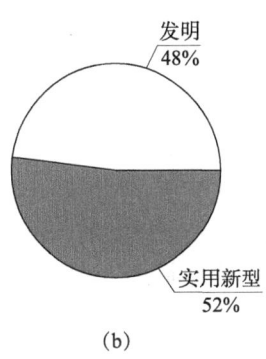

图19-15 沈阳机床专利申请情况

从图19-16中，我们可以看出沈阳机床在五轴数控机床领域的具体分布情况，在其所有的专利申请中，有关构型方面的申请占到68%，数控系统方面的申请则次之，占比为18%。这与其公司的主要业务和产品的占比相一致。

具体分析这50余件专利申请，2005～2010年的专利技术集中在五轴机床构型方面的改进，涉及摆头方面的专利申请高达12件，如CN201010502202.2、CN201010542003.X通过减少传动间隙和传动环节，从而减少误差，提高摆

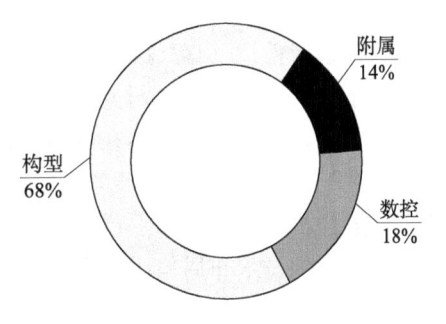

图19-16 沈阳机床专利申请技术领域分布

头的响应速度；CN201010506809.3 通过优化 A 轴单元和 C 轴单元之间的连接部件结构，提高加工范围和加工效率。2011 年至今，企业的重点转向机床软件方面的改进，具体来说包括数控系统及附属系统中的测量指示方面，如，2011 年提出的专利申请 CN201110027530.1，涉及一种用于五轴联动数控机床进行圆周铣削时的刀轴插补算法，消除圆周铣削倾斜面加工中的非线性误差；2012 年提出的专利申请 CN201210265686.8，其涉及一种检测机床切削能力的测试试件及其应用，通过试件的四个测试区可测试机床不发生颤振的切深范围、切宽范围和转速范围；2014 年的专利申请 CN201410352916.3 提供了一种双转台五轴联动机床旋转轴的误差补偿方法，具有较高的通用性，提高了误差模型的精度，实现了五轴机床误差检测的自动和高效。从上述专利申请的侧重点转变可以看出，沈阳机床的研发重点的转变，既更加重视机床软件方面的研究，也与工业制造业的智能化发展趋势相契合。

不仅如此，沈阳机床的专利布局与其自身的产业分布也有着较为密切的关系，例如专利申请 CN201010142843.7、CN200910010909.4 针对船舶用零件发动机缸盖、曲轴进行专用加工；专利申请 CN201010107747.9 公开了一种机床的自动换头方法可应用于面向飞机自动装配的精加工机床中。

第四节　本章小结

本章主要对发那科、德马吉森精机、沈阳机床三家公司的发展历程和企业创新实力等内容做了分析研究，可以看出三家公司各具特色的创新之路。

其中，发那科公司的成功主要归功于其创始人稻叶清右卫门，在他强势的统治管理下，发那科从一个研发小组成长为世界数控机床的巨头。在发那科的三大业务中 CNC 数控系统是最重要的，也是其起家的法宝。在数控系统领域发那科公司是当今世界上科研、设计、制造、销售实力最强大的企业，其生产研发的数控系统全球市场占有率最高时超过 75%。更加值得关注的是，发那科公司特别注重对自有创新技术的保护，在数控机床领域的申请量占据着绝对优势。其应用于五轴数控机床中的相关专利，申请量更是高居世界第一，在数控系统领域布局最为全面，主要集中在补偿和轨迹两个方向，其主要的专利技术输出目标国除日本外最高的为中国，可见其对中国数控机床市场的重视。

德马吉森精机（DMG MORI）这家公司在占领世界数控机床市场时选择了一条跨国合作之路，其由德马吉公司（DMG）与株式会社森精机制作所（Mori Seiki）重组而成。在正式合并之前，两家公司在五轴数控机床领域中积极布局，其中，德马吉在五轴数控机床领域的专利申请有 47 项，森精机在五轴数控机床领域的专利申请有 55 项，都在全球五轴数控机床专利申请上位于前五，通过对他们的专利全球布局情况进行分析，可以看出德马吉的技术布局集中在欧洲，而森精机的技术布局集中在日本和美国，两家企业进行合并后具有明显的资源整合优势。合并之后的德马吉森精机在国际市场拥有了更多的话语权，国际工业巨头纷纷与其建立良好的合作关系。同时，通过其对重要数控产品 CELOS 系统的专利布局进行分析，可以看出德马吉森精机的专利保护意识非常强，且能够从数控系统的软硬件多个方面进行有针对性的布局。

  国内重要机床企业沈阳机床为走入世界舞台，不断地提升企业实力。先是通过一系列的并购，完成了机床产品线的丰富，开拓了更大的市场。不仅如此，沈阳机床还对国内市场进行了调整，将其产品覆盖范围扩展到了我国的华南和西南等区域。通过上述布局，借助旗下公司开展相关业务，形成三大产业集群：沈阳集群、昆明集群和德国集群。同时，沈阳机床还不断地提升自身研发实力，打造了高端数控产品 i5 智能系统，此系统的误差补偿算法、五轴控制技术以及虚拟与显示系统都达到了世界领先水平。通过对其专利布局的分析，尤其是专利申请侧重点的转变可以看出，沈阳机床的研发重点由过去的机床构型研究转向机床系统方面研究，这不但与其业务转向有关，同时还与国际工业制造业的智能化发展趋势相契合。

第二十章 拨云开雾看发展

当前，实现"十三五"时期发展目标，破解发展难题，厚植发展优势，必须牢固树立并切实贯彻创新、协调、绿色、开放、共享的发展理念。五大发展理念中，创新发展理念居于首要位置，它是方向、是钥匙、是引领发展的第一动力。专利作为创新技术的重要载体，能够客观反映行业的创新能力和创新水平，我国数控机床领域想要谋求发展，必须从中认清现实、摆正问题、擦亮眼睛、找准方向。

第一节 专利技术整体状况

高档数控机床作为高端装备制造的利器，其发展体现着一个国家的竞争力的高低，因此受到世界各国的广泛关注。通过对数控机床专利申请状况及技术内容的梳理，可以看出目前五轴数控机床领域专利技术状况整体上表现出以下几个特点：

1）五轴数控机床技术仍处于技术发展的活跃期，日本、德国和美国是本领域的技术领先国家，中国起步较晚，但近几年中国是全球技术最活跃的地区。

五轴数控机床技术专利申请始于20世纪60年代，从20世纪90年代开始进入平稳发展阶段，全球申请量逐年上升，进入21世纪后，专利申请量快速增长，近10年均维持在较高水平，显示五轴数控机床技术发展处于相对活跃的时期。日本、德国和美国在五轴数控机床技术领域表现出了雄厚的技术实力和良好的发展势头，尤其是日本占据着该领域的领头羊的地位，在中国、美国、欧洲等地布局了大量专利，同时也是在中国申请专利数量除国内申请外最多的国家。

国内在五轴数控机床领域的申请起步较晚，始于1986年，且在2003年以前年申请量都在个位数徘徊，2003年以后进入了稳定增长期。尤其是2008年开始，随着"高档数控机床与基础制造装备"国家科技重大专项以及《中国制造2025》相关政策的相继提出，国内申请出现了井喷式的增长，中国申请人的申请量超过了全球其他国家/地区的申请量总和。但是由于国内申请人比较分散、申请缺乏连贯性且绝大部分仅在国内进行申请，尤其是在数控系统技术领域发展速度较慢，与国外相比技术实力还相对较弱。

2）发那科、牧野、森精机等公司技术实力强劲，但全球创新主体相对分散。

从全球主要申请人来看，申请量排名前3位的申请人为发那科、牧野、森精机，均为日本企业，且全球申请量占主要地位的申请人中，日本申请人数量占据一半，日本申请人在五轴数控机床技术领域占有绝对的优势。发那科公司是五轴数控机床行业的专利技术领先者，尤其是在数控系统方面的专利申请量遥遥领先于其他申请人，掌握着数控系统方面的众多核心专利。美国、德国也有几位申请人的申请量位居世界前列，构成五轴数控机床产业的第二梯队。全球范围内申请量最大的申请人发那科申请数量为67项，且除发那科外申请量超过50项的也仅有牧野、森精机和沈阳机床三家企业，结合全球专利总体数量来看，行业内全球创新主体总体上比较分散、数量众多。

在中国申请量排名首位的仍是发那科这一数控机床巨头，其次是沈阳机床和牧野。其他国内申请人如华中科技大学、上海交通大学、浙江大学等也有一定的申请量，但国内申请量较多的创新主体中高校及科研机构占据了较大的比例，我国的研究成果还有待进一步产业化。

3）五轴数控机床领域中机床构型技术的申请量最多，而数控技术的研发最为关键。

在五轴数控机床领域的三个技术分支中，涉及机床构型的专利申请数量最为突出，特别是中国申请人关于构型的申请较为持续且数量大，技术上有一定积累，而国外申请人近年来涉及构型的申请数量呈减少趋势，表明国外申请人的研发重点已逐渐转移。而数控系统作为五轴数控机床的核心部件，成为近年来国外各创新主体的研究重点，也是本领域的研究难点，并且国外各创新主体也越来越重视在数控系统方面对中国进行专利布局。中国近年来在数控系统方面也已展开研究，但创新主体多集中于高校，距离产业化推广尚有一定的差距。

第二节　关键技术发展方向

通过对数控机床三个主要技术分支数控系统、机床构型及附属系统的技术发展脉络及核心专利的剖析，明确了各分支在专利技术上的发展方向。

一、数控系统

数控系统中，轨迹和误差补偿用于数控加工过程中的刀具和工件的相对路径的设定，直接决定着数控加工过程，是数控系统中重要的研究方向。

对于数控系统的轨迹技术来说，目前的热点技术为可视化研究，由最初的模拟轨迹显示到目前的加工过程中刀具轨迹实时显示，发展迅速。可视化技术为技术人员在实际加工路径进一步优化轨迹技术提供了技术基础。针对轨迹的可视化技术研究在未来也必然成为数控技术发展的一个方向。

针对误差补偿技术的发展，由于三种误差产生的原因不同，针对不同的误差，其补偿技术也各有不同，而数控机床必然存在着多种误差，为了提高误差补偿的整体补偿效率，将多种误差补偿技术融合起来同时完成多种误差的补偿将是未来的发展方向。在误差补偿中，确定补偿量是最为关键的部分，由于控制智能化的发展，采用经验值计算、模型计算等智能控制算法，将是未来的研究重点。

二、机床构型

机床构型属于机床的基础构件，每台数控机床都会涉及构型结构的搭建，机床工作台和摆头作为工件和刀具的承载者直接参与加工，一定程度上决定着数控机床的规模和适用范围。

无论是工作台还是摆头,在性能上均逐渐向着高精度、低误差、轻量化、多自由度方向发展,技术的实现上两者均主要专注于驱动技术的改进,采用电机直驱技术代替传统的机械传动结构来保证结构紧凑、提高运转精度是主要的研究方向,大扭矩、高转速直驱机构是目前的研究热点。

此外,工作台方面针对传统驱动形式的改进也有相关发展,例如采取凸轮滚柱驱动结构代替传统的齿轮驱动的改进,摆头方面的发展方向还涉及扩大摆角行程和多功能集成化。

三、附属系统

附属系统中,测量指示系统用于反馈数控机床各项性能指数,便于操作人员了解机床工作情况等,是附属系统中最为重要的研究方向。针对测量指示技术的发展,技术方向上仍然保有涉及接触式测量的部分申请,而由于接触式测量需要停机检测,影响加工效率,目前欧美日的专利申请把光学测量方法作为研究重点,例如激光、CCD等,并逐渐与计算机辅助制造技术相结合。同时测量指示系统同传感技术的发展有一定的协同性,且在测量指示系统中逐步由过去单一传感技术的应用向多种传感技术融合发展。

第三节 提升之匙

目前,从专利角度来分析,我国高档数控机床领域主要存在以下问题:

1)政策驱动下,申请活跃但技术发展不太均衡。

随着一系列政策的出台、研发资金和人才的投入,我国五轴数控机床领域近十年来申请量迎来了迅猛的增长,然而,中国申请人的申请方向相对集中,主要集中于改进难度较小、相对基础的构型结构和附属结构,申请量占比达到67%,对于诸如数控系统等核心技术的研发实力不足,国内申请中发明专利占比58%,发明授权专利仅占25%,核心专利培育有所欠缺。

2)高校创新主体技术储备待转化。

目前,国内申请中校企联合申请的数量仅有20件,成果转化不足,针对测量指示技术以及数控系统相关技术的研究偏重在高校和科研机构,特别是针对数控系统的研发,我国目前已经拥有了诸如依托于华中科技大学的华中数控股份有限公司和依托于中国科学院沈阳计算技术研究所的沈阳高精数控智能技术股份有限公司等专门从事数控系统开发的机构,并且也拥有了一定数量的专利积累,高校及科研机构已经把握住了技术创新和提升的方向,寻求产学研合作空间巨大。

3)重点企业创新主体数量不足。

我国在申请量全球排名前十的申请人中企业仅有沈阳机床,相关专利数量为50件,其中大部分涉及对驱动主加工部件进行设计优化,研究方向较为单一。而美、欧、日等国家在优势创新主体的体量上明显占优。

针对上述问题,我国高档数控机床领域想要寻求技术上的发展与突破,主要应关注以下几个方面:

1）提升对数控技术的自主创新能力，打破核心技术壁垒。

目前，"智能制造"是未来制造业的发展方向，也是《中国制造 2025》确定的重点工程之一，而数控机床是其中的重点领域，是抢占未来制高点的主攻方向，目前制约我国高档数控机床产品发展的根本就在于对数控技术创新能力的欠缺，这一现状也直观地反映在了我国的专利状况中。

我国创新主体应强化对数控技术的自主创新，重点关注全球领先的创新主体有关数控系统的误差补偿技术和轨迹控制技术方面的最新专利成果，把握技术前沿动态，可以尝试从已有技术的专利申请、特别是国外已失效专利中寻找新的改进点，从改进动机、改进手段方面获取灵感、积累技术经验，为提升自身技术水平提供指引。并且，在突破核心技术的同时，也不能忽略对机床构型、附属系统等外围专利的申请，在布局形式上力争形成有效的专利保护体系。

2）加强产学研合作，积极促进科技成果转化。

高校和科研机构作为接触最新技术的前沿阵地，集中了主要的研发力量，特别是针对于数控技术以及测量指示技术等理论性较强的创新点，华中科技大学、上海交通大学、清华大学等知名高校已经具备了一定的研发优势，但是其绝大部分申请仅涉及计算理论或基础工业模型，在产业应用中得以实施的成果不足，而企业是市场活动最直接的参与者，对市场信息反映最灵敏，拥有将创新技术产业化、提升自身产品性能的内在意愿，我国企业应凸显主导地位，促进与高校、科研机构之间的交流与合作，充分发挥各自优势形成合力，共同推动我国高档数控机床领域的进步和发展。

在产学研合作过程中，企业应把创造和拥有自主知识产权作为战略导向，同时要加大知识产权保护力度，对合作中形成的创新成果，通过联合申请专利等形式积极寻求知识产权保护。

3）多举措推动人才队伍建设，扩充重点企业队伍。

推动科技创新关键在人，突破关键核心技术，关键在于有效发挥人的积极性。我国高档数控机床行业目前中小企业众多、重点企业体量不足的现状，与缺乏充足的人才储备密切相关。

针对高档数控机床领域国内人才结构性不足的问题，国内企业应当要建立良好的选人用人机制，积极扩充人才储备，针对已经形成一定技术积累的机床构型技术，应注重人才梯队的建设，保证人才队伍创新能力的延续性，同时力求培养出具有行业领军实力的创新人才来带动人才队伍的可持续发展。针对作为行业核心的数控技术被国外发达国家把持的现状，国内创新主体应该放宽眼界、提高站位，凡是能够为我所用的人才都应作为可引进的对象，应努力创造我国创新人才与国际顶尖人才的交流学习机会，努力将引进人才的优势转化为自身技术发展的动力。

参考文献

[1] 刘伟军,等. 逆向工程——原理方法及应用 [M]. 北京:机械工业出版社,2009:252.

[2] 百度文库. SINUMERIK [EB/OL]. (2011-11-10) [2018-7-15]. https://wenku.baidu.com/view/d5ed3615cc7931b765ce159d.html.

[3] 张琨. CK6430 数控车床几何与热误差实时补偿研究 [D]. 上海:上海交通大学,2012.

[4] 百度文库:数控机床的产生和发展情况 [EB/OL]. (2012-12-16) [2018-07-05]. https://wenku.baidu.com/view/7596ea46852458fb770b564f.html?from=search.

[5] 周志雄,肖航,李伟,黄向明. 微细切削用微机床的研究现状及发展趋势 [J]. 机械工程报,2014,50 (09).

[6] 中国汽车报网. 舍弗勒与德马吉森精机签署全球营销协议 [EB/OL]. (2015-10-13) [2018-08-3]. http://auto.gasgoo.com/News/2015/10/12034045404560346755147.shtml.

[7] 方辉,许斌. 数控机床的智能化及其在航空领域的应用 [J]. 航空制造技术,2016 (09).

[8] 赵万华,张星,吕盾,张俊. 国产数控机床的技术现状与对策 [J]. 航空制造技术,2016 (09).

[9] 个人图书馆:迎接智造,你不知道的机床发展史 [EB/OL]. (2016-06-16) [2018-07-15]. http://www.360doc.com/content/16/0616/11/29952372_568210274.shtml.

[10] 脉电科技:数控机床也来好莱坞拍电影《阿修罗》 [EB/OL]. (2016-11-17) [2018-7-15]. http://www.huttecer.com/html/news/waysnews/2016_1117_2222.html.

[11] 舍弗勒官网新闻中心. 舍弗勒与德马吉森精机签署新合作协议 [EB/OL]. (2016-11-28) [2018-08-3]. https://www.schaeffler.cn/content.schaeffler.cn/zh/press/press-releases/press-details.jsp?id=76121856.

[12] 慧聪机械网:扒一扒数控机床的前世今生 [EB/OL]. (2017-01-11) [2018-07-05]. https://baijiahao.baidu.com/s?id=1556148391142230&wfr=spider&for=pc.

[13] 搜狐:数控机床未来 12 大发展趋势 [EB/OL]. (2017-02-06) [2018-7-15]. http://www.sohu.com/a/125535651_554561.

[14] 3D 科学谷. 一张图看懂世界范围内金属 3D 打印 [EB/OL]. (2017-02-24) [2018-08-3]. http://www.sohu.com/a/127149665_274912.

[15] 搜狐:无机床不革命,你不知道的机床发展史 [EB/OL]. (2017-04-17) [2018-07-15] https://www.sohu.com/a/134639350_750064.

[16] 刘世豪,赵伟良. 大型复合数控机床的研发现状与前景展望 [J]. 制造技术与机床,2017 (06).

[17] 百度百科. 数控机床. [EB/OL]. (2017-7-11) [2018-7-15]. https://baike.baidu.com/item/数控机床/6197.

[18] 搜狐:东芝事件始末 [EB/OL]. (2017-7-13) [2018-7-15]. http://www.sohu.com/a/156653945_604477.

[19] 长石资本. 日本机器人系列调研:富士山下的数控王国-发那科 [EB/OL]. (2017-12-14) [2018-07-30]. http://www.sohu.com/a/210371074_465472.

[20] 百度百科：东芝事件 [EB/OL]. (2017 - 12 - 31) [2018 - 7 - 15]. https：//baike. baidu. com/item/东芝事件/10803685？fr = laddin.

[21] 机械 ant. 日本发那科创始人稻叶清右卫门传：大独裁者和他的"独裁帝国" [EB/OL]. (2018 - 01 - 31) [2018 - 07 - 31]. http：//www. cmiw. cn/article - 315223 - 1. html.

[22] 国际金属加工网. 沈阳机床大力推进"5D 智造谷""共享机床"体系尚待完善 [EB/OL]. (2018 - 03 - 28) [2018 - 08 - 06]. http：//www. mmsonline. com. cn/info/313486. shtml.

[23] 个人图书馆："东芝机床事件"始末！美国封杀中兴使用过的套路 [EB/OL]. (2018 - 05 - 02) [2018 - 7 - 15]. http：//www. 360doc. com/content/18/0502/15/6748870_750500581. shtml.

[24] 搜狐：机床发展史，原来这么有意思！[EB/OL]. (2018 - 05 - 17) [2018 - 07 - 15]. http：//www. sohu. com/a/231898461_100061604.

[25] 德马吉森精机产品简介 [EB/OL]. [2018 - 7 - 15]. https：//cn. dmgmori. com/产品.

[26] 发那科公司主页公司简介 [EB/OL]. [2018 - 07 - 30]. https：//www. fanuc. co. jp/ja/profile/index. html.

[27] 沈阳机床官网 [EB/OL]. [2018 - 07 - 30]. http：//www. symg. cn.

[28] i5 智能系统官网 [EB/OL]. [2018 - 07 - 30]. http：//www. i5cnc. com/pages/about. html.

[29] 德玛吉森精机中国官网 [EB/OL]. [2018 - 07 - 31]. http：//www. cn. dmgmori. com.

[30] 翰默公司官网新闻发布 [EB/OL]. [2018 - 07 - 31]. https：//www. haimer. cn/aktuelles/presse/meldung/item/haimer - schliesst - kooperationsvertrag - mit - dmg - mori - wird - premium - partner - und - uebernimmt - die - microset - 3. html.

[31] 国际金属加工网 DMG MORI CELOS 系统技术与应用专区 [EB/OL]. [2018 - 08 - 03]. http：//www. mmsonline. com. cn/dmg - mori/celos. shtml.

致 谢

在本书的研究和撰写过程中，我们得到了很多领导、同事和朋友的支持与帮助，在此致以最诚挚的感谢！

感谢国家知识产权局专利局专利审查协作天津中心的领导和同事们。感谢中心主任魏保志为本书最初的选题提出了指导性意见及建议；中心副主任刘稚为本书涉及的四个部分在研究阶段给予的悉心指导，为本书撰写提供了正确的研究导向；感谢中心光电技术发明审查部、电学发明审查部和机械发明审查部参与研究的同事们，他们为本书撰写提供了第一手的数据资料；感谢中心电学发明审查部王佳楠、滕冲、宫召英、刘浩然、齐哲为本书第二、三部分提供了部分数据处理工作，为书稿的顺利完成贡献了力量。

特别感谢知识产权出版社的李琳、黄清明和江宜玲。他们亲自赴中心开展交流工作，就书稿的撰写要求及出版事宜进行了细致的说明，对于我们撰写过程中的疑问总能耐心、及时给予解答，为书稿的顺利完成给予了充分的指导。